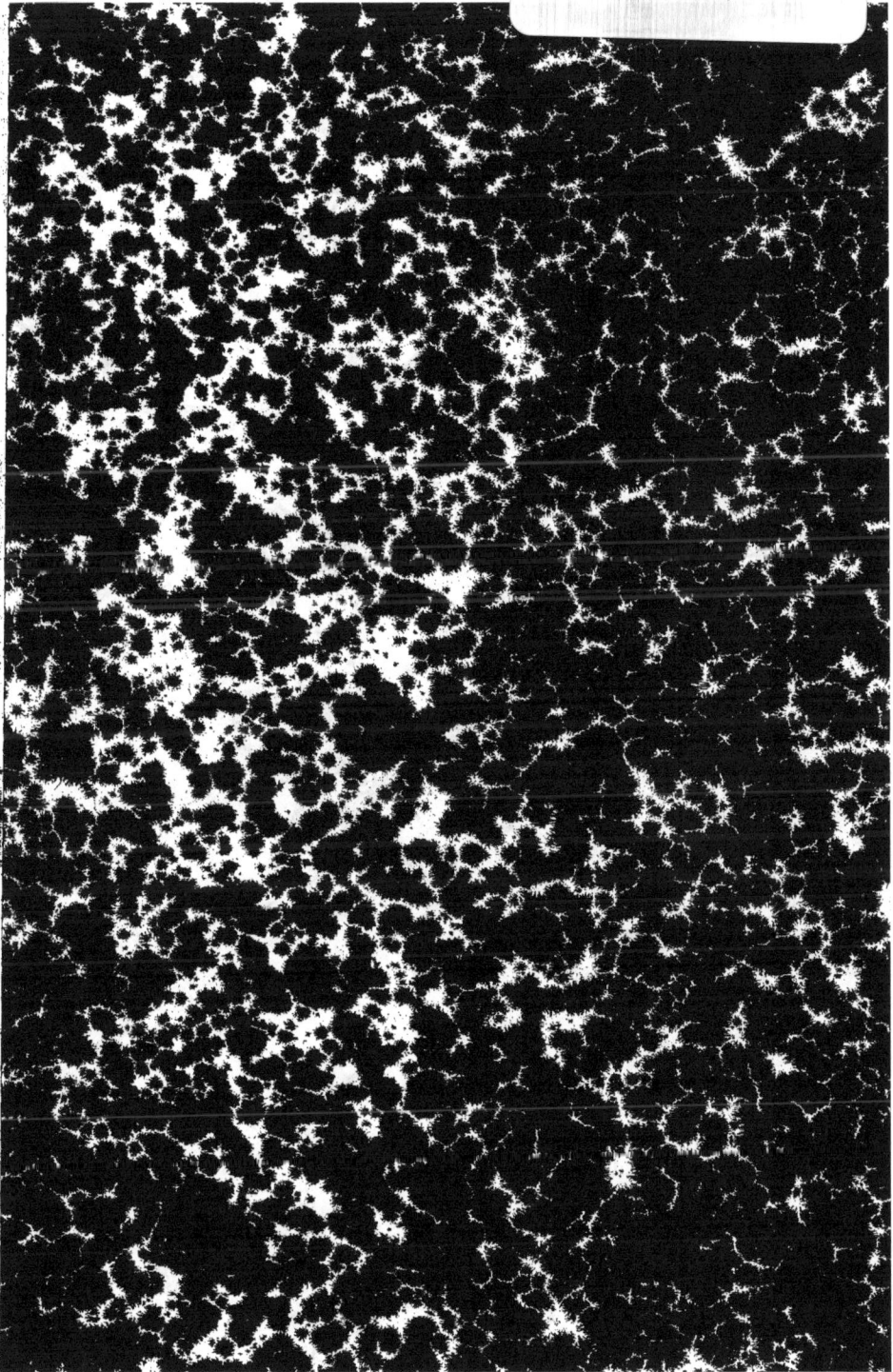

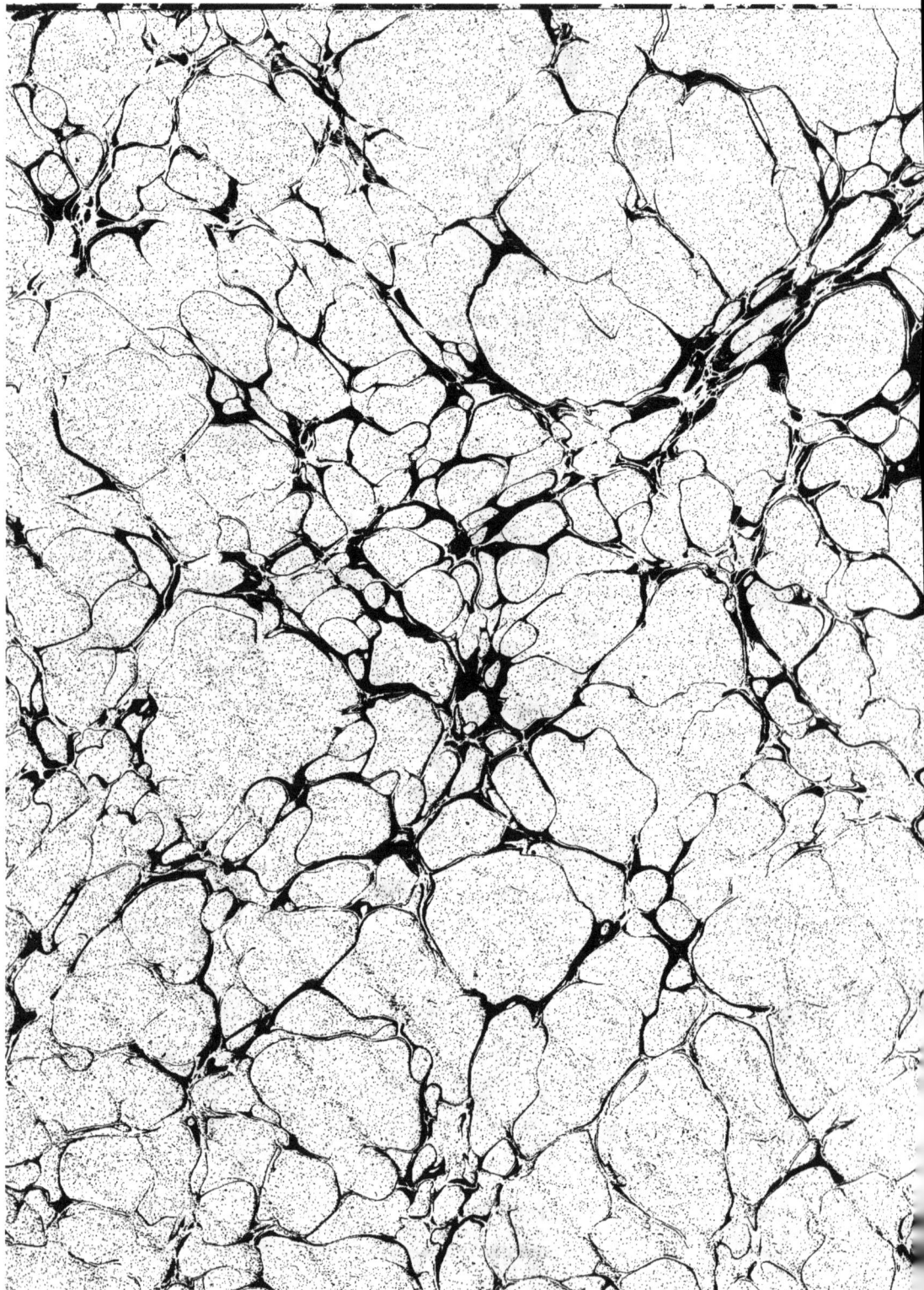

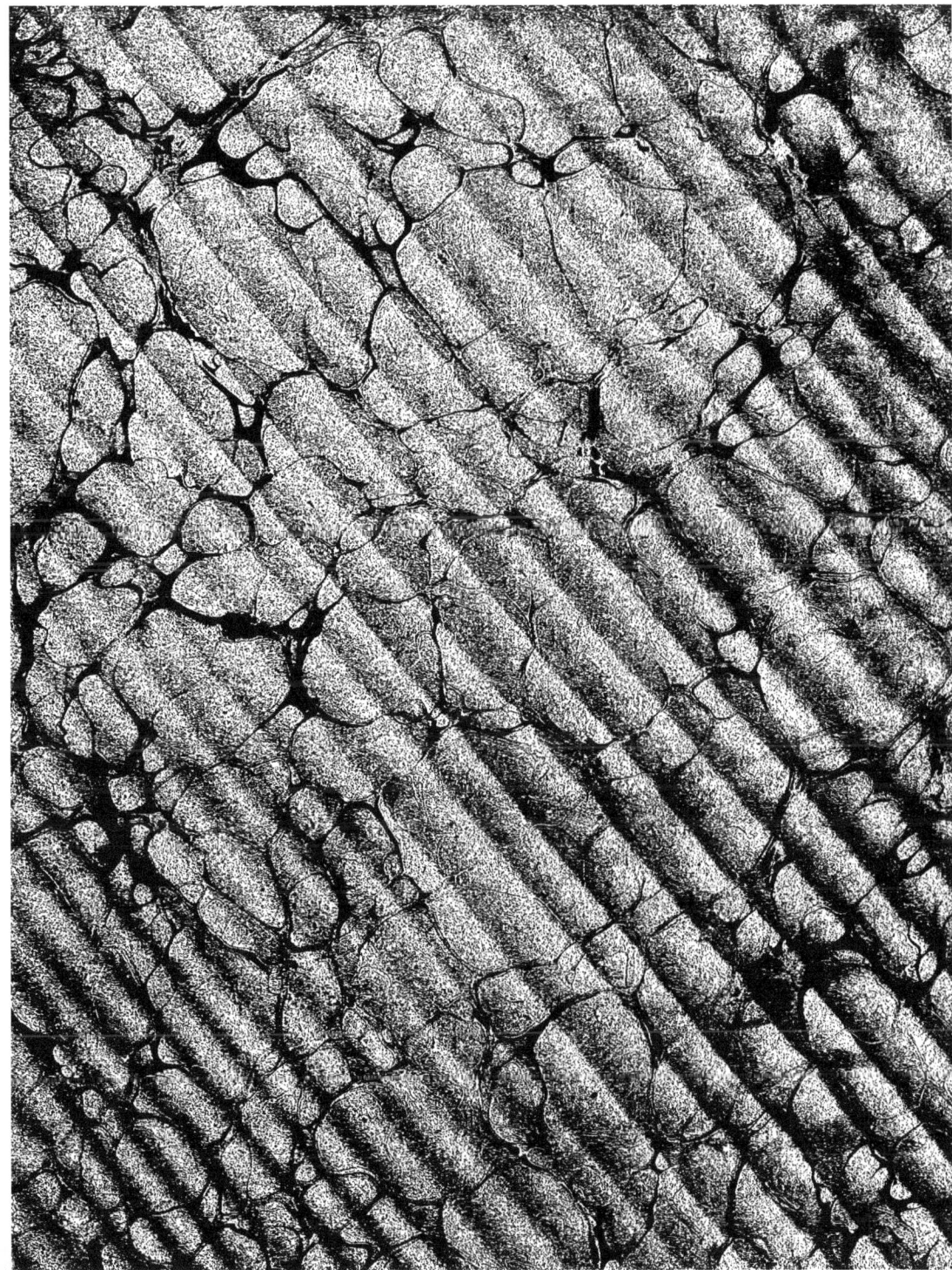

MINISTÈRE DES TRAVAUX PUBLICS

ÉTUDES

DES

GÎTES MINÉRAUX

DE LA FRANCE

PUBLIÉES SOUS LES AUSPICES DE M. LE MINISTRE DES TRAVAUX PUBLICS
PAR LE SERVICE DES TOPOGRAPHIES SOUTERRAINES

BASSIN DE LA BASSE LOIRE

PAR

M. E. BUREAU

PROFESSEUR HONORAIRE AU MUSÉUM D'HISTOIRE NATURELLE

FASCICULE II

DESCRIPTION DES FLORES FOSSILES

TEXTE

PARIS

IMPRIMERIE NATIONALE

1914

FLORES FOSSILES

DU BASSIN

DE LA BASSE LOIRE

TEXTE

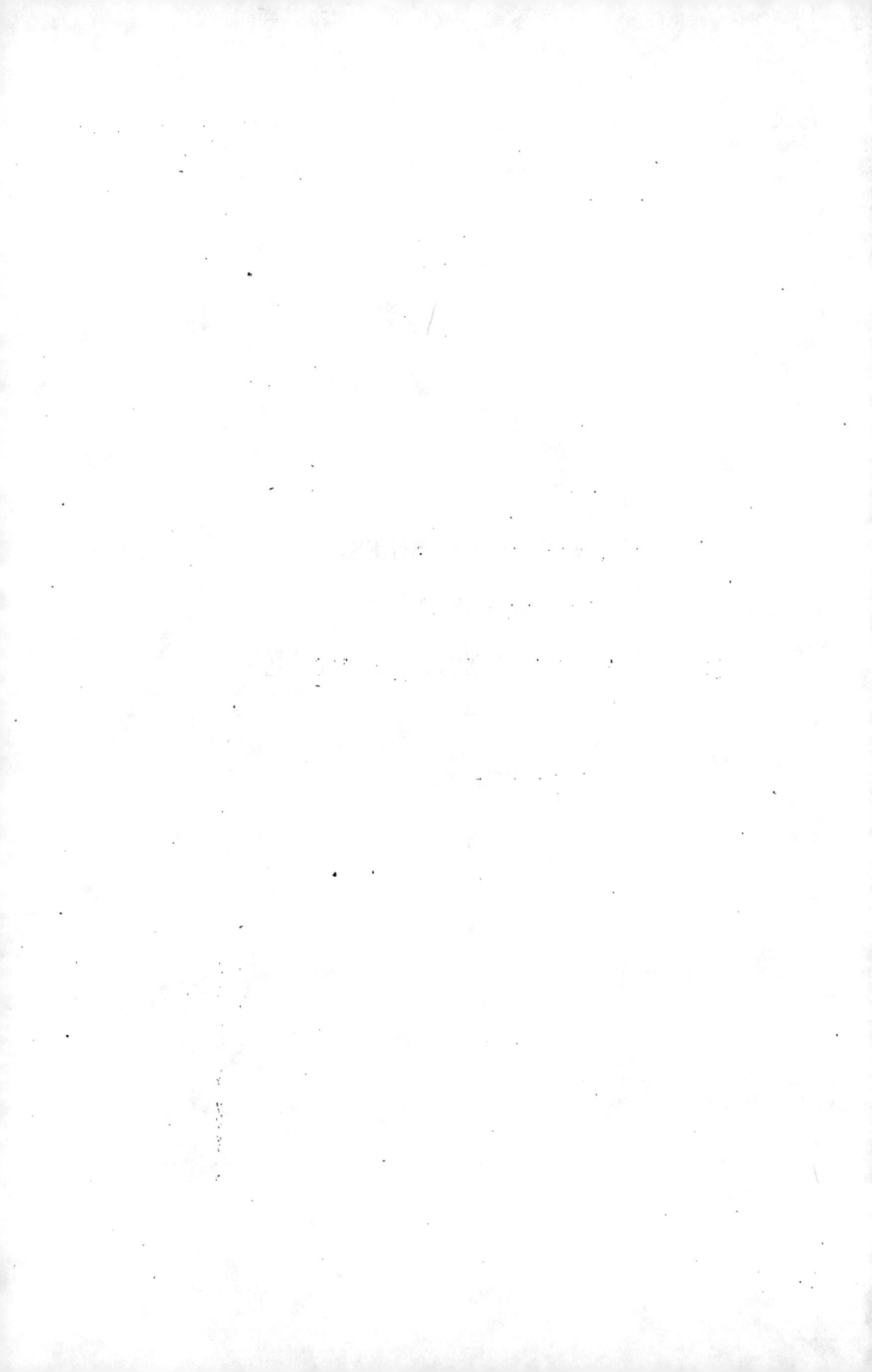

MINISTÈRE DES TRAVAUX PUBLICS

3634

ÉTUDES

DES

GÎTES MINÉRAUX

DE LA FRANCE

PUBLIÉES SOUS LES AUSPICES DE M. LE MINISTRE DES TRAVAUX PUBLICS
PAR LE SERVICE DES TOPOGRAPHIES SOUTERRAINES

BASSIN DE LA BASSE LOIRE

PAR

M. E. BUREAU

PROFESSEUR HONORAIRE AU MUSÉUM D'HISTOIRE NATURELLE

FASCICULE II

DESCRIPTION DES FLORES FOSSILES

TEXTE

PARIS

IMPRIMERIE NATIONALE

1914

FLORES FOSSILES

DU BASSIN

DE LA BASSE LOIRE.

CHAPITRE IV.

INTRODUCTION À LA PARTIE PALÉONTOLOGIQUE.

Le bassin de la basse Loire offre des plantes fossiles à six niveaux différents ; mais les espèces ne sont plus ou moins nombreuses qu'à quatre de ces
niveaux : le Dévonien supérieur (Famennien), le Culm inférieur, le Culm
supérieur (*Jüngste Grauwacke* des Allemands), et la base du Westphalien
(sous-étage infra-houiller de M. Grand'Eury). Les deux derniers : le niveau
sus-moyen du même auteur et l'étage houiller supérieur ou Stéphanien ne
sont indiqués que par une ou deux espèces de plantes, dont les gisements
ne sont pas contigus. Au contraire, les quatre niveaux anciens se succèdent
sans interruption et sont en stratification parfaitement concordante. Depuis le
Dévonien supérieur inclusivement, jusques et y compris la base du Carbonifère
moyen, les dépôts reposent l'un sur l'autre sans interruption, contenant leurs
fossiles propres, et n'ayant pas subi d'autre bouleversement que le soulèvement de leur ensemble en forme de cuvette, et accompagné d'une faille, accident qui même ne se voit pas partout.

Bien qu'il n'y ait pas de lacune dans la longue série dévonico-carbonifé-
rienne que nous venons d'indiquer, quelle que soit la richesse ou la pauvreté
de chaque niveau, il est évident que la flore de chacun de ces dépôts doit
être étudiée séparément. C'est la seule méthode qui puisse nous permettre
d'établir des comparaisons utiles, d'apprécier les changements qui se sont produits dans la végétation d'une époque à l'autre, et de saisir les caractères
pouvant avoir une portée scientifique ou industrielle.

IMPRIMERIE NATIONALE.

Nous étudierons ces différentes flores ou florules en commençant par les plus anciennes et en suivant la superposition des terrains.

Dans la description de chacune j'adopterai autant que possible l'ordre botanique. Je dis : autant que possible, parce qu'un certain nombre de plantes fossiles sont trop insuffisamment connues pour être rapportées avec certitude à un groupe naturel.

Dans les végétaux vivants la classification est basée surtout sur les organes de la reproduction. Or, dans les végétaux fossiles, ces organes importants nous manquent souvent; on peut même dire : le plus souvent; on a donc été réduit à employer, pour les classements, des caractères de valeur secondaire fournis par les feuilles, les tiges, etc. Ad. Brongniart a tiré de ce procédé un parti remarquable. A l'aide de ces caractères il formait des genres que je lui ai entendu appeler genres subsidiaires; il les rangeait près des genres naturels, mais à titre provisoire. C'étaient des genres d'attente, dont les espèces, à mesure des progrès de nos connaissances, devaient sortir l'une après l'autre, pour venir se ranger dans les genres naturels. Les genres subsidiaires permettaient, en attendant, de réunir en groupements artificiels et réservés à une étude ultérieure un grand nombre de formes végétales fossiles qui, sans cette méthode, seraient restées dans l'oubli. On peut dire qu'Ad. Brongniart a fait de la méthode artificielle un adjuvant de la méthode naturelle. .

Je resterai autant que je le pourrai dans l'esprit du fondateur de la paléontologie végétale, et je m'inspirerai des recommandations que j'ai eu le bonheur de recueillir de sa bouche.

Quant à la nomenclature, complément nécessaire de la classification, Brongniart ne pensait nullement qu'il pût y en avoir deux : une pour les plantes vivantes et l'autre pour les plantes fossiles. On a parfois à mentionner des espèces de la flore actuelle qui ont vécu aussi dans des époques antérieures à la nôtre; désignera-t-on autrement le *Buxus sempervirens* L., le *Ficus Carica* L., etc., suivant l'âge géologique ou l'âge actuel des échantillons de ces espèces qu'on examine? et, s'il s'agit d'une espèce éteinte, aussi voisine des espèces d'un genre vivant que celles-ci le sont entre elles (le *Nerium parisiense,* par exemple), sa nomenclature peut-elle être régie par des règles étrangères à celles de la nomenclature linnéenne? Brongniart ne le croyait certainement pas, et l'on peut être sûr que, pour cette science qu'il venait de créer, il n'a jamais eu l'idée d'établir des règles spéciales.

Rien, en effet, n'est plus clair que ces lois de la nomenclature promulguées dans la *Philosophia botanica*. Linné semble avoir tout prévu. La commission du Congrès de Botanique de 1867 (commission dont je suis le seul survivant), le Congrès lui-même, se sont appuyés sur l'œuvre immortelle de Linné. Ils ont éclairci quelques points devenus plus importants par les progrès de la science, mais ils n'ont apporté aucun changement aux principes généralement adoptés.

Le service immense qu'a rendu Linné à la botanique méthodique est de nous avoir débarrassés des phrases diagnostiques dans lesquelles le nom des espèces se confondait avec leur description. Déjà Tournefort avait réduit le nom de genre à un seul mot. Linné réduisit le nom spécifique à deux mots, et dans ces deux mots le nom générique était compris. C'est absolument le système de nomenclature de l'état civil, et même celui qu'on rencontre dans les registres antérieurs au régime actuel.

Supposons, par exemple, une famille *Dubois*; ce nom appartient aux membres d'une même famille, de même que le nom de genre appartient à toutes les plantes qui ont d'importants caractères communs sans être spécifiquement semblables; mais le nom générique ne distingue pas les unes des autres les plantes faisant partie d'un même genre, pas plus que le nom de famille ne permet de reconnaître individuellement les personnes composant cette famille. Ce rôle est dévolu à un second nom : prénom, pour l'espèce humaine, épithète ou nom spécifique pour les plantes. Les prénoms *Jean*, *Félix*, etc., serviront à distinguer les membres de la famille, qui se trouveront déterminés par la méthode binominale : *Jean Dubois*, *Félix Dubois*, etc.

Pour les plantes, il en est de même. Le genre Saule, *Salix*, par exemple, a de nombreuses espèces, qui ont reçu les noms d'*alba*, *rubra*, *fragilis*, etc.; mais aucune de ces espèces n'est réellement déterminée que si le nom générique précède l'épithète spécifique; car les noms *alba*, *rubra*, etc., peuvent être portés par les plantes les plus diverses. Ces mots *alba*, *rubra*, seuls, ne signifient rien, et Linné a formellement déclaré que le nom spécifique non accompagné d'un nom de genre est de nulle valeur.

Il en est de même du prénom sans le nom de famille. Il y a des *Jean* et des *Félix* en quantité, et ces noms se retrouvent dans des familles qui n'ont aucun lien entre elles.

Ainsi, pour les exemples que nous avons cités, le nom de genre est *Salix* et le nom d'espèce *Salix alba*. Le mot *alba* seul n'a aucune signification.

Il résulte de ceci que lorsqu'on veut citer un nom d'auteur à propos d'une espèce qu'il a nommée, on ne peut placer le nom de ce botaniste, abrégé ou non, qu'en troisième lieu, à la suite de l'appellation binominale, et que cette citation d'auteur s'applique, à la fois, aux deux mots constituant le nom spécifique, puisque ces deux mots sont inséparables et que le second, lorsqu'il est isolé, n'a aucune valeur; il ne peut en avoir que par son adjonction au nom générique [1].

Il résulte aussi des règles posées par Linné que l'usage de la parenthèse dans les noms est absolument interdit! La parenthèse, en effet, a pour résultat d'augmenter la longueur du nom et d'introduire des indications dont la place est dans la synonymie ou dans la description. Cette intercalation d'une ou plusieurs parenthèses ne manquerait pas de ramener peu à peu le nom spécifique aux phrases descriptives dont Linné nous a si heureusement débarrassé! L'habitude qu'on a prise de citer, à propos d'un nom de genre ou d'un nom d'espèce, celui du botaniste qui l'a créé n'est pas un hommage rendu à ce botaniste. C'est une indication bibliographique ayant pour but de faire trouver facilement la première description, ou, comme le disait Alphonse de Candolle, c'est une mesure d'ordre; mais cela ne préjuge rien sur la valeur de la publication.

En somme, tout allongement de nom spécifique par des adjonctions quelconques est contraire à l'esprit de la nomenclature linnéenne. Cette nomenclature est celle de Brongniart, de Jussieu, de de Candolle; c'est celle que j'ai suivie dans toutes mes publications.

Pour le groupement de genres dont on a fait des classes, il semblait que toutes ces classes étaient connues depuis longtemps. On vient cependant d'en découvrir une, aussi authentique que celles des Calamariées, des Lycopodia-

---

[1] Caroli Linnæi Philosophia botanica in qua explicantur fundamenta botanica, Stockholmiæ, 1751.

Page 153, Nomen omne plantarum constabit nomine generico et specifico.

Page 160, Nomen genericum immutabile figatur antequam specificum ullum componatur.

Page 202, Perfecte nominata est planta nomine generico et specifico instructa.

Page 202, Sine notitia generis nulla certitudo speciei.

Page 225, Nomen genericum singulis speciebus applicari debet.

Page 226, Nomen specificum semper genericum sequi opportet.

Page 227, Nomen specificum sine generico est quasi campana sine pistillo.

Page 237, Parenthesis nomen specificum nunquam admittet.

Page 237, Parenthesis, vel subintellecta, vel lineolis incarcerata, eodem recedit.

cées ou des Fougères, ressemblant même beaucoup à ces dernières, mais s'en distinguant essentiellement par les fructifications, qui sont des graines et non des sporanges et des spores. C'est donc une nouvelle classe de Gymnospermes, comme les Cordaïtées, les Conifères, les Cycadées. M. Zeiller et M. Grand'Eury ont résumé tout ce qu'on en sait dans de très intéressants mémoires[1]. Cette classe, déjà nommée *Ptéridospermées,* existe dans le bassin de la basse Loire. Nous la décrirons à sa place, près des *Cordaïtées* qui sont aussi des Gymnospermes.

[1] ZEILLER, Une nouvelle classe de Gymnospermes : les Ptéridospermées. (*Revue générale des Sciences pures et appliquées,* 16ᵉ année, n° 16, 30 août 1905.) — GRAND'EURY, Recherches sur les Ptéridospermes, Fougères à graines du terrain houiller. (*Bull. de la Soc. des sciences de Nancy,* séance du 15 décembre 1909.)

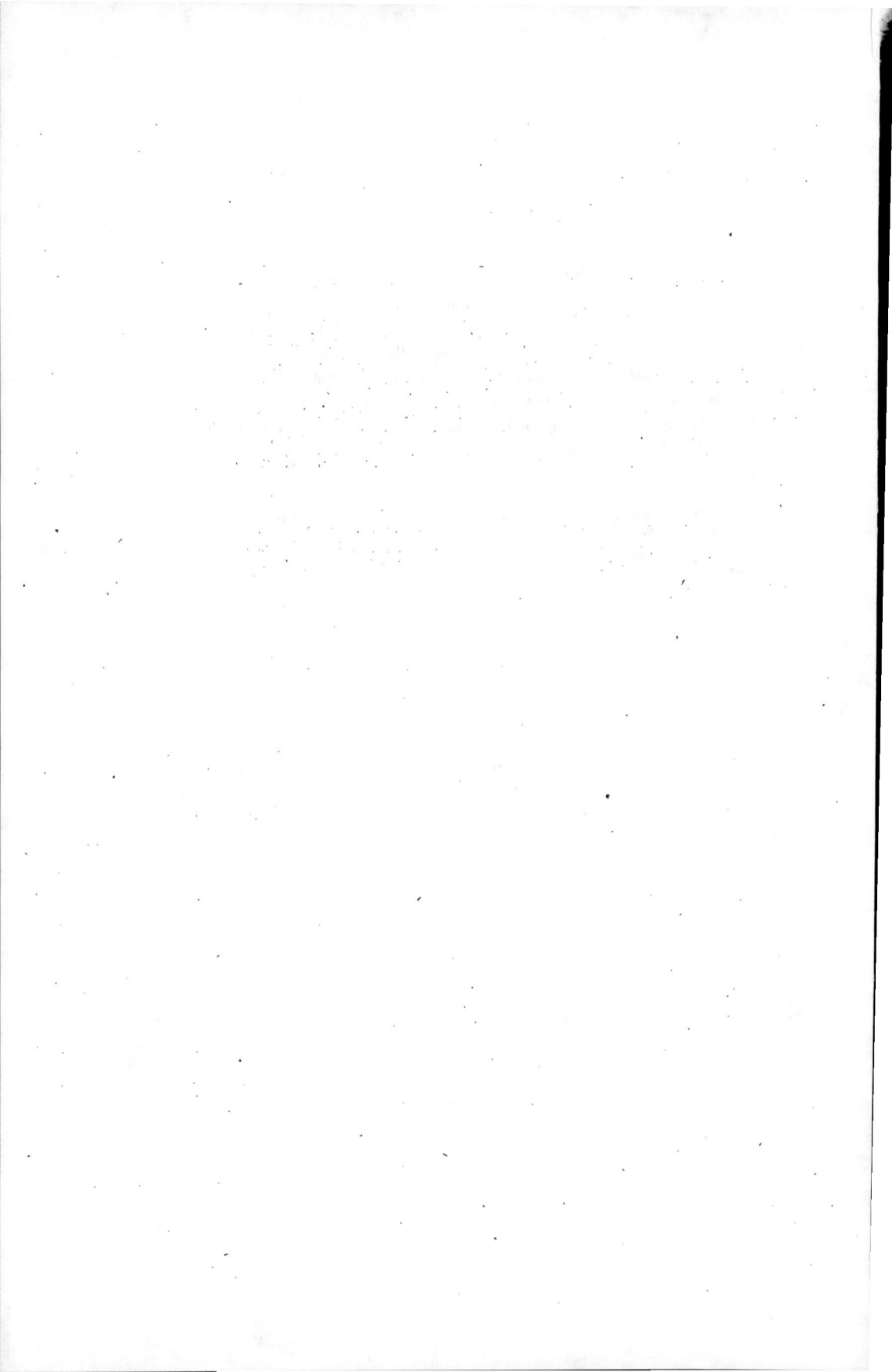

ÉTAGE DÉVONIEN.

SOUS-ÉTAGE FAMENNIEN (DÉVONIEN SUPÉRIEUR).

CRYPTOGAMES VASCULAIRES.

Classe des LYCOPODINÉES.

Plantes herbacées ou arborescentes, dichotomes, à feuilles simples, alternes. Fructification en épis. Sporanges attachés à la face supérieure des écailles ou feuilles modifiées. Spores tous semblables ou de deux sortes : macrospores et microspores, soit dans le même épi, soit dans des épis différents.

Genre LEPIDODENDRON STERNBERG.

1825. **Lepidodendron** STERNBERG, Vers. einer geogn. – bot. Darstell. d. Fl. d. Vorwelt, part. 4, p. X et 45. — SCHIMPER, Traité de pal. vég., II, 1870, p. 14. — STUR, Die Culm-Flora d. Mährisch-Schl. Dachs., 1875, p. 79. — STUR, Die Culm-Flora d. Ostrauer u. waldenb. Schicht., 1877, p. 214. — ZEILLER, Bass. houill. de Valenciennes, descr. de la Flore foss., atlas, 1886 ; texte, 1888, p. 432.

1822. **Sagenaria** AD. BRONGNIART, Sur la classif. et la distrib. des vég. foss. Extr. des *Mém. du Mus. d'hist. nat.*, VIII, p. 24. — PRESL IN STERNB., Vers. einer geogn. – bot. Darstell. d. Fl. d. Vorw., part. 7 et 8, 1836, p. 177.

1838. **Bergeria** PRESL in STERNBERG, Vers. einer geogn. – bot. Darstell. d. Fl. d. Vorwelt, part. 7 et 8, p. 183.

1838. **Aspidiaria** PRESL in STERNBERG, Vers. einer geogn. – bot. Darstell d. Fl. d. Vorwelt, part. 7 et 8, p. 180.

Plantes arborescentes dichotomes, dont la structure intérieure de la tige, d'après Renault[1], appartient à trois formes différentes : 1° cylindre ligneux sans cylindre médullaire ; 2° cylindre ligneux entourant un cylindre médul

---

[1] RENAULT, Cours de Botanique fossile, II, p. 19. — SCHIMPER ET SCHENK, Traité de Paléontologie, traduction, II, Palaeophytologie, p. 183.

laire; 3° cylindre ligneux formé de faisceaux arrondis enfermant un étui médullaire. Feuilles presque toujours disposées en spirales, ordinairement caduques, *insérées sur un coussinet* où elles laissent une cicatrice foliaire portant trois cicatricules dont la médiane seule est vasculaire.

LEPIDODENDRON ACUMINATUM Vaffier.

(Atlas, pl. I *bis*, fig. 1.)

1862. **Sagenaria acuminata** Schimp., Végétaux fossiles du terrain de transition des Vosges, p. 133, pl. XXVI, fig. 1-5.
1894. **Lepidodendron Veltheimianum** var. **acuminatum** Nathorst, Zur fossilen Flora der Polarländer, erst. Theil, erst. Lief., *Zur palæozoischen Fl. d. arctisch. Zone*, p. 31, pl. XII, fig. 12-15.
1901. **Lepidodendron acuminatum** Vaffier, Étude géologique et paléontologique du carbonifère inférieur du Mâconnais, p. 53, pl. VIII, fig. 2, 2 *a*; pl. IX, fig. 1, 1 *a*, 1 *b*, 1 *c*, 1 *e*; pl. X, fig. 1, 1 *a*, 1 *b*, 1 *e*; pl. XII, fig. 2, 3.

Description de l'espèce.

Rameaux couverts de coussinets *étroitement rhomboïdaux* (plus larges sur les grosses branches), *longuement acuminés dans le haut et surtout dans le bas, sans carène,* mais couverts, dans la partie du coussinet située en dessus et dans celle située en dessous de la cicatrice foliaire, de petites lignes saillantes; celles qui sont voisines de la cicatrice foliaire, linéaires et transversales; celles qui sont au-dessous de cette cicatrice prenant de plus en plus, à mesure qu'elles s'en éloignent, la forme d'un accent circonflexe, l'angle médian dirigé en bas. Cicatrice foliaire au-dessus du milieu du coussinet, petite, arrondie en haut, anguleuse sur les côtés, à bord inférieur en forme de V.

Provenance.

Un seul échantillon, assez mauvais, reconnaissable cependant à ses coussinets, couverts de petites stries transversales, a été trouvé dans les schistes des environs d'Ancenis. La ressemblance est complète avec les figures données par M. Vaffier, d'après des échantillons provenant du Culm inférieur du Mâconnais. C'est à ce niveau aussi que Schimper l'a fait connaître dans les Vosges. On ne l'a pas jusqu'ici, que je sache, trouvé dans l'étage dévonien; mais M. Nathorst a signalé, dans le dévonien supérieur de l'Île-des-Ours, un *Lepidodendron* du même groupe, auquel il n'a pas donné de nom[1]. Il a déterminé, au contraire, des échantillons trouvés dans le Culm inférieur du Spitzberg. Il y reconnaît bien le *Lepidodendron acuminatum*; mais il fait de

[1] Nathorst, Zur fossilen Flora de Polarländen, erster Theil, dritte Lieferung. *Zur oberdevonischen Flora der Bären-Insel,* p. 41, pl. XIV, fig. 3.

celui-ci une variété du *Lepidodendron Veltheimianum* Sternb [1]. Le *Lepidodendron acuminatum* peut se présenter, en effet, sous deux formes. Celui que M. Vaffier trouve dans le Mâconnais, et que je trouve dans la basse Loire, a des coussinets contigus, qui sont entièrement couverts de petites stries transversales. Les échantillons figurés par Schimper en diffèrent notablement : les coussinets sont séparés par des bandes ou des sortes de cordons qui les encadrent et s'anastomosent; les coussinets ont une carène et ne portent de stries transversales qu'au-dessous de la cicatrice foliaire. Il en est de même des échantillons de Gœppert [2]; de même aussi des échantillons de M. Nathorst, *l. c.*, dans lesquels les coussinets sont séparés par une bordure. Y a-t-il lieu de regarder le *Lepidodendron acuminatum* comme une espèce distincte ou comme une forme ancienne du *Lepidodendron Veltheimianum*? Je n'oserais le dire, n'en ayant vu que de rares spécimens. Le fragment que j'ai figuré grossi est de la basse Loire, mais du Culm inférieur. L'échantillon dévonien est conforme, mais ne donne pas aussi nettement les caractères.

Nous n'avons pas trouvé dans la basse Loire de rameaux feuillés qu'on puisse attribuer au *Lepidodendron acuminatum*. Schimper, dans son mémoire sur le terrain de transition des Vosges, en cite qu'on pourrait vraisemblablement rapporter à cette espèce. Les feuilles sont courtes et à demi étalées. Ces rameaux ressemblent à ceux du *Lepidodendron lycopodioides*. Le même auteur a trouvé aussi, mêlé aux mêmes rameaux feuillés, un *Lepidostrobus*, qu'il a figuré pl. XXVI, fig. 8, et qui a tout à fait l'apparence d'un strobile terminant les rameaux du *Lepidodendron lycopodioides*.

M. Zeiller, dans son *Étude sur la Flore fossile du bassin d'Héraclée*, signale aussi un *Lepidostrobus* qu'il a vu sur une plaque portant une tige de *Lepidodendron acuminatum*. « C'est », dit-il, « un fragment de *Lepidostrobus* composé d'un axe de 1 millimètre de largeur, portant des bractées disposées en hélice, étalées d'abord presque à angle droit sur 5 millimètres de longueur, puis relevées verticalement en un limbe étroit de 4 millimètres de longueur; sur chacune d'elles est fixé un sporange de 2 millimètres de hauteur, contigu vers le haut à la bractée voisine. » Il est permis, dit M. Zeiller, de conjecturer que ce *Lepidostrobus* appartient au *Lepidodendron acuminatum*. C'est vraisemblable, en effet; mais ce strobile a aussi beaucoup de rapport avec ceux

---

[1] NATHORST. Zur fossilen Flora der Polarländer, erster Theil, erste Lieferung. *Zur palæozoischen Flora der arktischen Zone*, p. 31, pl. XII, fig. 12-15.

[2] *Sagenaria acuminata* GŒPP. Foss. Flora d. Uebergangsgebirge, p. 185, pl. XLIII, fig. 8-10.

de moyenne ou de petite taille qu'on voit parfois terminer les rameaux de *Lepidodendron lycopodioides*. Si les tiges des deux *Lepidodendron* dont nous venons de parler ont des caractères qui permettent de les reconnaître, ni leurs rameaux feuillés ni leurs strobiles ne me paraissent jusqu'ici avoir fourni de signes distinctifs pour leur détermination.

LEPIDODENDRON GASPIANUM Dawson.

(Atlas, pl. 1 *bis*, fig. 2.)

1859. **Lepidodendron Gaspianum** Dawson, On fossil plants from the devonian rocks of Canada
(*Proceedings of the Geological Society of London*, XV, 1859, p, 483, fig. 3 a à 3 d). —
Dawson, On the precarboniferous Flora of New-Brunswick, Maine and eastern Canada
(*From Canadian Naturalist* for May, 1861, p. 19, et Read before *the Natural history Society*,
VI, june 1861, p. 179). — Dawson, The fossil plants of the devonian and upper silurian
formations of Canada. (*Geol. Survey of Canada*, 1871, p. 33, pl. VIII, fig. 82-84.) —
Newberry, Devonian plants from Ohio. (*The Journal of the Cincinnaty Society of Natural
History*, 1889, p. 56, pl. VI, fig. 2.)

Description
de l'espèce.

Aréoles elliptiques arrondies, saillantes sur les tiges décortiquées, entourant chaque coussinet, qui porte une cicatrice foliaire, *coussinets disposés en lignes ou séries verticales,* mais alternant d'une série aux séries voisines. Une vingtaine de lignes de coussinets sur les branches de 1 centimètre de diamètre, quatre lignes seulement sur les plus petits rameaux, qui ont seulement 3 à 4 millimètres d'épaisseur. Feuilles aciculaires, courtes, ascendantes à leur base, puis recourbées en haut.

Je donne la description des feuilles d'après Dawson; car, jusqu'ici, je n'en ai pas vues sur les échantillons que j'ai eus entre les mains, ceux-ci étant tous décortiqués. Dawson décrit et figure les feuilles comme étant recourbées avec la pointe en bas. D'après Newberry, c'est vers le haut que la pointe devrait être dirigée. Les feuilles, si telle est leur véritable direction, ressembleraient à celles du *Lepidodendron ophiurus* Ad. Brongn.

Remarques
paléontologiques.

Cette espèce n'a été trouvée qu'en débris. Il y a cependant des échantillons bien reconnaissables. Dans le gisement français dont nous parlerons, ce sont de petits rameaux de 2 à 3 millimètres d'épaisseur, dont la couche corticale a été décomposée ou enlevée. La surface ligneuse laisse voir bien nettement

Rapports
et différences.

des aréoles saillantes. Ces aréoles sont soudées par leurs extrémités. Leur ensemble forme une sorte de réseau comme celui qu'on voit dans le *Lepidodendron Veltheimianum* Sternb.; mais, dans celui-ci, les bandelettes qui

.oussinets et les limitent les laissent voir tout entiers et sont
.ries obliques. Dans le *Lepidodendron Gaspianum*, ce sont des
cor̄ ́llants et lisses qui séparent les coussinets, et ces cordons s'écartent
si peu qu'ils recouvrent les coussinets en grande partie. Ceux-ci, d'où partent
les faisceaux vasculaires se rendant aux feuilles, ne se voient qu'à travers une
sorte de boutonnière, et leur contour se trouve masqué. Ajoutons que la disposition des coussinets en séries verticales, si remarquable dans le *Lepidodendron Gaspianum*, est exceptionnelle dans le genre *Lepidodendron*.

Cette plante a été trouvée d'abord par mon frère dans les grès dévoniens Provenance.
supérieurs bordant un chemin au Sud du Fourneau Neuf, commune de Chaudefonds (Maine-et-Loire), puis en divers points du même dépôt, qui se prolonge loin dans la direction Nord-Ouest.

Elle paraît très répandue dans l'Amérique du Nord. Dawson la cite dans le
dévonien moyen et dans le dévonien supérieur du Maine; ainsi que dans
le dévonien moyen du Canada, notamment dans la localité de Gaspé, d'où
elle tire son nom.

Genre LEPIDOSTROBUS Ad. Brongniart.

Dawson a décrit et figure [1], dans le terrain dévonien de l'Amérique du Description
Nord, un très petit strobile oblong, attaché à un rameau qui paraît bien de l'espèce.
appartenir au *Lepidodendron Gaspianum*.

Le même auteur a signalé aussi deux *Lepidostrobus* [2] recueillis à Perry, Rapports
dans le Maine : le *Lepidostrobus Richardsoni*, qu'il a reconnu plus tard [3] être et différences.
la fructification d'un *Lycopodites* (*Lycopodites Richardsoni* [4]), et le *Lepidostrobus
globosus* [5], qu'il dit seulement être rond ou ovale-arrondi et couvert d'écailles
obscurément aiguës.

Toutes ces fructifications sont assez mal conservées, et il est à regretter que
le *Lepidostrobus* que j'ai trouvé dans la basse Loire ne soit pas en meilleur état.
Je le crois cependant distinct de ceux qui ont été jusqu'ici indiqués dans le

---

[1] The fossil plants of the devonian and upper silurian formations of Canada. (*Geol. Survey of
Canada*, 1871, p. 34, pl. VIII, fig. 4.)

[2] On the Flora of the devonian period in north-eastern America. (*Quart. Journ. of the Geol.
Soc.*, Nov. 1862, p. 314.)

[3] The fossil plants of the devon., 1871, p. 34.

[4] Dawson, *l. c.*

[5] On the Flora of the devonian period, 1862, p. 314.

dévonien. C'est l'empreinte d'un cône ou plutôt d'un fragment de cône; car nous n'avons ni la base, ni le sommet. Ce fragment a 9 centimètres de long et 2 centimètres de large. Il est, ou plutôt il devait être, absolument cylindrique, et il en manque peut-être, dans la longueur, antant qu'il nous en reste. On ne voit pas l'axe central, entièrement recouvert par des bases de feuilles décomposéès, dont l'épiderme a mieux résisté que les tissus intérieurs. Ces feuilles avaient environ un centimètre de long. Vers le bas de l'empreinte, à gauche, deux ont leur partie terminale conservée. Elle était probablement plus résistante que la partie basilaire. Ces feuilles étaient lancéolées, étroitement triangulaires, aiguës, avec une nervure médiane. Elles devaient être parallèles et serrées. Entre les bases des feuilles, dont nous ne voyons pas la forme, sont une quantité de petites cavités, les unes rondes, les autres un peu polygonales par compression, qui me paraissent des macrospores brisées.

Les feuilles se dirigent obliquement en haut, du moins dans leur partie supérieure; mais on ne voit pas qu'il y ait une direction étalée ou transversale de la partie qui porte les fructifications. Dans le *Lepidostrobus variabilis* Lindl. et Hutt., qui a à peu près la taille et la forme de celui que nous étudions, ce changement de direction est très marqué.

J'ai trouvé cet échantillon dans un talus, sur le bord de la route descendant de Saint-Géréon (Loire-Inférieure) au passage à niveau n° 285, exactement sous une maison située sur le côté Est. La roche est un schiste gréseux, une sorte de grauwacke qui ne contient là que des débris végétaux; mais, à une centaine de pas plus haut, elle est remplie de fossiles marins : *Tentaculites scolaris* Schloth., *Productus subaculeatus* Murch., *Chonetes sarcinulatus* Schloth., *Spirifer verneuili* Murch., *Atrypa reticularis* Linn., *Pentamerus brevirostris* Phill., *globosus* Bronn in Schnur, *Productus subaculeatus* Murch. M. Barrois y reconnaît une faune du dévonien supérieur. A cette faune marine sont mêlés quelques végétaux terrestres. Leur présence indique la proximité d'un rivage. Le même fait se rencontre au Canada, à la baie de Gaspé.

Genre BOTHRODENDRON Lindley et Hitton.

1833. **Bothrodendron** Lindley et Hutton, Foss. Flora of Great Brit., II, pl. 80.
1876. **Rhytidodendron** Boulay, Terrain houill. du Nord de la France, p. 39.

Rameaux dichotomes, parcourus par de petites stries longitudinales ou transversales. Pas de coussinets. Cicatrices foliaires sessiles, petites, légèrement anguleuses sur les côtés ou transversalement elliptiques. Trois cicatricules, placées horizontalement; la moyenne seulement vasculaire. Une ponctuation, indiquant la place de la ligule, immédiatement au-dessus de la cicatrice vasculaire.

BOTHRODENDRON BREVIFOLIUM.

(Atlas, pl. II, fig. 1, 1 A.)

1902. **Bothrodendron (Cyclostigma) brevifolium** Nathorst, Zur oberdevonischen Flora der Bären-Insel, p. 40, pl. XII, fig. 4 à 8.

Rameaux ayant jusqu'à 12 centimètres de long, 2 à 5 millimètres de large. *Feuilles éparses, toutes très fines,* longues environ de 5 millimètres, aciculaires, obliquement dressées, droites, *diminuant graduellement de la base à la pointe, qui est très aiguë.* Cicatrices foliaires, tantôt alternes, tantôt plus rarement verticillées, ponctiformes et même un peu déprimées, arrondies et très petites (c'est le caractère du sous-genre *Cyclostigma*). De chaque cicatrice partent souvent deux lignes qui descendent obliquement; d'autres fois elles se dirigent directement d'une cicatrice à une autre plus bas, dessinant ainsi des losanges dont chaque angle est occupé par une cicatrice; enfin parfois les cicatrices foliaires ne sont accompagnées d'aucun trait sur la partie extérieure du rameau.

Description de l'espèce.

Trouvé par M. G. Ferronnière dans une petite carrière à l'Ouest d'Ancenis (Loire-Inférieure) et par M. Nathorst, à l'Île-des-Ours.

Classe des SPHÉNOPHYLLÉES.

Tiges et rameaux articulés, anguleux. Côtes n'alternant pas aux articulations. Feuilles verticillées, à nervures dichotomes, sans médiane. Épis formés de feuilles modifiées ou écailles ayant des sporanges attachés sur leur face supérieure.

Genre SPHENOPHYLLUM Ad. Brongn.

1822. **Sphenophyllites** Ad. Brongn., Class. des végét. foss., p. 34.
1821 et 1825. **Rotularia** Sternb., Vers. einer geognostichen botanischen Darstellung der Flora der Vorwelt, zweiter Heft, p. 33, 1821, et viertes Heft, 1825, p. XXXII.
1828. **Sphenophyllum** Ad. Brongn., Prodr. d'une hist. des vég. foss., p. 68.

Tiges et rameaux articulés, anguleux. Côtes n'alternant pas aux articulations. Rameaux rares, le plus souvent 0 à 1 à chaque nœud. *Tige ayant au centre un axe ligneux plein, formé de trois paires de cordons libéro-ligneux,* qui développent, en dedans, du bois centripète formé de fibres ponctuées d'autant plus grosses qu'elles sont plus près du centre. Côtés de l'axe central, d'abord concaves, puis convexes, par le développement d'un bois secondaire, qui rend l'axe cylindrique.

Le nom *Sphenophyllites* Ad. Brongn. est défectueux en ce que la terminaison *ites* implique une comparaison qui ici n'existe pas; aussi Brongniart lui-même l'a-t-il remplacé par le nom *Sphenophyllum;* mais *Sphenophyllites* est de 1822 et *Sphenophyllum* de 1828. Dans l'intervalle, en 1825, Sternberg avait employé pour ce genre le nom *Rotularia,* qui, rigoureusement, devrait être conservé. Cependant, il faut reconnaître qu'il y aurait à cela un très sérieux inconvénient. Ce nom est tout à fait tombé dans l'oubli : presque toutes les espèces ont été publiées sous le nom générique de *Sphenophyllum.* Il faudrait donc créer un très grand nombre de noms nouveaux et en rejeter un nombre non moins grand dans la synonymie, ce qu'il est très important d'éviter.

SPHENOPHYLLUM INVOLUTUM Ed. Bur.

(Atlas. pl. I, fig. 4 à 18.)

1900. **Sphenophyllum involutum** Ed. Bur., Nantes et la Loire Inférieure, III, p. 260.

Description de l'espèce.

Plante émettant un seul rameau à quelques nœuds. Rameau à côtes très peu nombreuses, ordinairement quatre, très saillantes, presque aiguës. Nœuds renflés. Entre-nœuds inférieurs longs de 11 à 15 millimètres, portant, parfois, au sommet, des lambeaux de verticilles foliaires. Entre-nœuds supérieurs devenant brusquement très courts, ayant, à chaque nœud, un verticille de feuilles bien conservé; verticilles par conséquent très rapprochés et emboités les uns dans les autres. *Feuilles* largement cunéiformes, bifides dans leur moitié supérieure au moins, *ascendantes, enroulées, infléchies par en haut,* de telle sorte qu'il n'est pas possible de voir leur sommet, l'orifice de chaque verticille recevant la base du verticille au-dessus, disposition comparable à celle des articles d'une queue de Crotale. Une seule nervure à la base de chaque feuille, se subdivisant promptement et plusieurs fois. Nervation peu visible, le parenchyme foliaire paraissant avoir une certaine épaisseur.

Les entre-nœuds dont les feuilles sont tombées ont jusqu'à 10 millimètres de haut, les verticilles foliaires, mesurés les feuilles courbées, ont de 3 à 5 mil-

limètres de haut, 8 à 10 millimètres de diamètre. C'est donc une espèce
petite dans toutes ses parties.

Par la largeur et la brièveté de ses feuilles, ce *Sphenophyllum* ressemble
au *S. brevifolium;* mais il s'en distingue très facilement par les feuilles d'un
même verticille constamment ascendantes, en coupe et involutées au sommet,
jamais étalées à plat, et par les nervures plongées dans le parenchyme, à peine
visibles. Rapports
et différences.

D'après M. Grand'Eury [1], il semble que, suivant le milieu et les conditions
topographiques, les *Sphenophyllum* pouvaient être tout ensemble flottants,
nageant et aériens. La faiblesse de la tige du *Sphenophyllum involutum* indique
plutôt une plante flottante, et nous pouvons dire flottante dans l'eau douce;
car les *Sphenophyllum* n'étaient nullement marins. Tout près du gisement de
celui-ci, sur le bord de l'ancien chemin d'Ancenis à Mésanger, j'ai recueilli
de nombreux Pélécypodes, mollusques d'eau douce. Cette localité a été
détruite lors du tracé de la nouvelle route. Remarques
paléontologiques.

C'est dans une excursion faite avec M. Barrois que nous avons trouvé cette
plante grêle et élégante. Elle se présentait en empreintes nombreuses sur
des schistes extraits d'un puits que l'on creusait au nord de la route de
Saint-Géréon à Ancenis, tout près de cette ville. Je l'ai vainement cherchée
lors du creusement de nouveaux puits aux environs. Provenance.

Classe des CALAMARIÉES.

Tiges cylindriques, articulées, marquées de côtes longitudinales.

Genre CALAMODENDRON Ad. Brongn.

Calamodendron Ad. Brongniart, Tableau des genres de végétaux fossiles, p. 50.

Tiges ligneuses alternant aux articulations. Moelle volumineuse, remplacée
par un moulage naturel dont les côtes sont très prononcées, ces côtes répondant aux intervalles que laissent entre eux les coins ligneux, coins formés de
trachéides rayées ou ponctuées, et séparés des rayons médullaires par des
bandes cellulaires parenchymateuses. Face extérieure de la tige à côtes beau-

---

[1] Flore carbonifère du département de la Loire, 1ʳᵉ partie, *Botanique*, p. 51.

coup moins accusées que celles qui entourent la moelle. Bandes ligneuses se bifurquant aux articulations.

CALAMODENDRON TENUISTRIATUM Dawson.

(Atlas, pl. I, fig. 2.)

1871. **Calamodendron tenuistriatum** Dawson, The fossil plants of the devonian and upper silurian formation. (*Geol. Surv. of Canada*, 1871, p. 25, pl. III, fig. 40.)

Description de l'espèce.

Dawson caractérise ainsi cette espèce : « *Surface d'empreinte de la moëlle marquée de nombreuses côtes aiguës, croisées aux articulations*, qui sont rétrécies et plus distantes entre elles que le diamètre de la tige. Enveloppe charbonneuse inconnue. »

Rapports et différences.

« Cet échantillon montre des traits assez semblables à ceux du *Calamites approximatus* de la formation houillère; mais beaucoup plus fins et délicats. Ce n'est assurément pas une calamite, mais l'empreinte de la moëlle d'un *Calamodendron*. »

L'échantillon de la basse Loire, que j'ai fait depuis longtemps lithographier, s'éloigne aussi beaucoup du *Bornia transitionis*, dont il n'a pas les côtes larges et plates; mais il concorde avec le *Calamodendron tenuistriatum* Daws. : même absence de raideur, même axe déformé, mêmes côtes n'ayant pas résisté à la compression et décrivant de larges courbes, même étroitesse de ces côtes, qui ont tout à fait les dimensions et la saillie de celles qu'on voit sur la figure de Dawson.

Remarques paléontologiques.

Notre échantillon a 45 millimètres de longueur sur 15 millimètres de large. C'est un fragment. Aucune articulation n'est bien visible; mais il y a, vers la moitié de la hauteur, un très fort pli n'affectant qu'une partie de la largeur. Ce pli montre bien la mollesse du tissu dont le moulage est conservé. C'est une raison pour croire au moule intérieur d'une calamariée ligneuse.

Provenance.

Ce fossile a sûrement été trouvé par moi dans la partie dévonienne du bassin et dans l'arrondissement d'Ancenis. Bien qu'il soit fort incomplet, j'ai cru bien faire en appelant sur lui l'attention, puisqu'il dénote la présence, dans le bassin, de deux calamariées dévoniennes, et qu'il peut être l'occasion de recherches qui compléteront nos connaissances à cet égard.

En Amérique, c'est dans le dévonien moyen du Nouveau-Brunswick qu'il a été trouvé.

Genre BORNIA Schloth.

1820. **Bornia** Schlolheim, Die Petrefactenkunde auf ihren Jetztandpunkte, p. 398.

1820. **Calamites** Schlotheim, Die Petrefaktenkunde, p. 402.

1833. **Equisetites** Sternb., Vers. ein. Geognost. – bot. Darst. d. Flora d. Vorwelt, 5ᵉ et 6ᵉ partie,
p. 43.

1875. **Archæocalamites** Stur, Die Culm-Flora des Mährisch-Schlesischen Dachschiefers
(*Abhandl. d. k. k. Geologischen Reichsanstalt*, vol. VIII, part. I, p. 2).

1877. **Asterocalamites** Stur, Die Culm-Flora d. Ostrauer u. Waldenburger Schichten, p. 74.

Gros rhizomes avec *côtes* larges, bien moins marqués que sur les tiges
aériennes, *se continuant de part et d'autre* des articulations. Grosses racines
naissant aux articulations et en des points indéterminés du rhizome, sur lequel
elles laissent des cicatrices orbiculaires. Tiges arborescentes, assez lisses à l'extérieur, articulées, ayant une moëlle sur laquelle les coins de bois ont imprimé
des sillons. C'est donc la moëlle qui est nettement cannelée et dont le moule
forme des côtes, et non l'extérieur de la tige. Moëlle entourée d'un cylindre
ligneux continu et formé de lames de trachéides ponctuées, séparées les unes
des autres par des rayons médullaires minces, dont les cellules sont plus hautes
que larges; chaque coin de bois muni, à son extrémité intérieure, d'une
lacune aérienne, accompagnée par le bois centripète, le bois centrifuge étant
le plus développé et formant les coins ligneux. Côtes bout à bout, et non
alternes aux articulations. *Feuilles linéaires ou filiformes, deux ou trois fois
dichotomes,* laissant parfois entre les côtes, après leur chute, une petite fossette
elliptique. Fructifications en épis. Bractées ou écailles (feuilles modifiées),
peltées, portant, sous la dilation terminale, ordinairement quatre sporanges,
s'ouvrant par une fente qui regarde la partie basilaire et rétrécie de l'écaille.
Les écailles n'alternent pas d'un verticille à l'autre : elles sont superposées.

BORNIA TRANSITIONIS F. A. Roemer.

(Atlas, pl. I, fig. 1.)

1820. **Calamites scrobiculatus** Schlotheim, Die Petrefaktenkunde auf ihrem jetzigen Standpunkte, p. 402, pl. XX, fig. 4.

1825. **Bornia scrobiculata** Sternb., Versuch einer Geognostich–botanischen Darstellung der
Flora der Vorwelt, partie 4, p. XXVIII.

1828. **Calamites radiatus** Ad. Brongniart, Hist. des vég. foss., I, p. 122, pl. XXVI,
fig. 1-2.

IMPRIMERIE NATIONALE.

1845. **Calamites transitionis** Unger, Synopsis plantarum fossilium, p. 23.

1854. **Bornia transitionis** F. A. Roemer, Palæontographica, III, p. 45, pl. VII, fig. 7.

1869. **Bornia radiata** Schimp., Traité de Paléont. végétale, I, p. 335, pl. XXIV, fig. 1-10.

1875. **Archæocalamites radiatus** Stur, Die Culm-Flora der Mährisch-Schlesischen Dachs-chiefers, p. 2, pl. I, fig. 3-8; II, III, IV, V, fig. 1-2. (*Abhandl. der k. k. Geologischen Reichsanstalt*, vol. VIII, parts I.)

1879. **Asterocalamites scrobiculatus** Zeiller, Explic. de la carte géol. de la France, p. 17, pl. CLIX, fig. 2. (L'atlas a paru en 1878.)

Description de l'espèce. — Entre-nœuds longs, *côtes larges* de 1 1/2 à 2 millimètres, *aplaties, parcourues par 5 ou 6 costules excessivement fines,* visibles à la loupe, remplacées par de petits sillons sur la contre-empreinte.

Remarques paléontologiques. — Ceci n'est point une diagnose, mais plutôt un complément des caractères génériques, et l'on peut dire, si singulier que cela paraisse, que le *Bornia transitionis* n'a pas de caractères spécifiques. Les tiges de *Bornia* ne sont pas rares dans les terrains anciens, particulièrement dans le Culm. Ces tiges, en dehors du caractère générique essentiel qu'elles présentent : la non-alternance des côtes, ont des aspects assez variés ; mais on passe de l'une à l'autre par des formes intermédiaires, de sorte qu'on ne saurait reconnaître des caractères permettant de diviser cet ensemble en plusieurs espèces, et qu'on a réuni presque tous ces fossiles sous le nom de *Bornia transitionis* ou d'un de ses synonymes, qui sont malheureusement nombreux.

Une distinction ne serait pas plus facile si l'on se basait sur les feuilles. Elles sont fines, plusieurs fois dichotomes, et si semblables entre elles qu'il est inutile, on le voit de suite, d'y chercher des caractères d'espèces. Ces feuilles sont même plus uniformes que les tiges. Ainsi, les organes de végétation ne permettent pas la distinction des types spécifiques.

Rapports et différences. — Il n'en est plus de même lorsqu'on examine les organes de reproduction recueillis jusqu'ici ; ils présentent entre eux des différences très notables. Quatre espèces me sont ainsi connues par leurs fructifications et peuvent recevoir un nom définitif. Le *Bornia transitionis* reste forcément un groupe d'attente d'où seront extraites probablement d'autres espèces, à mesure que leurs fructifications seront connues.

Cette différenciation plus grande des organes de la reproduction est un fait ordinaire dans le règne végétal : le feuillage des *cordaites* est bien uniforme et permet difficilement de distinguer les espèces ; cependant les inflorescences et les *cordaicarpus*, de formes si variées, montrent que les espèces étaient nombreuses. A l'époque actuelle, le même contraste se retrouve envers l'uniformité des organes de végétation et les différences très accusées des organes de reproduction : le *Paulownia* (Scrophulariacées) n'a-t-il pas la même feuillage que le *Catalpa* (Bignoniacées)? et qui voudrait avoir à déterminer des *Elatine* ou des *Valerianella* uniquement sur les feuilles? Les familles végétales sont nombreuses où le fruit est à peu près indispensable pour reconnaître les genres et les espèces : tel est le cas des Crucifères, des Ombellifères, etc. Il semble que, dans le règne végétal, la différenciation des types se soit produite d'abord dans la constitution des organes destinés à la conservation de l'espèce et que les différences de forme dans les organes destinés à assurer seulement la vie de l'individu ne se soient montrées que plus tard.

Nous trouvons, dans le bassin de la basse Loire, le genre *Bornia* à trois niveaux : dans le dévonien et dans les deux sous-étages du Culm. C'est seulement dans le Culm supérieur qu'ont été rencontrées des fructifications. Nous devons donc laisser les empreintes de *Bornia* recueillies plus bas, dans l'ancien *Bornia transitionis*, qui est vraisemblablement un groupe d'espèces.

Provenance.

L'échantillon que nous figurons a o m. 13 de long sur o m. o4 de large. Les côtes sont larges, plates, très régulières, très droites, très finement striées en long. Il a donc tout le facies des *Bornia*, bien qu'on n'y voie pas d'articulation. Je l'ai trouvé dans les grès et schistes du Dévonien supérieur d'Ancenis, dans la tranchée du chemin de fer, tout près du pont sur lequel passe la route nationale de Nantes à Paris, à 100 mètres environ au nord de la caserne d'infanterie.

On rencontre, du reste, au même niveau, de minces filaments qui sont, à n'en pas douter, des feuilles de *Bornia*. Mon frère en a recueillis, attachés à un fragment de rameau, dans les schistes dévoniens supérieurs de la carrière Sainte-Anne, près de Chalonnes.

Le *Bornia transitionis* se trouve dans le dévonien moyen à Srbsko, en Bohême. La figure donnée par MM. Potonié et Ch. Bernard [1] ne laisse aucun doute à cet égard. Ainsi on peut reporter l'existence du genre *Bornia* assez loin dans le Dévonien; il existait déjà avant le dépôt dévonien supérieur de la basse Loire. M. Kidston l'a signalé aussi en Allemagne, à Clausthal et à Herz [2];

---

[1] Flore dévonienne de l'étage H de Barrande. Suite de l'ouvrage : *Système silurien du centre de la Bohême*, par Joachim BARRANDE, édité aux frais du fonds Barrande, p. 24, fig. 53.

[2] R. KIDSTON, Catalogue of the palæozoic plants in the department of Geology and Palæontology British Museum Natural History, 1886.

3.

M. Dawson en Silésie [1]; et dans l'Amérique du nord à Saint-John, Lepreau, Nouveau-Brunswick [2].

Si le genre *Bornia* est à son début dans l'étage dévonien, il atteint son maximum dans le carbonifère inférieur ou Culm, et c'est même dans le Carbonifère inférieur qu'il paraît avoir sa plus grande extension géographique. On le cite alors dans le bassin de la basse Loire; dans le Mâconnais, où il a été étudié par M. Vaffier [3]; dans le Culm inférieur du Roannais; dans les Vosges, et notamment dans la vallée de Thann; dans les schistes tégulaires de Moravie et de Silésie [4]; à Hainischen, Bersteldorf et Ebersdorf, en Saxe [5]; près d'Hernborn dans le Nassau; dans le grès carbonifère d'Artinsk et dans le calcaire houiller de Petrowskaja, gouvernement de Kharkoff [6]; en Écosse; en Irlande; à l'île des Ours, au Spitzberg, etc. En Amérique, d'après Lesquereux [7], il est commun dans les subconglomerate measures de l'Alabama et a été trouvé aussi à Fayetteville, Arkansas.

Les *Bornia* ne sont pas bien rares, même dans le Culm supérieur. Dans le bassin de la basse Loire on en trouve à ce niveau non seulement des tiges et des feuilles, mais encore des fructifications qui permettent d'y reconnaître une espèce véritable : *Bornia pachystachya*. Les schistes d'Ostrau et de Waldenbourg [8], contemporains du Culm supérieur de la basse Loire, ont présenté des *Bornia* dans de nombreuses localités citées par Stur, mais à la partie supérieure du Culm, ce genre a une extension géographique en apparence bien moins grande; car le niveau supérieur du Culm ne se trouve pas dans d'aussi nombreux dépôts que l'inférieur.

[1] DAWSON, On the precarboniferous Flora of New Brunswick, Maine and Eastern Canada. (*The Canadian naturalist and geologist*, VI, 1861, p. 168.)

[2] DAWSON, The fossil plants of the devonian and upper silurian formation of Canada. (*Geol. surv. of Canada*, 1871, p. 25.)

[3] VAFFIER. Étude géologique et paléontologique du Carbonifère inférieur du Mâconnais, p. 127.

[4] STUR, Die Culm-Flora des Mahris.-Schlesischen Dachschiefers, p. 4, 1875.

[5] GEINITZ, Darstellung der Flora des Hainischen-Ebersdorf und des Flœhaer Kohbbassins, p. 31, 1854.

[6] EICHWALD, Lethæa rossica, p. 177, 1860.

[7] LESQUEREUX, Coal-Flora of Pennsylvania, I, p. 31, 1880, et II, p. 707, 1884.

[8] STUR, Die Culm-Flora der Ostrauer und Waldenburger Schichten, p. 74, 1875.

Genre PINNULARIA Lindley et Hutton.

Hydatica Artis, Antediluvian Phytology, p. 1, pl. V.
Pinnularia Lindley et Hutton, Foss. Flora of Great Britain, II, pl. III.

Racines larges de quelques millimètres, émettant des racines latérales qui paraissent dans un même plan et comme pennées, ceci tenant à l'aplatissement qu'elles ont éprouvé après avoir été enlevées du lieu où elles flottaient et s'être déposées ; racines latérales émettant de très fines radicelles.

PINNULARIA MOLLIS n. sp.

(Atlas, pl. I, fig. 3.)

Axe de 2 millimètres de diamètre, un peu sinueux et émettant, par deux ou trois, à un même niveau, des racines latérales étalées, non parallèles, dirigées en divers sens, peu longues, *nullement raides, paraissant avoir eu peu de consistance, plus ou moins courbées,* donnant naissance à des radicelles presque aussi grosses qu'elles. Groupes de racines naissant à peu près à la même distance. Il semblerait qu'il y a des nœuds, mais il n'y a pas d'articulations.

Description de l'espèce.

Ce *Pinnularia* me paraît différer de tous ceux qui ont été publiés jusqu'ici par son aspect flasque et mou, qui lui donne l'aspect d'une racine de plante herbacée. Trois espèces de ce genre, provenant du dévonien moyen de l'Amérique du nord, ont été décrites et figurées par Dawson[1]. L'une : *Pinnularia nodosa* Daws., a des racines latérales, ou du moins des appendices latéraux tellement renflés et lobés qu'on dirait non pas des organes souterrains, mais les pennes d'une fronde de Fougère. Les deux autres : *Pinnularia dispalans* et *P. elongata,* ont des racines secondaires droites, étalées, plus nombreuses, plus fortes et moins longues dans le *Pinnularia dispalans* que dans l'*elongata.*

Rapports et différences.

Si du dévonien on remonte dans l'étage houiller, on retrouve des *Pinnularia* mais tous avec le même caractère de raideur que nous venons d'indiquer et qui leur donne un aspect tout différent de celui que présente le *Pinnularia mollis.*

Tous les paléobotanistes regardent les *Pinnularia* comme des racines; mais Lindley a supposé que c'étaient des racines d'*Annularia* ou d'*Asterophyllites;*

Remarques paléontologiques.

[1] Dawson, The fossil plants of the devonian and upper silurian formations, p. 33, pl. VII, fig. 78, 1871.

Geinitz les a attribuées aux *Asterophyllites;* M. Grand'Eury, à l'*Annularia longifolia.* Nous n'avons trouvé dans le dévonien de la basse Loire aucun de ces deux genres; mais il y en a un autre, le genre *Sphenophyllum,* dont les racines pouvaient bien être herbacées. On a trouvé en Angleterre, et Artis a figuré [1] des *Pinnularia* naissant de troncs de calamites. Il est vraisemblable qu'une bonne partie de ces racines appartenaient à des Calamariées.

Provenances.   L'échantillon unique représenté ici a été extrait par moi des schistes dévoniens supérieurs d'Ancenis, dans la tranchée du chemin de fer d'Orléans, près du pont de la caserne.

PHANÉROGAMES GYMNOSPERMES.

Classe des PTÉRIDOSPERMÉES.

Port de Fougère ou sans analogue dans la végétation actuelle. Tige avec ou sans moëlle, a une ou plusieurs stèles, chaque stèle ayant un bois primaire peu développé et un bois secondaire rayonnant; les deux bois passant dans les pétioles. Inflorescences mâles et inflorescences femelles sur des frondes ou sur des portions de frondes différentes; les mâles consistant en capsules (anthères) insérées sur le pourtour des pinnules, ou remplaçant les pinnules et réunies par petits bouquets au sommet des dernières divisions d'axes dichotomes. Graines isolées, avec ou sans involucres.

Genre CEPHALOPTERIS Nathorst [2].

1902. **Cephalotheca** Nathorst, Zur fossilen Flora der Polarländer, erster Theil, dritte Lieferung : *Zur Oberdevonischen Flora der Bären-Insel,* p. 15.
1910. **Cephalopteris** Nathorst, Beiträge zur Geologie der Bären-Insel, Spitzbergens und des Köning-Karl-Landes (Reprinted from *Bull. of the Geol. Instit. of Upsala,* vol. XI, p. 277 et (note) 1877].

Pennes stériles alternes, pennes fertiles opposées, s'insérant sur l'axe par une base longuement descendante. Toutes ces pennes (stériles et fertiles), *droites et raides,* nues dans presque toute leur longueur, *portant, à leur base seule-*

---

[1] Artis, Antediluvian Phytology, p. 1, 1887.

[2] Le nom *Cephalotheca* ayant déjà été employé pour un champignon parasite, M. Nathorst l'a changé en *Cephalopteris.* Il a eu l'obligeance de me signaler ce changement.

ment, chacune un amas d'organes mâles ou anthères. Un de ces organes au sommet de chaque division ultime d'un pédoncule dichotome.

CEPHALOPTERIS MIRABILIS Nathorst.

(Atlas, pl. I *bis,* fig. 3, 4, 4 A.)

1902. **Cephalotheca mirabilis.** Nathorst, Z. foss. Fl. de Polarländer, erster Theil, dritte Lief. *Z. Oberdevon. Fl. d. Bären-Insel,* p. 15, pl. I, fig. 18-36.
1910. **Cephalopteris mirabilis** Nathorst, Beitr. Z. Geol. d. Bären-Insel, Spitzb. u. d. Köning-Karl-Land. (Reprint. from *Bull. of the Geol. Instit. of Upsala,* vol. XI, p. 277.)

Rachis stérile d'environ o m. oo3 de diamètre, anguleux *à angles émoussés, plus ou moins en zig-zag,* formant, en effet, au niveau de la naissance de chaque penne secondaire, un angle aigu assez ouvert, ou, par la réflexion de cette penne, un angle obtus. Ramifications ultimes très fines. Axes des pennes fertiles semblables à ceux des pennes stériles, c'est-à-dire à côtes mousses. *Pennes secondaires fertiles opposées, s'insérant obliquement, les deux pennes étant jointes entre elles d'un côté, dans le haut de leur point d'attache, et étant étalées sous le même angle que celles qui sont stériles et alternes. Il y a ainsi sur un axe plusieurs paires de pennes* successives, distantes l'une de l'autre de o m. o3 à o m. 10; *la plus élevée au sommet de l'axe,* qui se divise en deux branches divergentes rappelant la forme d'une ancre. *Organes de reproduction attachés tout à fait à la base des pennes fertiles. Ce sont des amas de capsules elliptiques* (ou mieux, anthères) supportées par des axes (filets) très courts, trois ou quatre fois dichotomes. En raison de la brièveté de ces filets, dont chacune des dernières ramifications est attachée à la base d'une anthère pendante, ces anthères sont rapprochées les unes des autres et forment de chaque côté de l'axe principal de la fronde une masse presque globuleuse, un peu plus large que haute (largeur o m. o12 à o m. o15, hauteur o m. oo7). Les anthères ont environ o m. oo2 de haut. Les deux masses d'organes reproducteurs situées à un même nœud sont égales, et celles qui sont sur le trajet du rachis principal ne diffèrent pas de celles qui sont à la base de la dichotomie terminale.

Les *Cephalopteris* sont rangés par M. Nathorst dans le groupe des Marattiacées, appartenant à la classe des Fougères. Il y en a trois espèces; mais une seule, *Cephalopteris mirabilis,* est assez bien connue pour se prêter à une étude d'ensemble. Si c'est une Fougère, on doit convenir qu'elle est bien

Description de l'espèce.

Remarques paléontologiques.

anormale; car elle n'a ni véritable fronde, ni limbe Les deux rachis d'une même penne secondaire, qui sont opposés, se rejoignent alternativement d'un côté ou de l'autre de l'axe primaire. L'expansion qui représente une fronde a des pennes étalées dans un même plan; mais l'insertion de ces pennes varie de telle sorte que la fronde, ou ce qui en tient lieu, n'a ni face antérieure, ni face postérieure. Les fructifications sont, comme nous l'avons dit, attachées à la base de chaque penne secondaire. Ce sont de petites masses globuleuses formées de pédicelles ou filets dichotomes très courts, dont chaque branche terminale s'attache à la base d'une capsule, qui est pendante. Ces capsules sont-elles des sporanges ou des anthères? C'est à cette dernière opinion que nous nous rattachons. Les sporanges des Marattiacées vivantes sont couchées sur les nervures, et il en est de même de ceux des Marattiacées fossiles (*Dactylotheca, Asterotheca*), sauf très peu d'exceptions dans les Pécoptéridées. Mais si l'on cherche, parmi les rares espèces de Ptéridospermées dont les organes mâles et les organes femelles sont aujourd'hui connus, les caractères que présentent les mâles, on voit que ces organes sont attachés par leur base et pendants. Le *Sphenopteris Hœninghausi* Ad. Brongn., dont la graine est dans un involucre glanduleux et a été appelée par Williamson *Lagenostoma Lomaxi*, a pour inflorescence mâle des pinnules à peine modifiées dans leur forme et bordées d'anthères pendantes, disposition sur laquelle a été fondé le genre *Crossotheca*. Le *Nevropteris heterophylla* Ad. Brongn., qui porte au sommet des pennes une grosse graine fibreuse, a pour organes mâles des appareils formés de quatre lobes ou quatre anthères portées sur un pédicelle ou filet très fin ou rameux, qui ne devait pas être rigide.

Rapports et différences.   En somme, ces deux inflorescences mâles que nous venons de citer, certaines, quoique très différentes, ont ces caractères communs d'être attachées par la base et d'être groupées sans involucre.

Mais parmi les fructifications regardées jusqu'ici comme appartenant soit à des Marattiacées, soit à des Cryptogames vasculaires dont la place est restée indéterminée, ne s'en trouverait-il pas qui auraient quelque ressemblance avec l'une ou l'autre des inflorescences mâles dont nous venons de parler, et qui seraient, elles aussi, des inflorescences mâles de Ptéridospermées?

Il y en a assurément. Par exemple, je regarde comme mâle la fructification des *Archæopteris*, dont M. Zeiller [1] a signalé les « grandes capsules pédicellées

[1] Une nouvelle classe de Gymnospermes, les Ptéridospermées. (*Revue générale des Sciences* 16ᵉ année, n° 16, 30 août 1905, p. 726.)

à déhiscence longitudinale, plus semblables à des anthères qu'à des spo-ranges ». Ces anthères ressemblent tout à fait à celles des *Cephalopteris*, dont elles diffèrent par l'absence de dichotomie dans les filets suspenseurs.

Je regarde aussi comme des anthères les capsules terminant les dernières ramifications de l'inflorescence des *Psilophyton robustius* et *princeps*. Ces cap-sules ressemblent tout à fait à celles des *Cephalopteris* et sont suspendues comme elles à des filets dichotomes.

En résumé, les capsules des genres que nous venons de citer ne diffèrent guère que par leur mode d'attache. Toutes sont ovales ou elliptiques, pen-dantes et sans involucre.

En ce qui concerne les *Psilophyton*, nous ne parlons ici que des inflores-cences qu'on leur a attribuées. Ces inflorescences se rapportent-elles bien au même genre que les rameaux stériles dont Dawson les a rapprochées? C'est ce qui n'est pas suffisamment démontré.

Je suis fort obligé à M. Zeiller d'avoir appelé mon attention sur un rapport possible entre le *Cephalopteris*, dont nous venons de parler, et le genre *Alci-cornopteris* de M. Kidston [1]. Une espèce, *A. convoluta*, a été signalée par ce savant dans diverses localités d'Écosse et d'Angleterre. Il en a donné la des-cription et la figure dans le mémoire que nous citons en note. Bien que les spécimens recueillis soient nombreux, on n'a jamais trouvé de fructifications, ni même de traces indiquant leurs points d'insertion.

Au contraire, une seconde espèce, trouvée en France, à Fuissé, dans le Mâconnais, par M. Vaffier [2], et publiée par lui sous le nom d'*Alcicornopteris Zeilleri*, a présenté des fructifications encore attachées au rachis qui les a por-tées.

Les deux espèces, du reste, ont une grande ressemblance. Toutes deux ont pour frondes stériles des expansions foliacées dichotomes, plus ou moins membraneuses et convolutées-circinées à l'approche des parties fructifiées.

J'ai comparé attentivement les genres *Alcicornopteris* et *Cephalopteris*.

Dans les *Alcicornopteris*, l'aspect foliacé dichotome est celui d'une plante herbacée; on dirait un thalle; même les axes les moins élargis sont membra-neux sur les bords.

[1] On the fructification of some Ferns from the carboniferous formation. (*Trans. of the royal Society of Edinburgh*, vol. XXXIII, 1888, p. 152.)
[2] VAFFIER, Étude géologique et paléontologique du carbonifère inférieur du Mâconnais, Lyon, 1901, p. 124.

Le genre *Cephalopteris*, dont une espèce surtout est représentée dans le mémoire de M. Nathorst par un grand nombre de figures, a sûrement des rachis raides, droits, ligneux, avec des ramifications non moins raides et non moins ligneuses. Aucune de ces ramifications n'est circinée. Les axes secondaires ressemblent à de longues épines.

Les fructifications ne sont pas placées de la même manière : dans l'*Alcicornopteris Zeilleri,* la seule espèce où elles sont connues, il y a un groupe d'organes reproducteurs attaché sous un axe latéral fertile, et un autre groupe qui termine cet axe.

Dans le *Cephalopteris mirabilis* on voit un groupe de capsules, que nous regardons comme des anthères, attaché à l'extrême base des axes latéraux fertiles. La partie extérieure de ces axes est une et spiniforme.

La nature des organes de reproduction n'est pas la même. M. Vaffier regarde les sporanges comme étant placés dans une sorte de cupule, dont le bord est surmonté d'environ six lanières, d'abord rapprochées et protégeant les organes intérieurs, puis s'écartant pour laisser échapper les spores. Cette cupule surmontée de lanières rappelle tout à fait ce que l'on connaît dans les *Calymmatotheca* et les *Sorocladus*. Peut-être la cupule des *Alcicornopteris* contenait-elle une graine au lieu de spores.

Les deux genres sont donc bien distincts; mais il est fort possible qu'ils appartiennent tous deux aux Ptéridospermées et que l'inflorescence connue des *Alcicornopteris* soit une inflorescence femelle.

Provenance. M. G. Ferronnière, professeur de géologie à l'Institut catholique d'Angers, a trouvé la curieuse fructification du *Cephalopteris mirabilis* Nath. dans une petite carrière ouverte dans les schistes dévoniens supérieurs d'Ancenis. Cette carrière est située entre la route d'Ancenis à Saint-Géréon et le chemin de fer d'Orléans, exactement dans l'*a* du mot *station* sur la carte de l'État-major au 1/80,000. Sur le même échantillon se trouvent des Pélécipodes. Depuis, M. G. Ferronnière a recueilli au même endroit un fragment de rachis stérile de cette même espèce, portant une base de penne alterne et réfléchie.

M. Nathorst, à qui on doit la première et la meilleure description du *Cephalopteris mirabilis,* nous apprend dans son important mémoire (*loc. cit.*, p. 7) que cette espèce a été trouvée, par le Dr Anderssons, sur le versant méridional du Mont Misère, dans l'Île-des-Ours. Cette île est située entre le cap Nord et le Spitzberg. C'était, je crois, jusqu'ici la seule localité connue.

Genre PSILOPHYTON Dawson.

1859. **Psilophyton** Dawson, On fossil plants from the devonian Rocks of Canada. (*The Quarterly Journal of the Geological Society of London*, Jan. 5, p. 478.) — Dawson, On the pre-carboniferous Flora of New Brunswick, Maine and Eastern Canada. (*The Canadian Naturalist and Geologist*, VI, June 1861.) — Dawson, On the Flora of the devonian period in north-eastern America (from *The Geological Society*, Novemb. 1862, p. 315). — Dawson, Further Observations on the devonian plants of Maine, Gaspé and New-York (from *The Quart. Journ. of the Geol. Soc.*, for Novemb. 1863, p. 465). — Dawson, The fossil plants of the devonian and upper silurian formations of Canada, London, 1871, p. 37 (*Geological Survey of Canada*). — Dawson, Note on some scottish devonian plants (from *The Canadian Naturalist*, VIII, n° 7, 1878). — Dawson, The fossil plants of the erian (devonian), and upper silurian, part. II, p. 103.

Rhizome horizontal, ayant un axe central formé de vaisseaux scalariformes et entouré d'une enveloppe de fibres ligneuses, plongée elle-même dans un épais cylindre de tissu cellulaire, lequel est entouré d'une couche extérieure fibreuse. Racines éparses, naissant à la face inférieure du rhizome, s'enfonçant verticalement. *Tiges stériles dressées, dichotomes, naissant à la partie supérieure du rhizome, enroulées en crosse au sommet quand elles sont jeunes,* à structure intérieure semblable à celle du rhizome, feuillées, à *feuilles pétites, spiniformes,* uninerviées, disposées en spirale, portant de très rares stomates. *Rameaux fertiles dichotomes,* à angle plus ouvert, *ne portant pas* ou presque pas *de feuilles. Anthères* s'ouvrant par une fente latérale, *groupées au sommet des dernières ramifications.*

PSILOPHYTON PRINCEPS Dawson.

(Atlas, pl. I *bis*, fig. 5 à 12.)

1859. **Psilophyton princeps** Dawson, On the foss. pl. from the devon. rocks of Canada (*Quart. Journ. from Geol. Soc.*, London, vol. XV, part. 1. Jun. 1859, p. 479, fig. 1 a-1 i). — Dawson, Precarbonif. of New-Brunswick, Maine and Eastern Canada (*Canad. Nat.*, VI, Jun. 1861, p. 179). — Dawson, Fl. of devon. period. North-East Amer. (*Quart. Journ. Geol. Soc.*, Nov. 1862, p. 315). — Dawson, Furth. Obs. on devon. pl. of Maine, Gaspé, New-York (*Quart. Journ. Geol. Soc.*, for Nov. 1863, vol. XVIII, p. 465, pl. XVIII, fig. 22). — Dawson, Acadian Geology, 2° édit., Londres, 1868. — Dawson, Foss. pl. of devon. and upp. silur. format of Canada (*Geol. Survey of Canada*, 1871, p. 37, pl. IX, X, fig. 111-120; XI, fig. 127-129, 133-134). — Dawson, Suppl. to the second edit. of Acadian Geology, 1878, p. 71, fig. 12. — Dawson, On Rhizocarps in the Erian Devonian period in Amer. (*Bull. Chicago Acad. Sc.*, 1886, I, p. 105). —

4.

Gr. v. Solms-Laubach, Enleitung in die Palæophytologie, 1887, p. 195-197. — Dawson, The geological history of plants, 1888, p. 64, fig. 12. — Lesley, Diction. of the Foss. of Pennsylv. and neighboring states named in the Report and catal. of the Survey, II, 1889, p.805 et fig. — Schenk, Handb. der Palæont. herausg. v. K. Zittel, II Abth. Palæophyt., 1890, p. 183, fig. 136. — Dawson, The Geol. of Nova-Scotia, New Brunswick and Prince Edward Island fourth edit. 1891, p. 543. — Potonié, Lehrbuch der Pflanzenpalaeontologia, 1899, p. 263 et fig. — Zeiller, Éléments de Paléobotanique, Paris, 1900, p. 203.

Description de l'espèce.

Rhizome épais de 5-25 millimètres, beaucoup plus gros que les rameaux, couvert de stries longitudinales irrégulières, cicatrices des racines irréguliè-- rement éparses, très petites, presque ponctiformes, de 1-2 millimètres de diamètre, déprimées avec un bourrelet circulaire saillant. *Tiges stériles dichotomes, d'aspect différent suivant qu'elles ont ou non conservé leur épiderme. Avec l'épiderme elles ont parfois conservé les feuilles,* qui sont étalées, rigides, presque spiniformes. Ces feuilles paraissent très caduques. *Les rameaux stériles qui les ont perdues, mais dont l'épiderme est resté, montrent une surface lisse avec des mamelons ou coussinets transversaux. Dépouillés de l'épiderme et de la couche cellulaire, les rameaux stériles laissent voir la surface de l'axe central* parcourue par des côtes longitudinales anastomosées. *Rameaux fertiles trois à quatre fois dichotomes. Leurs dernières ramifications* arquées et *portant à leur sommet 1 à 3 capsules elliptiques* ou oblongues, un peu pédonculées, étalées en bouquet.

Remarques paléontologiques.

Les débris de végétaux que l'on trouve dans les schistes dévoniens de la basse Loire sont, comme nous l'avons dit, parfois mêlés à des fossiles animaux marins : Brachiopodes, Encrines, etc., ou à des Mollusques bivalves : Pélécipodes, ayant vécu dans l'eau douce. Il y avait donc là une terre sur laquelle, soit dans des marécages, soit sur le bord de cours d'eau, se montrait une végétation déjà importante. Ces végétaux, brisés et entraînés jusqu'à la mer, qui parfois elle-même envahissait le rivage, étaient roulés et réduits en fragments fort petits et en partie décomposés.

Il a donc fallu recueillir tous les morceaux dont la détermination était possible, les classer suivant leurs formes, tous ceux qui se ressemblaient étant placés ensemble, puis prendre les meilleurs spécimens dans chaque groupe, et voir s'ils paraissaient appartenir à des espèces différentes, ou s'ils ne pouvaient pas être des parties différentes d'une même espèce, et chercher enfin si quelque chose de semblable n'avait pas encore été décrit et figuré dans les ouvrages et mémoires traitant de la flore dévonienne.

Quelques échantillons furent mis à part comme provenant d'espèces parti-
culières et plus rares, du moins ici; mais la masse des autres me parut appartenir à une seule et même espèce, et cette espèce ne pouvait guère être
qu'une des plus répandues et des plus caractéristiques du Dévonien : le
Psilophyton princeps Dawson. Je retrouvais un certain nombre d'organes décrits et figurés par l'éminent paléobotaniste américain[1]. La plupart étaient
bien exigus, mais d'une assez bonne conservation.

Je vais passer en revue les divers organes reconnaissables.

Rhizomes. — Les rhizomes du *Psilophyton princeps* sont toujours plus gros
que les tiges qui en naissent. Ils sont beaucoup plus rares, ce qui se comprend
puisque, fortement attachés au sol, ils devaient, bien moins que les tiges et
les rameaux, être emportés et fossilisés. Sur près d'une centaine d'échantillons
du Dévonien de la basse Loire, je n'ai vu que trois fragments de rhizome bien
caractérisés. Ils ont été recueillis par mon frère : un entre Ancenis et Saint-
Géréon, deux dans la carrière de Paincourt, au sud de Montjean (Maine-et-
Loire). Ils ont de 4 à 7 millimètres de diamètre; mais Dawson en a figuré un de
plus de 2 centimètres de large! La surface du rhizome est facile à reconnaître :
elle est couverte de nombreuses petites costules longitudinales, plus ou moins
courtes et parallèles, et porte, très disséminées, des aréoles ponctiformes, cicatrices laissées par les racines arrachées. Sur nos échantillons on ne voit pas
de cicatrices de racines. Ce n'est pas étonnant, ces racines étant d'ordinaire
fort éloignées les unes des autres.

Tiges stériles avec écorce, feuilles. — Les tiges stériles sont ou ont été
feuillées. Dans la plupart des cas les feuilles sont tombées. Les beaux échantillons figurés par Dawson[2] sont exceptionnels et ont été choisis précisément
à cause de leur beauté. Sur la même planche (fig. 104, 109 et 110), sont
des fragments de tige plus ou moins défeuillés. Entre ces feuilles restantes,
il semble que la couche extérieure de la tige ait été enlevée par macération,
sur une partie au moins de son épaisseur, et, à la place de chaque feuille
tombée, on voit une ponctuation correspondant assurément à la rupture du
faisceau vasculaire qui se rendait dans la feuille.

[1] The fossil plants of the devonian and upper silurian formations of Canada, pl. X, fig. 111
Geol. Survey of Canada, 1871.)
[2] DAWSON, *loc. cit.*, pl. IX, fig. 97-101.

Dans les tiges cortiquées assez nombreuses que mon frère a recueillies, il semble que les choses se sont passées autrement; presque toutes les feuilles sont tombées. On en voit cependant plusieurs sur une assez grosse tige (pl. I *bis*, fig. 7) et une assez nette dans le haut d'un débris de rameau que nous avons fait représenter pl. I *bis*, fig. 8, 8 *a*; cette feuille spiniforme est tout à fait pareille à celles figurées par Dawson; mais, sauf la chute des feuilles, ce fragment ne paraît pas avoir subi d'altération et nous avons sous les yeux la surface épidermique.

Les coussinets qui supportaient les feuilles sont bien visibles. Ces coussinets sont alternes, comme l'étaient les feuilles. Ils sont un peu plus larges que hauts, et la cicatrice foliaire qui les surmonte est parfois, mais non toujours, apparente.

Les tiges stériles bifurquées sont rares. L'angle que forme la bifurcation est plus aigu que celui des rameaux fertiles.

Parfois les rameaux stériles sont enroulés en crosse au sommet, et cette crosse est tantôt simple, tantôt double. Ce dernier cas se présente lorsque les deux branches d'une bifurcation sont enroulées toutes les deux. J'ai vu une trace d'enroulement sur un fragment de rameau recueilli dans les schistes dévoniens bordant au nord la carrière de Châteaupanne, entre Montjean et Chalonnes (Maine-et-Loire).

Tiges stériles décortiquées. — Dans ces tiges l'écorce est enlevée, et ce qu'on voit est le cylindre ligneux. La superficie de ce cylindre est couverte d'une alternance de costules et de sillons. Nos échantillons sont fort imparfaits; mais plusieurs figures de Dawson donnent une assez bonne idée de cette disposition. Ces figures[1] ont été publiées par ce distingué paléobotaniste, dans le *Quarterly Journal of the Geological Society of London*, 1859, p. 479 et portent les n°s 1 *a* à 1 *h*. Les figures 1 *f* et 1 *h* surtout paraissent assez bonnes; mais la figure 1 *b* n'est pas aussi exacte. On pourrait croire ici qu'elle présente une surface épidermique; mais elle est reproduite ailleurs de manière à ne laisser aucun doute sur son état décortiqué. En effet, six des figures du *Quarterly Journal* de 1859 ont paru la même année dans *The canadian Naturalist and Geologist*, et parmi elles on retrouve la figure 1 *b*; mais la surface en est bien différente. Cette face est couverte de costules longitudinales et anastomosées

---

[1] Dawson, On the fossil plants from the devonian rocks of Canada (*The Quarterly Journal of the Geological Society of London*, Januari 5, 1859, p. 479, fig. 1 *a*-1 *h*).

C'est la surface d'un axe décortiqué, et c'est à cette figure qu'il faut se fier pour l'exactitude. Voici pourquoi :

Dans mon exemplaire du mémoire de Dawson, imprimé à Londres, j'ai trouvé, à ma grande surprise, une page détachée de l'article paru dans le *Canadian Naturalist,* et, au bas de cette page, sont deux lignes manuscrites de Dawson, que voici textuellement : *These figures are more accurate than these in the British copy G W D.* Ainsi l'auteur lui-même, dans une note signée, nous avise que les figures du mémoire américain sont les meilleures. Or, parmi ces figures, se trouve celle numérotée 1 *b*, qui, dans ce mémoire, offre à la surface du rameau qu'elle représente de nombreuses costules ana- stomosées. Ce rameau est donc privé de son écorce. Les costules qui le par- courent bordent des vides allongés qui ne sont pas les uns au-dessus des autres, mais qui se juxtaposent obliquement et s'étendent longuement par le bas. Les dessins que ces côtes et ces vides tracent sur la surface décortiquée semblent se répéter en spirale, et non pas sur une ligne verticale comme dans le *Lepidodendron Gaspianum,* où ils sont bien moins allongés inférieure- ment.

Rameaux fertiles. — Ce sont des axes plusieurs fois dichotomes et suppor- tant les fructifications. Ils sont plus minces que les rameaux stériles et sont dépourvus de feuilles. Les branches de chaque bifurcation sont plus ouvertes que celles des tiges stériles. Dawson a figuré[1] ces rameaux bifurqués trois ou quatre fois à angle à peu près droit, les uns n'ayant pas ou n'ayant plus de fructifications, les autres portant au sommet de chaque division des capsules tellement semblables à celles des *Archæopteris,* des *Crossotheca* et des *Cepha- lopteris* que je ne saurais y voir autre chose que des organes mâles de Ptéri- dospermées, c'est-à-dire des anthères. L'axe principal de l'inflorescence n'a guère que 2 millimètres de diamètre; les dernières ramifications sont fili- formes.

Anthères. — Elles sont attachées par 2-3 au sommet des dernières divisions de l'inflorescence. Ces fragments d'inflorescence sont assez nombreux. Les capsules, au contraire, sont rares. Je leur attribue deux corps couchés paral- lèlement et paraissant avoir tenu à un même rameau, que j'ai trouvés dans un

---

[1] The fossil plants of the devonian and upper silurian formations of Canada (*Geol. Surv. of Canada,* pl. IX, fig. 102, 103; pl. X, fig. 119).

des tunnels de la carrière de Châteaupanne, à 25 mètres au nord du Calcaire. Chacune de ces capsules est longue de 5 millimètres et large d'environ 1 millimètre et demi. Leur forme est elliptique. Elles sont aiguës aux deux bouts et légèrement tordues dans leur longueur. D'après les figures de Dawson, les anthères du *Psilophyton princeps* varient un peu dans leur forme : le plus souvent elles sont atténuées et aiguës à leurs deux extrémités; plus rarement elles sont obovales et obtuses au sommet.

Rapports et différences.

Si les rameaux stériles et les rameaux fertiles appartiennent également au même genre, ce qui n'est pas hors de doute, ce genre est vraiment bizarre et a des affinités multiples. Il a été rapproché des Lycopodiacées et des Marsiléacées; mais ce sont les rameaux stériles dont on a surtout tenu compte, car les rameaux fertiles, dichotomes et portant à leur sommet des capsules, ne diffèrent en rien de l'inflorescence mâle d'une Ptéridospermée.

Mais, dans les *Psilophyton*, ce sont des vaisseaux qui occupent l'axe de la tige, tandis que dans les Marsiléacées, de même que dans les *Psilotum* et les *Tmesipteris*, de la classe des Lycopodiacées, il y a une moëlle centrale. Quant aux *Lycopodium* eux-mêmes, leurs vaisseaux forment des bandes dans le tissu cellulaire, disposition encore plus éloignée de ce qu'on voit dans les *Psilophyton*.

Les racines des *Psilophyton* naissaient sur toute la longueur du rhizome, comme dans les Fougères et les Lycopodiacées. Dans les Marsiléacées, elles naissent aux nœuds seulement.

Les *Psilophyton* émettaient des tiges dichotomes, dont les derniers rameaux étaient enroulés en crosse. Les Lycopodiacées sont dichotomes, mais les rameaux ne sont pas enroulés, et les feuilles qu'ils portent ne le sont pas non plus. Dans les *Pilularia* et *Marsilea*, les feuilles, bien qu'enroulées, ne sont nullement dichotomes. Dans les Fougères vivantes, la dichotomie est rare; on ne la voit que dans les Gleichéniacées, et on peut aussi l'observer, comme cas tératologique, dans les serres trop sombres et trop chauffées; mais c'est un état très ordinaire dans de nombreux genres fossiles : *Archæopteris*, *Calymmatotheca*, *Diplotmema*, *Mariopteris*, dont la plupart entreront dans la classe nouvelle des Ptéridospermées. Quant à l'enroulement en crosse, c'est l'état ordinaire des Fougères en voie d'évolution, et cet état existe dans ces plantes non seulement pour la fronde entière, mais pour toutes les divisions de la fronde. Le même enroulement pour l'axe principal de la fronde et pour ses subdivisions se montre dans un genre créé par Dawson, qu'il a appelé *Ptilophyton* [1], et qu'il regarde comme rapproché des Fougères et des Lycopodiacées; des dernières surtout.

En résumé, on réunit actuellement sous le nom de *Psilophyton* des rameaux fertiles à affinités marquées avec les Ptéridospermées et des tiges stériles réunissant des caractères appartenant les uns aux Lycopodiacées et les autres aux Fougères. Les rameaux fertiles et les rameaux stériles se trouvent d'ordinaire ensemble, mais on ne les a jamais rencontrés insérés les uns sur les autres.

Les débris de *Psilophyton* attribuables au *Psilophyton princeps* Daws. se trouvent dans les schistes dévoniens supérieurs de la basse Loire, au sud comme au nord des calcaires givetiens de l'Ecochère, Montjean, etc.; mais ils sont plus abondants au nord. Nous citerons comme localités les talus de la route de Nantes à Paris, à l'ouest d'Ancenis; ceux du chemin de Saint-Géréon, au sud de la route précédente; les schistes au nord de la carrière de Paincourt, près de Montjean; ceux au nord de la carrière de Sainte-Anne, à Chalonnes, etc. En réalité, il y en a dans toute la longueur des schistes dévoniens.

Provenance.

Le *Psilotum princeps* est abondant au Canada, où Dawson l'a décrit et figuré. Il paraît dans le Silurien supérieur et continue à se montrer dans tout le Dévonien. Les principales localités sont à Gaspé et dans le Nouveau-Brunswick. On le trouve aussi dans le Dévonien moyen de New-York.

En Europe, on n'a pas rencontré d'échantillons aussi complets qu'en Amérique. Cependant M. Schenk, en son Traité de Paléophytologie, p. 171, cite le *Psilophyton princeps* dans les schistes de la Moselle. Dans la Flore de l'étage H de Barrande, publiée par MM. les docteurs H. Potonié et Ch. Bernard, nous trouvons, décrites et figurées, p. 54-60, deux plantes auxquelles ils donnent les noms de *Psilophyton spinosum* et *P. bohemicum*. La ressemblance est évidemment très grande avec les rameaux stériles du *Psilophyton princeps*, et je ne saurais voir de différence spécifique bien nette si ce n'est que, dans le *P. spinosum*, les feuilles sont plus ascendantes et plus droites que dans le *P. princeps*. Le *Psilophyton bohemicum* s'éloigne davantage du *P. princeps* par la disposition de ses feuilles en verticille. Les feuilles sont aussi bien plus droites que dans le *P. princeps*. On n'a pas trouvé de rameaux fertiles. Stur

---

[1] DAWSON, Notes on some Scottish Devonian Plants. (From *The Canadian Naturalist*, VIII, n° 75, 1878, p. 7-10, fig. *a*, *b*.)

IMPRIMERIE NATIONALE.

avait vu dans ces deux plantes des Algues marines, opinion qui n'a été adoptée par aucun botaniste.

Mais Dawson, dans son ouvrage : *The fossil plants of the devonian and upper silurian formations of Canada*, p. 41, aussitôt après le genre *Psilophyton*, en décrit un autre auquel il donne le nom d'*Arthrostigma*, et qu'il dit lui-même très voisin du précédent. Non seulement il est voisin du genre, mais il l'est particulièrement du *Psilophyton bohemicum* Potonié et Bernard. Le caractère particulier de cette espèce, avons-nous dit, est la disposition des feuilles en verticilles, disposition qu'elles prennent graduellement et à laquelle on trouve des passages. Or, sur la planche où Dawson a représenté son *Arthrostigma gracile*, on suit la formation des verticilles, depuis la situation alterne des feuilles jusqu'à leur disposition très régulière sur un même plan. De plus, les échantillons figurés par MM. Potonié et Bernard, de même que ceux de Dawson, représentent des tiges beaucoup plus grosses que les rameaux typiques du *Psilophyton princeps*. On se demande si les *Psilophyton* n'étaient pas des plantes de dimensions plus grandes qu'on l'avait pensé d'abord, et si les *Arthrostigma* n'en seraient pas la partie inférieure.

On pourrait le penser aussi d'après des échantillons recueillis dans l'Old red sandstone d'Écosse. Les premiers firent le sujet d'un mémoire publié par MM. Jack et Etheridge, et la conclusion de ces savants fut qu'ils étaient convaincus de la grande analogie des fossiles écossais avec les genres de Dawson *Psilophyton* (spécialement *P. princeps*) et *Arthrostigma*, les affinités les plus étroites étant avec ce dernier genre.

M. Carruthers, auquel les échantillons les plus beaux furent soumis par M. Etheridge, y vit aussi de grandes tiges d'une plante telle que le *Psilophyton* de Dawson.

Enfin, M. Kidston[1] a vu les mêmes échantillons. Il en figure plusieurs et les décrit non seulement comme des *Arthrostigma*, mais comme l'*Arthrostigma gracile* de Dawson. Quant au rapprochement des *Arthrostigma* avec les *Psilophyton*, il n'est pas très disposé à l'admettre, du moins dans l'état actuel de nos connaissances. En effet, Dawson a signalé à Gaspé, dans les mêmes couches que l'*Arthrostigma gracile*, des sortes de strobiles qui sont probablement, dit-il, les fructifications de cette plante. Il est certain que ces fructifications sont

---

[1] KIDSTON. On the occurrence of Arthrostigma gracile DAWSON in the lower Old red sandstone of Perthshire. (From *The Proceedings of the Royal Physical Society*, Edinburgh, 1892-93; vol. XII, july 21, 1893.)

très différentes de celles qu'on a attribuées aux *Psilophyton;* mais on ne les a jamais trouvées en place, pas plus, du reste, que l'inflorescence des *Psilophyton*. Dans ces conditions d'incertitude, en ce qui regarde les organes de reproduction, n'est-on pas autorisé à conserver quelque importance aux organes de végétation, qui sont si remarquablement semblables dans les deux genres?

En résumé, on a trouvé, décrit et figuré, en Europe comme en Amérique, des *Psilophyton* et des *Arthrostigma*.

PSILOPHYTON? GLABRUM Dawson.

(Atlas, pl. 1 *bis*, fig, 13.)

1862. **Psilophyton? glabrum** Dawson, On the Flora of the devonian period in North-Eastern America. (From *The Quarterly Journ. of the Geol. Soc.* for november 1862, p. 315. — Dawson, The foss. plants of the devon. and upp. silur. format. of Canada (*Geol. surv. of Canada*), 1871, pl. VII, p. 79, 79 *a*, 79 *b*. — Dawson, The Geology of Nova Scotia, New Brunswick and Prince Edward Island, on Acadian Geology, fourth edit., 1891, p. 543. — Graf zu Solms-Laubach, Enleitung in die Palaeophytologie, 1887, p. 196.

Tiges aplaties, lisses, parcourues par un axe ligneux, longuement nues, ayant parfois un rameau latéral, les plus grosses mesurant jusqu'à 12 millimètres de diamètre, mais grosseur souvent moindre. Description de l'espèce.

C'est bien là le fossile que Dawson a appelé *Psilophyton? glabrum;* mais il ne lui a donné, de son propre aveu, qu'un nom tout à fait provisoire, destiné simplement à désigner cette forme à caractères encore très incomplets. Il ne croit nullement que ce soit un *Psilophyton*, et je ne le crois pas non plus; car on n'y voit ni l'aspect des rhizomes de *Psilophyton*, ni les cicatrices foliaires des tiges, et ces tiges du *P? glabrum* sont beaucoup plus lisses et plus aplaties que celles du *P. princeps*. M. Dawson a, dit-il, dans sa collection, des échantillons d'un pied de longueur. Remarques paléontologiques.

Il compare ce fossile aux grands axes des *Pinnularia;* mais il fait remarquer de suite qu'il y a absence de radicules latérales. Or, dans les *Pinnularia*, qui sont des racines de Calamariées, les racines secondaires, naissant d'une racine principale qui part de la partie inférieure de la tige, sont nombreuses, disposées sans ordre régulier et toutes à peu près de même grosseur. Elles s'écartent à angle très ouvert, et souvent presque à angle droit, de la racine qui leur a donné naissance. Nous ne voyons rien de semblable dans le *Psilo-* Rapports et différences.

phyton? glabrum, qui me paraît plutôt un rachis de Fougère. En effet, avec la forme ordinaire de cette plante, et parfois sur le même échantillon, on voit des fragments de rachis non aplatis; il y a une côte obtuse au milieu, et deux parties concaves, l'une à droite, l'autre à gauche. C'est absolument l'empreinte qu'on obtiendrait de la face supérieure d'un rachis ayant une gouttière au milieu. Cette forme de rachis est ordinaire dans les Sphénoptéridées.

M. le comte de Solms-Laubach, dans son ouvrage : *Enleitung in die Palaeophytologie*, exprime la même opinion, et dit que la figure du *Psilophyton?* *glabrum* de Dawson montre comme un fragment d'un rachis branchu de quelque Fougère.

Cette forme fossile est tout à fait cantonnée dans le bassin de la basse Loire. Jusqu'à présent on ne l'a trouvée qu'immédiatement à l'ouest de la ville d'Ancenis. Elle n'y est pas très rare.

Provenance.   Le *Psilophyton? glabrum* n'était signalé jusqu'ici qu'au Canada; il y a été recueilli dans le Dévonien inférieur et le Dévonien moyen à Saint John (Nouveau-Brunswick).

PSILOPHYTON SPINOSUM Potonié et Bernard.

(Atlas, pl. II, fig. 2.)

1903. **Psilophyton spinosum** Potonié et Bernard. *Flore dévonienne de l'étage H de Barrande,* p. 34.

Voici encore une plante qu'on a mise dans le genre *Psilophyton*, faute de pouvoir lui trouver une place convenable. Ce genre est comme une sorte de dépôt pour un certain nombre de plantes fossiles *incertæ sedis*.

Description *de la plante.*   La plante actuelle et le *Psilophyton bohemicum* P. et B., qui lui ressemble, ont d'abord été prises pour des Algues; on les a même attribuées à des genres d'Algues actuellement vivantes; mais un axe central, des feuilles ou des cicatrices foliaires ont paru indiquer des plantes d'une organisation plus élevée. Dans les échantillons de la basse Loire (il y en a deux), on ne voit en fait d'axe qu'une légère dépression et, vers le bas, quelques ponctuations qui semblent de nature cicatricielle; mais *ces tiges* ont la même grosseur que les tiges de Bohême, et aussi le même port. Elles *ont une tendance à se courber et même à s'enrouler en crosse.* L'un des échantillons d'Ancenis rappelle tout à fait la figure 134 de Potonié et Bernard. Il a les mêmes dimensions, 4 à 5 millimètres de diamètre; la tige s'amincit très graduellement de bas en haut. Dans les uns comme dans les autres *l'extrémité est largement obtuse*, et l'espace entouré par la crosse a 3 centimètres de diamètre.

Les échantillons de la basse Loire ont été recueillis par M. G. Ferronnière dans le petit vallon des environs d'Ancenis où il a trouvé le *Bothrodendron brevifolium*.

On connaissait cette espèce en Bohême, dans l'étage H de Barrande.

Provenance.

PTERIDORACHIS Nathorst.

(Atlas, pl. I *bis*, fig. 14.)

1902. **Pteridorachis** Nathorst, Zur oberdevonischen Flora der Bären-Insel, 1902, p. 11, pl. 1, fig. 3. (*Kongl. Svenska Vetenskaps-Akademiens Handlingar*, Bandet 36, n° 3.)

Nom de genre donné par M. Nathorst aux rachis de Fougères, ou de Filicacées, qui sont connus seulement par leur empreinte, et non par leur structure. Les rachis présentant ce dernier mode de conservation garderaient le nom de *Rachiopteris*. Il est évident que ce ne sont point des genres comme ceux qu'on peut fonder sur des caractères botaniques, mais seulement de ces groupements artificiels qu'Adolphe Brongniart désignait sous le nom de genres subsidiaires, c'est-à-dire provisoires, n'ayant pour but que de soulager la mémoire et destinés à disparaître lorsque les plantes à l'aide desquelles ils auront été établis seront mieux connues.

Reste une question : Doit-on appliquer des noms de genres subsidiaires différents à des organes de plantes qui ne diffèrent que par leur mode de conservation : les uns étant à l'état d'empreinte, les autres à l'état de pétrification des tissus? J'en doute. Il faudrait alors faire deux genres pour les *Stigmaria*, qui sont connus sous les deux formes; deux genres aussi pour les rachis de *calymmatotheca*, qui nous sont connus sous les deux mêmes formes de conservation.

On peut prévoir que les genres *Pteridorachis* et *Rachiopteris*, comprenant chacun des organes très dissemblables, seront un jour subdivisés. On pourra alors examiner plus facilement les questions de synonymie se rapportant à ces fossiles encore fort mal connus.

Le fragment de plante fossile représenté pl. I, fig. 3 du beau travail de M. Nathorst sur la Flore dévonienne de l'Île des Ours, n'a pas reçu de nom spécifique. Il se trouve mentionné seulement avec son nom générique dans l'explication de la planche où il se trouve. C'est un fragment d'axe de 5 cen-

Description
de l'espèce.

timètres de long sur 2 millimètres de diamètre, brisé dans le haut et dans le bas, légèrement arqué et portant quelques petites côtes longitudinales au-dessous de l'organe dont nous allons parler.

C'est une sorte de bourgeon, naissant à 25 millimètres de la rupture inférieure de l'axe principal, à l'aisselle d'un axe secondaire très menu qui s'étale à angle très ouvert, tandis que l'axe principal continue à s'élever en décrivant une courbe légère, et se trouve un peu diminué d'épaisseur. L'organe globuleux n'a donc pas dévié l'axe sur lequel il s'insère. Il a 3 millimètres de diamètre et paraît, en effet, être couvert d'une multitude d'écailles très petites, triangulaires et étroitement imbriquées.

Provenance. Le fossile trouvé par M. G. Ferronnière dans les schistes dévoniens supérieurs d'Ancenis, c'est-à-dire au même niveau que le Dévonien de l'Île des Ours, tout en ne pouvant trouver actuellement sa place que dans le genre *Pteridorachis* et ressemblant en somme à celui de M. Nathorst, offre avec celui-ci quelques différences :

Rapports et différences. 1° L'*axe principal* n'est pas arqué;

2° Il est lisse et sans côtes;

3° Il est *fourchu sous le corps globuleux;*

4° Les deux branches sont à peu près de même hauteur et arquées;

5° Le *corps globuleux* a 4 millimètres de diamètre (1 millimètre de plus que celui de l'Île des Ours); mais il est *entièrement lisse, sans traces de bractées ou d'écailles;* en somme il ressemble bien plus à une graine qu'à un bourgeon, et c'est ce qui m'a engagé à le rapprocher des Ptéridospermées.

Classe des GINGKOACÉES.

Arbres à feuilles alternes, longuement pétiolées, sans nervure médiane. Nervures égales et divergentes. Limbe divisé en deux ou plusieurs lanières.

Genre BARRANDEINA Stur.

1879. **Protolepidodendron** Krejčī, Notiz üb die Reste v. Landpfl. in d. Bohm. Silurform. Sitzungsb. d. k. böhm. Gesell. d. Wiss., am 4 April 1879.

1881. **Barrandeina** Stur, Die Silur-Flora d. Etage H-h in Böhm., p. 33. (Aus. d. LXXXIV Bande der *Sitzb. d. k. Akad. d. Wissensch.* Abth. juli Heft Jahr. 1881.)

Tiges dichotomes, montrant, lorsqu'elles sont décortiquées, des corps saillants (corps knorrioïdes), analogues aux saillies sous-corticales des

Knorria, chacune de ces saillies aboutissant à une feuille. Pétiole très long, limbe divisé en lanières.

BARRANDEINA DUSLIANA Stur.

(Atlas, pl. I *bis*, fig. 15, 15 A.)

1881. **Barrandeina Dusliana** Stur, Die Silur-Flora der Etage H-h in Böhmen, p. 33. (Aus dem LXXXIV Bande der *Sitzb. der k. Akad. der Wissensch.* Alth. Juli Hefte Jahrg. 1881.)
— Potonié et Ch. Bernard, Flore dévonienne de l'étage H de Barrande. (Suite de l'ouvrage : *Système silurien de la ·Bohême* par Joaquim Barrande, édité aux frais du fonds Barrande, p. 45, fig. 107-122.)
1879. **Protolepidodendron Duslianum** Krejči, Notiz über die Reste von Landpflanzen in der böhmischen Silurformation. (*Sitzungsb. d. k. böhm. Gesellsch. d. Wiss.* am 4 April 1879.)
— Krejči, Über ein neues Vorkommen von Landpflanzen und Fucoiden in der böhm. Silurformation. (*Sitzungsb. d. k. böhm. Gesellsch. d. Wiss.* am. 11 Febr. 1881.)

Description de l'espèce.

Tiges plusieurs fois dichotomes, qui paraissent avoir été assez grosses (2-4 centimètres), et dont nous n'avons que les rameaux, les troncs les plus considérables n'étant pas parvenus jusqu'à nous. Sur les rameaux décortiqués on voit des cylindres ou saillies knorrioïdes, grosses, cylindriques, rapprochées les unes des autres jusqu'à se toucher ou se recouvrir. Ces saillies aboutissent en haut à des lentilles elliptiques, obtuses aux deux bouts, qui sont les coussinets foliaires. Sur certains rameaux les corps knorrioïdes sont aplatis et se recouvrent comme des écailles très larges. Les feuilles sont la continuation des corps knorrioïdes, elles partent de leur sommet, de sorte qu'après leur chute le corps knorrioïde semble parfois bilobé par en haut. Les *feuilles* encore en place *se composent d'un pétiole un peu conique dans le bas, grêle, assez rigide, long et terminé par un petit limbe plurilobé, plurinervié, à nervures égales* et divergentes. Souvent le limbe est brisé et le pétiole seul demeure en place.

Provenance.

J'ai pu reconnaître cette plante sur un très petit échantillon des schistes dévoniens d'Ancenis trouvé par M. G. Ferronnière. C'est l'empreinte d'un petit rameau, long de 15 millimètres, large de 5, brisé aux deux bouts. Il est revêtu de sortes d'écailles très larges, dont les inférieures recouvrent les supérieures. Ces écailles sont les corps knorrioïdes mentionnés par MM. Potonié et Bernard, et dont chacun portait une feuille au sommet. Les feuilles sont tombées dans la partie supérieure de l'échantillon, et le corps knorrioïde est là tronqué ou bilobé, comme il est représenté dans les figures 106 et 116 de MM. Potonié et Bernard, et comme on peut le voir aussi sur l'échantillon d'Ancenis. A l'endroit où devait correspondre la base du pétiole est une cassure plus large que haute, qui est évidemment une cicatrice. Dans le bas de l'échantillon plusieurs pétioles sont encore en place. Ils sont étalés, assez raides, et brisés à 3 millimètres de la base, de sorte que la partie terminale, celle qui portait le limbe, manque. Cet échantillon a la plus grande ressemblance avec celui représenté fig. 10 par les deux auteurs que nous venons de citer; mais c'est le plus mince de tous ceux qui ont été figurés jusqu'ici.

Le *Barrandeina Dusliana* a été trouvé en Bohême à Hostim et à Srbsko. Ces deux localités appartiennent, d'après les recherches du professeur J.-J. Jahn, dont les conclusions sont généralement adoptées, à la région supérieure du Dévonien moyen.

A Ancenis, cette plante est dans le Dévonien supérieur, ce qui n'a rien d'étonnant : cela prolonge seulement un peu, dans le temps et dans l'espace, ce que nous savions de son existence.

En raison de ses feuilles à limbe divisé en lanières, comme dans les *Baiera,* et à nervures longitudinales sans médiane, MM. Potonié et Bernard ont rangé le genre *Barrandeina* dans les Gingkoacées, et ils font remarquer qu'il est intéressant d'y trouver la dichotomie à la fois dans les tiges et dans les feuilles, tandis que dans le Gingko vivant la dichotomie existe dans les feuilles seulement.

La présence de corps knorrioïdes rappelle les *Knorria,* qui sont des Lépidodendrées.

Le *Barrandeina* semblerait être une phanérogame gymnosperme ayant cependant quelques traits des cryptogames vasculaires.

En somme, nous connaissons aujourd'hui quatorze espèces, ou plutôt quatorze formes végétales, dans les schistes dévoniens supérieurs de la basse Loire.

Le tableau de la page suivante donne leur répartition dans le temps et dans l'espace.

RÉPARTITION DES VÉGÉTAUX FOSSILES DE LA BASSE LOIRE DANS L'ÉTAGE DÉVONIEN.

DÉSIGNATION.	SILURIEN SUPÉRIEUR. Gaspé (Canada).	DÉVONIEN INFÉRIEUR. Gaspé (Canada).	DÉVONIEN MOYEN. Gaspé (Canada).	New-York.	New-Brunswick (Canada).	Bohême.	DÉVONIEN SUPÉRIEUR. Basse Loire.	Île des Ours.	New-Brunswick (Canada).	CARBONIFÉRIEN INFÉRIEUR. Basse Loire.	Mâconnais.
Lepidodendron acuminatum Vaffier							+			+	+
Lepidodendron Gaspianum Dawson			+	+			+			+	
Lepidostrobus							+				
Bothrodendron brevifolium							+				
Sphenophyllum involutum Ed. Bur.							+	+			
Calamodendron tenuistriatum Dawson							+		+		
Bornia transitionis F. A. Roemer					+		+			+	+
Pinnularia mollis n. sp.							+				
Cephalotheca mirabilis Nathorst	+						+	+			
Psilophyton princeps Dawson		+	+	+	+		+		+		
Psilophyton? glabrum Dawson		+	+		+		+	+			
Psilophyton apiculatum Potonié et Bernard						+	+				
Pteridorachis Nathorst							+				
Barrandeina Dusliana Stur						+	+				

IMPRIMERIE NATIONALE.

ÉTAGE CARBONIFÉRIEN.

SOUS-ÉTAGE CARBONIFÉRIEN INFÉRIEUR OU CULM.

I. CULM INFÉRIEUR.

CRYPTOGAMES VASCULAIRES.

Classe des LYCOPODINÉES.

Voir caractères de la classe, page 7.

Genre LEPIDODENDRON Sternberg.

Voir caractères du genre, page 7, et de l'espèce, page 8.

LEPIDODENDRON ACUMINATUM Vaffier.
(Atlas, pl. I *bis*, fig. 1.)

Le *Lepidodendron acuminatum* n'a été trouvé jusqu'ici, dans le Culm inférieur de la basse Loire, que dans trois localités. Je l'ai recueilli dans un champ,
sur le bord du chemin allant du village de la Barrière au village du Cherpe,
commune de Mésanger (Loire-Inférieure); près de Montjean (Maine-et-
Loire); M. G. Ferronnière l'a trouvé dans le bourg de Montrelais (Maine-
et-Loire), au pied des maisons les plus à l'est du bourg très près du chemin
de fer d'Orléans.

Cette espèce paraît abondante dans le Culm inférieur à Fuissé, Mâçonnais,
où M. Vaffier l'a fait connaître. Schimper l'a trouvée au même niveau, dans
les Vosges. M. Zeiller l'a étudiée provenant des couches du bassin houiller
d'Héraclée, qui ne sont pas du Culm le plus inférieur.

Provenance.

6.

LEPIDODENDRON VELTHEIMIANUM Sternberg.

(Atlas, pl. II, fig. 6.)

1818. **Phytolithus cancellatus** Steinhauer, On foss. Reliq. of unknow veget. in the coal Strata
(*Trans. Amer. Phil. Soc.*, 1818, pl. VI, fig. 2-5).

1825. **Lepidodendron Veltheimianum** [1] Sternb., Vers. ein. geogn. - bot. Darst. d. Fl. d.
Vorwelt, part. 4, p. xii, pl. LII, fig. 3¹ — Unger, Gen. et spec. plant. foss., 1850,
p. 256. — Goldenberg, Die Pflanz. Verstein. d. Steinkohl. v. Saarbrucken, 1855,
p. 17. — Lesquereux, Geol. Surv. of Illinois, vol. II, Palæontol., 1866, p. 455. —
Roehl, Foss. Fl. d. Steinkohl.-Formation Westphal. bei Osnabruck, 1869, p. 130,
pl. VIII, fig. 3; XXIII, fig. 5. — Schimper, Traité de Pal. vég., II, 1870, p. 29. —
Balfour, Introd. to the stud. of palæontol. Botany, 1872, p. 41. — Stur, Die Culm-
Flora d. Mährisch.-Schlesisch. Dachschiefers, 1875, p. 79. — Heer, Flora foss.
arctica, III, Beitr. z. Steinkohlen flora d. arct. Zona, 1875, p. 4, pl. IV, V, fig. 3. —
Stur, Culm-Flora, II, 1877. Die Culm-Flora d. Ostrauer u. Waldenlmgen Schicht.,
p. 375 (269 de la 2ᵉ part.), pl. (XXXV) XVIII, fig. 2, 3; XXXVI (XIX), fig. 8-10.
Rameaux et cônes. — Lesquereux, Coal Fl. v. Pennsylvania, II, 1880, p. 374, Atlas,
pl. LXII, fig. 6-7. — Renault, Cours de bot. foss. II, 1882, p. 9, pl. 5, fig. 3. —
Graf v. Solms-Laubach, Enleitung in d. Paläonphyt., 1887, p. 200, 201. — H. P.
Haas, Die Leitfoss, Synops. d. Geol. Wichtigsten formen d. vorwetlith. Tier u. Pfl..
1897, p. 297, fig. 536. — Schenk, Handb. d. Palæontol. herausg. v. C. Zittel, II
Abtheil. Palæophyta 1890, p. 193, 195. — Seward, Foss. Plants for Students of Bot.
and Geol., 1898, p. 101. — D. H. Scott, Studies of bot., 1900, p. 120, 1 fig. —
Vaffier, Étude géol. et paléont. du carb. inf. du Mâconnais, 1901, p. 131.

1825. **Lepidodendron Veltheimii** Sternberg, Vers. ein. geog. - bot. Darst. d. Fl. d. Vorwelt,
fasc. 4, p. 43, pl. LII. — Potonié, Lehrbuch d. Pflanzen 1899, p. 222.

1828. **Stigmaria** (?) Ad. Brongn. Prodr. d'une histoire d. vég. foss.. p. 88. — Ung. Synops.
plant. foss., 1845, p. 117.

1878. **Sagenaria Veltheimiana** Presl in Stern. Vers. einer geogn. - bot. Darst. d. Fl. d. Vorwelt, siebentes und achtes Heft, p. 180, pl. LXVIII, fig. 14. — Goeppert, Foss.
Fl. d. Übergangs (*Verhand. d. kaiserl. Leop.-Carol. Akad. d. Naturf*, Suppl. d. vierzehnten Band., 1852), p. 180, pl. XVIII, fig. 1; XIX, fig. 2, 3 (rameau feuillé);
XXIII, fig. 1, 3; XLIII, fig. 1. — Geinitz, Darst. d. Flora d. Hain.-Ebersd. u. Flœ-
haer Kohlenbassins, 1854, p. 51, Atlas, pl. IV, fig. 1 (rameaux feuillés), 2 (cône ter-
minal), 5, 6, 11; pl. V, fig. 4, 5. — Goeppert, Ueber d. foss. Fl. d. Silurischen, d.
Devonischen u. unteren Kohlenform, oder sogenant. Uebergangsg., 1859, p. 520. —
Schimper, Mém. sur le terr. de transit. des Vosges, 1862, p. 336, pl. XIX, fig. 3, 4;
XX, fig. 1, 4; XXII, fig. 1; XXIII, fig. 1, 2, XXVI, fig. 3.

[1] Les épithètes *Veltheimianum* et *Veltheimii* ont été toutes les deux, en 1825, employées
dans le quatrième fascicule du grand ouvrage de Sternberg ; mais *Veltheimianum* accompagne
une description, tandis que *Veltheimii*, plus rapproché de la fin du texte, et par conséquent postérieur, se montre plutôt à l'état de *nomen nudum*. J'ai pris ces renseignements sur l'édition alle-
mande ; mais l'édition française ne diffère assurément pas à cet égard.

1886. **Lepidodendron Veltheimi** ZEILLER, Étude des gîtes minér. de la France, bassin houil. de Valenciennes, descr. de la Flore foss., 1888, p. 451, Atlas, 1886, pl. LXVII, fig. 2. — ZEILLER, Étude sur la Fl. foss. du bassin houil. d'Héraclée (Asie mineure), 1899, p, 72.

1907. **Lepidodendron (Sagenaria) Veltheimi** STERZEL, Die Carbon- u. Rothliegendenfl. in Grossherzogtum Baden (*Mitteil. d. Grossherz. Landesanst. herausg. im Auftr. d. Minist. S. innern*, Funft. Band, Heidelb. p. 597, 724):

TIGES ULODENDROÏDES.

(Atlas, pl. IV, fig. 1.)

1877. **Lepidodendron Veltheimianum** STUR, Die Culm-Flora d. Ostrauer u. Waldenburg. Schichten, p. 269, Culm-Flora Heft II, p. 269, pl. XXI (XXXVIII); pl. XXII (XXXIX) fig. 3 a, 3 b, non fig. 1, 2. — RENAULT, Cours de bot. foss., II, 1882, p. 9, pl. 5, fig. 1 (reproduite de Stur). — KIDSTON, On the relationship of *Ulodendron* Lindl. and Hutt, to *Lepidodendron* Sternb., *Bothrodendron* Lindl. and Hutt., *Sigillaria* Brongn.; and *Rhytidodendron* Boulay (*Ann. and Mag. Nat. Hist.*, vol. XVI, 1884, p. 123-139, 162-179, 239-260). — ZEILLER, Présent. d'une broch. de M. Kidston sur les *Ulodendron* et observ. sur les genres *Ulodendron* et *Bothrodendron* (*Bull. Soc. Géol. France*, 3° sér., IV, 1886, p. 168).

1825. **Lepidodendron ornatissimum** STERNBERG, Vers. einer Geogn. - Bot. Darstell. d. Fl. Vorwelt, viertes Heft, p. XII.

1851. **Sagenaria Veltheimiana** GOEPPERT, Foss. Fl. d. Übergangs, p. 180, pl. XVIII, fig. 2 3; XIX, fig. 1. — GEINITZ, Darstell. d. Flora d. Hainich.-Ebersd. u. d. Floehaer Kohlen-bassins, 1852, p. 51, pl. V, fig. 1-3.

1870. **Ulodendron commutatum** SCHIMPER, Traité de Paléontol. vég., II, p. 40, pl. LXIII. — LESQUEREUX, Coal Fl. of Pennsylvania, II, 1880, p. 401, pl. LXVI, fig. 2

Coussinets à peu près losangiques, trois ou quatre fois plus longs que larges, très légèrement infléchis à leurs extrémités et se prolongeant en une ligne qui va se joindre à une ligne semblable partant soit de la partie inférieure d'un coussinet situé au-dessus, soit de la partie supérieure d'un coussinet situé au-dessous. *Les coussinets sont séparés par une double bande* paraissant plane, souvent irrégulièrement et *obliquement striés.* Ces deux bandes, tantôt se rapprochent et tantôt s'écartent, longeant le bord des coussinets de telle sorte que chaque bande simple borde, dans son trajet, alternativement, le coussinet qui est à sa droite, puis celui qui est plus haut, à sa gauche. Sur les moulages, naturels ou artificiels, ces larges bandes de séparation, avec leurs petites stries obliques, ont tout à fait l'aspect d'une ficelle. *Carène inférieure non coupée par des costules transversales;* carène supérieure non interrompue par un arc. *Pas de fossettes sous la cicatrice foliaire. Celle-ci placée vers le milieu de la hauteur du coussinet* et n'en occupant guère que la moitié de la

Description de l'espèce.

hauteur, petite, arrondie par le haut, à angle obtus dans le bas, à angles latéraux aigus, à côtés inférieurs concaves, auxquels fait suite, de chaque côté, une ligne concave également, qui se courbe en bas et en dehors pour rejoindre le bord latéral du coussinet à peu près à la hauteur de l'angle inférieur de la cicatrice foliaire. Sur cette cicatrice, au-dessous de son milieu, sont trois fossettes très petites, placées transversalement en ligne droite. Celle du milieu seule est vasculaire. Immédiatement au-dessus du bord supérieur, et contiguë à ce bord, est une très petite cicatricule ponctiforme.

Remarques paléontologiques. — Dans le Culm inférieur de la basse Loire on n'a pas encore trouvé les feuilles de cette espèce. Elles se trouvent, mais sans être très abondantes, dans le Culm supérieur, où nous les décrirons. C'est là aussi qu'il sera question de la forme ulodendroïde du *Lepidodendron Veltheimianum*. Bien que cette forme ait été trouvée une fois dans le Culm inférieur, cela aura l'avantage de rapprocher l'histoire de cette forme ulodendroïde des véritables *Ulodendron*, qui ont avec elle les plus grands rapports. Nous pouvons dire simplement que les grands disques qui caractérisent les *Ulodendron* et la forme ulodendroïde sont dus à l'impression de cônes d'une forte dimension.

Nous donnons ici la synonymie de la forme particulière de *Lepidodendron Veltheimianum* dont nous venons de parler.

Provenance. — Le *Lepidodendron Veltheimianum* ne se trouve pas fréquemment dans le Culm inférieur de la basse Loire. J'en ai recueilli deux échantillons fort mal conservés en raison du grain trop grossier de la roche. L'un montre une surface extérieure où l'on distingue seulement la forme générale des coussinets. L'autre est un moulage naturel où les coussinets sont en creux; mais ils sont entourés par les sortes de cordelettes géminées que nous avons indiquées dans les moulages des tiges du *Lepidodendron Veltheimianum*.

Je les ai trouvés tous les deux dans un champ, sur le bord du chemin allant du village de la Barrière au village du Cherpe, commune de Mésanger (Loire-Inférieure). Un troisième échantillon, portant un grand disque et appartenant par conséquent à la forme ulodendroïde, se trouvait avec les précédents.

Le *Lepidodendron Veltheimianum* est une espèce très répandue dans le carbonifère inférieur. Elle remonte même un peu plus haut. M. Zeiller l'a rencontrée une seule fois dans le bassin de Valenciennes. Elle était dans les mêmes couches que le *Dactylotheca aspera*, qui est aussi une des espèces ordinaires du Culm.

Stur la cite en Silésie et en Moravie, dans nombre de localités : Moradorf, Tschirin, Meltsch, Morawitz, Ostrau, Waldenburg, etc.

M. Kidston, dans son *Catalogue of the palæozoic plants*, l'indique en Angleterre : Lamarkshire, Carluk, Midlothian, Burdiehouse, près d'Edinburg, Juniper Green, près d'Edinburg aussi; toutes localités de la partie inférieure du terrain houiller.

Le lieutenant Poirmeur l'a recueillie dans l'étage dinantien du Sud oranais.

Ce *Lepidodendron* se trouve même dans l'Amérique du Nord. Lesquereux le cite de l'Illinois, de l'Alabama et de l'Ohio.

Partout il caractérise les niveaux inférieurs du terrain carbonifère.

LEPIDODENDRON OBOVATUM Sternberg.

(Atlas, pl. III, fig. 1.)

1820, 1826. **Lepidodendron obovatum** Sternberg, Vers. ein. geognost. - bot. Darstell. d. Flora d. Vorwelt, erster Heft, 1820, p. 23, pl. VI, fig. 1; pl. VIII, fig. 1 A *a b*, viertes Heft, 1825, p. X. — Ad. Brongn., Prodr. d'une hist. des vég. foss., 1828, p. 86. — Lesquereux, Geol. Surv. of Illinois, II, 1866, *Descr. of plants*, p. 455. — Roehl, Foss. Fl. d. Steinkol. - Format., 1869, p. 129, pl. VI, fig. 6 et pl. VIII, fig. 8, celle-ci seule ressemblante. — Lesquereux, Atlas to the Coal Fl. of Pennsylvania, 1879, p. 12, pl. LXIV, fig. 3. — Lesquereux, Coal Fl. of Pennsylvania, II, 1880, p. 384. — Renault, Cours de bot. foss. II, 1882, p. 13. — Zeiller, Fl. foss. du bassin houill. de Valenciennes, texte, 1888, p. 442, Atlas, 1886, pl. LXVI, fig. 1-8. — Miller, North Amer. Geol. and Palæont., 1889, p. 122. — Hoffmann u. Ryba, Atlas, 1899, pl. XIV, fig. 6, 6 *a*; XV, fig. 1.

1838. **Sagenaria obovata** Presl in Sternb., Vers. einer geogn. - bot. Darst., siebentes u. achtes Heft, 1838, p. 178, LXVIII, fig. 6.

1838. **Sagenaria rugosa** Presl in Sternb. *l. c.*, siebentes u. achtes Heft, 1838, p. 178, LXVIII, fig. 1.

1848. **Lepidodendron rhodianum** Sauveur, Vég. foss. des terrains houill. de la Belgique, LXIII, fig. 1.

Coussinets presque aussi larges que hauts, sur les rameaux plus jeunes; deux fois Description *aussi hauts que larges; cependant jamais allongés comme le Lepidodendron Velthei-* de l'espèce. *mianum* ou le *L. aculeatum;* le plus souvent contigus; mais, sur les tiges âgées, séparés par un sillon linéaire, plat, ondulé. *Carène du coussinet, sous la cicatrice foliaire, coupée dans un peu plus de sa moitié inférieure, par de petites stries transversales,* courtes. Carène au-dessus de la cicatrice foliaire coupée par un pli. Extrémités supérieure et inférieure du coussinet aiguës, à peine déviées, les bords latéraux arrondis. *Cicatrice foliaire assez près de l'extrémité supérieure*

du coussinet, plus large que haute, à bord supérieur arrondi, les angles latéraux aigus, l'angle inférieur ouvert en forme de V, chaque branche du V se
continuant par une ligne qui, à sa naissance, forme un angle ouvert avec le
bord inférieur de la cicatrice, puis descend en décrivant une couche à concavité intérieure, et atteint le bord du coussinet vers le milieu de sa hauteur. Sur
la cicatrice foliaire sont trois cicatricules disposées en ligne transversale. Il y a
en outre sous la cicatrice foliaire, près de la carène, deux cicatricules ponctiformes.

Remarques
paléontologiques. Je ne connais pas les feuilles de cette espèce. M. Zeiller en a donné une
très belle figure, et une description que voici :

« Feuilles aciculaires, très raides, dressées, uninerviées, de longueur variable
suivant l'importance des tiges ou des rameaux qui les portent, longues de 4
à 5 centimètres sur les petits rameaux, et atteignant sur les grosses tiges
0 m. 60 à 0 m. 80 de longueur [1]. »

Rapports
et différences. Le *Lepidodendron obovatum* se distingue du *L. Veltheimianum* par la position
de sa cicatrice foliaire qui est placée beaucoup plus haut sur le coussinet, au
lieu d'être vers le milieu; du *L. dichotomum,* par la forme moins nettement
rhomboïdale de la cicatrice foliaire, l'angle supérieur arrondi, et la place des
trois cicatricules qui s'y trouvent rangées transversalement vers le bas, et non
vers le milieu de la hauteur de cette cicatrice; du *L. aculeatum,* par la forme
des coussinets beaucoup plus larges proportionnellement pour la hauteur, non
déviés sur leurs extrémités, sans cicatrices oblongues près de la carène, sous la
cicatrice foliaire, qui est plus large que haute.

Provenance. J'ai trouvé un seul échantillon de *Lepidodendron obovatum,* dans les environs
de Cop-Choux (Loire-Inférieure). L'empreinte, qui est celle d'une assez vieille
tige, est assez fruste, mais cependant reconnaissable. La roche est le grès
argileux verdâtre caractéristique du Culm inférieur de la basse Loire, et que
les anciens géologues qui se sont occupés de ce terrain désignaient sous le nom
de grauwacke.

M. Zeiller dit que cette espèce a été rencontrée sur un grand nombre de
points du bassin houiller de Valenciennes et à tous les niveaux; mais qu'elle
semble toutefois devenir plus rare dans la zone supérieure. On l'a trouvée aussi
en Belgique, en Westphalie et dans l'Amérique du Nord.

---

[1] ZEILLER, Flore fossile du bassin houiller de Valenciennes, p. 443, pl. LXVI.

LEPIDODENDRON RIMOSUM Sternb.

(Atlas, pl. III, fig. 2.)

1820. **Lepidodendron rimosum** Sternb., Vers. einer geognost. - bot. Darstell. d. Flora d. Vorwelt, erster Heft, p. 21, 23, pl. X, fig. 1. — Sternberg, *l. c.,* viertes Heft, 1825, p. XI. — Ad. Brongniart, Prodr. d'une hist. des vég. foss., p. 86. — V. Gutbier in Gæa. v. Sachsen, 1843, p. 89. — Unger, Synopsis plant. foss., 1845, p. 131. — Sauveur, Vég. foss. des terrains houillers de Belgique, 1848, pl. LXII, fig. 1. — Unger, Genera et sp. plant. foss., 1850, p. 257. — V. Ettingshausen, Die Steinkohl. Fl. v. Radnitz in Böhmen, 1854, p. 56 (*Aus d. Abhandl. d. k. k. geolog. Reichsanst.,* II Band, III Abtheil, n° 3). — Roehl, Fossile Fl. de Steinkohl. - Format. Westphalens, 1869, p. 132, pl. VIII, fig. 1. — Schimper, Traité de pal. vég., II, p. 33, pl. 22, fig. 8, 8 *a*, 1870; Atlas, 1874, pl. LX, fig. 8. — Lesquereux, Descript. of the coal Flora of the carbon format. in Pennsylvania, II, 1880, p. 392, pl. LXIV, fig. 11. — Renault, Cours de bot. foss., II, 1882, p. 15, pl. V, fig. 6. 7. — Zeiller, Dassin houiller de Valenciennes, Atlas, 1886, pl. LXVII, fig. 4-5; texte, 1888, p. 449. — Dawson, Acadian geology, 4ᵉ édit., 1891, p. 452, 453, fig. 169 D.

1833-1835. **Lepidodendron elegans** Lindl. et Hutt., The foss. Fl. of Great Brit., II, p. 118.

1838. **Sagenaria rimosa** Presl in Sternberg, Versuch. einer geognost. - bot. Darstell. d. Flora d. Vorwelt, siebentes u. achtes Heft, p. 180, pl. LXVIII, fig. 15. — Göppert in Bronn, Index palæontologicus, Enumerator, 1846, 1848, p. 1106. — Geinitz, Die Versteinerung. d. Steinkohl. format., 1855, p. 35, pl. III, fig. 13-15. — Feitsmantel, Versteinerung. d. böhmisch. Kohlenablag., II Abtheil, 1875, p. 36, pl. XIX, fig. 1. — Eichwald, Lethæa rossica, 1860, p. 125.

1860. **Lepidodendron dikrocheilus** Wood, Proc. Acad. sc. Philad., 1860, p. 239, pl. VI, fig. 1. — Wood, Trans. Amer. Phil. soc., XIII, p. 346, pl. IX, fig. 6.

1848. **Lepidodendron dissitum** Sauveur, Vég. houill. de la Belgique, pl. LXI, fig. 6.

Le *Lepidodendron rimosum* se trouve rarement avec la zone extérieure de son écorce, montrant les coussinets écartés les uns des autres et séparés par de larges bandelettes sinueuses. La meilleure description et la meilleure figure d'une tige dans cet état sont dues à M. Zeiller[1]. Nous en reparlerons lorsque nous retrouverons cette espèce dans le Culm supérieur, où on la rencontre assez fréquemment. Elle est fort rare, au contraire, dans le Culm inférieur, où j'en ai trouvé un seul échantillon. C'est une tige ne présentant qu'une surface sous-corticale; mais cette surface permet bien de reconnaître les caractères essentiels de l'espèce. Les coussinets sont encore visibles avec leur forme ordinaire, étroitement rhomboïdaux, très longuement aigus dans le bas, mais nullement déviés; aigus aussi, mais moins allongés dans le haut. La cicatrice foliaire est

---

[1] Flore fossile du bassin houiller de Valenciennes, p. 449, pl. LXVII, fig. 5.

IMPRIMERIE NATIONALE.

remplacée par une forte ponctuation, trace du faisceau vasculaire situé vers le tiers supérieur du coussinet. *Les coussinets sont très écartés les uns des autres et séparés par des stries saillantes multiples. Ces rides ne sont pas réunies en bandes.* Tout l'espace entre les coussinets en est couvert. Elles descendent parallèlement, droites, dans les intervalles entre les coussinets, et s'infléchissent légèrement autour de ceux-ci.

L'écartement des coussinets, caractère important du *Lepidodendron rimosum,* est très visible dans cet échantillon. Il a été recueilli dans les environs de Cop-Choux (Loire-Inférieure).

Je ne connais pas cette espèce au-dessous du carbonifère inférieur; mais elle remonte dans le carbonifère moyen [1].

Genre LEPIDOCLADUS Vaffier.

Genre subsidiaire destiné par son auteur à contenir les rameaux de Lépidodendrées dont on ne connaît jusqu'ici ni les grosses tiges, ni les organes de fructification.

LEPIDOCLADUS FUISSEENSIS Vaffier.

(Atlas, pl. II, fig. 7.)

1901. **Lepidocladus fuisseensis** Vaffier, Étude géologique et paléontologique du carbonifère inférieur du Mâconnais, p. 134, pl. X, fig. 1, 1 *a*, 1 *b*, 1 *c*.

Description de l'espèce.

Les rameaux dont M. Vaffier fait le *Lepidocladus fuisseensis* sont assez différents les uns des autres : les plus minces, rameaux dichotomes, sont dressés à angle très aigu, droits, portant des feuilles aciculaires, longues de 4 à 5 millimètres, et cachant complètement l'axe qui les porte; les feuilles des rameaux plus épais sont linéaires, longues de 10 à 12 millimètres, et se portent directement au dehors, ce qui découvre l'axe où elles sont attachées et des coussinets allongés, comme ceux du *Lepidodendron acuminatum,* mais sans stries transversales visibles.

Rapports et différences.

M. Vaffier pense que tous ces rameaux feuillés pourraient être rapportés au *L. acuminatum,* par la raison que c'est le seul *Lepidodendron* qui se trouve à Fuissé; mais il ajoute qu'ils pourraient aussi bien appartenir à un *Bothro-*

[1] Voir description plus complète au culm supérieur, p. 219.

dendron. Si ces rameaux sont ceux d'une seule espèce, cette espèce aurait des feuilles très différentes les uns des autres, suivant les rameaux, ce qui serait assez singulier, mais non impossible. Il est à noter, comme le fait M. Vaffier, que les rameaux à petites feuilles de Fuissé ressemblent beaucoup à ceux que Schimper, dans son *Mémoire sur le terrain de transition des Vosges,* a décrits et figurés sous le nom de *Lepidodendron acuminatum.*

Le *Lepidocladus fuisseensis* a été trouvé par mon frère dans une petite car-   Provenance. rière servant de lavoir, près de la Nouvelle-Orchère, au sud de Montjean (Maine-et-Loire).

Genre BOTHRODENDRON Lindley et Hutton.

1833. **Bothrodendron** Lindley et Hutton, Foss. Fl. of Great Brit., II, p. 80. — Zeiller, Présent. d'une broch. de M. Kidston sur les *Ulodendron* et obs. sur les genres *Ulodendron* et *Bothrodendron* (*Bull. Soc. géol. Fr.,* 3ᵉ sér., XIV, p. 168). — Zeiller, Étude des gîtes miner. de la Fr., Bassin houill. de Valenciennes, texte, 1888, p. 486; *Descr. de la Flore foss.,* atlas, 1886, LXXIV, fig. 2 à 4, et LXXV, fig. 1. — Kidston, Additional Notes on some brit. carbonif. Lycopods (*Proceed. of the Roy. phys. Soc. Edinb.,* 1888, X, p. 92). — Nathorst, Z. foss. Fl. d. Polarl., erster Teil, erst. Lieferung. z. palaeozoisch. *Fl. d. Arktirsh Zone,* 1894, p. 61. — Zeiller, Éléments de Pal. bot., Paris, 1900, p. 188. — Vaffier, Études géol. et paléont. du carbonif. inf. du Mâconnais, p 137, Lyon, in-8°. Thèse présentée à la Fac. des sc. — Nathorst, Die foss. Fl. de Polarländ; erster Theil, dritte Lief. z. *Uberdevon. Fl. d. Bären-Insel,* Stockholm, 1902, p. 29. — Seward, Foss. Plant., a Text-Book, for students of Bot. and Geol., II, 1910, p. 248.

1859. **Cyclostigma** Haughton, On *cyclostigma,* a new genus of foss. plants from the old red sandstone of Kiltorkan, c° Kilkenny (*Journ. of the Roy. Dublin soc.,* vol. II, p. 1). — Haughton, Ann. and Mag. of Nat. Hist., sér. 3, V, 1860, 443. — Heer, Fl. foss. arctica, IIᵉ vol., I, 1871, *Foss. Fl. d. Bären Insel.* — Heer, Fl. foss. arctica, IIIᵉ vol. *Beitr. z. Steinkohlenfl. d. arctisch Zone,* 1875, p. 6. — Schimper et Schenk, Handb. d. Palæont, II Abtheil., *Palæephytol.,* 1890, p. 196. — Schimp. et Schenk, Traité de Paléontol. végét., trad. par Ch. Barrois, 1891, p. 192. — Weiss, Die Sigillarien d. preussisch. Steinkohl. u. Rothliegenden, II, 1893, p. 60.

1871. **Knorria** Heer, Flora foss. arktica, II Band, I, *Flora d. Bären Insel,* p. 41, pl. X, fig. 4.

1876. **Rhytidodendron** Boulay, Terrain houill. du nord de la France, p. 39.

Tiges et rameaux dichotomes, à surface parcourue soit par de petites côtes verticales, soit par de petites stries ondulées longitudinales ou transversales. *Pas de coussinets, cicatrices foliaires très petites,* disposées quinconcialement et parfois en lignes presques transversales, *polygonales ou suborbiculaires, les angles étant adoucis*, portant trois cicatricules disposées en ligne transversale et une autre cicatricule le long du bord supérieur.

Feuilles linéaires ou lancéolées, petites, alternes.

Sur les grosses tiges on voit parfois de grands disques analogues à ceux des *Ulodendron* et ayant porté assurément de gros épis sessiles; mais l'axe des cicatrices de *Bothrodendron* est excentrique, plus rapproché du bord inférieur de la cicatrice.

On doit à M. Lomax la découverte d'échantillons présentant à la fois les caractères extérieurs du *Bothrodendron* et les caractères anatomiques d'une plante dont la structure avait été étudiée par Williamson, qui lui donna le nom de *Lepidodendron mundum*. Cette plante est maintenant regardée comme appartenant au genre *Bothrodendron*. La plupart des échantillons à structure conservée sont de minces rameaux pourvus de petites feuilles. A leur centre est une moëlle variant beaucoup de diamètre et entourée d'une couche très épaisse de bois primaire. L'écorce, très épaisse aussi, est intérieurement cellulaire. Ses cellules extérieures sont plus petites et à parois plus épaisses que celles situées plus intérieurement.

Plusieurs cônes ou épis ont été attribués à des *Bothrodendron*. Un épi très long et très mince, avec les bractées verticillées, appartient, d'après M. Kidston, au *Bothrodendron minutifolium*. Les bractées portant les sporanges sont attachées à l'axe à peu près à angle droit. Un autre cône, décrit par M. Zeiller sous le nom de *Lepidostrobus Olryi* [1], est aussi rattaché par M. Nathorst au *Bothrodendron minutifolium*. On y voit que les bractées sont en verticilles, qu'il y a un seul sporange par bractée, qu'il couvre toute la partie horizontale de cette feuille modifiée et qu'il contient des microspores. Par ces caractères, les cônes dont nous venons de parler ressemblent à des épis de *Lepidodendron*; mais il n'en est pas de même d'un cône décrit par Williamson en 1880. La structure de l'axe est conforme à celle des jeunes rameaux de *Bothrodendron mundum*, sauf la présence de bois secondaire, qui ici existe, et qui manque dans les rameaux précédents. Ce cône n'a pas plus de 10 millimètres de longueur, et, par sa petitesse, rappelle plutôt les fructifications des Sélaginelles que les grands *Lepidostrobus*. M. Watson en a donné une figure schématique détaillée, qui a été reproduite dans l'excellent ouvrage

[1] ZEILLER, Flore fossile du bassin houiller de Valenciennes, texte, p. 502; atlas, pl. LXXVII, fig. 1.

de M. Seward[1] : *Fossil Plants*, etc. De l'axe central partent des bractées alternes. La partie qui supporte le sporange est descendante, puis décrit une courbe, à l'extrémité de laquelle s'élève verticalement la partie foliacée terminale de la bractée. Sur la partie descendante, près de l'axe, se dresse un pédicelle supportant un sporange d'une forme un peu cubique, à angles arrondis. Entre le pédicelle du sporange et la partie verticale de la bractée se dresse aussi une ligule presque cylindrique, obtuse. Les sporanges supérieurs contiennent des microspores, et les inférieurs des macrospores, toujours au nombre de quatre.

Il semble donc qu'il y ait plusieurs types différents dans le genre *Bothrodendron*. On peut espérer que des recherches ultérieures éclairciront ce qui reste de douteux dans la connaissance des organes de reproduction du *Bothrodendron*.

Un certain nombre de plantes de ce genre ont été confondues par Weiss avec des Sigillaires du groupe des Leiodermariées; mais les Sigillaires ont des cicatrices foliaires plus grandes, moins écartées relativement à leur grosseur, plus larges que longues et aiguës latéralement.

Le genre *Cyclostigma*, fondé par Haughton sur des plantes ayant des cicatrices foliacées très petites et tout à fait arrondies, est généralement regardé aujourd'hui comme faisant partie du genre *Bothrodendron*.

BOTHRODENDRON DEPERETI Vaffier.

(Atlas, pl. I *bis*, fig. 16.)

1901. **Bothrodendron Depereti** Vaffier, Étude géologique et paléontologique du carbonifère inférieur du Mâconnais, p. 139, pl. XI, fig. 3, 3 *a*, 3 *b*; XII, fig. 4 et 4 *a*.

Un échantillon du Culm inférieur de la basse Loire appartient assurément au genre *Bothrodendron*; mais je ne saurais lui assigner sans hésitation un nom spécifique.

C'est une *tige entièrement couverte de côtes longitudinales, contiguës, fines*, qui pourraient la faire prendre pour celle d'un Calamite; mais qui sont bien moins régulières *et jamais coupées par des articulations*. Ces côtes, bien éclairées et sous la loupe, sont elles-mêmes couvertes de stries très fines, longitu-

Rapports et différences.

[1] **Bothrostrobus** Seward, Fossil Plants, a Text (*Book for students of Botany and Geology*, II, 1910, p. 262, fig. 216).

dinales. Les *cicatrices foliaires*, peu apparentes, sont *polygonales, avec les angles adoucis*, et portent les trois cicatricules ordinaires.

M. Vaffier [1] a publié, sous le nom de *Bothrodendron Depereti*, une espèce du Culm inférieur du Mâconnais, à laquelle la nôtre pourrait se rapporter. Les seules différences que j'y trouve c'est que le *Bothrodendron Depereti* a les côtes plus fines et les cicatrices foliaires saillantes.

Provenance. Quoi qu'il en soit, c'est le *Bothrodendron Depereti* qui me paraît ressembler le plus à l'échantillon de la basse Loire, et il est du même niveau géologique. Il a été trouvé par M. L. Bureau dans une petite carrière servant de lavoir, près de la Nouvelle-Orchère, au sud de Montjean (Maine-et-Loire).

Nous reviendrons sur les caractères comparés des *Bothrodendron*, à propos du *B. kiltorkense* Kidston recueilli dans le Culm supérieur.

Genre STIGMARIA Ad. Brongniart [2].

1720. **Lithophyllum** Volkmann, Silesia subterranea, p. 106.
1820. **Variolaria** Sternberg, Versuch einer geognossischen- Botanisch Darstell. d. Flora d. Vorwelt, erstes Heft, p. 24.
1822. **Stigmaria** Ad. Brongniart, Sur la classification et la distribution des végétaux fossiles, p. 9, 28. (Extr. des *Mém. du Mus. d'hist. nat.*, t. VIII.)
1838. **Ficoidites** Artis, Antediluvian Phytology, p. 3 et 10.

Caractères du genre. *Rhizomes s'étalant horizontalement, cylindriques,* mais ordinairement plus ou moins comprimés, variant d'épaisseur de 5 à 10 centimètres; mais paraissant continuer avec la même grosseur sur toute leur longueur, ou, du moins, sur la plus grande partie; dichotomes, *émettant, tout autour, des racines* de 10-12 millimètres, qui ont été molles et sont d'ordinaire ridées par la compression. Elles sont disposées en quinconce. Au centre du rhizome se trouvait une moëlle entourée d'un cylindre ligneux, dont on voit souvent la trace sur la cassure, ou bien l'impression à travers les parties molles qui l'entouraient. Les racines naissaient perpendiculairement du rhizome. *Elles étaient renflées et arrondies à leur base, qui s'enfonçait profondément dans le tissu cortical du Stigmaria, et se terminait par un petit mamelon correspondant à la sortie du faisceau*

---

[1] Vaffier, Étude géologique et paléontologique du carbonifère inférieur du Mâconnais, p. 139. Thèse présentée à la Faculté des sciences de Lyon.
[2] Le nom de *Variolaria* étant employé pour un genre de Lichens, Ad. Brongniart l'a changé pour le mot *Stigmaria*.

vasculaire qui passait du rhizome dans la racine. Elles se détachaient facilement, et chacune laissait sur la surface du rhizome une cicatrice arrondie,
creuse, bordée d'un bourrelet circulaire, et ayant au bord une petite saillie
formée par la rupture du cordon vasculaire.

Renault a reconnu dans des appendices de Stigmaria, tout à fait semblables exté-
rieurement, deux sortes de structures; une partie de ces appendices seraient des
racines; d'autres, en plus grand nombre, seraient des feuilles. Les *Stigmaria*
sont donc bien des rhizomes. Il n'a du reste été trouvé, dans le Culm inférieur
de la basse Loire, que des *Stigmaria* cylindriques et pas un seul de ces *Stig-*
maria obconiques que M. Grand'Eury a appelés *Stigmariopsis*, et que nous
verrons dans le Culm supérieur.

Ad. Brongniart avait regardé les *Stigmaria* comme des racines de Sigil- Remarques
paléontologiques.
laires. Son opinion fut confirmée par Binney, Hooker, Dawson, etc.; mais
Schimper découvrit à Burbach, près de Thann, au niveau du Culm inférieur, un *Knorria longifolia* s'élevant d'une partie souterraine stigmari-
forme très caractérisée; Geinitz signala le même fait pour le *Lepidodendron*
rimosum, à Essen, et Dawson et Binney pour le *Lepidodendron Harcourtii*, en
Angleterre.

De plus, il faut noter qu'on a trouvé des *Stigmaria* dans des terrains qui ne
renferment pas de Sigillaires, soit que ce groupe n'ait pas encore paru, soit
qu'il ait terminé son évolution. Dans le Culm inférieur de la basse Loire, où
les *Stigmaria* sont les fossiles végétaux les plus répandus, il n'y a pas un
seul Sigillaire, tandis qu'il y a plusieurs *Lepidodendron*. Aujourd'hui, on est
unanime à reconnaître que les *Stigmaria* sont des parties souterraines, non
seulement de *Sigillaria*, mais d'un plus ou moins grand nombre de Lépidodendrées.

Malgré cette certitude où l'on est que les *Stigmaria* doivent être rattachés
à des plantes non seulement spécifiquement, mais génériquement distinctes,
ces *Stigmaria* sont si semblables, si uniformes, qu'on est encore obligé de les
réunir presque tous sous le nom de *Stigmaria ficoides*. Ce n'est pas qu'on ne
puisse voir à la surface des rides offrant diverses dispositions, et que les
cicatrices ne diffèrent de grosseur et de forme suivant les échantillons; mais
ces différences se voient souvent d'une portion à l'autre d'un même spécimen,
et elles doivent être rapportées plutôt à des modes de conservation, à la
compression, par exemple, qu'à des caractères ayant existé sur la plante
vivante.

Dans le Culm supérieur nous verrons la plupart de ces modifications. Au niveau de la grauwake inférieure, où nous sommes maintenant, je n'ai vu que la forme typique du *Stigmaria ficoides* et une seule de ses nombreuses variations.

Mais ce qu'on peut voir à ce niveau mieux que dans le Culm supérieur, ce sont les différentes conditions dans lesquelles s'est produite la fossilisation du *Stigmaria ficoides*. On le voit souvent en place, *in loco natali*, avec ses racines s'étendant perpendiculairement au rhizome qui les porte et dans le sol où elles ont vécu. D'autres fois, le rhizome a flotté après la perte de ses racines, et on l'en trouve tout à fait dépourvu. Dans un troisième cas, les racines ont été conservées; mais elles ne sont plus en place, et on reconnaît leur empreinte sur le fossile lui-même; elles se sont couchées à sa surface, dirigées et entrecroisées dans tous les sens. On peut en suivre un certain nombre jusqu'à leur point d'attache. Ces racines se présentent, lorsque leur empreinte est nette, sous la forme d'un double cordon; elles montrent, en effet, deux sillons séparés par une côte. Les sillons correspondent à la partie parenchymateuse, la côte à l'axe vasculaire. Ces empreintes de racines, si on ne les examinait pas avec attention, pourraient faire prendre des échantillons de *Stigmaria ficoides*, appartenant à la forme typique, pour des spécimens de la var. β. *nudulata*.

STIGMARIA FICOIDES Ad. BRONGNIART.

Le *Stigmaria ficoides* Ad. Brongn. n'offre pas d'autres caractères importants que ceux que nous venons d'indiquer pour le genre; mais, d'après les formes des cicatrices et les diverses stries qui se montrent à la surface de l'épiderme, cette espèce subsidiaire se subdivise entre de nombreuses formes. Nous les énumérerons presque toutes lorsque nous traiterons des *Stigmaria* du Culm supérieur. Dans le Culm inférieur, nous n'avons reconnu que deux formes : α, *vulgaris*, et θ, *elliptica*.

α VULGARIS Gœpp.
(Atlas, pl. II, fig. 8, pl. IV, fig. 2.)

1720. **Lithophyllum Opuntiæ majoris.** VOLKMANN, Silesia subterranea, pl. XI, fig. 1 (non pl. VIII, fig. 15, quæ est var. θ Gœpp).
1821. **Variolaria ficoides** STERNBERG, Vers. ein. geogn.–bot. Darstell. d. Fl. d. Vorwelt, part. 1, p. 24, pl. XII, fig. 1 (non fig. 2 quæ est var. θ Goepp).

1822. **Stigmaria ficoides.** Ad. Brongniart, Sur la class. et la distrib, des vég. foss., p. 9 et 28,
pl. I, fig. 7. (Extr. des *Mém. du Mus. d'hist. nat.*, VIII.) — Sternberg, Vers. ein. geogn.
– bot. Darstel. d. Fl. d. Vorwelt, part. IV, 1825, p. XXXVIII, pl. XII, fig. 1, 3 (non 2
quæ est *Stigmaria ficoides* var θ Goepp.). — Ad. Brongniart, Prodr. d'une hist. des vég.
foss., 1828, p. 88. — Lindley et Hutton, The foss. Fl. of. Great. Brit., I, 1831-3,
pl. 32, 33, 36 (non 34-35). — Corda, Beitr. z. Fl. d. Vorwelt, 1845, p. 32, 33,
pl. XII, fig. 3. — Goeppert, Foss. Fl. d. Übergangs. I, Nov. Acta cæs. Leop. – Carol.
Nat. cur. vol. II, suppl. p. 245, 1852, p. 245, pl. XXXII, fig. 2. — Geinitz, Darstel. d.
Fl. d. Hainich. – Ebersdorf n. d. Flœhaerbassins, 1854, p. 58-59, pl. XI, fig. 1-2. —
Geinitz, Die Verstein. d. Steinkohl. in Sachsen, 1855, p. 49. — Goeppert, Ueber d.
foss. Fl. d. devon. u. unter. Kohlen-Format., 1859, vol. XXVII, p. 540. — Eichwald,
Lethaea rossica, 1, 1860, p. 204. — Schimper, Vég. foss. du terrain de transit. des
Vosges, 1862, p. 325, pl. II, III. — Ebray, Vég. foss. des terrains de transit. du Beau-
jolais, 1868, pl. I, III. — Schimper, Traité de pal. vég., II, 1870-1872, p. 114, p. LXIX
fig. 7, 8. — Feistmantel, Die Verstein d. Böhm. Kohlenabl., part II, 1875, pl. X, fig. 4.
— Heer, Fl. foss. arctica, III, 1876. (*Beitr. s Steinkohl. d. arctisch. Zone*), p. 5, pl. II, III.
— Renault, Cours de bot. foss. I, 1880 p. 155. pl. 19, fig. 7. — Schimper, contin.
par Schenk, Handb. d. Palæont., Zittel, II, Palæophytol., 1890, p. 207, fig. 157. —
Schimper et Schenk, dans Zittel, Traité de paléont., II, 1891, p. 202, fig. 157. —
Vaffier, Étud. géol. et paléont. du carbonif. inf. du Mâconnais, 1901, p. 1, p. 143,
pl. XII, p. 1, 1 *a*, 1 *b*.

1838. **Fucoidites furcatus** Artis, Antediluvian Phytol., p. 3, pl. III.
1838. **Fucoidites verrucosus** Artis, Antedil. Geol., p. 10, pl. X.

Cette *forme, à écorce lisse*, est la plus répandue. On la trouve surtout dans *Remarques paléontologiques.*
les couches de grès plus ou moins fin, alternant avec des bancs de cailloux
roulés dits poudingue d'Ingrande. Ce poudingue, qui est composé de galets de
grès argileux, de micaschiste, de calcaire, etc., a dû se former dans une eau
courante et agitée, tandis que les *Stigmaria* vivaient dans une eau stagnante.
Il est probable qu'à des saisons où les eaux étaient torrentielles succédaient
des saisons moins humides, pendant lesquelles des dépôts constitués par des
matériaux ténus se formaient. C'est alors seulement que pouvaient se conserver les *Stigmaria*, dont les tissus étaient tendres. Peut-être provenaient-ils de
marais à eau tranquille qui communiquaient avec le cours d'eau dont le poudingue est une trace.

Une petite carrière ouverte au sud du calcaire dévonien de Cop-Choux, dans *Provenance.*
le coteau de la rive gauche du Donneau, commune de Mésanger (Loire-Inférieure), m'a fourni de beaux échantillons, dont un de 11 centimètres de
diamètre, portant à sa surface l'impression des racines, qu'on voit sortir de
cicatrices ayant jusqu'à 8 millimètres de diamètre; mais les rhizomes sont
le plus souvent beaucoup moins gros. Un, recueilli par M. G. Ferronnière,

IMPRIMERIE NATIONALE.

près des maisons les plus à l'est du bourg de Montrelais (Loire-Inférieure),
n'a guère que 6 centimètres de diamètre, et les cicatrices qu'il porte n'ont
que 3-5 millimètres de large. Ces rhizomes à petites cicatrices ont été décrits
par quelques auteurs comme une variété particulière; mais on trouve toutes
les variétés intermédiaires.

Aux localités précédemment citées, on peut joindre le Pont-Esnault, sur la
route d'Ancenis à Nort (Loire-Inférieure), où j'ai vu un beau *Stigmaria*, probablement en place.

θ ELLIPTICA Gœpp.

(Atlas, pl. III, fig. 5.)

1820. **Variolaria ficoides** Sternberg, Vers. ein. Geogn. - bot. Darstell. d. Fl. d. Vorwelt,
      part. I, p. 24, pl. XII, fig. 2
1825. **Stigmaria ficoides** Sternberg, Vers. ein. geogn. - bot. Darstell. d. Fl. Vorwelt,
      partie 4, p. XXXIII, pl. XII, fig. 2. — Gœpp., Die Gattung. d. foss. Fl., 1841, part. 1
      et 2, p. 31, pl. II, fig. 21 et XII, p. 31, pl. 23. — Gœppert, Foss. Fl. d. Übergangs.
      (*Nova Acta cœs. Leop.-Carol. Nat. cur.*, XXII suppl., 1852, p. 246.)

Cicatrices elliptiques, oblongues, un peu inégales.

Provenance. Un des échantillons recueillis à Montrelais par M. G. Ferronnière porte
des cicatrices de grandeurs inégales, les unes rondes, les autres elliptiques,
évidemment parce qu'elles ont été comprimées. Il n'est pas rare de rencontrer
ainsi des *Stigmaria* portant réunis des caractères indiqués comme appartenant
à des variétés différentes. Ces échantillons sont bien propres à montrer
que les caractères soi disant de variétés ne sont autre chose que des
modes de conservation différents. Le nombre des cicatrices elliptiques
l'emportant de beaucoup sur celui des cicatrices arrondies, c'est à la var. θ
de Gœppert que l'échantillon dont je viens de parler me paraît devoir être
rapporté.

Nous trouverons dans le Culm supérieur presque toutes les formes indiquées par Gœppert.

Classe des CALAMARIÉES.

Voir caractères de la classe, page 15.

Genre BORNIA Schloth.

Voir homonymie et description du genre, page 17.

BORNIA TRANSITIONIS F. A. Roemer.

(Atlas, pl. III, fig. 3, 4; pl. IV, fig. 3, 4.)

Voir synonymie et description de l'espèce, page 17.

Pour éviter les répétitions, je renvoie la description ainsi que la synonymie du genre et de l'espèce, à l'article qui sera consacré aux *Bornia* dans le Culm supérieur, où ils sont plus abondants et en meilleur état de conservation que dans le Dévonien et le Culm inférieur.

Les quatre échantillons que j'ai fait représenter ici, et qui proviennent du vaste dépôt de Culm inférieur qui s'étend au sud de Cop-Choux, ne montrent pas toutes les articulations caractéristiques des *Bornia*. On reconnaît cependant bien leurs côtes aplaties et larges, surtout sur le gros fragment de tronc (planche IV, figure 4); il montre, à gauche et en haut, une grosse cicatrice qui n'est pas sur une articulation, et qui rappelle des cicatrices semblablement posées que Gœppert a figurées sur ses *Anarthrocanna* [1] et *Stigmatocanna* [2]. Ces cicatrices ont été attribuées à de grosses racines, et les deux genres que nous venons de citer ont même été regardés depuis comme étant fondés sur des rhizomes de *Bornia,* ce qui est peu probable.

L'échantillon planche IV, figure 3, montre non seulement un nœud, mais encore la base des feuilles qui s'inséraient sur ce nœud. Ces bases de feuilles sont très apparentes à droite et à gauche. Celles qui se trouvaient en avant ont été enlevées avec la roche qui les contenait, et on n'en voit plus que les cicatrices.

Ce sont aussi les cicatrices basilaires qu'on voit sur l'unique articulation de l'échantillon planche III, figure 3. Cet échantillon est la contre-empreinte d'un

[1] Gœppert, Foss. Fl. d. Übergangsgebirges, 1852, p. 128, pl. VII, fig. 1, 2, 3.
[2] Gœppert, Üb. d. foss. Fl. d. silurischen, der devonischen und unteren Kohlenformation, vol. XXVII, 1859, p. 470.

rameau de 10 à 13 millimètres, beaucoup plus mince par conséquent, que ceux dont nous venons de parler. Ici les côtes sont beaucoup plus étroites, et il y a un léger étranglement à l'articulation, qui est entouré d'un cercle de cicatrices très petites, ponctiformes et très nettes. Les feuilles étaient évidemment beaucoup plus fines sur ce rameau. Les feuilles des *Bornia*, filiformes ou linéaires, étaient libres à leur origine et ne bifurquaient qu'à une certaine distance de leur insertion.

Au midi de la Loire, M. L. Bureau a trouvé des tiges et feuilles de *Bornia* au sud de la Chauvinière (S. O. de Montjean) et à la Bégairie, au sud de la même ville (Maine-et-Loire).

PHANÉROGAMES GYMNOSPERMES.

Classe des PTÉRIDOSPERMÉES.

Voir caractères de la classe, page 22.

Genre SPHENOPTERIDIUM Schimper.

1852. **Sphenopteris** Goeppert, Fossil Fl. d. Übergangsgebirges, p. 143. — Goeppert, Foss. Fl. d. silur. v. devon. und unter. Kohlenform., 1859, p. 485. — Kidston, On some fossil Plants from Teilia Quarry Gwaengsgor near Prestatyn, Flintshire. (*Trans. roy. Soc. Edinb.*, XXXV, part. II, n° 11, p. 424.)
1875. **Archæopteris** Stur part., Die Culm. Fl. d. Mährisch Dachschief., p. 57.
1890. **Sphenopteridium** Schimper. Handb. d. Palæont. Palæobot. in Zittel, p. 11. — Schimper, Traité de paléontologie, *paléophytologie,* p. 108, in Zittel, trad. Barrois. — Potonié, Lehrbuch d. Pflanzenpaleont., p. 131.

Grandes feuilles bifurquées, les deux divisions égales, et indiquées parfois par un sillon qui parcourt le milieu de la partie supérieure de l'axe. Pinnules profondément lobées. *Lobes s'écartant les uns des autres, un peu en éventail,* obtus, plurinerviés, sans nervure médiane. Fructifications inconnues.

SPHENOPTERIDIUM PACHYRRHACHIS.

1852. **Sphenopteris pachyrrachis** Goeppert, Foss. Fl. d. Übergangsgebirges. (*Für d. Kais. Leop. Carol. Akad. Naturf.*, vol. XXII, suppl., p. 143, pl. XIII, fig. 3.) — **Sphenopteris pachyrrhachis** Goepp., Ueb. d. foss. Fl. d. silurisch., devonisch. und unter. Kohlen format. 1859. (*Bei der Akad. Eingegang.* der 8 Aug. 1859, vol. XXVII, p. 485.)

Pinnules rapprochées, décurrentes sur le rachis, longues de 1 centimètre ou un peu plus, larges de 5 à 7 millimètres, *divisées en lanières, larges d'environ 2 millimètres*, étalées en éventail, à *lobes* parallèles, *tronquées au sommet.*

Le *Sphenopteridium pachyrrachis* varie notablement pour l'écartement et pour la longueur des lobes des pinnules; l'échantillon qui les a le plus courtes et le plus larges est celui figuré par GOEPPERT : Flora d. Übergangs-gebirges, XIII, fig. 5. Cet échantillon est considéré comme le type. Presque tous les autres spécimens connus appartiennent à la variété β *stenophylla*, dont voici la synonymie.

β STENOPHYLLA.

(Atlas, pl. II, fig. 3, 3 A.)

1852. **Sphenopteris pachyrrhachis**, β *Stenophylla*. GOEPPERT, Foss. Fl. d. Uebergangs. (*Nova Acta Acad. cæs.*, vol. XXII, suppl., p. 143, pl. XIII, fig. 4, 5.) — GOEPP., Ueber d. foss. Fl. d. silur., d. devon, u. unter. Kohlenform. (*D. Acad. Eingegang.* d. 6 Aug. 1859, p. 485.)

1875. **Archæopteris pachyrrhachis** STUR, D. Culm-Flora d. Mährisch-Schles. Dachs., p. 64, pl. VIII, fig. 8, 9.

1889. **Sphenopteris Teiliana** KIDSTON, On some foss. plants from Teilia Quarry Gwaaenger, near Prestatyn, Flintshire. (*Trans. Roy. Soc. Edinb.* XXV, part. II, n° 11, p. 424, pl. I, fig. 3.)

1900. **Sphenopteris** cfr **rigida** Ed. BUR., Notice sur la géol. de la Loire-Infér., p. 262. (Extr. de *Nantes et la Loire-Inf.*, vol. III.)

Cette variété ne diffère du type que par la grandeur des pinnules, dont les lobes sont plus étroits et plus longs; encore dans les figures données en trouve-t-on qui établissent le passage entre les deux formes.

L'échantillon que j'ai recueilli est unique, mais avec empreinte et contre-empreinte. Il provient du sol d'un chemin se dirigeant du fourneau du Rocher au Pont-Esnault, commune de Mouzeil (Loire-Inférieure) [1].

La même espèce a été trouvée en Allemagne et en Angleterre; mais, jusqu'ici, on ne la connait pas en Amérique.

Nous reviendrons sur le *Sphenopteridium pachyrrhachis* à l'occasion du *Sphenopteridium dissectum* Gœpp.

---

[1] C'est par erreur que, dans la Notice sur la géologie de la Loire-Inférieure, je l'avais indiqué au bourg de Montrelais.

Genre RHODEA Presl in Sternb.

1838. **Rhodea** Presl in Sternb. Vers. einer Geogn. – Bot. Darstell. d. Fl. d. Vorw., sieb. u.
acht. Heft., p. 109. — Renault, Cours de Bot. foss. III, 1883, p. 33, 193, 211. —
Stur, Die Culm-Flora des Mährisch.-Schlesischen Dachschief. (*Abhandl. d. k. k. geol.
Reichs.* VIII, Heft I, 1875, p. 33.) — Graf zu Solms-Laubach, Enleit. in d. Palæophytologie, 1887, p. 138. — Schimp. u. Schenk, Handbuch d. Palæophytologie herausg.
v. k. Zittel, II Abtheil., 1890, p. 108. — Potonié, Lehrbuch d. Pflanzenpalæontologie,
1899, p. 14, 119, 134. — Vaffier, Étude géol. et paléont. du carbonif. inf. du Mâconnais, 1901, p. 107. — Zeiller, Éléments de Paléobotanique, 1900, p. 84.

Fronde bi-tripinnée. Pinnules insérées sur les rachis secondaires à angle
aigu, très profondément lobées. *Lobes linéaires ou même filiformes,* peu nombreux, dichotomes, ne se recouvrant pas; mais, au contraire, un peu écartés,
à nervure unique ou indistincte.

Le genre *Rhodea* a été fondé en 1828 par Presl, dans le grand ouvrage de
Sternberg, pour des *Fougères à pinnules fendues en lanières,* qui lui ont paru
avoir des rapports avec les Hyménophyllées; mais l'absence de fructifications
ne lui a pas permis de vérifier le bien ou mal fondé de sa première impression.

Aujourd'hui nous ne connaissons pas encore les organes de la reproduction
du *Rhodea Hochstetteri;* mais nous connaissons ceux du *Rhodea moravica,* qui
nous paraît devoir entrer dans le genre *Zeilleria,* c'est-à-dire dans les Ptéridospermées. Les *Rhodea,* dans l'état stérile, peuvent se reconnaître aux lobes
de leurs pinnules, linéaires ou même filiformes.

RHODEA HOCHSTETTERI Stur.

(Atlas, pl. II, fig. 4, 4 a.)

1875. **Rhodea Hochstetteri** Stur, die Culm-Flora der Mährischer.-Schlesischen Dachschiefers
(*Abhandl. d. k. k. Geol. Reichs.* Band VIII, Heft I, p. 34, pl. VIII, fig. 2). — Vaffier,
Étude géol. et paléontol. du carbonif. inf. du Mâconnais (thèse présentée à la Faculté
des sciences de Lyon), p. 107, pl. II, fig. 1 à 1 e.

Description
de l'espèce.

*Axe principal relativement fort, un peu strié longitudinalement. Axes secon-
daires* assez distants les uns des autres, *naissant à angle aigu,* portant des pinnules également à angle aigu ainsi que leurs lobes. *Lobes non contigus, s'écartant au contraire les uns des autres, linéaires,* étroits, *arrondis au sommet,*
parcourus par une seule nervure peu apparente.

Le groupe *Rhodea* est peu nettement défini. Certaines espèces sont bien voisines les unes des autres, et d'autres auraient pu y entrer qui sont restées dans le genre *Sphenopteris :* tel est le *S. Schimperiana*, très abondant dans le Mâconnais, et dont l'absence dans la basse Loire a lieu d'étonner. Cette espèce ressemble au *R. Hochstetteri*, mais on l'en distingue par son rachis marqué de nombreuses cicatricules transversales, ses pennes subopposées, moins ascendantes, à pinnules moins allongées dont le limbe est fendu très bas en lanières plus nombreuses et plus longues, se touchant presque en éventail, grossissant légèrement de la base au sommet, qui est obtus. Ces caractères sont peu marqués dans les figures de M. Vaffier; mais je les trouve très accusés dans celles de Schimper et dans les échantillons du Muséum provenant de la grauwacke de Thann.

Remarques paléontologiques.

Le *Rhodea Hochstetteri* ressemble aussi au *Rhodea patentissima*, qui a les lobes plus nombreux et plus étalés; au *Rhodea moravica*, qui les a plus filiformes, et au *Sphenopteris Guilelmi Imperatoris* Weiss[1], à pinnules trois fois plus grandes.

Rapports et différences.

L'espèce que nous venons de décrire a été trouvée dans les grès du Culm inférieur, par mon frère et par moi, près des villages de la Rogatrie et de la Bégairie, au sud de Montjean (Maine-et-Loire).

Provenance.

Elle est très commune à Fuissé, dans le Mâconnais, où elle a été recueillie par M. Vaffier. Stur ne la signale que dans le Culm d'Altendorf.

Genre RACHIOPTERIS Dawson.

1871. **Rachiopteris** Dawson, The foss. plants of the devon. and upp. silur. format., p. 57.

Rachis de Fougères (?) dont le limbe est inconnu.

RACHIOPTERIS LÆVIS n. sp.

Pétiole dont il reste 10 centimètres de long. Fragment appartenant à la partie moyenne; car on ne voit rien qui indique la base. Ce fragment est large de 2 centimètres en bas; il émet, un à droite et un à gauche, 2 rachis secondaires, alternes, qui ont été rompus, mais dont on voit le point d'attache.

Description de l'espèce.

---

[1] Weiss, Beitrag zur Culm-Flora von Thuringen (Separatabdruck aus dem *Jahrbuch der Kœnig-Preuss geol. Landesanstalt für 1883*, pl. XIV, Berlin, 1894).

Après l'émission de chaque rachis secondaire, le rachis principal diminue brusquement de largeur, de sorte qu'en haut de l'échantillon il n'a plus que 15 millimètres de diamètre. *Ce rachis est entièrement lisse.* Il a, vers le bas, une dépression longitudinale médiane qui s'efface plus haut. A droite et à gauche de ce sillon est une surface convexe.

Provenance. J'ai trouvé ce fossile parmi les pierres extraites d'un champ, sur le bord d'un chemin allant de la Barrière au Cherpe, commune de Mésanger (Loire-Inférieure).

J'ai placé ici ce *Rachiopteris* parce que au niveau du bassin de la basse Loire, où il a été recueilli, on n'a pas trouvé jusqu'ici une seule véritable Fougère.

II. CULM SUPÉRIEUR.

CRYPTOGAMES VASCULAIRES.

Classe des FOUGÈRES.

Plantes herbacées ou arborescentes. Organes foliacés ou frondes, enroulés en crosses lorsqu'ils sont jeunes, portant le plus souvent, à leur face inférieure, des sporanges rarement isolés, plus souvent réunis en groupes ou sores.

FAMILLE DES MARATTIACÉES.

Sporanges sans anneau.

Genre DACTYLOTHECA ZEILLER.

1828. **Pecopteris** Ad. BRONGNIART, Prodr. d'une hist. des vég. foss., p. 54. — Ad. BRONGNIART, Hist. des vég. foss., I, 1828, p. 267. — UNGER, Synopsis plant. foss., 1845, p. 95. — UNGER, Gen. et sp. plant. foss., 1850, p. 169.

1848. **Cyatheites** GOEPPERT in BRONN, Index palœontol., Nomenclator, p. 364. — GOEPPERT, Foss. Flora d. Übergangsgebirges, 1852, p. 165. — GEINITZ, Darstell. d. Flora d. Hainichen-Ebersdorfer u. d. Floeher Kohlenbassins, 1854, p. 42.

1877. **Senftenbergia.** STUR, Die Culm Flora d. Ostrauer. u. Waldenburger Schichten, *Abhandl. d. k. k. Geologisch. Reichsanst.* VIII, p. 195.

1883. **Dactylotheca** ZEILLER, Fructifications de fougères du terrain houiller (*Ann. des sc. nat.*, Bot. 6ᵉ sér., XVI, p. 184). — POTONIÉ, Lehrbuch der Pflanzenpalœontologie, 1899, p. 92. — ZEILLER, Éléments de Paléobot., 1900, p. 56. — SCOTT, Studies in foss. Bot., 1900, p. 253. — Éd. BUREAU, in L. BUREAU, Notice sur la géol. de la Loire-Inf., 1900, p. 268.

1888. **Pecopteris (Dactylotheca)** ZEILLER, Bassin houiller de Valenciennes, p. 196.

Fougères herbacées, ou du moins non arborescentes, à frondes 3-4 pinnées, à rachis parsemé de cicatrices de poils écailleux; *le rachis primaire bifurqué à angle aigu.*

Pennes secondaires triangulaires allongées, pennes tertiaires plus étroites, presque linéaires. Pinnules obtuses, les plus grandes rétrécies inférieurement,

IMPRIMERIE NATIONALE.

les plus petites attachées par toute leur base et plus ou moins soudées entre
elles, toutes étalées à angle très ouvert. Nervation pinnée. Nervures secondaires étalées, 1-2 fois bifurquées, plus rarement simples. *Sporanges couchés
sur les nervures secondaires ou sur leurs ramifications,* formant ainsi des groupes
de 4-5 sporanges divergents comme les doigts étalés d'une main, occupant
environ la moitié exterieure du limbe, ovoïdes allongés, à extrémité extérieure aiguë, à surface réticulée ayant une bande de cellules plus allongées et
plus étroites, indiquant la déhiscence en long sur le côté libre. Pinnules
rachiales sur les rachis primaires ou secondaires, placées latéralement, à la
naissance des ramifications, et découpées en lanières de diverses largeurs.

DACTYLOTHECA ASPERA.

(Atlas, pl. V, fig. 1-2, insertion de pinnules rachiales; fig. 3, une de ces pinnules; fig. 4, fronde stérile
en crosse; fig. 5-6, frondes stériles; pl. VI, fig. 1, fronde stérile; pl. VII, fig. 1, fronde fertile; pl. XI,
fig. 1-2, frondes stériles; pl. XXVIII, fig. 1, 1 A, 2, 2 A, rachis; pl. LXXIII, fig. 1, fronde avec pennes
sous la bifurcation.)

1828. **Pecopteris aspera** Ad. BRONGNIART, Prodr. d'une hist. des vég. foss., p. 58. — Ad. BRON-
    GNIART, Hist. des vég. foss., I, 1835 ou 1836, p. 339, pl. CXX, fig. 1-4. — UNGER,
    Synops. plant. foss., 1845, p. 102. — UNGER, Gen. et sp. plant. foss., p. 182.
1848. **Cyatheites asper** GOEPPERT in BRONN, Nomencl., I, p. 364. — GOEPPERT, Foss. Fl. d.
    Übergangsgebirges, 1852, p. 165. — GEINITZ, Darstell. d. Fl. d. Hainichen-Ebersdorfer
    u. d. Flœhaer Kohlenbassins, 1854, p. 43, pl. III, fig. 3, 3 A, 3 B.
1877. **Senftenbergia aspera** STUR, Die Culm-Flora d. Ostrauer u. Waldenburger Schichten,
    p. 195, pl. XI, fig. 10, 10 a.
1888. **Pecopteris (Dactylotheca) aspera** ZEILLER, Flore foss. du bassin houiller de Valen-
    ciennes, p. 202; Atlas, pl. XXIX, fig. 1, 1 A, 1 B, 2, 2 A, 2 B, 3, 3 A.
1900. **Dactylotheca aspera** Éd. BUREAU in L. BUREAU, Notice sur la géol. de la Loire-Inférieure,
    p. 268.
1891. **Sphenopteris** conf. **Schleaniformis** POTONIÉ, Ueber einige Carbonfarne, II, p. 31, pl. IX,
    fig. 5 (Separatabdruck aus dem *Jarb. der königl. preuss Geologischen Landesanstalt für 1890*).
1903. **Sphenopteris dicksonioides** POTONIÉ, Abbildungen u. Beschreibungen fossiler Pflanzen-
    reste d. palæozoisch. u. Mesozoisch. Form.; Lief. 1, 1903-2, fig. 1.

Description
de l'espèce.

Grandes feuilles, 3-4 pinnées. Rachis primaire pouvant atteindre jusqu'à
4 centimètres de largeur, quelquefois fourchu, parsemé, ainsi que ses ramifications, de nombreux poils écailleux, ou des cicatrices de ces poils, qui
sont caducs. Pennes primaires étalées, parfois très grandes, à contour presque
triangulaire. Pennes secondaires alternes, longues de 1 décimètre et plus, larges
de 4-5 centimètres, ovales elliptiques, se touchant ou se recouvrant par leurs
bords.

Pennes tertiaires alternes, étroitement lancéolées, longues de 2 à 3 centimètres, contiguës à leur base, s'écartant plus haut, diminuant graduellement
et lentement de la base au sommet de la penne secondaire, insérées perpendiculairement ou presque perpendiculairement sur le rachis qui les porte,
très rétrécies à la base, fortement *lobées, à lobes arrondis qui diminuent graduellement de la base au sommet,* passant, vers la terminaison des pennes secondaires, à des pinnules lobées, puis entières. *Lobe terminal pas plus gros que les
latéraux qui le précèdent. Tous les lobes d'une même pinnule unis entre eux par
leur base.* Nervure médiane assez droite, bien marquée, les latérales étalées,
un peu arquées, 1-2 fois bifurquées. *Fructifications occupant toute une fronde.
Limbe non modifié, mais à bords assez effacés sur l'empreinte. Sporanges couchés
sur les nervures secondaires,* un peu divergents, la partie la plus mince en
dehors, groupés par deux ou isolés, mais n'adhérant pas les uns aux autres et
ne formant pas de *Synangium.*

*A la naissance des pennes primaires, le rachis porte latéralement, de chaque
côté, un Aphlebia* ou pinnule de forme anormale, à contour suborbiculaire
(25 millim. de long, 35 de large), se divisant, près de son point d'attache,
en 7 ou 8 lanières, qui divergent comme les branches d'un éventail. Ces lanières
vont en s'élargissant, et, lorsqu'elles ont atteint une longueur de 5 millimètres
environ et largeur de 2 à 3 millimètres, elles se bifurquent. Bientôt,
après un nouvel élargissement, se produit une deuxième dichotomie, puis
une troisième, au delà de laquelle, au lieu de lanières larges de 1 millimètre
ou un peu plus, il n'y a plus que les divisions terminales, simples, fines,
linéaires. Ainsi, chaque branche de l'éventail que représente la pinnule
s'élargit et représente un éventail partiel, et tous ces segments sont de même
largeur et étalés à peu près dans le même plan. Les bords des différentes
lanières sont plus ou moins sinueux, et les sinus qui séparent les lanières à
leur naissance sont généralement arrondis. On saisit difficilement, çà et là,
quelques traces d'une nervation longitudinale dichotome.

Un échantillon recueilli par M. Beaulaton, directeur des mines de la Tardi-
nière (Loire-Inférieure), présente un rachis fourchu à angle aigu, avec une
paire de pennes naissant à plus de 1 centimètre au-dessous de la bifurcation.
Les pinnules sont celles d'un *Dactylotheca aspera;* mais la dichotomie et l'insertion de pennes sur la partie non divisée du rachis primaire sont des caractères de *Calymmathotheca.* Cependant les fructifications du *Dactylotheca* le
placent dans la classe des Fougères, et celles des *Calymmatotheca* dans la classe

Rapports
et différences.

9.

des Ptéridorpermées. Il y a là une sorte de mimétisme très analogue à ce qu'on peut voir dans la flore actuelle, où des plantes très éloignées les unes des autres affectent un port semblable ; telles sont, par exemple, les Aroïdées, les Dioscorées, qui sont des monocotylédones, et qui ont la nervation réticulée des dicotylédones ; mais ce rappel de caractères appartenant à d'autres groupes ne se voit que pour les organes de végétation. Les organes de fructification ne sont point influencés par les formes ou la disposition des nervures.

Provenances. Le *Dactylotheca aspera* se trouve dans presque toute l'étendue du bassin de la basse Loire. La partie la plus à l'ouest, comprenant les deux concessions de Languin et des Touches, est la seule qui n'en ait pas fourni. Mais dans le reste du dépôt, cette espèce est très inégalement répartie : assez peu commune dans la plupart des concessions, elle devient la Fougère dominante à Montjean et à Chalonnes.

Voici, du reste, l'indication détaillée des localités où elle a été recueillie. Nous les citons de l'ouest à l'est :

Département de la Loire-Inférieure.

Puits Saint-Georges, la Tardivière, commune de Mouzeil (Loire-Inférieure). Plusieurs échantillons, y compris celui à rachis bifurqué, qui a été trouvé au toit de la veine n° 1, voie ouest, niveau de 240 mètres. M: Beaulaton. — Puits Préjean, la Tardivière. Éd. Bur., Mus. hist. nat. Paris.

Dans le grès houiller de la mine de Bertanderie, en Montrelais (Loire-Inférieure). Cailliaud, Mus. hist. nat. Nantes. — Mines de Montrelais, puits du Genêt. — 68. M. O. 3e et 76. M. O. 3^c, Montrelais, coll. Dubuisson, Mus. hist. nat. Nantes. — Mines de Montrelais, Ad. Brongniart, 1822, j. n° 7. 1. Catal. Muséum Paris, n° 775. 2 échant., dont 1 figuré *Hist. des vég. foss.*, pl. 120, fig. 1. Provient assurément de Dubuisson. — Mines de Montrelais. Trouvé en 1791 à 1,100 pieds de profondeur. Coll. Renou, 1er directeur du Musée d'Angers. Mus. paléontologique d'Angers.

Département de Maine-et-Loire.

Montjean (Maine-et-Loire), puits Saint-Nicolas, veine du sud, Ad. Brongniart, 1845. Catalogue Mus. Paris. n°s 4660, 4661. — Montjean, carrière Poulain, pierre carrée, Éd. et L. Bureau, Couffon, Davy, n°s 13 (*Aphlebia*), 14, 49.

Mines de la Prée, puits n° 3, commune de Chalonnes, Éd. et L. Bureau. — Chalonnes, coll. Couffon et Mus. paléontologique d'Angers. — Ardenay (Maine-et-Loire), Mus. paléont. d'Angers.

Terrain houiller de Martigné-Briand (Maine-et-Loire), Ad. Brongniart. Cat. Mus. Paris, 863.

Beaulieu (Maine-et-Loire), Éd. et L. Bureau, Mus. Nantes, et Mus. paléontol. d'Angers.

Saint-Georges-Chatellaison (Maine-et-Loire), Virlet, 1828. Cat. Mus. Paris, n° 774. Fronde fructifiée. — Mines de Saint-Georges-Chatellaison (Maine-et-Loire), puits du Bel-Air, veine du Puits solitaire, Ad. Brongniart, 1845, cat. Mus. Paris, n° 4628.

Le *Dactylotheca aspera* se trouve dans le Culm supérieur de l'Allemagne centrale comme dans celui de la basse Loire. « Cette espèce, dit M. Zeiller[1], n'a été rencontrée dans le bassin de Valenciennes que sur un seul point du Pas-de-Calais, qui semble, d'après cela, plus ancien que tous les autres dans la série, savoir Anœullin, où elle paraît assez commune. »

Genre ASTEROTHECA Presl.

1820. **Filicites** Schloth, Die Petrefaktenkunde, p. 404.
1825. **Pecopteris** Sternb., Vers. ein. geogn.-bot. Darstell. d. Fl. d. Vorwelt, viertes Hefte, p. xviii. — Ad. Brongniart, Hist. vég. foss., 1828, p. 310.
1836. **Cyatheites** Goepp., Die foss. Farnkrauter, p. 319.
1845. **Asterotheca** Presl. in Corda, Beitr. z. Flora d. Vorwelt, p. 89.
1869. **Cyathocarpus** Weiss, Foss. Fl. d. jungsten Steinkohl. u. d. Rothlieg. im Saar-Rhein-Gebiete, erstes Heft, p. 84, part.
1883. **Scolocopteris** Stur, Z. Morphol. u. systemat. d. Culm. u. Carbonform. aus d. LXXXVIII Bande d. Sitzb. d. k. k. Akad. d. Wissensch. J. Abth. Juli Heft, p. 734.
1888. **Pecopteris (Asterotheca)** Zeiller, Terrain houil. de Commentry, Fl. foss., I, p. 111.
1890. **Pecopteris (Cyatheites Göpp.)** Schimper, Handbuch d. Palæontol., II, p. 127.

Fougères arborescentes. Cicatrices foliaires largement elliptiques, souvent détachées ou masquées par des racines qui descendent le long du tronc ou en dedans de l'écorce. *Tronc (Psaronius) montrant, dans un tissu cellulaire abondant, vers le centre, des cordons fibro-vasculaires,* plissés, rubanés sur la cassure, *disposés en cercles concentriques interrompus (Helmintholites), et autour,* sur une

---

[1] Flore fossile du bassin houiller de Valenciennes, p. 204.

70   FLORES FOSSILES DU BASSIN DE LA BASSE LOIRE.

épaisseur parfois très grande, *de nombreuses racines cylindriques, avec un fais-*
ceau vasculaire central souvent en forme d'étoile (Astérolithes). Feuilles très
grandes, 4-5 pinnées. Pennes du dernier ordre ordinairement longues et
portant des pinnules largement attachées à leur base, d'une forme plus ou
moins elliptique, ayant une nervure médiane bien marquée, d'où partent des
nervures secondaires simples ou bifurquées, qui se portent vers le bord de
la pinnule. *Sporanges sans anneau, sessiles, disposés en synangium, c'est-à-dire*
en groupes stelliformes dans lesquels ils sont adhérents entre eux. Synangium
disposés à droite et à gauche de la nervure médiane.

ASTEROTHECA ARBORESCENS.

(Atlas, pl. LIV, fig. 1, 2 A, 2 B.)

1804. **Filicites arborescens** Schloth., Ein. Beitr. zur Fl. d. Vorwelt, af. VIII, fig. 13. —
Schloth., Die Petrefaktenkunde, 1820.

1825. **Pecopteris arborea** Sternb., Vers. ein. geognost-botanisch. Darstell. d. Fl. d. Vorwelt,
viertes Heft, p. xviii.

1828. **Pecopteris arborescens** Ad. Brongniart, Prodr. d'une hist. des vég. foss. — Ad. Brongniart, Hist. des vég. foss., 1828, p. 310, pl. CII, pl. CIII, fig. 2-3. — Sternberg,
Vers. ein. geogn.-bot. Darstell. d. Fl. d. Vorwelt, Heft 7-8, 1838, p. 147, part. — Ad.
Brongniart, Tableau des genres d. vég. foss., 1849, p. 25. — Grand'Eury, Fl. carbonif.
du dép. de la Loire, texte, 1878, p. 68; Atlas, pl. 8, fig. 6 *a*, *b*. — Zeiller, Explic.
carte géol. de la France, IV, seconde partie, 1879, p. 81, pl. CLXIX, fig. 4. — Renault,
Cours de bot. foss., III, 1883, p. 108, pl. 17, fig. 1-3.

1836. **Cyatheites arborescens** Göppert, Die fossilen Farnkräuter, p. 321. — Ettingshausen,
Die Steinkohlenflora v. Radnitz in Böhm. (Aus d. *Abhandl. d. k. k. Geol. Reichsanst.* II,
Band III, Abtheil n° 3, 1854, p. 43). — O. Feitsmantel, Ueber den Nürschauer
Gasschiefer, dessen Geol.; – Stellung u. organische Einschlüsse (*Zeitschrift der deutsch.*
Geol. Gesellsch., XXV, 1873, p. 595, 598, 600, pl. XVIII, fig. 15, 15 *a*). — O. Freits-
mantel, Die Verstein. d. Böhm. Kohlengeb., III Abtheil., 1876, p. 70, pl. XVIII,
fig. 6, 6 *a*. — Heer, Fl. Foss. Helvet., 1876, p. 27, pl. VIII, fig. 1-4. — Schenk in
Richthofen, Beitr. z. Palæontol. v. China, besond. Ausgabe v. Richtofen's China, Band
IV, 1883, p. 212, pl. XLV, fig. 14, 15, 16 et p. 229, pl. XLV, fig. 13.

1865. **Cyatheites Schlotheimi** Göppert, D. foss. Fl. d. Pernisch. Format., p. 120, *partim*,
pl. XV, fig. 1 et XVI, fig. 3.

1869. **Cyathocarpus arborescens** Weiss, Foss. Fl. d. jüngst. Steinkohlenform. u. d. Rothlieg.
im Saar-Rhein-Gebiete, erstes Heft, p. 84, part.

1883. **Scolecopteris arborescens** Stur, Zur Morphol. u. Syst. d. Culm-and Carbonfarne, aus
d. LXXXVIII Bande d. *Sitzb. d. k. k. Akad. d. Wissensch.* I, Abth. Juli Heft, p. 734,
fig. 20 et à part p. 102, fig. 20. — Stur, Die Carbon-Flora d. Schatzlarer Schichten,
Abth. I, Die Farne d. Carbon-Flora d. Schatzlarer Schichten, 1885, p. 196, fig. 24 u.
p. 204.

1888. **Pecopteris (Asterotheca) arborescens** ZEILLER, Terrain houiller de Commentry, *Fl. foss.*, I, p. 111, p. 12, fig. 1, 2. — ZEILLER, Bassin houiller et permien d'Autun et d'Épinac, *Fl. foss.*, I, 1890, p. 43; Atlas, pl. VIII, fig. 1. — ZEILLER, Étude des gîtes minéraux de la France. Bassin houiller et permien de Brive, Fasc. II, *Fl. foss.*, 1892, p. 14.

1890. **Pecopteris (Cyatheites Göpp.) arborescens** SCHIMPER, Handbuch d. Palæontol., II, p. 127, fig. 203. — SCHIMPER, Traité de paléontologie, trad. par Ch. Barrois, II, p. 123. fig. 103.

Rachis ponctué. Pennes rapprochées, très longues, linéaires. *Pinnules très courtes*, deux fois aussi hautes que larges, *égales, contiguës, attachées par toute leur largeur*, perpendiculaires au rachis, à bords parallèles, *obtuses presque tronquées*, nervures secondaires simples, *synangium* de 3-4-5 sporanges, à parois réticulées, soudés autour d'un réceptacle conique, aplatis par compression perpendiculaire à la fronde.

Description de l'espèce.

Les frondes stériles de l'*Asterotheca arborescens* ont une grande ressemblance avec celles du *Senftenbergia ophiodermatica*. On peut cependant les reconnaître :

Rapports et différences.

Dans l'*Asterotheca arborescens*, les pennes secondaires sont plus longues ; elles partent d'un axe parfois très gros, sont en contact, bord à bord, dans toute leur hauteur et ne montent aucun amincissement dans le haut, où elles sont arrondies, presque tronquées ;

Dans le *Senftenbergia ophiodermatica*, les pennes secondaires portent dès leur base des pennes tertiaires ; la fronde est donc tripinnée. Les pinnules sont plus écartées, non bord à bord, mais amincies de la base au sommet, qui est subaigu. Le rachis est plus rugueux, anguleux, sillonné, à sillons irrégulièrement sinueux.

D'après les fructifications, il est plus que probable que l'ancien *Pecopteris arborescens* renferme plusieurs espèces. M. Grand'Eury a vu, dans le bassin houiller du Gard, des *Pecopteris* à port d'*arborescens*, ayant les uns des capsules pendantes rabattues suivant la longueur des pinnules, les autres des capsules également rabattues, mais avec la pointe sur la côte moyenne.

Une troisième forme de *synangium* a été rapportée tantôt au *Pecopteris Schlotheimi*, que M. Grand'Eury regarde avec raison comme un type dépourvu d'unité, et tantôt au *P. arborescens*. Elle est constituée par des sporanges réunis en étoile et écrasés sous la feuille. M. Grand'Eury, dans le texte de la *Géologie et paléontologie du terrain houiller du Gard*, page 274, attribue cette forme de fructifications au *P. Schlotheimi* et il renvoie à la planche VIII, figure 6,

de son atlas de la *flore carbonifère du département de la Loire*; mais dans la lé-
gende au bas de cette planche, la figure 6 est indiquée comme représentant la
fructification du *P. arborescens*. De plus, Stur (*Zur Morphologie*) figure des
synangium de *P. arborescens* d'après M. Grand'Eury, et ces *synangium* sont représentés comprimés latéralement et plus longs transversalement à la pinnule.
Ce sont évidemment ceux de la figure 7 de M. Grand'Eury. Enfin Geinitz [1]
représente comme appartenant au *Scolecopteris arborescens* des *synangium* réguliers, et le port de la feuille est bien celui du *P. arborescens*.

Le *P. arborescens* a été placé par Stur [2] dans le genre *Scolecopteris*. Les
Scolecopteris ont des *synangium* pédicellés et longuement effilés en pointe,
comme l'ont représenté MM. Grand'Eury et Zeiller; les *Asterotheca* les ont
sessiles, beaucoup plus courts et groupés autour d'un axe central. Dans ceux
de l'*A. arborescens*, les sporanges sont légèrement relevés en pointe au centre
du *synangium*; mais ce caractère n'empêche pas qu'ils se rattachent aux *Asterotheca* typiques. En somme, parmi les *Asterotheca* compris autrefois dans les
Pecopteris arborescens et *Schlotheimi*, il y a lieu de distinguer ceux qui ont des
synangium en étoile, formés de sporanges aplatis, et ceux qui ont des *synangium* pendants, longs et aigus; les premiers se trouvent dans les couches inférieures et moyennes de l'étage carboniférien supérieur, les autres dans les
couches supérieures du même étage.

Provenance.   Si la présence de l'*Asterotheca arborescens* dans le bassin de la basse Loire
est surprenante on peut dire que l'étendue qu'il y occupe est plus surprenante encore.

Le premier échantillon que j'ai eu l'occasion de voir appartient au Muséum
d'histoire naturelle de Paris. Il porte, sur le catalogue d'entrée des collections
de paléontologie végétale, le n° 266, et, outre la détermination d'Ad. Brongniart, le mot « Montrelais » écrit sur un gros papier cannelé, comme celui qui
accompagne les échantillons de Dubuisson. Il n'y avait donc aucun doute possible : cet échantillon, un des plus anciens de la collection du Muséum, provenait bien du bassin de la basse Loire, il avait été recueilli ou tout au moins
étiqueté par Dubuisson et envoyé ou même remis directement à Ad. Brongniart dans un des voyages qu'il fit à Nantes.

Je fus longtemps sans connaître d'autre spécimen; mais dans une visite que
je fis au Musée paléontologique d'Angers, je pus étudier et faire photogra-

[1] GEINITZ. Die Verstein. d. Steinkohlenformation, pl. XXVIII, fig. 8 *a*.
[2] STUR, Zur Morphol. d. Culm u. Carbon-Farne, p. 734, tirage à part, p. 102, fig. 20.

phier, grâce à l'obligeance de M. Préaubert, un très bel échantillon de ce même *Asterotheca arborescens*, qu'on trouvera ici (pl. LIV, fig. 1), en grandeur naturelle. Cet échantillon ne portait pas d'étiquette spéciale; mais il se trouvait dans un lot non classé d'empreintes, avec la mention générale : Chalonnes.

La présence de l'*Asterotheca arborescens* reçut bientôt, à Angers même, une nouvelle confirmation, par l'examen de la collection de M. l'abbé Hy, Professeur à l'Institut catholique. Ce distingué naturaliste avait recueilli cette espèce en nombreux échantillons entre Chalonnes et Ardenay, dans les déblais d'un puits ouvert près de l'église Sainte-Barbe. M. Préaubert m'a envoyé le cliché d'une belle plaque de cette provenance. Cette plaque montrait en des points différents les fragments de pennes figurés, avec un grossissement de trois fois, qu'on peut voir dans notre planche LIV, figures 2 et 2 A.

Au musée de Saumur, j'ai pu voir, grâce à l'obligeance du Directeur, M. Valotaire, de nombreux échantillons du même *Asterotheca*, recueillis par Courtiller, fondateur du Musée, certainement dans le bassin houiller de la basse Loire; car, dans un catalogue imprimé, il déclare avoir borné ses recherches à un rayon très limité : quelques myriamètres, dit-il. Or le seul terrain houiller qui se trouve dans ce périmètre est celui qui était exploité à Saint-Georges-Chatelaison.

Enfin, j'ai reçu en communication de M. Bezier, directeur du Musée de Rennes, des plantes du bassin de la basse Loire recueillies par son père, ancien inspecteur primaire à Nantes. Parmi ces plantes se trouvait un échantillon d'*Asterotheca arborescens*, recueilli par M. Bezier père, à Languin, près de Nort.

On connaît donc maintenant cette espèce de Saint-Georges-Chatelaison, de Layon-et-Loire, de Chalonnes, de Montrelais et de Languin, c'est-à-dire qu'elle a été rencontrée çà et là, parfois en nombre, dans toute la longueur du bassin.

Reste à savoir si dans notre bassin elle se trouve réellement dans le Culm supérieur, ou si elle y appartient à une série de petits dépôts surmontant ce Culm et comparables à celui de Minières, qui est de l'étage stéphanien, et que Virlet a constaté être en discordance sur le carbonifère inférieur.

Aucune discordance n'a été signalée dans le percement des puits dont les déblais ont fourni l'*Asterotheca arborescens*. Il eut été intéressant de savoir quels autres végétaux fossiles se trouvent ici avec cette Marattiacée. Je n'en ai malheureusement vu qu'un seul : c'est un *Alethopteris*, fossile peu caractéristique, qui sur un des échantillons du Musée de Saumur est mêlé avec l'*Asterotheca arborescens*.

On cite cet *Asterotheca*, en France, dans le houiller supérieur, à Commentry, Rive-de-Gier, Brassac, Epinac, Graissessac, Bessèges, Neffiez, La Mure; dans le houiller supérieur et le permien inférieur de Brive, dans le permien d'Autun. A l'étranger, dans le houiller moyen, à Zwickau, Oldenbach (Palatinat); dans les schistes de Schatzlar; à Saarbruck; dans le houiller moyen ou supérieur, en Chine; dans le supérieur en Sardaigne; dans l'Amérique du nord, où il passe des *Upper coal-measures* au permien, etc.

En somme. cette espèce s'étend du houiller moyen au permien inférieur; mais elle est particulièrement abondante dans le houiller supérieur. On ne l'a pas signalée, que je sache, dans le houiller inférieur.

ASTEROTHECA CYATHEA Schimp.

(Atlas, pl. XXVII, fig. 7, 7 A, 7 B.)

1804. **Filicites cyatheus** Schlotheim, Ein. Beitr. z. Fl. d. Vorwelt, erste Abth., 1804, pl. VII. — Schloth., Die Petrefaktenkunde, 1820, p. 403.

1825. **Pecopteris Schlotheimii** Sternberg, Vers. einer Geogn.-bot. Darstell. d. Fl. d. Vorwelt, viertes Heft, p. XVIII. — Grand'Eury, Fl. carbon. du départ. de la Loire, p. 69, part., 1877. — Grand'Eury, Géol. et paléont. du bassin houiller du Gard, 1890, p. 274, fig. D d¹¹.

1828. **Pecopteris cyathea** Ad. Brongniart, Prodr. hist. vég. foss., p. 56. — Ad. Brongniart, Hist. des vég. foss., 1828, I, p. 307, pl. 101, fig. 1-4. — Sternb., Vers. einer geognost.-bot. Heft 7-8, 1838, p. 149, part. — Grand'Eury, Fl. carbon. du départ. de la Loire, I, 1877, p. 68, Atlas, pl. VIII, fig. 7. — Zeiller, Explic. carte géol. de France, texte, 1879, p. 82; atlas, 1878, pl. CLXIX, fig. 5, 6. — Grand'Eury, Géol. et paléont. du bassin houiller du Gard, 1890, p. 275.

1833. **Steffensia cyatheoides** Presl in Sternberg, Vers. einer Geognost.-bot. Darstell. d. Fl. d. Vorwelt, fünftes u. sechstes Heft., p. 122.

1836. **Cyatheites Schlotheimii** Göppert, Die fossilen Farnkräuter, p. 320, part.

1869. **Cyathocarpus Candolleanus** Weiss., Fossile Flora d. jungst. Steinkohlenform. u. d. Rothlieg. im Saar-Rhein-Gebiete, erstes Heft, p. 85, fig. 3, part.

1883. **Scolecopteris cyathea** Stur, Z. Morphologie a. systematik d. Culm und Carbon Farne. (Aus dem LXXXVIII Bande d. Sitzb. d. k. k. Akad. d. Wissensch. I Abth. July-Heft, p. 118, fig. 25.)

1888. **Pecopteris (Asterotheca) cyathea** Zeiller, Fl. foss. terr. houiller Commentry, 1ʳᵉ part., p. 119, pl. XIII, fig. 1-4. — Zeiller, Bassin houil. d'Autun et d'Épinac, 1ʳᵉ part., 1890, p. 45, pl. VIII, fig. 2, 3, 3 A, 4, 4 A. — Zeiller, Bassin houiller et permien de Blanzy et du Creusot, fasc. II, Flore foss., texte 1906, p. 36.

1890. **Asterotheca cyathea** Schimper, Handbuch der Palæont., II, p. 90, fig. 3-5. — Schimper, Traité de Paléontol. vég. Trad. Barrois, II, 1891, p. 87, fig. 65.

Rachis uni ou à peine pointillé, portant des pennes graduellement rétrécies de la base au sommet. *Pinnules linéaires, obtuses, bien plus étroites et plus longues que celles de l'Asterotheca arborescens*, attachées par toute leur base un peu élargie où elles sont légèrement adhérentes entre elles, un peu inégales, plus courtes en approchant de l'extrémité de la penne; nervures parfois bifurquées. Pinnules fertiles plus étroites et plus écartées. *Synangium sar deux rangs, couvrant toute la face intérieure de la pinnule*, comprimés, plus larges que longs, formés de 4 sporanges, plus rarement de 3 ou 5 dressés les uns contre les autres. Saillie des *synangium* se faisant sentir à la face supérieure.

Description de l'espèce.

Cette espèce ressemble à l'*A. arborescens*; mais elle en diffère par ses pinnules plus étroites et plus longues (4 fois plus longues que larges), non contiguës et à nervures parfois bifurquées. Elle ressemble aussi à l'*A. Candollei*, dont les pinnules sont encore plus longues et plus étroites, plus inégales, et les nervures toutes bifurquées.

Rapports et différences.

Le groupe des *Pecopteris* à pinnules petites, serrées, obtuses, à nervures simples ou très peu ramifiées, qui comprend les formes désignées sous les noms de *P. arborescens, cyathea, Schlotheimii, lepidorachis, platyrachis, humitelioides, candolliana, affinis*, offre de grandes difficultés pour la délimitation des espèces; aussi Geinitz, en 1855, dans : *Die Versteinerungen der Steinkohlenformation in Sachsen*, et Göppert, en 1865, dans *Die fossile Flora der Permischenformation*, prirent le parti de réunir les cinq ou six premières de ces espèces sous l'épithète de *Schlotheimii*.

Remarques paléontologiques.

Ils formèrent ainsi, comme le fait remarquer M. Grand'Eury, un type tout à fait artificiel. Cependant, dès 1828, Ad. Brongniart, dans son *Histoire des végétaux fossiles*, avait soigneusement donné les caractères distinctifs de ces espèces voisines : mais il restait à rechercher leurs fructifications et à compléter, par l'examen des organes de reproduction, les caractères moins importants fournis par les frondes stériles. C'est ce que firent MM. Grand'Eury et Zeiller en France et Stur en Autriche. Non seulement parmi les Pécoptéridées arborescentes, des espèces furent précisées, mais des groupes génériques furent reconnus : *Goniopteris, Scolecopteris, Asterotheca*, etc. Toutefois, qu'on considère ces groupes comme des sections ou comme de véritables genres, on doit reconnaître que, comme l'était celle des espèces, leur délimitation offre parfois des difficultés. Il est difficile, par exemple, dans certains cas, de savoir si des *synangium* insérés perpendiculairement sous les pinnules et se terminant en pointe sont ceux d'*Asterotheca* ou de *Scolecopteris*. Toutefois, d'après les figures et les descriptions de MM. Grand'Eury, Zeiller, Zenker, les *synangium* pédicellés ou suspendus sont ceux des *Scolecopteris* véritables. Les espèces *arborescens* et *cyathea* ont des *synangium* en étoile lorsqu'on les regarde de face, étroits et allongés lorsqu'on les voit de profil. Ils sont soudés entre eux, mais ils ne sont pas soutenus par un pédicelle commun. Cette absence du pédicelle des *Scolecopteris*, qui rend sessiles les *synangium* des *Pecopteris arborescens* et *cyathea*, m'a paru un caractère suffisant pour maintenir ces espèces dans le genre *Asterotheca*.

Deux échantillons seulement d'*Asterotheca cyathea* ont été trouvés jusqu'ici dans le bassin de la basse Loire. Le premier est une plaque de schiste noir à grain très fin, n'ayant pas plus de 6 centimètres sur 5 centimètres, mais couverte de petits fragments de pennes secondaires ou tertiaires d'une parfaite conservation. Cet échantillon ne permet donc pas de voir le port général de la fronde; nous savons seulement, par la figure de Goeppert, qu'elle était au moins bipinnée, peut-être tripinnée, que le rachis portant les pennes du dernier ordre était épais, pourvu de saillies longitudinales et finement granuleux, qu'elles étaient linéaires, longues de 6 à 10 centimètres et rapidement atténuées à l'extrémité. La plupart des fragments de cette espèce dont la plaque est parsemée donnent des empreintes laissées par des portions de la face supérieure de la fronde : les pinnules s'y montrent concaves avec les nervures en saillie. D'autres donnent l'empreinte de portions de la face inférieure : les pinnules y sont convexes avec les nervures en creux. Tous les fragments appartiennent à la partie linéaire de la penne, sauf un, qui montre la partie terminale. Un seul également porte des traces de fructifications. Le plus souvent les pinnules ne se touchent pas par leurs bords; elles laissent entre elles un intervalle toujours beaucoup plus étroit que la largeur de la pinnule. Leur longueur est de 6 à 8 millimètres. Elles sont arrondies, nullement tronquées au sommet. Celles qui sont contiguës ont les bords bien parallèles et sont larges de 2 millim. 5. Celles qui laissent entre elles un intervalle se rétrécissent au-dessus de leur base qui est légèrement adhérente à celle des pinnules voisines, et leurs bords restent ensuite parallèles jusqu'au-dessous du sommet. Leur largeur, dans cette partie linéaire, n'est que de 1 millim. 5. C'est assurément à une réflexion des bords de la pinnule qu'est dû ce défaut de contiguïté. La face supérieure est bien convexe, avec une forte dépression longitudinale due à la nervure médiane, qui, au contraire, est très saillante en dessous. Les nervures secondaires, le plus souvent simples, sont fortes, bien parallèles, à peine arquées, presque droites; elles sortent de la médiane à angle un peu aigu et se dirigent en haut et en dehors vers le bord.

Les traces de fructifications ne se voient malheureusement que sur un fragment de penne, qui a laissé l'empreinte de sa face supérieure. On ne les perçoit donc que comme à travers le limbe fortement comprimé; mais le même fragment nous montre que ce limbe n'était ni épais ni coriace; car, malgré cette sorte de voile, nous pouvons voir que nous avons affaire à des *synangium* d'*Asterotheca* écrasés perpendiculairement à la surface du limbe. Dans un *synangium* placé à la base d'une pinnule, j'ai pu voir nettement cinq petites saillies formées par les sporanges constituants.

L'échantillon dont nous venons de parler a été recueilli par Virlet d'Aoust à Saint-Georges-Chatelaison (Maine-et-Loire). Il est entré au Muséum avec la collection Brongniart et porte sur le catalogue d'entrée des végétaux fossiles le n° 632; outre l'*Asterotheca cyathea*, on y voit un fragment de *Megalopteris* et une assez grande foliole de *Nevropteris*. Sur un autre échantillon, recueilli à Chalonnes (Maine-et-Loire), au puits Saint-Nicolas, veines du sud, par Ad. Brongniart, en 1845, il y a, sur la même face de la plaquette, trois pinnules d'*Archæopteris Virletti* et un fragment de penne d'*Asterotheca cyathea*.

L'*Asterotheca cyathea* est une plante très répandue dans le terrain houiller supérieur. On l'a citée dans le bassin de Saint-Étienne, dans ceux du Gard, d'Alais, de Decize (Nièvre), Cublac (Dordogne), de Rive-de-Gier, de Saint-Pierre-la-Cour (Mayenne), dans l'Autunois, où, dépassant le terrain supérieur, il entre dans le permien inférieur et même dans le permien moyen.

Il en est de même hors de France : à Mannebach (Thuringe), l'espèce est dans le houiller supérieur; à Ottendorf (Bohême), elle est dans le permien inférieur.

La présence dans le Culm supérieur d'une plante qu'on ne connaissait jusqu'ici que dans le houiller supérieur, et même dans les couches inférieures et moyennes du permien, est assurément surprenante; au premier abord on est tenté de croire à une confusion de deux niveaux différents, confusion d'autant plus vraisemblable qu'à Minières, dans la concession de Doué (Maine-et-Loire), un lambeau de houiller supérieur surmonte, en stratification discordante, la partie la plus élevée du Culm. Ces deux niveaux, très différents, auraient pu facilement être exploités par un même puits et les fossiles arriver

au jour mélangés; mais cette hypothèse doit être abandonnée en présence
de ce fait que deux espèces, séparées jusqu'ici par tout un étage géologique
dans lequel elles ne se montrent pas, sont réunies non seulement sur une
même plaquette schisteuse, mais sur la même face de cette plaquette. Elles
ont donc certainement vécu ensemble, et l'*Asterotheca cyathea* a dû paraître
dès le Culm supérieur, mais rester à l'état de rareté jusqu'au moment où il
a pris une extension qui en a fait une des espèces caractéristiques des derniers temps de l'époque carbonifère et des débuts du permien.

En somme, la réunion de l'*Archæopteris Virletti* et de l'*Asterotheca cyathea*
sur une même plaquette est de nature à nous faire regarder cette dernière
espèce comme plus ancienne qu'on ne l'a pensé jusqu'ici.

Famille des HYMÉNOPHYLLÉES.

Frondes formées d'une seule couche de cellules, minces, translucides,
sans stomates. Vernation en crosse. Sporanges sessiles sur un réceptacle linéaire, munis d'un anneau complet, transverse par rapport au point d'attache.

Genre HYMENOPHYLLUM Kaulfuss.

1824. **Hymenophyllum** Kaulfuss G. F. Enumeratis Filicum quas in itinere circa terram legit
Clar. Adalbertus de Chamisso. — Schimper, Traité de paléontologie végétale, I,
1869, p. 415.

Petites plantes à tige grêle rampante, à frondes pinnées ou décomposées.
Sporanges sessiles sur une columelle, un peu en massue qu'ils couvrent dans toute
sa hauteur. Cette columelle ne dépasse pas le bord du limbe; elle est incluse
dans un *involucre bivalve*.

HYMENOPHYLLUM ANTIQUUM Ed. Bur.

(Atlas, pl. XIII, fig. 4, 4 A, 4 B; pl. XX, fig. 1, 1 A, 1 B, 2, 2 A.)

1900. **Hymenophyllum antiquum** Ed. Bureau, Nantes et la Loire-Inf. : Notice sur la géol.
de la Loire-Inf., par L. Bur., p. 272; liste de vég. foss., par Éd. Bur.

Description de l'espèce. Jolie petite espèce de la dimension de nos *Hymenophyllum* actuels. *Rachis
très grêles, plus ou moins en zigzag.* Les plus longs que j'aie vus ont 2-3 centi-

mètres, Ils portent des pennes qui, de chaque côté, naissent à 3-4 millimètres les unes des autres, forment un angle très ouvert ou presque droit sur le rachis et s'étalent presque transversalement. Ces pennes diminuent assez rapidement de longueur : les inférieures ont jusqu'à 15 millimètres; les supérieures ne sont plus que des lobes comme ceux qui terminent les pennes. L'ensemble de la fronde, ou du fragment de fronde, est triangulaire. Ce triangle est un peu plus haut que la largeur de la base, d'autres fois, moitié plus haut que large. Rachis des pennes mince, légèrement bordés; ceux des pennes inférieurs portant jusqu'à 10-12 pinnules de chaque côté. *Pinnules elliptiques ou sublinéaires*, alternes, les trois ou quatre premières de chaque côté longues de 3-4 millimètres et ayant 6-8 lobes, plus le lobe terminal. Lobes confluents à la base, brièvement ovalaires ou *brièvement sublinéaires, longs d'un demi-millimètre, obtus* et parcourus par une nervure qui aboutit à une fructification terminale, ronde, ponctiforme.

Le limbe, *excessivement mince*, a souvent disparu, et il ne reste plus que les rachis de divers ordres et les nervures des pinnules et des lobes. Sous cette forme il pourrait y avoir confusion avec quelque autre espèce, le *Dactylotheca aspera*, par exemple, qui se trouve dans le même gisement; mais cette dernière espèce n'a ni les rachis en zig-zag, ni les lobes inclinés de l'*Hymenophyllum*.

Comparée avec les autres Hyménophyllées de l'époque carboniférienne, notre plante m'a paru avoir des affinités surtout avec l'*Hymenophyllites Humboldtii* des schistes de Waldenburg; mais celui-ci, qui porte des fructifications bien reconnaissables d'*Hymenophyllum*, a les lobes bien plus longs et de forme linéaire.

La petite espèce que nous venons de décrire est très cantonnée : elle n'a été trouvée que dans un seul gisement, dans une seule carrière : c'est la carrière de pierre carrée de M. Poulain, à Montjean. La plante ne se trouve que dans certains bancs, bien connus des ouvriers, et elle y est en abondance. Elle a été recueillie successivement par MM. Louis et Émile Bureau, Davy, Préaubert, Bouvet, Couffon. Il est fort possible que son aire fût étendue; mais c'était une espèce aussi délicate que les *Hymenophyllum* actuels, et une roche à grain excessivement fin était seule capable de la conserver.

Rapports et différences.

Provenance.

Genre DIPLOTMEMA Zeill.

1828. **Sphenopteris** Ad. Brongniart, Histoire des végétaux fossiles, I, 1828, p. 169.

1836. **Hymenophyllites** Göppert, Die fossilen Farnkräuter, p. 251.

1838. **Rhodea** Presl. in Sternb., Versuch einer Geognostich-geologischen Darstellung der Flora der Vorwelt, siebentes und achtes Heft, p. 109.

1865. **Trichomanes** Ettingshausen, Die fossile Flora des Mährisch-Schlesischen Dachschiefers, in *Denkschr. d. k. k. Akad. d. Wiss. z.* Wien, XXV, p. 23.

1869. **Sphenopteris (Trichomanides)** Schimper, Traité de Paléontologie végétale, I, p. 412.

1875-76. **Diplothmema**[1] Stur, Die Culm-Flora der Ostrauer und Waldenburger Schichten, p. 120, in *Abhandl. d. k. k. Geol. Reichs.*, VIII, Heft II, p. 226.

1883. **Diplotmema** Zeiller, Fructifications de Fougères du terrain houiller, in *Ann. des Sc. nat.*, Bot., 6° sér., XVI, p. 198.

Tige de deux des espèces connues sous le nom d'Heterangium, ayant au centre un tissu médullaire, parcouru par des faisceaux de bois primaire; cette partie centrale entourée de bois secondaire en lames rayonnantes. Rachis principal longuement nu, ne portant aucune penne, mais se divisant à sa partie supérieure en deux branches entre les bases desquelles on distingue parfois un bourgeon comme celui qu'on voit dans les *Gleichenia.* Chacune des branches portant des pennes simplement pinnées ou bipinnées, qui décroissent rapidement de bas en haut. Pinnules lobées, sporanges groupés dans chaque lobe au sommet de la nervure médiane, entourés d'un anneau complet transversal.

Le genre *Heterangium*, que nous venons de mentionner dans la description ci-dessus, est dû à Corda[2], qui n'en a connu qu'une espèce, l'*Heterangium paradoxum*; mais depuis, Ad. Brongniart, Renault, Williamson et Scott en ont ajouté plusieurs autres. Ces tiges présentent tous les caractères que nous avons indiqués : moëlle centrale avec faisceaux de bois primaire et bois secondaire en lames rayonnantes. Nous pouvons ajouter que le bois primaire est composé de trachéides ponctuées, que ces trachéides, sur une coupe transversale, forment des bandes contournées, que le bois secondaire rayonnant,

---

[1] Stur a donné au genre dont nous nous occupons le nom de *Diplothmema*. M. Zeiller a fait remarquer avec raison que ce nom doit s'écrire sans *h*. Il est composé en effet de deux mots grecs : διπλός, ή, όν, double, et τμῆμα, ατος (το), segment, portion. La première lettre du second mot est un τ et non un θ; elle doit donc se traduire en latin par un *t* et non par un *th*.

[2] Corda, Beitrage zur Flora der Vorwelt, 1845, p. 22, pl. 16.

constitué par des trachéides à ponctuations aréolées, est entouré d'une zone cambiale, et que des faisceaux libéro-ligneux, qui sont dépourvus de bois secondaire, sortent de la tige pour se rendre dans les pétioles.

Cette tige rappelle celles des *Cycas* et des *Eucephalartos*, qui ont des stèles périphériques présentant plusieurs zones ligneuses, plusieurs libers, et, dans la moelle centrale, des faisceaux de bois primaire.

Il y a donc, au point de vue de la structure, des analogies avec des tiges de Cycadées; mais il y en a aussi avec les tiges des *Gleichenia*, où des éléments ligneux sont entremêlés avec du parenchyme cellulaire, et M. Scott[1] estime que les caractères des Fougères y sont prépondérants.

En effet, *les pétioles d'Heterangium furent trouvés en rapport avec des pennes très décomposées appartenant à des formes telles que les Sphenopteris elegans et dissecta, aujourd'hui rangés par Stur dans le genre Diplotmema, bien reconnaissable à son rachis nu et fourchu, à angle largement ouvert.*

Mais il était important de connaître les organes de reproduction des *Diplotmema*. C'est à M. Zeiller qu'on en doit la découverte. Ce ne sont pas les fructifications du *Diplotmema dissectum* ou *elegans* qu'il observa, mais celles d'une espèce du terrain carbonifère moyen du nord de la France nommée par Stur *Diplotmema acutilobum* et ayant les plus grands rapports avec celles que nous venons de citer. Les pinnules sont lobées à lobes égaux, non subdivisés, et, au sommet de chaque lobe, au sommet de chaque nervure puisqu'il y en a une occupant la ligne médiane de chaque lobe, il y a une capsule ressemblant tout à fait à l'involucre bivalve qui contient les sporanges des *Hymenophyllum*. La nervure entre dans la capsule et s'y termine assurément; car on ne la voit pas sortir à la partie supérieure. Ainsi la forme des pinnules, la position des organes de fructification, leur forme extérieure rappellent les *Hymenophyllum*.

La famille des Hyménophyllées existait du reste incontestablement à l'époque houillère. Il suffira de rappeler l'*Hymenophyllum Weissii*, décrit et remarquablement figuré par Schimper[2]. « Cette espèce », dit-il, « a tous les caractères d'un vrai *Hymenophyllum* ». On y distingue sans difficulté le tégument bivalve des sores et le réceptacle verruqueux des sporanges. Le limbe a

[1] Studies in fossil Botany, 1900, p. 308, 336, 355. — ZEILLER, Une nouvelle classe de Gymnospermées : les Ptéridospermées. *Revue générale des sciences pures et appliquées*, 16ᵉ année, 30 août 1905, p. 722.

[2] SCHIMPER, Traité de Paléontologie végétale, 1, p. 415, pl. XXVIII, fig. 4-7, 1869.

la minceur due à la couche unique de cellules qui le forment. L'*indusium* est oblong, comme celui de certains *Hymenophyllum* vivants, l'*H. pectinatum* Cor. par exemple. En somme Schimper, en plaçant son *H. Weissii* dans le genre encore actuellement vivant *Hymenophyllum*, me paraît avoir suivi la règle judicieusement établie par Ad. Brongniart, et qu'on peut exprimer ainsi : *Doit être attribuée à un genre vivant toute plante fossile qui ne diffère pas plus des plantes vivantes de ce genre que celles-ci ne diffèrent entre elles.*

Je dois ajouter que plusieurs auteurs, pour éviter d'affirmer l'identité générique, ont préféré le nom *Hymenophyllites* : Nous pouvons citer les *Hymenophyllites Humboldtii* Gœpp., *herbacea* Boulay, *alatus* Sap., *delicatulus* Zeill. Ce dernier n'a pas de capsules, mais les sporanges se trouvent à peu près dans la position où ils étaient lorsqu'ils étaient attachés sur la columelle qu'on ne voit pas. Il s'en trouve dans différentes positions, ce qui permet de constater qu'ils étaient entourés d'un anneau complet et transversal.

S'il doit entrer dans la famille des Hyménophyllées, le *Diplotmema* y constituera un genre éteint, bien caractérisé par son *rachis bifurqué, nu au-dessous de la bifurcation et à pinnules plus épaisses formées bien probablement de plusieurs couches de cellules.*

DIPLOTMEMA DISSECTUM.

(Atlas, pl. XXI, fig. 1 à 3 ; pl. XXII, fig. 1.)

1828. **Sphenopteris dissecta** Ad. Brongniart, Hist. des vég. foss., I, p. 49, fig. 2-3. — Sternberg, Vers. ein. Geogn.-bot. Darst. d. Flora d. Vorwelt, fünftes u. sechsten Heft, 1833, p. 59. — Gutbier, Abdrück u. Verstein. d. zwickauer Schwarzkohll., 1835, p. 75. — Lesquereux, Descr. of the Coal Flora of the carbonif. format. in Pennsylvania, III, 1884, p. 836. — Miller. North. Amer. Geol. and Palæont., 1889, p. 142.

1836. **Hymenophyllites dissectus** Goeppert, Die fossilen Farnkräuter, p. 260. — Goeppert, Ubersicht d. foss. Fl. Schlesiens, in Wimmer, Fl. v. Schlesien, II, 1844, p. 211. — Unger, Synops. pl. foss., 1845, p. 71. — Ung., Gen. et sp. pl. foss., 1850, p. 131. — Goeppert, Ueb. d. foss. Fl. d. silur. d. devon. u. unteren Kohlenform. (*Nova Acta k. k. Akad. Nat. cur.*, vol. XXVII, 1859, p. 490).

1838. **Rhodea dissecta** Presl in Sternberg, Vers. ein. Geognost.-bot. Darst. d. Fl. d. Vorwelt, siebentes u. achtes Heft, p. 110. — Potonié, Lehrbuch d. Pflanzen palæophyt., p. 135, fig. 125.

1865. **Trichomanes dissectum** Ettingshausen, Die foss. Fl. d. Mährisch-Schlesis. Darhschief., in *Denschr. d. k. k. Akad. d. Wiss. z.* Wien, vol. XXV, p. 23.

1869. **Sphenopteris (Trichomanoides) dissecta** Schimper, Traité de Paléont. vég., I, p. 413

1875-76. **Diplotmema (Sphenopteris) dissectum** Stur, Die Culm-Flora d. Ostrauer u. Waldenb. Schicht. *Abhandl. d. k. k. Geol. Reischs.*, vol. 8, part. II, p. 230, et du mémoire, 124.

   Diplotmema Schützei, Die-Culm Fl. d. Ostrauer und Waldenb. Schicht., p. 234, pl. XIII, 4, *a à g*, 1875.

1883. **Diplotmema dissectum** Renault, Cours de botanique fossile, III, p. 198.

1900. **Diplotmema dissectum** Zeiller, Éléments de paléobot., p. 86-87, fig. 58. — Éd. Bureau, dans L. Bureau, La ville de Nantes et la Loire-Inf., Notice sur la géol. de la Loire-Inf., 1900, p. 273.

Très grande fronde à rachis de 2 centimètres de large et plus, pris par Stur pour une tige. Ces rachis, que nous décrivons ici comme primaires, étaient probablement insérés sur un autre rachis plus gros, car j'en ai vus de parallèles et paraissant provenir d'un même axe qui serait resté en dehors de l'échantillon. Les rachis que nous appelons primaires portent des *rachis secondaires distiques* et non en spirale, comme certains paléobotanistes l'ont pensé. Ils sont insérés sur les bords de l'axe primaire et, au-dessous de leur point d'attache, se continuent en descendant, par une grosse côte. Cette côte anguleuse se place en dedans de celles qui proviennent des rachis situés plus bas, et l'ensemble de toutes ces saillies simule une grosse tige très fortement cannelée. Les rachis secondaires, au-dessus de la côte qu'ils surmontent et que leur décurrence a formée, sont nus jusqu'au point où ils se bifurquent. Dans toute cette étendue ils sont anguleux, très finement et longitudinalement striés. Leur dessous est en outre marqué de très nombreuses stries transversales qui descendent d'une façon plus ou moins visible sur la côte correspondante. *Ce rachis secondaire simple et nu, très long* (8-10 centimètres et plus), *se divise à son sommet en deux branches, à angle presque droit. Dans la fourche est une légère protubérance,* un bourgeon probablement, comme dans la *Mertensia.* Les branches du rachis secondaire sont anguleuses, canaliculées en dessus, avec des stries transversales, plus ou moins marquées en dessus comme en dessous. Chacune des deux parties du limbe résultant de la bifurcation triangulaire, longue de 15 à 20 centimètres. Pennes du bas plus étroitement triangulaires, alternes, longues de 6 à 8 centimètres, pennes du dernier ordre plus étroites encore et passant à des pinnules. *Pinnules lancéolées,* de 1 à 2 centimètres de long, écartées, ne se touchant pas, à *lobes linéaires,* très étroits, aigus au sommet. Les lobes parfois tous simples, ou ceux du sommet seulement ; ceux du bas de la pinnule le plus souvent bifurqués. Limbe réduit à une légère bande le long des nervures. Lobes écartés les uns des autres.

Description de l'espèce.

L'ensemble de la fronde a un aspect grêle, mais les rachis sont loin d'avoir la gracilité de ceux des *Hymenophyllum*.

Le *Diplotmema dissectum* est une des espèces les plus répandues dans le bassin de la basse Loire. Il est peu de concessions dans lesquelles il n'ait été trouvé :

Département de la Loire-Inférieure.

Mines de Languin, près de Nort : deux échantillons : l'un étiqueté par Ad. Brongniart et par Dubuisson, l'autre par Dubuisson seul. Mus. Hist. nat. Nantes; Ad. Brongniart, 1845, Cat. pl. foss., Mus. Paris, n° 4707.

Mines des Touches : la Guérinière, Éd. Bureau, Mus. Paris; la Bourgonnière, Viquesnel, Cat. Mus. Paris, n° 4045.

Mines de la Tardivière, commune de Mouzeil : veines du sud, donné à Ad. Brongniart par le Directeur, en 1845, Mus. Paris. — Puits de l'Ouest, Éd. Bur., Mus. Paris. — Puits Mercier, veines du sud, donné à Ad. Brongniart par le Directeur, en 1845, Cat. Mus. Paris, n° 4688. — Puits Neuf, Éd. Bureau, Cat. Mus. Paris, n° 7361; Éd. Bur., Mus. Nantes. — Puits Préjean, Éd. Bur., Mus. Nantes, et Grande veine, Éd. Bur., Cat. Mus. Paris, n°s 7348 et 7354, — Puits Henri, Éd. Bureau, Mus. Par.; toit de la veine n° 1, niveau de 152 mètres, Beaulaton, Directeur, Mus. Nantes. — Puits Saint-Georges, Éd. Bureau, Mus. Paris et Nantes. — La Tardivière, Cat. Mus. Paris, n°s 7346, 7349, 7350 et 4044, étiqueté par Ad. Brongniart, recueilli par Viquesnel. — Puits de la Chapelle-Breton, veines du nord, Ad. Brongniart, 1845, Cat. Mus. Paris, n° 4044. — Puits de la Bouillière, commune de Teillé. — Puits au S. O. de la Jouinière, commune de Teillé, Éd. Bureau.

Mines de Montrelais, commune de Varades : puits Marie, Viquesnel, Mus. Paris, n° 4047. — Trouvé en 1791 à 1,100 pieds de profondeur, mines de Montrelais. Coll. Renou, premier Directeur du Mus. d'hist. nat. d'Angers, Mus. paléontologique d'Angers. — Mines de Montrelais, Coll. de l'École des Mines. — Terrain houiller de Montrelais, Bertrand-Geslin, Mus. hist. nat. Nantes.

Département de Maine-et-Loire.

Chalonnes : coll. Couffon, Angers. — Mines de la Prée : puits n° 5, commune de Chalonnes. Éd. et L. Bureau.

Mines de la Haie-Longue : Audouin, 1832. Cat. Mus. Paris, n° 247.

Mines de Beaulieu : puits Saint-Joseph. L. Bureau. Mus. Nantes.

Mines de Saint-Georges-Chatelaison, près Doué : Virlet, 1828; Mus. Paris, Cat. n° 246. Type de Brongniart. — Virlet, coll. École des Mines.

À l'étranger, le *Diplotmema dissectum* est indiqué à Saint-Hippolyte, dans les Vosges, à Berghaupten, en Silésie, à Altendorf, en Moravie, etc. Il se trouve même dans la Pensylvanie, d'après Lesquereux.

Var. PATULUM Éd. Bur.

(Atlas, pl. XXIII, fig. 1.)

Caractères du *Diplotmema dissectum* type, mais pinnules bien moins longues, plus trapues, à lobes naissant à 5 millimètres environ les uns des autres, mais bien plus étalés, *arqués en dehors*, grêles, linéaires, la plupart bifurquées.

Ces lobes sont écartés, comme dans le *D. dissectum* type, et non rapprochés les uns des autres comme dans le *D. elegans*, où la distance entre les lobes, qui sont droits, est moins grande que la largeur des lobes, tandis qu'ici cette distance, comme dans le *D. dissectum* typique, est bien plus grande que la largeur des lobes.

Mines de Languin, près Nort (Loire-Inférieure), Ad. Brongniart, 1845, Cat. Mus. Paris, n° 4707.

Mine de la Guérinière (Loire-Inférieure) : concession des Touches, entre la veine du sud et la veine du centre, Éd. Bur.

Mines de la Tardivière : concession de Mouzeil (Loire-Inférieure), Éd. Bur.

DIPLOTMEMA ELEGANS [1].

(Atlas, pl. XXIII, fig. 2 à 3; pl. XXIV, fig. 1 à 2; pl. XXIV *bis*, fig. 1.)

1836. **Cheilanthites elegans** GOEPPERT, Die foss. Fçrnkr., p. 233, pl. X, fig. 1, et pl. XI, fig. 1-2.

1877. **Diplotmema elegans** STUR, Die Culm-Flora der Ostrauer u. Waldenburger Schichten, p. 130, pl. XIII, fig. 5 et pl. XIV, fig. 1-6 (*Abhandl. d. k. Geol. Reichsanst.*, vol. VIII, part. 2, p. 236, pl. XIII, fig. 5 et pl. XIV, fig. 1-6).

1900. **Diplotmema elegans** Éd. Bur. dans L. Bur., La ville de Nantes et la Loire-Inférieure. Notice sur la géol. de la Loire-Infér., III, p. 273.

[1] Non *Filicites (Sphenopteris) elegans* Ad. BRONGN., Sur la classif. et la distrib. des vég. foss. Extr. des *Mém. du Mus. d'hist. nat.*, VIII, 1822, p. 33, pl. II, fig. 2 a, b, *quæ est Calymmatoteca silesiaca* nob.; non *Sphenopteris elegans*, STERNB. Vers. ein. geogn. - bot. Darstell. d. Flora d. Vorwelt, viertes Heft, 1825, p. 15, *quæ est calymmatotheca silesiaca* nob.; nec *Sphenopteris elegans* STERNB. *l. c.*, funftes u. schistes Heft, 1833, p. 56, pl. XX, fig. 3-4, *quæ est calymmatotheca tennifolia* γ *divaricata* nob).

Description
de l'espèce.

Fronde grande. Rachis principal large de 13 à 15 millimètres, avec un sillon en V sur la face supérieure, carèné, les carènes formées par le prolongement descendant des rachis secondaires, marquées de stries transversales courtes et de très fines lignes longitudinales, les stries transversales visibles en dessus et en dessous, les bords du rachis restant lisses. Rachis secondaires nus, alternes, ayant jusqu'à 20 centimètres de long et environ 5 millimètres de large, portant, surtout en dessous, des stries transversales très marquées, divisés au sommet en deux branches, qui s'étendent à angle à peu près droit. Grandes pennes résultant de la bifurcation, ou pennes primaires, triangulaires, de 15 à 20 centimètres de long sur 12 centimètres de large à la base. Pennes secondaires, en triangle plus allongé, diminuant graduellement de la base au sommet, où elles finissent par n'être plus que des pinnules. Pinnules de 10-12 millimètres, larges de 8-10 millimètres, triangulaires ou ovales-triangulaires, pétiolulées, très profondément primatifides, partagées de chaque côté en 2-4 lobes alternes. Lobes subaigus au sommet, linéaires lorsqu'ils sont simples, s'élargissant de la base au sommet lorsqu'ils se partagent en deux, plus rarement en trois. *Branches résultant de cette division généralement courtes ou très courtes. Les lobes ou leurs subdivisions rapprochés les uns des autres, mais ne se touchant pas latéralement.* Chaque lobe parcouru par une seule nervure, assez forte, bordée d'un limbe étroit dont la décurrence passe d'un lobe à l'autre.

Rapports
et différences.

L'affinité du *Diplotmema elegans* avec le *Diplotmema dissectum* est si grande qu'on peut hésiter à rapporter certains échantillons à l'une des espèces plutôt qu'à l'autre. Néanmoins le *D. elegans* a d'ordinaire une physionomie particulière, que lui donnent ses pinnules bien plus rapprochées les unes des autres, à lobes bien plus rapprochées aussi et se dilatant de la base au sommet pour se bifurquer. Les stries transversales, surtout celles des rachis secondaires, paraissent plus prononcées que dans le *D. dissectum*.

Provenance.

Le *Diplotmema elegans* est aussi répandu dans le bassin de la basse Loire que le *D. dissectum*. Il y a même des localités où il est beaucoup plus commun.

Département de la Loire-Inférieure.

Mines des Touches : la Guérinière, Éd. Bur. — Puits de la Bourgonnière, veines du Sud, Ad. Brongniart, 1845. Catalogue des pl. foss., Mus. hist. nat. Paris.

Mines de la Tardivière, commune de Mouzeil : puits Neuf, Éd. Bur. — Puits Henri, Mus. Paris et Nantes, Éd. Bur. — Puits Préjean, Éd. Bur. — Puits Saint-Georles, toit de la veine, n° 1, Beaulaton. — Puits Saint-Georges, Éd. Bur., Mus. Paris et Nantes. — Puits de la Richeraie, veine du Sud, Ad. Brongniart, 1845, Cat. Mus., n° 4680. — Carrière de la Rivière, commune de Teillé, nombreux échantillons, Éd. Bur., Mus. Paris et Nantes. — Puits de la Chapelle-Breton, mines de Mouzeil, veines du Nord, Ad. Brongniart, 1845, Cat. Mus., n° 4701.

Mines de Montrelais : nouveau puits de la Transonnière, commune de Mésanger, Éd. Bur.

Département de Maine-et-Loire.

Bords de la Loire : coll. Rouault, Mus. de Rennes.

Davy, Mus. de Rennes. — Mine de Beaulieu : Dubuisson, Bertrand-Geslin, L. Bureau, Mus. de Nantes. — Coll. Couffon et Musée paléontologique d'Angers. — Coll. Triger. — Très abondant à Beaulieu.

A l'étranger, on le signale particulièrement dans les schistes d'Ostrau et de Waldenburg, à Altwasser, etc.

DIPLOTMEMA SCHÖNKNECHTI.

(Atlas, pl. XXII, fig. 2 à 4.)

1875-1877. **Diplotmema Schönknechti** Stur, Die Flora d. Ostrauer und Waldenburger Schichten, p. 140, pl. XIV, fig. 7-8, in *Die Culm-Flora*, II, 1875, p. 246, pl. XXXI, fig. 7-8.

1900. **Diplotmema Schönknechti** Éd. Bur. La ville de Nantes et la Loire-Inférieure, dans L. Bur. *Notice sur la Géol. de la Loire-Inf.*, III, p. 273.

Portions de frondes 2-3 fois pinnées. Axes qui portent les pennes de second ordre, minces, lisses, un peu flexueux, très légèrement bordés. *Axes des pennes secondaires très fins, flexueux-géniculés,* bordés aussi. Grandes pennes ovalaires. Pennes du second ordre lancéolées ou triangulaires-lancéolées. Pinnules ovales ou ovales arrondies, obtuses, *très petites,* longues de 5 à 7 millimètres, larges de 3 à 5, alternes. Lobes 3 à 4 de chaque côté, courts, obovales, obtus, les inférieurs 2-3 fois lobulés, ne se recouvrant pas, mais ne laissant entre eux qu'un très petit espace.

Description de l'espèce.

Cette espèce a l'air d'une miniature du *Diplotmema elegans* dont on la distinguera par ses pinnules très petites et ses axes grêles, flexueux, géniculés (ce caractère n'est pas assez accusé sur les figures) et lisses, n'ayant pas de stries transversales.

Le *Diplotmema Schönknechti* est une espèce rare et cantonnée, qui n'a été recueillie que dans deux concessions contiguës de la Loire-Inférieure :

Commune des Touches : la Guérinière, Éd. Bureau;

Commune de Mouzeil: la Tardivière, puits Neuf, Éd. Bur.; puits Henri, puits Saint-Georges, Mus. Paris, Mus. Nantes, Éd. Bur.

A l'étranger il a été trouvé à Waldenburg, à Volpersdorf, où il a été recueilli par Shönknecht, auquel Stur l'a dédié.

DIPLOTMEMA DISTANS.

(Atlas, pl. XIX, fig. 1 à 3 A.)

1804. **Filicites bermudensiformis** Schotheim, Beschreibung Merknurdiger Kranter Abdr. an Pflanz. Verstein. Ein Beitr. z. Fl. der Vorwelt, 1804, pl. X, fig. 18 *u*. pl. XXI, fig. 2, et Schloth. Die Petrefaktenkunde, 1820, p. 409.

1825. **Sphenopteris distans** Sternberg, Vers. cin. geognost.-bot. Darstell. d. Fl. d. Vorwelt, Viertes Heft, p. XVI.

1828. **Sphenopteris distans** Ad. Brongniart, Hist. des vég. foss., I, p. 198, pl. LIV, fig. 3 *a*, 3 *b*. — Sternberg, Versuch einer, etc., fünftes u. sechstes Heft, 1833; p. 62. — Goeppert, Die Gattung. d. foss. Pflanzen, 1841. h. 3, u. 4, p. 68, pl. X, fig. 1. — Unger, Synops. plant. foss., 1845, p. 63. — Goepp. in Bronn, Index palæon., 1848, p. 1168. — Unger, Gen. et sp. plant. foss., 1850, p. 114. — Geinitz (part.), Darstell. d. Fl. d. Hainichen-Ebersdorfer u. Flœhaer Kohl., 1854, pl. II, fig. 4, 5, 7 (les nᵒˢ 3, 6, sont prob. d'une autre esp.). — Stur, Die Culm-Fl. d. Mährish-Schlesisch. Dachschief. (*Abhandl. d. k. k. geol. Reichs.*, VIII, Heft, I, 1875, p. 23, pl. VI, fig. 2-5.). — Renault, Cours bot. foss., III, 1883, p. 192.

1836. **Cheilanthites distans** Goeppert, Die foss. Farnkränter, p. 243, pl. IX, fig. 1-2.

1869. Sphenopteris (**Davallioides**) **distans** Schimper, Traité de Paléont. vég., I, p. 390.

1877. **Diplotmema distans** Stur, Die Culm-Fl. d. Ostrauer u. Waldenburger Schichten, p. 137, pl. XVII, fig. 1, u. pl. XV, fig. 2-5. (*Abhandl. d. k. k. geol. Reichsanst*, vol. VIII, p. 243, pl. XXXII, fig. 3-5, et XXXIV, fig. 1.)

1885. **Diplotmema (Sphenopteris)** Stur, Die Carbon-Flora d. Schatzlarer Schichten, p. 296.

Gros rachis primaire de 2 centimètres de diamètre, donnant naissance à des rachis secondaires alternes presque aussi gros à leur base que celui qui les porte, puis diminuant rapidement : à 3 centimètres de leur base n'ayant plus que 9 millimètres, et, sous la bifurcation, 5 millimètres seulement. Ces rachis secondaires sont longuement nus et sont divisés à leur sommet en deux branches égales, qui portent des rachis de troisième ordre, alternes. Tous ces axes paraissent rugueux transversalement; le plus gros surtout semble rayé de lignes transversales très irrégulières. Peut-être est-ce le résultat du mode de conservation; car les plus beaux échantillons de *Cal. distans* du bassin de la basse Loire sont de Beaulieu et, comme tous les fossiles de ce gisement, sont couverts d'une pulvérulence blanchâtre formée par de la séricite. Il y a aussi, sur le gros axe, des ponctuations allongées, petites lignes fines et courtes, qui pourraient être des bases de poils tombés. Au milieu de ces lignes, il y a des ponctuations plus grosses et arrondies qui semblent aussi être des cicatrices. On les retrouve sur les axes secondaires, qui sont plus ou moins striés longitudinalement. Pennes alternes sur les branches de la bifurcation, étroites et assez longues, à axe très grêle, écartées les unes des autres et portant des *pinnules* aussi très *écartées; ces pinnules* sont *arrondies, profondément 3-5 lobées. Lobules oblongs, obtus, étalés en éventail.*

D'après Stur, cette espèce se partagerait en deux variétés : l'une grêle, élégante, à lobes bien écartés; ce serait la variété *Schlotheimii;* l'autre plus compacte, à lobes se touchant presque et moins profondément séparés; ce serait la var. *Geinitzii.* Les échantillons de la basse Loire appartiennent à la forme grêle.

Remarques paléontologiques.

Le *Diplotmema distans* est très rare dans notre bassin. Voici les points où il a été recueilli :

Provenance.

Puits Neuf, la Tardivière, commune de Mouzeil (Loire-Inférieure), Mus. Paris, Éd. Bur.

Puits du Coteau, mine de Beaulieu (Maine-et-Loire), Éd. et L. Bureau.

À l'étranger on a trouvé cette plante en Silésie, dans les schistes d'Ostrau et de Waldenburg, à Ilmenau, à Charlottenbrun et vraisemblablement ailleurs.

DIPLOTMEMA DEPAUPERATUM, n. sp.

(Atlas, pl. XX, fig. 3, 3 A.)

Fougère à fronde assez grande, mais *à ramifications très grêles et flexueuses.* Rachis nu, un peu strié en long, de 5 millimètres de large, glabre, divisé en deux branches sous un angle ouvert; branches de 4 millimètres de large; une gouttière en dessus. Fronde au moins quadripinnée. Axes divers très grêles; un très grand (axe secondaire peut-être), n'ayant pas plus de 1 millimètre de

Description de l'espèce.

diamètre, devait être long de plus de 2 décimètres, flexueux, portant des rachis de troisième ordre, minces comme des fils, alternes, ceux d'un même côté naissant à 3-5 centimètres de distance l'un de l'autre. Pennes dont ils sont l'axe d'une forme triangulaire, ayant au moins 6 centimètres de long, portant des pennes de troisième ordre de 1 à 2 centimètres de long, suivant leur position. Ces pennes de troisième ordre sont à 10-12 millimètres l'une de l'autre d'un même côté. Les inférieures sont elles-mêmes pinnées. Tous ces *axes, de plus en plus fins, portent au sommet de petites pinnules de 2-3 millimètres de long, 2 de large au plus, ayant à peu près la disposition des pinnules du Diplotmema dissectum : un axe central émettant sur les côtés une à deux lanières, simples ou bifurquées au sommet.* Chacune de ces divisions et subdivisions de la pinnule est parcourue par une nervure fine bordée par le limbe. Les lanières sont obtuses. Les axes tertiaires et quaternaires sont d'autant plus en zig-zag qu'ils sont plus fins.

Rapports et différences. — Cette espèce est évidemment très voisine des *Diplotmema dissectum* et *elegans*, avec lesquels on ne peut la confondre : ses rachis n'ont pas de stries transversales. Tous, sauf les premiers, sont d'une gracilité extrême; les pinnules, extrêmement petites, sont proportionnellement bien plus courtes que celles du *D. Schönknechti*; elles sont pour la plupart pédicellées, ce qui donne à presque toutes l'aspect de pinnules terminales.

Provenance. — Je n'en connais que l'échantillon figuré, que j'ai trouvé à la Tardivière, commune de Mouzeil (Loire-Inférieure).

DIPLOTMEMA CONTRACTUM n. sp
(Atlas, pl. XXVI, fig. 1, 2, 2A-2B.)

1875. **Diplotmema dicksonioides** Stur, part., Die Culm-Flora d. ostrauer u. Waldenburger Schichten, p. 142, pl. XVI, fig. 1-2, non 3, 4, 5 (*Abhandl. d. k. k. Geol. Reichs.*, vol. VIII, p. 248, pl. XXXIII, fig. 1-2.)
1900. **Diplotmema dicksonioides** Ed. Bur. part. in L. Bur. La ville de Nantes et la Loire-Inf., III, p. 272. *Notice sur la Géol. de la Loire-Inf.*
1903. **Sphenopteris dicksonioides** Potonié, part. Abbildung. u. Beschreib. foss. Pfl.- Reste d. palæozoisch. u. mesozoisch. Format., partie 1, fig. 2 (non fig. 1).

Description de l'espèce. — Gros rachis primaire de 10-15 millimètres de diamètre, parcouru, ainsi que les axes secondaires, de côtes longitudinales serrées. Petits points indiquant des cicatrices de poils. Axes secondaires de 1 centimètre de large, longuement nus, se partageant au sommet en deux branches qui s'écartent à angle droit, puis changent de direction à la naissance de chaque axe tertiaire et, sur certains échantillons, prennent une forme tout à fait en zig-zag. Elles ont environ 6 millimètres à leur base. Chaque penne résultant de la bifurcation de l'axe secondaire paraît avoir été très grande et triangulaire. Chacune émet des pennes tertiaires d'environ 3 centimètres de long sur 2 de large, qui ont plus visiblement la même forme en triangle, et celles-ci se subdivisent en pennes quaternaires, ou de dernier ordre, en triangles très allongés, presque linéaires, de 6 millimètres de long environ, et qui pourraient aussi bien être remarquées comme des pinnules; en effet, sur le fin rachis qui les parcourt, sont attachés en plus ou moins grand nombre, mais toujours opposés, des *lobes très brièvement obovales, atténués à la base,* très petits, *d'à peine 1 millimètre de longueur et aussi larges que longs nullement lobulés, mais parcourus par une nervure médiane qui aboutit souvent à une échancrure du bord terminal du limbo, et semble diviser le lobe en deux lobules, très convexes en dessus, très concaves au-dessous,* mais en réalité il n'y a pas de lobules, et la forme boursouflée du limbe tient à la brièveté de la nervure médiane, plus courte que ce limbe. On dirait au premier abord une fronde fructifiée; mais je n'y ai pas vu de fructifications. Toutes les pennes, de quelque ordre qu'elles soient, sont attachées à angle droit sur le rachis qui les porte. La terminaison des pinnules est obovale ou trilobée. Le plus souvent, les pennes se recouvrent ou s'entrecroisent, en raison de leur largeur. La terminaison des pinnules est obovale ou trilobée.

M. Potonié, dans *Abbildungen und Beschreibungen fossiler Pflanzen-Reste d. palæozoischen und mesozoischen Formation,* Lieferung (1903), 2, a réuni, sous le nom de *Sphenopteris dicksonioides,* deux plantes que nous distinguons ici : celle qui est figurée sur la première page du fascicule que nous venons de citer nous paraît avoir tout à fait les caractères de végétation du *Dactylotheca aspera* Zeill. C'est un bel échantillon fourchu absolument à la manière des *calymmatotheca,* c'est-à-dire que les deux branches de la bifurcation sont droites et s'écartent à angle aigu. Le rachis et les branches sont couverts de petites ponctuations, traces d'insertions d'écailles qui étaient caduques; ce sont tout à fait les axes du *Dactylotheca aspera.* Les axes des pinnules sont très minces comparés aux axes primaires et secondaires. Les pennes sont étroites, lancéolées, assez écartées les unes des autres. Les pinnules, qui se touchent, sont ovales ou sublinéaires obtuses, la nervure médiane très prononcée et les nervures secondaires dichotomes. Le limbe est lobulé sur

Rapports et différences.

le bord, à lobes très courts, formés par des arcs de cercle à convexité extérieure.

Sauf le caractère pécoptéridien des pinnules, on dirait un *Calymmatotheca*
et cette détermination se trouverait confirmée par la présence de pennes sur
le rachis principal, au-dessous de la bifurcation. Il y en a, dans l'échantillon de
M. Potonié, trois paires, dont il reste seulement les pennes du côté gauche.
Ces pennes étaient écartées l'une de l'autre à peine plus que celles qui sont
insérées sur les branches. La première paire, comme il arrive souvent dans
les *Calymmatotheca*, est presque au niveau de la fourche. Jusqu'ici, que je
sache, on n'avait pas signalé, dans le *Dactylotheca aspera*, de ces pennes sur le
rachis principal. Je puis confirmer la disposition indiquée par M. Potonié;
M. Beaulaton, directeur des mines de la Tardivière, commune de Mouzeil,
m'a communiqué un très bel échantillon de *Dactylotheca aspera* portant des
pennes sur le rachis principal.

Ainsi, le *Dactylotheca aspera*, une Marattiacée, avait les mêmes caractères
de végétation que les *calymmatotheca*, qui entrent dans les Ptéridospermées.
C'est une nouvelle confirmation de cette règle aujourd'hui bien connue que
c'est par les caractères de reproduction que les végétaux ont commencé à se
différencier. Les Cordaïtées, entre autres, en sont un exemple : leur feuillage
est à peu près le même, tandis que leurs graines sont très différentes suivant
les espèces.

L'autre plante, figurée à la page 3 du numéro 2, premier fascicule de l'ouvrage de M. Potonié, nous paraît bien distincte de la précédente. L'éminent
paléobotaniste allemand en a représenté un magnifique échantillon, dans lequel
nous trouvons les caractères les plus importants du *Diplotmema* : un rachis
principal longuement nu, c'est-à-dire ne portant pas de pennes au-dessous de
la bifurcation, fourchu à angle droit, les branches de la bifurcation coudées à
chaque point d'attache des axes tertiaires, les pennes de troisième ordre largement triangulaires, etc. Je ne puis donc attribuer cette plante à un autre
genre qu'au genre *Diplotmema*; mais ne lui trouvant pas d'épithète spécifique
autre que le nom *dicksonioides*, qui reste à *Aspidites dicksonioides* de Gœppert, je propose pour elle, afin d'éviter toute confusion, le nom de *Diplotmema
contractum* sous lequel je viens de la décrire.

La figure de M. Potonié est une photographie qui donne on ne peut mieux
l'ensemble de la fronde : on y voit parfaitement le rachis principal nu, la
bifurcation à angle droit, les pennes tertiaires largement triangulaires, etc.

Le *Diplotmema contractum* a été trouvé dans les localités suivantes du Provenance. bassin de la basse Loire :

Languin (Loire-Inf.), puits n° 2. Mus. hist. nat. Nantes.

Mine des Touches (Loire-Inf.) : toit de la veine des Forges, Audibert, 1846, Catal. Mus. Paris, n° 2088.

La Tardivière, commune de Mouzeil (Loire-Inf.), puits Henri, Éd. Bur. Mus. Nantes, puits Saint-Georges, Éd. Bur. Mus. Paris et Nantes; puits de la Richeraie, mines de Mouzeil (Loire-Inf.), Ad. Brongniart, 1845, Cat. Mus. Paris, n° 4679.

Il est assez remarquable que cette espèce, qui n'est pas très rare, ait été trouvée seulement dans la partie du bassin qui s'étend aujourd'hui au nord de la Loire, dans le département de la Loire-Inférieure.

FAMILLE DES SCHIZÆACÉES.

Sporanges ayant à leur sommet une calotte formée de cellules allongées, déhiscence par une fente longitudinale.

Genre SENFTENBERGIA CORDA.

1822. **Filicites** Ad. BRONGNIART, Sur la classif. et la distrib. des végétaux fossiles, p. 33. part. — ARTIS, Antediluvian Phytology, p. 17.

1828. **Pecopteris** Ad. BRONGNIART, Prodr. d'une hist. des vég. foss., p. 58. — Ad. BRONGN., Hist. des vég. foss., I, p. 345 et 346. — GRAND'EURY, Fl. foss. du dép. de la Loire, *Bot.*, 1877, p. 63.

1836. **Cyatheites** GOEPPERT, Die foss. Farnkrauter, p. 319. — GEINITZ, Die Verstein. d. Steinkohl. in Sachsen, 1855, p. 23.

1845. **Senftenbergia** CORDA, Beitr. z. Flora der Vorwelt, p. 91. — STUR, Die Carbon-Flora d. Schatzlarer Schichten, 1885, p. 64.

Grandes frondes, 3-4 pinnées, aspect de frondes de *Pecopteris,* pennes secondaires alternes, elliptiques ou diminuant graduellement de la base au sommet. Pennes du dernier ordre linéaires ou longuement atténuées, attachées par toute leur base, à bords presque parallèles, courtes, obtuses ou aiguës. Nervure médiane bien marquée. Nervures secondaires simples ou bifurquées. *Sores formés d'un seul sporange, globuleux. Ces sporanges insérés sur les nervures secondaires et formant deux lignes parallèles à la nervure médiane;*

gros et courant presque la surface inférieure de la pinnule; *munis d'une calotte formée de plusieurs assises de cellules plus résistantes que celles situées au-dessous; une bande de cellules très étroites déterminant la déhiscence qui se fait en long.* Les frondes sont accompagnées d'*Aphlebia* laciniés.

SENFTENBERGIA PLUMOSA Stur.

(Atlas, pl. VIII, fig. 1 à 4, pl. XXVIII, fig. 3, 4.)

1822. **Filicites pinnæformis** Ad. Brongniart, Sur la classification et la distribution des végétaux fossiles , p. 33, pl. 11, fig. 3 *a* à *c*. (Extrait des *Mémoires du Muséum d'histoire naturelle,* tome VIII.)

1828. **Pecopteris plumosa** Ad. Brongniart, Prodr. d'une hist. des vég. foss., p. 58.

1828. **Pecopteris dentata** Ad. Brongniart, Hist. d. vég. foss. I, p. 346, pl. CXXIII, CXXIV.— Lindl. et Hutt. The foss. Fl. of Great Brit. II, 1835, p. et. pl. 154. — Grand'Eury, Fl. foss. du dép. de la Loire, *Bot.,* 1877, p. 63. [Non *Pecopteris (Dactylotheca) dentata* Zeill.]

1828. **Pecopteris pennæformis** Ad. Brongniart, Hist. des vég. foss., pl. CXVIII, fig. 3 et 4.

1836. **Cyatheites dentatus** Göpp., Die Foss. Farnkräuker, p. 325. — Geinitz, Die Verstein. d. Steinkohl. in Sachsen, 1855, p. 26, pl. XXXV, fig 11, XXX, fig. 1-4.

1838. **Filicites plumosus** Artis, Antediluvian Phytology, p. 17.

1885. **Senftenbergia plumosa** Stur, Die Carbon-Flora der Schatzlarer Schichten, p. 92, pl. LI, fig. 1 à 3.

Description de l'espèce.

Frondes (3-4) pinnées, à rachis densément ponctué, scabre. A la naissance des rachis principaux, *Aphlebia* grands, rameux, dichotomes, persistants, allongés, acuminés[1]. Pennes secondaires un peu rétrécies à la base, puis devenant un peu plus larges vers le quart inférieur et diminuant de là graduellement jusqu'à la pointe. L'ensemble donnant l'aspect d'un triangle allongé. Ces pennes longues de 10 à 15 centimètres, larges au plus de 4 à 5 centimètres, empiétant par leurs bords les unes sur les autres (d'après les figures d'Artis et de Stur; car je n'ai vu que des fragments). Pennes tertiaires linéaires; obliquement insérées, se touchant par leurs bords. *Pinnules linéaires, obliquement insérées, étalées obtuses,* ou paraissant subaiguës par le repli de leurs bords, longues de 4 à 5 millimètres, larges de 2, ordinairement entières ou à peine sinueuses, un peu recourbées vers le haut. Nervure médiane bien mar-

---

[1] Je n'en ai pas trouvé dans le culm supérieur; mais ils sont abondants à la base du Westphalien, à Teillé, et ils seront décrits lorsque nous nous occuperons de cette flore.

quée. *Nervures secondaires ordinairement simples. Sporanges isolés, globuleux, gros, rangés en ligne, 4 à 5 de chaque côté de la nervure médiane*, couvrant en grande partie la face inférieure de la pinnule.

La Fougère que nous venons de décrire pourrait facilement être confondue avec d'autres que M. Grand'Eury avait comprises dans un même groupe artificiel. Cet éminent naturaliste a le premier établi des distinctions dans les Fougères qu'Ad. Brongniart avait réunies sous le nom de *Pecopteris*. Dans sa Flore carbonifère du département de la Loire, M. Grand'Eury sépare des autres les Pécoptéridées arborescentes, qui comprennent comme fronde les *Pecopteris* proprement dits, comme tige les *caulopteris* et *Psaronius*, comme fructification les *Asterotheca*, et, ce groupe naturel mis à part, il lui reste un autre groupe, artificiel celui-là, composé de Fougères herbacées, généralement à pinnules petites, se rattachant à divers types, auxquels il prévoit qu'il faudra joindre un certain nombre de Sphénoptéridées. Il indique ce groupe artificiel sous le nom de cadre des Étéroptérides. Dans ce cadre on entrevoit déjà des types très différents les uns des autres. L'étude de leur organisation et celle de leurs affinités feront certainement faire un progrès notable à la connaissance des Filicinées fossiles. Malheureusement les fructifications sont nécessaires pour nous éclairer, et l'on n'en trouve que rarement.

Pour l'espèce appelée *Felicites plumosus* Artis, *Pecopteris plumosa* Ad. Brongn., *Senftenbergia plumosa* Stur, il semble que la première mention de la fructification ait été faite par Artis, dans son *Antediluvian Phytology*; mais il est assez difficile de dire en quelle année. Le titre de l'ouvrage porte 1838; mais l'Introduction, signée des initiales d'Artis, E. T. A. : (Edmund. Tyrell Artis), est du 1er septembre 1825. Or l'*Histoire des plantes fossiles* d'Ad. Brongniart a été publiée de 1828 à 1838, et à la page 348, le célèbre fondateur de la botanique fossile cite l'ouvrage d'Artis. Celui-ci paraît donc réellement le plus ancien, et on peut dire qu'il est le plus instructif; car à gauche et en haut de la planche 17, représentant le *Filicites plumosus*, est figuré un petit échantillon dont toutes les pinnules portent deux rangées de ponctuations parallèles à la nervure médiane, mais plus près du bord que de cette nervure. Ces ponctuations sont régulièrement placées et sont sûrement des traces de fructifications, soit des sporanges très jeunes, soit, au contraire, des cicatrices laissées par la chute des sporanges.

Le *Pecopteris dentata* Ad. Brongn. (1828, p. 346, pl. 123 et 124) a été vu par l'auteur avec des traces de fructification, qui ne peuvent pas être mises en

Rapports
et différences.

doute, bien qu'aucun des échantillons qu'il a publiés n'en présente. Voici, en effet, comment il termine la diagnose : *Fructificationes punctiformes biseriales in quâcumque pinnula.* C'est absolument ce qu'on voit sur le petit échantillon figuré par Artis.

Le *Pecopteris pennæformis* Ad. Brongn. *l. c.*, p. 345, pl. 117, qui a des pennes et des pinnules assez semblables aux précédents, et que Stur y réunit avec raison, je crois, n'est figuré dans le grand ouvrage de Brongniart qu'à l'état stérile; mais, dans tous ces Hétéropterides, la pinnule fertile, en se couvrant de fructifications, ne change pas de forme; on peut voir, à la fin de la diagnose du *P. pennæformis*, les mots : *Fructificationes puntiformes*, et, en se reportant au mémoire d'Ad. Brongniart *sur la classification et la distribution des végétaux fossiles*, publiée en 1822, nous voyons, planche II, sous le nom de *Filicites (Pecopteris) pennæformis*, à la figure 3, en *a*, une penne stérile grandeur naturelle, en *b*, une pinnule du dernier ordre grossie, et, en *c*, quatre pinnules fertiles grossies, qui, bien qu'assez imparfaites, naissent sous des nervules simples et les rangées de fructifications ponctiformes.

Stur, dans son *Carbon-Flora der Schatzlarer Schichten*, 1885, p. 92, pl. LI, figures 1, 2, 3, figure la même espèce sous le nom de *Senftenbergia plumosa*. Les échantillons 1 et 2 sont stériles; l'échantillon 3 est fertile. Il présente la face inférieure, et l'on voit les deux rangées de sporanges par pinnule. Ces sporanges sont en saillie, globuleux, au nombre de 7 à 8 dans chaque rangée. Ils se touchent. La photographie n'a vraisemblablement pas rendu tous les caractères; car la diagnose de Stur donne des détails que nous ne voyons pas. La voici :

Fructificatio paginam inferiorem laminæ immutatæ occupans : sporangia ovalia, 0,8-0,9ᵐᵐ longa, annulo rudimentali apicali instructa, tota superficie fere æqualiter foveolis augustis, reticulato-foveolata, in nervulis quartigradus et media crena, solitaria inserta, et in duas series marginales mediano parallelas, numero 8-11 coordinata.

Remarquons en passant que le fragment de fronde fertile représenté par Stur montre, au point d'insertion du rachis secondaire avec le rachis primaire, des *Aphlebia* ou pinnules à forme tout à fait anormale. Ici elles naissent par une sorte de pétiole qui se divise bientôt en lanières, elles-mêmes subdivisées et aiguës vers le sommet.

En somme, si l'on s'en rapporte aux descriptions et aux figures des auteurs

que nous venons de citer, et, de plus, à la constatation qu'a faite M. Zeiller [1],
de l'exactitude de ce que Corda [2] a écrit et représenté concernant son *Senftenbergia elegans*, il est hors de doute qu'un certain nombre de *Pecopteris* à
petites pinnules, qui pourraient être comprises dans le cadre des Hétéroptérides
de M. Grand'Eury, ont eu des sporanges non en étoiles mais isolés, placés
sur deux rangées parallèlement à la nervure médiane de la pinnule, et que ces
sporanges étaient munis d'une calotte apicale formée de plusieurs rangs
de cellules à parois épaisses. Ce sont là des caractères appartenant dans
les Fougères vivantes à la famille des Schizæacées, et, dans les Fougères
fossiles, au genre *Senftenbergia*. Ce genre, d'après le relevé que je viens de
faire, sur dix espèces n'en a pas moins de six dont les fructifications sont
connues.

Mais, si une partie notable des Hétéroptérides se rattache aux Schizæacées,
il n'en est pas ainsi de toutes. Il y en a, en effet, qui offrent une ressemblance
frappante, et qui cependant en sont très éloignées dans une classification naturelle des Fougères. Les fructifications seules pouvaient révéler leurs véritables
affinités.

Déjà en 1879 dans l'*Explication de la carte géologique de la France*, page 87,
M. Zeiller avait observé un mode de fructification tout particulier, sur des
échantillons bien conservés provenant probablement d'Eschweiler et désignés
comme *Pecopteris dentata*. Il ne les figura pas, mais les décrivit très bien. Les
sporanges étaient des capsules allongées, sans anneau ni calotte apicale, couchées sur les ramifications des nervures secondaires; la partie amincie de la
capsule tournée vers le bord de la pinnule. M. Zeiller reconnut cette Fougère
pour être de la famille des Marattiacées.

Dans les *Annales des Sciences naturelles* (*Botanique*, 6e série, tome XVI, 1883,
p. 184, pl. 10, fig. 12-15), le même distingué paléobotaniste reprit l'étude
de cette espèce fructifiée, créa pour elle le genre *Dactylotheca*, qu'il maintint
dans les Marattiacées, et donna de très bonnes figures, d'après un échantillon
d'Eschweiler.

Dans la *Flore fossile du bassin houiller de Valenciennes* [3], en 1888, sous le
nom : *Pecopteris* (*Dactylotheca*) *dentata*, il donne une description encore plus

[1] Fructifications de Fougères du terrain houiller. (*Ann. des sciences naturelles, Bot.*, 6e série,
1883, XVI, p. 177, pl. 10, fig. 1-5.)
[2] Beiträge zur Flora der Vorwelt, 1845, p. 91, pl. LVIII, fig. 1-6.
[3] Texte, p. 196; Atlas, pl. XXVI, fig. 1-2, XXVII, fig. 1-4, XXXVIII, fig. 4-5.

complète et joint aux précédentes figures celles de portions plus ou moins grandes de frondes, montrant les nombreuses modifications que ces frondes présentent suivant qu'on examine des portions prises vers la base ou vers le sommet.

Vient ensuite, dans le même volume[1], la description et la figure du *Pecopteris* (*Dactylotheca*) *aspera* Zeill., dans lequel l'auteur reconnaît une seconde espèce du genre.

En résumé. des Fougères bien semblables, Pécoptéridées à petites pinnules, ont des fructifications très différentes, qui les rangent dans des familles éloignées l'une de l'autre; mais leur port, la découpure des frondes, la forme des pinnules ont de tels rapports que la détermination des frondes stériles est de la plus grande difficulté, sauf peut-être pour le *Dactylotheca aspera*, où les caractères sont un peu mieux accusés.

Provenance.   De crainte d'erreur, je ne citerai guère la provenance que d'échantillons fructifiés.

Tels sont ceux recueillis par M. Ad. Brongniart, en 1845, aux puits de la Mazière et du Port-Girault, commune de Saint-Georges-sur-Loire (Maine-et-Loire). Ils ont sur le catalogue d'entrée des plantes fossiles du Muséum le numéro 4635. Les petites plaquettes de schiste houiller qui portent les empreintes sont couvertes de fragments de frondes, les uns fertiles, les autres stériles. On reconnaît bien les deux rangées de sporanges par pinnule. Ces sporanges forment chacun une saillie arrondie voilée par le tissu de la pinnule, qui est changé en charbon. Les pinnules sont vues par leur face supérieure.

Cette localité n'est assurément pas la seule. Je vois, dans mes notes, qu'il y a des pennes de *Senftenbergia plumosa* au Musée de Saumur, dans la collection Courtillier. Ils proviennent très vraisemblablement de Saint-Georges-Chatelaison (Maine-et-Loire).

J'ai noté aussi un échantillon au puits de la Richeraie, commune de Mouzeil (Loire-Inférieure).

Quoi qu'il en soit, cette espèce est rare dans le bassin de la basse Loire.

Dans le terrain carbonifère moyen d'Angleterre on la trouve en divers gisements, notamment à Newcastle. Elle est au même étage en Belgique, où elle

[1] Texte, p. 202, pl. XXIX, fig. 1-3.

a été recueillie dans la charbonnière du Levant du Flénu; en Saxe, en West-phalie; etc. M. Zeiller l'a trouvée à tous les niveaux du bassin de Valenciennes. M. Grand'Eury la signale dans l'étage carbonifère supérieur, au niveau de Rive-de-Gier, à Montbressieux, à Comberigole, au puits de Saint-Privat, à Mont-rond, à Robertane, etc.

Le *Senftenbergia plumosa* semble donc avoir pris naissance à l'époque du Culm supérieur, pour se développer dans le carbonifère moyen et s'éteindre au commencement du carbonifère supérieur.

Forme DELICATULA.

M. Zeiller a conservé, sous le nom de *Pecopteris dentata*, la var. *delicatula* de Brongniart. Comparée au type, les dernières pennes sont plus étroites, plus aiguës; les pinnules aussi sont plus minces, plus rapprochées, atténuées en pointe ou presque linéaires. Les nervures secondaires sont simples, comme cela se voit souvent dans les Hétéroptérides de M. Grand'Eury. Cette gracilité d'aspect a en partie pour cause le repli par en dessous des bords des pinnules, accident de dessiccation ou de fossilisation, et non caractère organique.

Description de l'espèce.

M. Zeiller a regardé, avec raison, je crois, sa variété *delicatula* comme se rattachant à son *Pecopteris (Dactylotheca) dentata*, et il a constaté des passages entre les deux. Les échantillons de la basse Loire, dont la physionomie est celle du *delicatula* ci-dessus, ont été recueillis en 1845 par M. Ad. Brongniart, dans les mêmes schistes que le *Senftenbergia plumosa*, et l'on trouve des passages entre cette forme et ce *Senftenbergia* qui l'accompagne.

Rapports et différences.

Ils sont, comme celui-ci, de Saint-Georges-sur-Loire (Maine-et-Loire), près de Chalonnes et proviennent du puits de la Mazière (Cat. Mus., n° 4635) et du puits du Port-Girault (Cat. Mus., n° 4647). Étant donnée la ressemblance extrême des frondes stériles du *Dactylotheca dentata* et du *Senftenbergia plumosa*, je ne doute pas que la forme *delicatula* de la basse Loire ne se rattache au *Senftenbergia*. Celui-ci aurait sa forme grêle comme le *Dactylotheca* a la sienne. Je lui ai donc laissé le nom de *delicatula*, la répétition de ce nom de variété n'ayant pas d'inconvénient pour des plantes si éloignées l'une de l'autre dans la classification naturelle.

Provenance.

FAMILLE DES **EXANNULACÉES**.

Sporanges sans anneau, mais file de cellules à parois minces formant une ligne de déhiscence.

Genre ASPIDITES Gœpp.

1836. **Aspidites** Gœpp., Die fossilen Farnkräuter, p. 361.
1844. **Pecopteris** Gœpp., Nebst einer Uebersicht der Foss. Flora Schlesiens, p. 215. In *Flora v. Schlesien* von Fr. Wimmer, zweite Ausgabe, zweiter Band. — Unger, Synopsis plantarum fossilium, 1845, p. 96. — Unger, Genera et species plantarum fossilium, 1850, p. 171.
1869. **Pecopteris (Aspidites)** Schimper, Traité de Paléontol. végétale, I, p. 521.
1875-1877. **Diplotmema** Stur, part. Die Culm-Flora d. Ostr. u. Waldenb. Schichten, p. 142. *Abhandl. d. k. k. Geol. Reichs.*, Band VIII, p. 248.

Grandes frondes tripinnées, à port élégant, non compact. Pennes secondaires triangulaires, rapidement décroissantes. Pennes tertiaires linéaires. Pinnules ovalaires, lobées à lobes arrondis, brusquement rétrécies à la base et fixées par un point d'attache très étroit, caractères du genre subsidiaire *Sphenopteris*. Nervure médiane très accusée, ne montant pas jusqu'au sommet de la pinnule et émettant des nervures secondaires dichotomes, qui se dirigent vers le bord. *Sores ronds, sur deux séries. Traces d'un indusium pelté* (Gœppert). *Sporanges sans anneau, mais ligne de déhiscence par une file de cellules à parois minces.*

ASPIDITES DICKSONIOIDES Gœpp.

(Atlas, pl. XXV, fig. 1 A à 2 B.)

1836. **Aspidites dicksonioides** Gœpp., Die fossilen Farnkräuter, p. 361, pl. XXVIII, fig. 1, 2.
1844. **Pecopteris dicksonioides** Gœpp., Nebst einer Uebersicht der Foss. Flora Schlesiens, p. 215. In *Flora v. Schlesien* von Fr. Wimmer, zweite Ausgabe, zweiter Bande. — Unger, Synops. plant. foss., 1845, p. 96. — Unger, Gen. et sp. plant. foss., 1850, p. 171.
1869. **Pecopteris (Aspidites) dicksonioides** Schimper, Traité de Pal. vég., I, p. 521.
1875-1877. **Diplotmema dicksonioides** Stur, part. Die Culm-Flora d. Ostrauer u. Waldenburger Schichten, p. 142, pl. XVI, fig. 3, 4, 5 (non 1, 2). *Abhandl. d. k. k. Geol. Reichsanst.*, Band VIII, p. 248, pl. XVI, fig. 3, 4, 5 (non 1, 2).

Description de l'espèce.

Grandes frondes tripinnées. *Gros rachis*, de 15 millimètres de large, subanguleux, *couvert de stries saillantes inégalement longues*, bien probablement en rapport avec des trichomes. Stur dit que les pétioles sont bifurqués.

Je n'en ai pas vus de conformés ainsi; il n'en figure pas non plus présentant cette disposition, et il n'est pas impossible qu'il ait pris de'gros rachis primaires ou secondaires pour des branches de la bifurcation. Rachis secondaires alternes : l'un, bien visible, est très large à sa base, qui est conique et a environ 15 millimètres de large, mais s'atténue rapidement, les deux bords deviennent parallèles, et ce rachis a, au-dessus de sa base conique, une largeur de 5 millimètres seulement. Il porte, comme le rachis principal, des costules saillantes et des cicatrices de trichomes. Ces cicatrices finissent par se montrer seules sur les derniers rachis, qui sont grêles. Feuillage léger. Pennes de second ordre écartées, ne se touchant pas par leurs bords, insérées à 3-4 centimètres de distance, longuement triangulaires, longues de 6 à 11 centimètres, larges de 3-4. Pennes de troisième ordre diminuant de longueur régulièrement et rapidement, mais ne décroissant pas de largeur : les plus longues ayant 25 millimètres; la largeur uniforme étant de 7 millimètres. Pinnules arrondies, lobulées à lobes très obtus, brusquement rétrécies à la base, fixées par un point d'attache étroit, au nombre de 5 de chaque côté sur les pennes les plus longues, écartées, ne se touchant jamais, la pinnule terminale pas plus grande que les autres. Nervure médiane forte, et formant, dans la moitié environ de la hauteur de chaque pinnule, une forte dépression qui rend cette pinnule biconvexe en dessus. Nervures secondaires partant à angle aigu de la médiane, dichotomes, se portant obliquement plusieurs dans chaque lobe. *Sores ronds attachés entre la nervure médiane et le bord de la pinnule*, un peu plus près cependant de celui-ci, *les deux rangées de sores couvrant ensemble la face inférieure du limbe de la pinnule dans presque toute sa largeur.*

Gœppert a vu les traces d'un indusium pelté. Parmi les genres de Filicacées dont on a reconnu plus ou moins les fructifications, je n'en vois, en dehors des vivants, qu'un seul qui présente cette particularité : c'est le genre *Discopteris* de Stur, ou plutôt l'un des deux types qu'il a réunis dans ce genre, et qui devraient, je crois, être séparés. L'un, celui représenté par le *Discopteris karwinensis* Stur a « les sores, ou groupes de sporanges terminaux, au sommet des pinnules et pourvus d'un réceptacle concave en dessous, à l'intérieur duquel les sporanges sont attachés ». L'autre, dont le *Discopteris Schumanni* Stur est le meilleur exemple, a « les sores occupant la base des lobes et le réceptacle serait convexe en dessous, portant les sporanges sur sa convexité »[1].

Remarques
paléontologiques.

[1] ZEILLER, Flore fossile du bassin houiller de Valenciennes, texte, p. 32.

Il y a donc deux rangs par pinnule. Nous pouvons ajouter que ces sores sont débordés latéralement par les lobes de la pinnule qui sont aigus et même dentelés, et que les deux lignes de sores couvrent la face inférieure de la pinnule depuis sa base jusqu'à son sommet. On compte jusqu'à 6 sores dans chaque ligne.

Il est clair que la fructification au sommet d'un lobe ne rappelle nullement celles de l'*Aspidites dicksonioides*. La fructification du *Discopteris Schumanni* s'en écarte moins; mais les différences sont encore bien notables : dans l'*A. dicksonioides*, en effet, les lobes ne sont nullement dentés; ils sont arrondis, très peu profonds et ne débordent pas la rangée de sores du même côté. Ces rangées elles-mêmes ne sont pas uniformes : tantôt il n'y a pas plus de deux sores sur chaque rangée, tantôt il y en a un seul de chaque côté, parfois un seul en tout. Les rangées sont très incomplètes.

Il y a donc des raisons pour ne pas faire entrer l'*Aspidites dicksonioides* dans le genre *Discopteris*, déjà loin d'être homogène. Cependant, le peu que nous savons de sa fructification ne permet guère de le laisser confondu dans le genre provisoire *Sphenopteris* avec les nombreuses espèces dont la fructification est tout à fait inconnue.

Je n'oserais proposer un genre spécial; mais cette extraction du genre *Sphenopteris* ayant été opérée par Gœppert, je n'ai pas à former de nom générique nouveau, et je n'ai pas à craindre de charger la synonymie en laissant à cette espèce le nom qu'il lui a donné : *Aspidites dicksonioides*. Il va sans dire que ce nom d'*Aspidites* n'indique qu'une ressemblance d'aspect, et non une affinité réelle.

Rapports et différences.

Il me semble que l'on comprend plusieurs plantes différentes sous le nom de *Pecopteris* ou *Sphenopteris dicksonioides*. J'ai trouvé deux formes bien distinctes : l'une à rachis droits ou très peu flexueux, à pinnules grandes, largement lobées, à nervure médiane n'atteignant pas le sommet des pinnules; l'autre à rachis en zig-zag, à pinnules non ou peu lobées, très convexes, très petites, à nervure médiane parcourant toute la pinnule, qui en est parfois échancrée au sommet, tellement courbées en dessous par leurs bords qu'on les dirait fructifiées; mais je n'ai jamais vu traces de fructifications.

La première forme est celle qui est décrite et figurée par Gœppert sous le nom d'*Aspidites dicksonioides*. Les échantillons que j'ai fait figurer ici sur la planche XXV s'y rapportent bien; mais ils sont stériles. L'échantillon de

Gœppert [1] porte des sores qui sont, comme nous l'avons dit, insérés presque au milieu de l'espace qui s'étend entre la nervure médiane et le bord de la pinnule, et qui ne sont pas dépassés par un bord denté. Ces sores sont ronds, et non elliptiques ou ovoïdes, comme ceux des *Renaultia,* qui, du reste, sont à l'extrémité des nervures.

Le genre *Senftenbergia* a bien les sores placés entre la nervure médiane et le bord de la pinnule, comme dans l'*Aspidites dicksonioides* Gœpp.; mais le *Senftenbergia elegans* Corda [2], type du genre, a une fronde de *Pecopteris,* à pinnules nombreuses, égales, serrées, et attachées au rachis qui les porte par toute la largeur de leur base, et les espèces, trop nombreuses, que Stur a jointes à ce genre, si elles ont, pour la plupart, des pinnules un peu rétrécies à leur point d'attache, n'en ont pas moins ces pinnules nombreuses, égales et serrées du genre provisoire *Pecopteris.* Elles rentreraient dans les *Pecopteris Sphenopteroides,* la 6ᵉ section faite dans le genre *Pecopteris,* par Ad. Brongniart.

Mais l'*Aspidites dicksonioides* Gœpp. a les pennes moins serrées, plus courtes, les pinnules plus lâches, rapidement décroissantes, lobées et fixées par un point d'attache étroit comme les *Sphenopteris.*

L'*Aspidites dicksonioides,* à en juger d'après la figure de Gœppert, a des fructifications tout à fait différentes de celles des *Diplotmema,* ainsi qu'on peut en juger par les fructifications du *Diplotmema acutilobum,* décrites et figurées par M. Zeiller [3].

Au sujet de l'*Aspidites* nous ne parlons ici que de la forme à larges folioles, la seule décrite et figurée, nous semble-t-il, jusqu'à Stur. Celui-ci [4] a figuré deux formes : les figures 3, 4, 5, représentent l'*Aspidites dicksonioides* de Gœppert, à folioles plus grandes et plus lâches; les folioles 1-2, à folioles très petites, très serrées, très convexes en dessus, me paraissent devoir en être distinguées.

M. Potonié a dû faire cette même remarque, car, dans son ouvrage *Abbildungen und Beschreibung. fossiler Pflanzen-Reste,* il a assurément voulu figurer les deux formes dans sa feuille n° 2. Sa figure 2 est une très belle photographie d'un superbe et très intéressant échantillon de la seconde

---

[1] GOEPPERT, Die fossilen Farnkräuter, p. 361, pl. XXVIII.
[2] CORDA, Beiträge zur Flora der Vorwelt, p. 91, pl. LVII, fig. 1-6.
[3] ZEILLER, Ann. Sc. nat., Bot., 6ᵉ sér., XVI, p. 198. Le nom : *Diplotmema acutilobum* est page 203, planche II, figure 2-5 du mémoire.
[4] STUR, Die Culm-Flora der Ostrauer und Waldenburger Schichten, p. 142, pl. XVI.

forme, qu'il nomme *Sphenopteris dicksonioides*, mais qui offre les caractères essentiels des *Diplotmema* : rachis fourchu à angle très ouvert, longuement nu sous la bifurcation, et formant un arc rentrant au niveau de la première penne extérieure, qui est très forte.

Stur avait décrit : *petioli furcati;* mais il ne les avait pas représentés.

Quant à la figure 1 de M. Potonié, il me semble que, sous le nom de *Sphenopteris dicksonioides*, elle représente (pour montrer sans doute la forme à plus petites folioles) une fronde que je crois appartenir au *Dactylotheca aspera* Zeill.

En somme, je trouve, sous le nom d'*Aspidites dicksonioides,* deux plantes :

1° Le véritable *A. dicksonioides,* la plante anciennement publiée par Gœppert et que nous reproduisons ici ;

2° La plante figurée par Stur, *loco citato,* planche XVI, figure 1-2 ; figurée aussi par M. Potonié, feuille 2, figure 2, que je figure à mon tour, planche XXVI, qui a les caractères de végétation des *Diplotmema* et que nous retrouvons à ce genre sous le nom de *Diplotmema contractum* n. sp.

Parmi les Filicinées du bassin de la basse Loire, il n'y a guère que le *Calymmatotheca obtusiloba* avec lequel l'*Aspidites dicksonioides* puisse avoir quelque analogie de port; mais ce *Calymmatotheca* a les pinnules profondément lobées et atténuées vers leur point d'attache.

Provenance.   J'ai recueilli, dans la basse Loire, les deux espèces dont nous venons de parler. L'*Aspidites dicksonioides* y est rare, mais l'espèce à petites pinnules ne l'est pas, et je n'ai jamais vu d'échantillon pouvant établir un passage entre les deux.

C'est seulement à la mine de la Tardivière, commune de Mouzeil (Loire-Inférieure), dans les déblais provenant de l'exploitation du puits Neuf et du puits Préjean, que l'*Aspidites* a été trouvé. C'est donc un fossile accompagnant le faisceau des veines sud du bassin.

M. Grand'Eury signale *Sphenopteris dicksonioides* dans le terrain carbonifère moyen de l'Andalousie. Il l'indique aussi dans le terrain carbonifère supérieur de Saint-Étienne; à Grand-Croix, au puits de Grézieux, etc.; mais il comprend probablement sous ce nom un petit groupe de formes analogues, plutôt qu'une espèce spéciale.

A l'étranger on cite cette espèce dans les schistes de Waldenburg, Silésie, qui sont contemporains du Culm supérieur de la basse Loire. C'est probablement elle qui est étiquetée, au Muséum, du carbonifère moyen de Duttweiler près Saarbruck, d'Eschweiler près Aix-la-Chapelle, etc.

Classe des LYCOPODINÉES.

Voir : Caractères de la classe, p. 7.

Genre LEPIDODENDRON Sternberg.

Voir : Synonymie du genre et description du genre, p. 7.

LEPIDODENDRON ACULEATUM Sternb.

(Atlas, pl. XXXVI *bis*, fig. 2.)

1820. **Lepidodendron aculeatum** Sternb., Vers. ein. geogn. - Lot. Darstell. d. Fl. d Vorwelt, erster Heft, p. 23, pl. VI, fig. 2, et VIII, fig. 1, B, a, b; zweites Heft, p. 25, pl. XIV, fig. 1 à 4; viertes Heft, p. X. — Ad. Brongniart, Prodr. d'une hist. des vég. foss., 1828, p. 86. — Steininger, Geognost. Beschreib. d. Landes zw. d. unt Aar u. Rhein. Frier, 1840, p. 141, fig. 6. — Unger, Synops. plant. foss., 1845, p. 129. — Sauveur, Vég. foss. des terr. houil. de la Belgique, 1848, pl. LXIII, fig. 4. — Unger, Genera et spec. plant. foss., 1850, p. 254. — Göppert, Foss. Fl. d. Übergangs., 1852, p. 48. — Ettingshausen, Die Steinkohlenflora v. Radnitz in Böhmen, 1854, p. 53. — Roehl, Steinkohlen - Formation Westph. einschliess. Piesberg bei Osnabrück, 1869, p. 127. — Lesquereux, Coal Flora of Pennsylv., 1880, II, p. 371, pl. LXIV, fig. 1. — Renault, Cours de bot. foss., II, 1882, p. 1, fig. 7; pl. VI, fig. 4. — Zeiller, Bassin houiller de Valenciennes, 1888, p. 435. — Lesley, Diction. of. the foss. of Pennsylv. and neighb. — Dawson, The geol. of Nova Scotia, New Brunsw. and Prince Edw., or Acadian geol. Fourth edit., 1891, p. 488. — Schimper, Traité de pal. vég., II, 1891, p. 20, pl. LIX, fig. 3; LX, fig. 1, 2, coussinets avec l'épiderme, et LX, fig. 6, cicatrices sans coussinets. — Zalessky, Contrib. à la fl. foss. du terrain houiller du Donetz, 1907, p. 379, fig. 5.

1820. **Palmarites curvatus** Schlotheim, Die Petrefaktenkunde auf ihren jetzigen Standpunkte durch die Beschreib. seiner sammk. Verstein. u. foss. Uebereste d. Thier - u. Pflanz. d. Vorwelt erläutert, p. 395, pl. XV, fig. 2. Tige décortiquée.

1820. **Lepidodendron undulatum** Sternb. Vers. ein. geognost.-botan. Darstell., erstes Heft., p. 22, pl. X, fig. 2. Le coussinet enlevé.

1822. **Sagenaria cœlata** Ad. Brongniart, Sur la class. et la distrib. des vég. foss. (Extrait des Mem. du Mus. d'hist. nat., VIII, p. 24, 89, pl. I, fig. 6.) — Sternberg, Vers. ein. geogn.-bot. Darstell. d. Fl. d. Vorwelt, siebentes u. achtes Heft, 1838, p. 180.

1823. **Lepidodendron appendiculatum** Sternb. Vers. ein. geogn. bot. Darstell. d. Fl. d. Vorwelt, drittes Heft, p. 35, 38, pl. XXVIII. Décortiquée, vieille tige.

1825. **Lepidodendron cœlatum** Sternberg, Vers. ein. geogn.-bot. Darstell. d. Fl. d. Vorwelt, viertes Heft, p. XI. — Ad. Brongniart, Prodr. d'une hist. des vég. foss., 1828, p. 86. — Sauveur, Vég. foss. des terrains houil. de la Belgique, 1848, pl. LXI, fig. 5.

1836. **Lepidodendron crenatum** Göppert, Die foss. Farnkr., p. 432, 465, pl. XLII, fig. 4, 6.
— Sauveur, Vég. foss. des terrains houil. de la Belgique, 1848, pl. LXIII, fig. 2.

1838. **Sagenaria caudata** Sternb., Vers. ein. geogn.-bot. Darstell., siebentes u. achtes Heft, p. 176, pl. LXVIII, fig. 7.

1838. **Aspidiaria undulata** Sternberg, Vers. ein. geogn.-bot. Darstell. d. Fl. d. Vorwelt, siebentes u. achtes Heft, p. 182, pl. LXVIII, fig. 13. Dépourvue de coussinets.

1838. **Aspidiaria appendiculata** Presl in Sternberg, Vers. ein. geognostisch-bot. Darstell. d. Fl. d. Vorwelt, siebentes u. achtes Heft, p. 182. Tige décortiquée.

1838. **Aspidiaria cristata** Presl in Sternberg, Vers. ein. geognostisch — bot. Darstell. d. Fl. d. Vorwelt, siebentes u. achtes Heft, p. 183. Tige décortiquée.

1838. **Sagenaria aculeata** Presl in Sternberg, Vers. ein. geogn. — bot. Darstell., siebentes und achtes Heft, p. 177, pl. LXVIII, fig. 3. — Feitsmantel, Die Verstein. d. böhmisch. Kohlen-gebirgsabl., II Abtheil., 1875, p. 34, pl. XI, fig. 3, et XII, fig. 1.

1838. **Sagenaria aculeata** Sternberg, Vers. ein. geogn. — bot. Darstell., siebentes u. achtes Heft, p. 178, pl. LXVIII, fig. 3.

1838. **Aphyllum cristatum** Artis, Antediluvian phytology, pl. 16. Vieille tige décortiquée.

1848. **Lepidodendron confluens** Sauveur, Vég. foss. des terrains houil. de la Belgique, pl. LXII, fig. 3. Décortiquée.

1850. **Lepidodendron caudatum** Unger, Gen. et sp. plant. foss., p. 255.

1860. **Lepidodendron mekiston** Wood, Proc. Acad. nat. sc. Philad., p. 239, pl. V, fig. 3.

1860. **Lepidodendron Lesquereuxii** Wood, Proc. Acad. nat. sc. Philad., p. 240, pl. V, fig. 4.

1860. **Lepidodendron Bordœ** Wood, Proc. Acad. nat. hist. Philad., p. 240, pl. VI, fig. 3.

1870. **Lepidodendron Sternbergii** Schimper (non Brongniart), Traité de paléont. vég., II, p. 19 (part.), pl. LX, fig. 3, 5. — Schimper et Schenk, Handbuch d. Palæont., II, Palæophyt., 1890, p. 190, fig. 140. — Id. trad. Barrois, Traité de paléontol., II, Paléophyt., p. 185, fig. 140 (1891).

1880. **Lepidodendron modulatum** Lesquereux, Coal Fl. of Pennsylv., vol. II, 1880, p. 384, Atlas, 1879, pl. LXIV, fig. 13, 14.

1881. **Lepidodendron dichotomum** Weiss (non Sternb.), Aus. d. Steink., p. 7, pl. IV, fig. 27.

1881. **Lepidodendron dichotomum rhombiforme** Achepohl, Das Niederrhein. Westphal. Steinkohl. – Gebirge, p. 67, pl. XX, fig. 3.

1882. **Lepidodendron dichotomum transiens** Achepohl, Das Niederrhein. — Westph. Steinkohl. – Gebirge, p. 92, pl. XXX, fig. 4.

1883. **Lepidodendron lamellosum** Achepohl, Das Niederrhein. — Westph. Steinkohl. — Gebirge, p. 134, pl. XL, fig. 15.

Description de l'espèce. Tige entièrement couverte de *coussinets contigus, rhomboïdaux, un peu obliques,* convexes sur les côtés; mais la convexité d'un des bords plus haute que celle de l'autre; bords effilés et un peu concaves vers les extrémités supérieure et inférieure, qui sont *terminées en haut et en bas en pointe aiguë, légèrement dirigées en sens inverse,* celle d'en bas plus allongée. *Cicatrice foliaire située au-dessus du milieu du coussinet,* rhomboïdale; un angle dirigé en haut, un autre en bas et deux latéraux. Angles latéraux et l'inférieur aigus, le supérieur presque droit, mousse; les deux bords inférieurs un peu concaves en dehors; les deux supérieurs un peu plus longs, un peu convexes en dehors. Trois *cicatricules placées très bas sur la cicatrice foliaire, un peu en triangle*, la médiane placée un peu plus haut que les autres, légèrement plus grosse et ponctiforme, les latérales quelquefois un peu plus longues que larges; la moyenne un peu plus grosse et ponctiforme, seule cicatrice vasculaire. *Partie du coussinet qui se trouve au-dessous de la cicatrice foliaire, un peu convexe, avec, au milieu, une carène longitudinale traversée par 6-9 petites stries transversales*, l'une au-dessus de l'autre. Sous les bords inférieurs de la cicatrice, de chaque côté de la carène, grosse cicatricule elliptique correspondant à une lacune gommeuse. *Au-dessus de la cicatrice foliaire, carène verticale plus courte que celle qui parcourt la partie inférieure du coussinet, coupée vers le milieu de sa hauteur par une échancrure comme celles de la carène inférieure, mais plus forte;* l'arête de la carène disparaissant au-dessous de cette échancrure. Une ligne courbe partant de chaque angle latéral de la cicatrice foliaire, décrivant une concavité inférieure et descendant pour gagner le bord du coussinet.

Je n'ai vu qu'un seul bon échantillon de cette espèce. C'est une grosse tige qui avait au moins 10 centimètres de diamètre. Les coussinets ont à peu près la dimension de ceux qu'on voit représentés par M. Zeiller, fig. 1 et 2, pl. LXV de sa *Flore fossile du bassin de Valenciennes.* Ceux de notre échantillon ont 25 millimètres de long sur 1 centimètre de large. La cicatrice foliaire a 5 millimètres de haut sur 2 de large.

Les tiges décortiquées n'ont pas de coussinets, elles sont divisées en compartiments rhomboïdaux, dont la surface est rugueuse, ridée, et qui portent au milieu une cicatrice elliptique.

Remarques paléontologiques.

Les tiges de *Lepidodendron aculeatum* non décortiquées se distinguent de celles des espèces du même genre par leurs coussinets très longs proportionnellement à leur largeur, infléchis à leurs extrémités, et par leurs cicatrices foliaires placées vers le milieu de la hauteur des coussinets, plus hautes que larges.

Je ne connais pas les feuilles. Voici ce qu'en dit M. Zeiller : « Je n'ai trouvé qu'une seule fois les feuilles encore en place sur un échantillon de *Lep. aculeatum*, c'est sur un tronçon d'une tige ou d'un très gros rameau, recueilli aux mines de l'Escarpelle : les feuilles, attachées sur les coussinets, laissent voir nettement leur base d'insertion; elles font avec la tige un angle de 3° à 4° seulement et se suivent sur 0ᵐ70 ou 0ᵐ80 de longueur sans qu'on arrive à

14.

leur extrémité; larges de 8 ou 10 millimètres à leur base, elles vont en s'amincissant graduellement vers le sommet, qui se terminait certainement en pointe très aiguë. Sur les petits rameaux, les feuilles étaient certainement beaucoup plus courtes et ne dépassaient probablement pas quelques centimètres. »

Provenance.   Le grand échantillon de *Lepidodendron aculeatum* trouvé dans la basse Loire et étiqueté : Concession de Désert, puits du Désert, près de Chalonnes, appartient au Muséum d'histoire naturelle de Nantes. Il est probable qu'il provient de la collection Bertrand-Geslin; mais je n'oserais l'affirmer. La roche qui a reçu l'empreinte est un schiste houiller dur et fin que nous ne sommes pas habitués à trouver dans la basse Loire; mais la précision de l'étiquette ne permet guère de chercher une autre provenance, d'autant plus que la présence de ce *Lepidodendron* est confirmée par un petit échantillon de Montrelais, portant, dans le catalogue d'entrée du Muséum, le numéro 1204. On trouve aussi cette espèce dans le culm supérieur de la Bohême, à Radnitz; de la Silésie à Waldenburg, Landeshut, etc.; dans le bassin du Donetz, en Russie. De là il monte dans l'étage carbonifère moyen; dans le bassin de Valenciennes, par exemple, où on le trouve à tous les niveaux de cet étage. Le *Lepidodendron aculeatum* se trouve aussi dans l'Amérique du Nord, où on l'a recueilli dans les *anthracit measures* de Pennsylvanie et dans les nodules de Mazon creek, c'est-à-dire, comme en Europe, dans le carbonifère inférieur et dans le carbonifère moyen.

LEPIDODENDRON DICHOTOMUM Zeiller.

(Atlas, pl. XXXVIII, fig. 3, 3 A.)

1820. Non **Lepidodendron dichotomum** Sternberg, Vers. ein. geogn. – bot. Darstell., erstes Heft, 1820, p. 19 et 23, pl. I, II, III, et siebentes u. achtes Heft, 1838, p. 177, pl. LXVIII, fig. 1. — Nec Fritsmantel, Verstein. d. Böhmischen Kohlen-Ablag; II Abtheil., 1875, p. 14, pl. III, fig. 1-5.

1825. Nec **Lycopodiolites dichotomus** Sternb., *l. c.*, fasc. 4, 1825, p. IX.

1828. Nec **Lepidodendron Sternbergii** Ad. Brongn., Prodr. d'une hist. d. vég. foss., 1828, p. 85.

1856. **Sagenaria dichotoma** Geinitz, Vers. d. Steinkohlenformat. in Sachsen, 1856, p. 34, pl. II, fig. 6-8; pl. III, fig. 1-12.

1878. **Lepidodendron dichotomum** Zeiller, Explic. de la carte géol. de France, IV, seconde partie : Vég. foss. du terrain houiller, texte, 1879, p. 107, Atlas, 1878, pl. CLXXII, fig. 1. — Bassin houil. de Valenciennes, Descr. de la Flore foss. Texte, 1888, p. 446, atlas, 1886, pl. LXVII, fig. 1.

Mamelons rhomboïdaux, aussi larges ou même plus larges que haut, contigus, *n'étant infléchis ni à leur sommet ni à leur base, carénés, à carène coupée par un très petit nombre de stries transversales, cicatrice foliaire* placée au quart supérieur du coussinet, rhomboïdale, *à angles supérieur et inférieur largement ouverts, les latéraux aigus,* prolongés en dehors par une ligne courbe, qui rejoint très promptement le bord du coussinet; *coussinet sans fossettes, carène au-dessus de la cicatrice foliaire profondément et une seule fois coupée.* Les 3 cicatricules de la cicatrice foliaire sur une même ligne transversale au milieu de la hauteur de cette cicatrice, la cicatricule médiane plus grosse que les deux autres.

M. Zeiller (*Valenciennes,* texte, p. 447) dit : « *Feuilles aciculaires, raides ou un peu arquées, dressées ou étalées,* longues de 2 à 6 centimètres sur les rameaux, atteignant 30 à 40 centimètres sur la tige et peut-être davantage. »

Je me demande s'il ne serait pas possible que ces caractères se trouvassent empruntés à des espèces différentes les unes des autres, et cela dès que Sternberg fit mention de son *Lepidodendron dichotomum.*

Non pas qu'il y ait lieu d'être indécis sur la détermination de l'échantillon du bassin de Valenciennes décrit et figuré par M. Zeiller, pas plus que de celui que j'ai trouvé dans la basse Loire. Ils sont conformes l'un à l'autre; mais un certain nombre d'auteurs, qui ont eu à traiter du *Lepidodendron dichotomum,* soit sous ce nom, soit sous un nom synonyme, n'ont pas trouvé la même uniformité. J'ai soumis à un examen attentif leurs descriptions et leurs figures, et voici le résultat de mes observations.

Sternberg, dès 1820, dans son 1ᵉʳ fascicule, p. 19 et 23, décrit le *Lepidodendron dichotomum.* Cette épithète spécifique n'était pas heureuse; car elle n'est nullement distinctive, tous les *Lepidodendron* étant dichotomes. 3 planches étaient destinées par l'auteur à exposer les caractères de cette espèce. Or ces planches me paraissent représenter des espèces différentes :

La planche I montre un grand échantillon jusqu'à 3 fois dichotome, couvert de mamelons rhomboédriques qui semblent appartenir plutôt à un *Lepidophloios* qu'à un *Lepidodendron.* Tandis que 3 fragments de tiges de plus en plus grosses sont couverts d'écailles, légèrement imbriqués, elliptiques, carénés, portant sur le sommet la cicatrice foliaire, rappelant tout à fait ce qu'on voit sur les rameaux, même assez forts, du *Lepidodendron lycopodioides.*

La planche II a 4 figures, qui pourraient bien appartenir toutes les quatre, non seulement à une même espèce, mais à un même genre. C'est un *Lepidophloios,* et à peu près sûrement le *Lepidophloios laricinus.* Les feuilles, qui sont en place, sont raides, arquées en dehors, courtes, 2-4 centim., bien semblables à ce que j'ai vu souvent dans les *Lepidophloios*. Sur d'autres échantillons, que j'ai recueillis (car le *Lepidophloios laricinus* est commun dans la basse Loire), les feuilles sont très longues, linéaires et étroites. Lorsque le rameau tend à se terminer par un épi de fructification, les feuilles se raccourcissent, deviennent plus larges, et tendent à passer aux feuilles plus larges encore qui supportent à leur base les organes de reproduction et qu'on a décrites sous le nom de *Lepidophyllum*. Les 4 figures de cette planche paraissent bien appartenir à une même espèce : la figure de gauche, dans le bas, et celle de droite, dans le haut (car les figures de cette planche ne sont pas numérotées), ont leurs feuilles attachées et conformes dans toute la longueur des rameaux, qui sont des rameaux stériles. La figure de droite, dans le bas, représente un rameau dont on ne voit pas la partie supérieure, mais ses feuilles, qui sont détachées, et gisent à côté de lui, sont bien conformes à celles des échantillons ci-dessus. Enfin la 4ᵉ figure (à gauche, dans le haut) est un rameau portant des feuilles semblables à celles que nous venons de voir sur des rameaux stériles; mais ce rameau-ci se termine, de toute évidence, par un épi de fructification. Les feuilles (ou plutôt les bractées) qui le couvrent sont plus longues, plus dressées, plus serrées, plus étroites, et ceci est à remarquer; car c'est le contraire de ce que nous venons de voir dans les bractées fructifères des *Lepidophloios,* où ces bractées fructifères sont beaucoup plus larges que les feuilles couvrant la partie cylindrique des rameaux, et diffèrent même tellement de ces feuilles qu'elles ont reçu un nom générique provisoire : *Lepidophyllum*. On peut en voir de beaux exemples dans Geinitz, *Die Versteinerungen der Steinkohlenformation in Sachsen,* pl. II, où sont représentés fig. 5, 8, 9 trois *Lepidophyllum* avec la partie basilaire qui supportait les sporanges, et fig. 6, 7, représentant 2 épis, l'un vu de côté, l'autre brisé transversalement.

Ces cônes couverts de bractées plus longues et plus étroites que les feuilles appartiendraient-ils à une des espèces d'un genre même différent de ceux qui portent les cônes à *Lepidophyllum?* Je ne le pense pas. D'abord nous avons vu que les feuilles des rameaux cylindriques sont semblables, qu'elles appartiennent à des rameaux stériles ou terminés par un cône; mais il y a d'autres raisons. La partie cylindrique du rameau fructifère a une partie de ses feuilles tombées, et leur chute a laissé un coussinet rhomboédrique supportant une cicatrice vasculaire qui est visible tantôt sur la partie centrale du manchon, tantôt sur sa partie supérieure, mais surtout sur sa partie inférieure, or il n'y a que les *Lepidophloios* qui présentent cette curieuse particularité. Elle tient à ce que Brongniart, dans son *Prodrome d'une histoire des végétaux fossiles*, p. 35, en a fait une espèce, le *Lepidodendron longifolium*. Les feuilles sont en effet très longues, presque filiformes, très nombreuses, très serrées, étalées à droite, et, en haut de la planche, est un coussinet, grandeur naturelle, grossi et une feuille naissant de la partie moyenne d'un coussinet. En effet, le coussinet est en losange, à bords droits, à angles très aigus à ses deux extrémités supérieure et inférieure, à angles latéraux très ouverts et caréné dans toute sa longueur, la carène interrompue par la cicatrice foliaire, qui est exactement au milieu de la longueur du mamelon. Cette cicatrice est rhomboïdale, avec trois cicatricules placées transversalement au milieu de la hauteur de la cicatrice foliaire. En somme, c'est un *Lepidodendron*, bien différent de celui de la planche I et plus différent encore du *Lepidophloios*. On pourrait être tenté d'en faire une espèce et de lui conserver l'épithète de *longifolium*, qui lui a été donnée par Brongniart ; mais ce grand *Lepidodendron* de Sternberg a des rapports visibles avec un qui a été publié par le même auteur et à la même époque [1], le *Lepidodendron rimosum*. Entre les figures de ces deux espèces de Sternberg il n'y a aucune différence : coussinets en fuseau, en losange très allongé, aigus aux deux bouts, à bords droits, cicatrice foliaire au milieu de la longueur du coussinet, etc., tout est semblable ; cependant, dans la figure du *Lepidodendron rimosum* donnée par Sternberg, pl. X, fig. 1, les coussinets sont écartés les uns des autres ; mais cet écartement ne se montre que sur les grosses tiges ; sur les jeunes rameaux les coussinets sont contigus, ils s'écartent plus tard au fur et à mesure de la croissance. Il est fort possible que cet amas de feuilles filiformes, insérées sur un axe cylindrique, arrondi par le haut, soit le feuillage, jusqu'ici inconnu, du *Lepidodendron rimosum* Sternb.

Sternberg, dans son 4e fascicule, 1825, pl. IX, revient sur le *Lepidodendron dichotomum* qu'il appelle *lycopodiolites dichotomus* ; mais il cite les mêmes planches. Il y revient encore en 1838, dans la livraison formée des 7e et 8e fascicules, p. 177, pl. LXVIII, fig. 1. Cette figure représente des coussinets qui appartiennent au *Lepidophloios laricinus*.

C'est également le *Lepidophloios laricinus* qui est décrit et figuré par Feistmantel (*Verstein. d. Böhmisch. Kohlenablag.* 2e fasc., 1875, p. 14, pl. III, fig. 1-5).

_____

[1] STERNBERG. Vers. ein. geogn. - bot. Darstell., fascicule 1, 1820, p. 21, pl. X, fig. 1.

Mais Brongniart, en 1828, avait déjà remarqué les différences profondes que présentaient entre eux les divers échantillons groupés par Sternberg sous le nom de *Lepidodendron dichotomum*, et il en avait retranché celui représenté sur la planche III, pour en faire une espèce sous le nom de *Lepidodendron longifolium*, les formes figurées sur les pl. I et II constituant pour lui une autre espèce sous le nom de *Lepidodendron Sternbergii*. Cette dernière était bien loin d'être homogène, surtout depuis que Schimper, dans son *Traité de Paléontologie végétale* (2ᵉ vol. 1870, p. 20), lui eut joint le *Lepidodendron obovatum* et plusieurs autres.

En somme, l'ancien *Lepidodendron* n'avait point ces caractères précis, fournis surtout par les coussinets, qui servent à reconnaître les autres espèces de ce genre.

C'est Geinitz (*Verst. d. Steinkohlenformation in Sachsen*, 1875, p. 34, pl. III, fig. 1-12) qui, il me semble, combla le premier cette lacune, bien que, sur sa planche II, il donne encore plusieurs échantillons de *Lepidophloios laricinus* comme appartenant au *Lepidodendron dichotomum* (pour lui *Sagenaria dichotoma*). Mais une série de figures de sa planche III montre des coussinets courts, sans petites stries transversales sur la carène, sans glandules au-dessous de la cicatrice foliaire, qui est située sur le quart supérieur du coussinet, losangique, et avec les 3 cicatricules ordinaires placées ici au milieu de la hauteur de la cicatrice foliaire. Voilà les caractères bien reconnaissables que Geinitz attribue à son *Sagenaria dichotoma* sans, toutefois, il me semble, que l'on puisse affirmer qu'ils appartiennent bien à l'ancien *Lepidodendron dichotomum* de Sternberg.

M. Zeiller, dans l'*Explication de la carte géologique de la France* (tome IV, *seconde partie, Végétaux fossiles du terrain houiller*), a figuré en 1878, pl. CLXXII, fig. 1, et décrit, en 1879, texte, p, 107, la même espèce, d'une façon plus précise que Geinitz, et, dans sa *Flore fossile de Valenciennes*, atlas, 1886, pl. LXII, fig. 1, texte, 1888, p. 446, il donne, avec description plus complète, une figure très bonne, accompagnée de détails schématiques.

Rapports et différences.

Le *Lepidodendron* figuré sur la première planche de Sternberg ne nous paraît donc pas avoir des caractères suffisamment définis; mais il est certain que le *Lepidodendron dichotomum* de M. Zeiller (*Sagenaria dichotoma Geinitz*) est une espèce bien caractérisée, à laquelle il est bon de laisser le nom que lui a donné le premier de ces auteurs.

Le *Lepidodendron obovatum* me parait être l'espèce qui se rapproche le plus du *L. dichotomum*. On le distinguera par la cicatrice foliaire placée un peu plus haut, à angle supérieur arrondi, à ligne partant des angles latéraux et arquée, gagnant plus bas les bords du coussinet, par la cicatrice foliaire portant 3 cicatricules vers le milieu de sa hauteur.

Je n'ai trouvé le *Lepidodendron dichotomum* qu'une fois, au nouveau puits   Provenance.
de la Transonnière, commune de Mésanger (Loire-Inférieure). C'était un assez vieux tronc, avec des coussinets conformes à ceux figurés par Geinitz et par M. Zeiller; cet éminent paléobotaniste l'a trouvé sur un petit nombre de points du bassin de Valenciennes, mais à des niveaux très divers. Il le cite, pour le département du Nord, dans le faisceau maigre; à Fresnes, dans le faisceau demi-gras; à Saint-Saulve; et, pour le département du Pas-de-Calais, dans le faisceau gras, à Dourges et à Bully Grenay.

Geinitz l'a eu de Zwickau, en Saxe. Il se trouve donc dans le Culm supérieur et dans le houiller moyen; mais sa présence dans le houiller supérieur est plus douteuse. M. Grand-Eury trouve que les *Lepidodendron* du plateau central, qui ont des coussinets tout à fait conformes à ceux qui sont représentés, en diffèrent cependant par les cônes, des tiges petites, des branches grêles, en un mot, un faciès tout particulier [1].

LEPIDODENDRON JARACZEWSKII ZEILLER.

(Atlas, pl. XXXIX, fig. 2, 2 A, 3, 3 A; XL, fig. 1, 1 A.)

Lepidodendron Jaraczewskii ZEILLER, Étude des gîtes minéraux de la France, Bassin houiller de Valenciennes, Description de la Flore fossile. Texte 1888, p. 457. Atlas, 1886, pl. XXXIX, fig. 2, 2 A, 3, 3 A; XL, fig. 1, 1 A.

Troncs recouverts de leur écorce : *mamelons 3-5 fois plus longs que larges,*   Description
de l'espèce.
très aigus au sommet et à la partie inférieure, s'insinuant longuement entre les coussinets inférieurs et entre les supérieurs, très arrondis sur les côtés, carène bien marquée au-dessus et au-dessous de la cicatrice foliaire, celle-ci un peu au-dessus de la moitié de la hauteur et occupant le tiers de la largeur du mamelon; son bord supérieur arrondi, les angles latéraux très aigus donnant naissance à une ligne qui décrit une courbe à concavité inférieure et atteignant le bord du mamelon un peu au-dessous de la partie la plus large. Angle infé-

[1] GRAND'EURY, Géologie et paléontologie du terrain houiller du Gard, 1890, p. 232.

rieur très ouvert. 3 cicatricules sur une ligne transversale, celle du milieu seule vasculaire. *Pas de ponctuation ni au-dessus, ni au-dessous de la cicatrice. Pas de stries transversales sur la carène.*

M. Zeiller signale l'analogie de cette espèce avec le *Sagenaria fusiformis* Corda (*Beitr. zur Flora der Vorwelt*, 1845, p. 20, pl. VI); mais ici les mamelons sont régulièrement losangiques, les angles latéraux sont aigus, la cicatrice foliaire est exactement rhomboïdale et il n'y a pas de ligne de décurrence allant de chaque angle latéral vers les bords du coussinet.

Si l'on compare les *Lepidodendron Jaraczewskii* et *fusiformis* avec le *Lepidodendron Veltheimianum*, on voit que dans les premiers les mamelons sont contigus, et que dans le dernier ils sont séparés par une bande striée, large de

quelques millimètres. Je rapporte au *L. Jaraczewskii* plusieurs échantillons de la Basse-Loire qui me paraissent en avoir les caractères, sauf que les détails de la cicatrice foliaire sont le plus souvent masqués par la compression que le fossile a subie soit par la superposition des couches, soit par leur soulèvement.

Dans la collection du Muséum, Ad. Brongniart avait réuni sous le nom de *Lepidodendron carinatum* une partie des échantillons que nous allons citer; mais on ne peut considérer comme publiée une désignation manuscrite. Il les avait partagés en var. α et var. β. Nous n'avons pu reconnaître sur quels caractères il s'appuyait pour établir ces deux variétés. Nous trouvons bien ce nom dans le *Prodrome d'une histoire des végétaux fossiles*, mais sans description. (P. 85.)

Ce même nom de *carinatum* a été employé par Lesquereux pour une espèce américaine. Dans ces conditions, il est évident que le nom de *Lepidodendron Jaraczewskii* Zeiller est le seul valable.

Cette espèce, ainsi que plusieurs autres, paraît dans le culm supérieur et passe de là dans le Carbonifère moyen. Elle est assez rare dans le bassin de la basse Loire. Je l'ai vue provenant des localités suivantes :

Montrelais (Loire-Inférieure). Envoyé par Dubuisson à Ad. Brongniart en 1822. Cat. Mus. n° 1176. — Un autre échantillon au muséum d'histoire naturelle de Nantes, collection Dubuisson, sur la même pierre que le *Sigillaria minima* Ad. Brongn.

Mines de la Prée, puits n° 5, commune de Chalonnes (Maine-et-Loire). Ed. Bur.

Puits Sainte-Barbe, Chalonnes, Couffon.

sa longueur, l'enveloppe épaisse que lui forme la masse des appendices terminaux des bractées, me fait croire que c'est un cône n'ayant pas pris tout son
développement, plus jeune que celui portant le n° 2.

C'est au contraire, il me semble, un cône à développement plus complet que
j'ai recueilli dans le bassin de la basse Loire et que j'ai fait figurer pl. XXXVII,
fig. 1 du présent ouvrage : ce fruit est le plus large (35 millimètres); les
séries verticales de bractées ou d'insertion y sont à peu près aussi nettes que
sur l'échantillon figuré deux fois par M. Zeiller; mais ici les appendices terminaux sont plus larges, plus courts et en grande partie détachés. Tout indique
un épi de fructification à développement beaucoup plus avancé. Nous aurions
alors trois cônes appartenant à une même espèce et représentant trois phases
d'évolution. Le plus grand échantillon que j'ai vu a 15 centimètres de long
sur 3 de large. Il provient de la Tardivière et se trouve au Muséum d'histoire
naturelle de Nantes.

Le *Lepidodendron ophiurus* se reconnaît facilement à la courbure particu- **Rapports**
lière de ses feuilles, à la carène du coussinet très nette au-dessus comme au- **et différences.**
dessous de la cicatrice foliaire, sans stries transversales, aux lignes arquées
descendant le long des bords du coussinet sans y toucher, etc.

Cette espèce est assez rare. **Provenance.**

Je l'ai trouvée aux mines de la Tardivière, commune de Mouzeil (Loire-
Inférieure), puits Saint-Georges et puits de la Richerais. (Cat. Mus.
n° 7373.)

Avec mon frère, mines de la Prée, près de Chalonnes (Maine-et-Loire).

Virlet l'a recueillie à Saint-Georges-Chatelaison (Maine-et-Loire) en 1828.
(Cat. Mus. n° 1328.)

Elle ne paraît pas plus abondamment répartie ailleurs qu'en France. M. Zeiller
la signale à Meurchin (Pas-de-Calais) et à Hardinghen, dans le Boulonnais.
Souvent on l'a vue en Belgique; on l'a trouvée dans le bassin houiller de Newcastle en Angleterre; mais elle ne paraît connue ni dans le centre de l'Europe,
ni en Amérique.

Les localités mentionnées étaient toutes, jusqu'ici, dans l'étage westphalien.

LEPIDODENDRON LYCOPODIOIDES Sternb.

(Atlas, pl. XXVIII, fig. 5; pl. XXX *bis*, fig. 1 [partie inférieure gauche de la planche];
pl. XXXII, XXXIII, fruct.; pl. XXXIV, fruct.; pl. XXXVII, fig. 2, 3, 4, 5, 7, fruct.)

1821. **Lepidodendron lycopodioides** Sternberg, Vers. ein. geogn.-bot. Dartell. d. Flora d.
Vorwelt, fasc. 2, p. 26, 31, pl. XVI, fig. 1-4. — Sternb., Vers. ein. geogn., etc.,
fasc. 4, 1825, pl. VIII. — Zeiller, Explic. de la carte géol. de France; Vég. foss. du
terrain houiller, texte, 1879, p. 111; Atlas, 1878, pl. CLXXI. — Renault, Cours de
bot. foss., II, 1882, p. 14, — Zeiller, Bassin houiller de Valenciennes, Descript. de
la flore foss., texte, 1888, p. 464; atlas, 1886, pl. LXIX, fig. 2, 3, 3 A, pl. LXX.
1825. **Lycopodiolites elegans** Sternberg, Vers. ein. geogn.-bot. Darstell. d. Fl. d. Vorw.,
fasc. 4, pl. VIII.
1828. **Lepidodendron elegans** Ad. Brongniart, Prodr. d'une hist. des vég. foss., p. 85. —
Lindley et Hutton, The foss. Fl. of Great Britain, II, 1835, pl. CXVIII. — Ad. Brongniart, Hist. des vég. foss., II, 1837, p. 35, pl. XIV.
1870. **Lepidodendron Sternbergii** Schimp., Part. Traité de pal. vég., II, p. 19. — Lesquereux,
Part. Coal Fl. of Pennsylvania, I, 1880, p. 366.

Description
de l'espèce.

Tiges parfois grosses, pouvant avoir jusqu'à 6 centimètres de diamètre,
dichotomes, à branches souvent très inégales; mais les dernières ramifications
plus régulières et, en général, s'écartant sous un angle assez ouvert. *Feuilles
linéaires lancéolées, aiguës,* longues de 5 millimètres à 2 centimètres, le plus
souvent 1 centimètre, *arquées ou presque droites, ascendantes, serrées, imbriquées, nullement appliquées sur l'axe, le masquant cependant complètement par
leur position ou par leur nombre;* mais *dans les grosses tiges, le plus souvent brisées au-dessus de leur base, qui reste à l'état charbonneux.* Coussinets elliptiques
aussi bien sur les rameaux que sur les vieilles tiges, ne s'infléchissant ni par
en haut, ni par en bas. Carène très peu marquée, en dessus comme en
dessous de la cicatrice foliaire. Stries transversales à peine visibles ou nulles.
Ponctuation vasculaire invisible. *Cicatrice foliaire masquée par la base des
feuilles.*

Épis de fructification terminaux, petits ou de moyenne taille, suivant l'âge,
elliptiques lorsqu'ils sont courts, cylindriques quand ils sont plus développés.
Longueur jusqu'à 11 centimètres sur 25 millimètres de diamètre; mais le
plus souvent longueur d'environ 30 à 65 millimètres avec une largeur de
15 millimètres. Partie basilaire des bractées insérées sur l'axe perpendiculairement; la partie terminale longue de 6–8 millimètres, redressée à angle
droit sur l'inférieure; triangulaire, lancéolée, plus large à la base que les

feuilles, atténuée et aiguë au sommet, mais le plus souvent rompue. Le lieu de rupture est celui qui sépare la partie verticale de la partie horizontale. Cette dernière, après la chute, reste seule, portant à sa face supérieure le ou les sporanges et à son extrémité extérieure une cicatrice. Toutes ces cicatrices, serrées les unes contre les autres, donnent à la surface extérieure du cône, dépourvu d'organes appendiculaires, un aspect plus ou moins granulé.

J'ai fait représenter plusieurs rameaux fructifères. Les cônes de petite taille sont toujours terminaux et il n'y en a jamais qu'un au bout de chacun des rameaux qui en portent. Ces rameaux sont feuillés jusqu'au-dessous de la base du cône.

Rapports
et différences.

Mais il est fort possible que le *Lepidostrobus variabilis,* gros cône à bractées disposées en spirale, appartienne au *Lepidodendron lycopodioides* avec lequel on le trouve souvent. Ces gros cônes seraient sessiles, tandis que les petits, peut-être d'un autre sexe, termineraient les rameaux.

M. Zeiller a donné un très bon caractère pour distinguer le *Lepidodendron lycopodioides* des *Lepidodendron dichotomum* et *obovatum :* dans ces derniers les coussinets des rameaux sont beaucoup plus courts (leur largeur égalant leur longueur) que ceux des rameaux plus forts, tandis que ceux du *Lepidodendron lycopodioides* sont allongés sur les petits rameaux comme sur les autres. Cette dernière espèce n'a pas les feuilles étalées crochues du *L. ophiurus,* ni dressées du *Lepidodendron selaginoides,* ni les feuilles étalées, sans être recourbées, crochues du *L. Veltheimii.*

Les cônes du *Lepidodendron lycopodioides* se distinguent aussi de ceux d'autres espèces.

Ils ont la partie inférieure des bractées implantée sur l'axe perpendiculairement, tandis que les cônes du *Lepidodendron Veltheimii* ont la base des bractées obliquement ascendante.

Leurs épis sont couverts de bractées à limbe épais triangulaire. Leur aspect est très différent de celui des cônes de *L. ophiurus,* dont les bractées sont tellement fines et touffues qu'elles semblent un duvet couché à la surface du cône; enfin les écailles des cônes du *Lepidodendron lycopodioides* sont insérées en spirales. Celles du *Lepidodendron Veltheimii* sont en verticilles et en lignes longitudinales.

Lorsque, sur les cônes des *Lepidodendron lycopodioides* et voisins, les appendices foliacés sont tombés, se détachant de la protubérance qui termine la partie horizontale, la surface du cône prend un aspect granuleux qui a été bien figuré par Lindley et Hutton. Les cônes sont alors spécifiquement indé-- terminables.

Provenance.   Le *Lepidodendron lycopodioides* est abondant dans la partie occidentale du bassin de la basse Loire, notamment dans la concession de Mouzeil. Il serait au contraire fort rare dans la partie de ce bassin qui s'étend sous la Loire et au sud du fleuve. Peut-être n'est-ce qu'une apparence tenant à ce que, dans cette région, les fossiles n'ont pas été recueillis aussi assidûment.

Département de la Loire-Inférieure.

Mines de Languin, près de Nort, Ad. Brongniart, 1845, Cat. Mus. n° 4703; musée de Rennes, coll. Bezier.

Mines des Touches, la Guérinière, Ed. Bur.

Concession de Mouzeil, mines de la Tardivière, veines du Sud, Ad. Brongniart, 1845, Cat. Mus. n⁰ˢ 4690 et 4700; puits neuf, Ed. Bur., Mus. Paris, mus. Nantes; puits Préjean, Mus. Paris; puits Henri, Ed. Bur., recoupe I, voie Est, toit de la veine du Sud et niveau 132 mètres Est, recoupe Sud II, voie Ouest, toit de la veine n° I, Beaulaton; puits Saint-Georges, Ed. Bur., Cat. Mus. n° 7393; niveau 260 mètres, recoupe Sud III, veine du Sud, toit; veine n° 1, à 240 mètres, mus. Nantes, Beaulaton; puits de la Richerais, Ed. Bur., Cat. Mus. n° 7373; puits de la Chapelle-Breton, mines de Mouzeil, veines du Nord, Mus. Paris.

Département de Maine-et-Loire.

Montjean, pierre carrée, Ed. Bur.

Bords de la Loire, mus. de Rennes, coll. Bezier.

M. Zeiller[1] dit que le *Lepidodendron lycopodioides* n'est pas très rare dans le bassin de Valenciennes. Il l'y a rencontré à la fois dans la zone moyenne et dans la zone supérieure.

M. Grand'Eury[2] le signale dans le département de la Loire sous le nom de *Lepidodendron elegans* Brongn. Mais là, cette plante est dans le houiller

[1] ZEILLER, Bassin houiller de Valenciennes, p. 466.

[2] GRAND'EURY, *Lepidodendron elegans*, Flore carbonif. du départ. de la Loire, botanique, p. 140.

supérieur; nous l'avons vue dans le houiller inférieur, de sorte qu'elle a vécu pendant les trois grandes époques de la période houillère.

Au point de vue géographique, on peut constater qu'elle a occupé de larges espaces. Feitsmantel [1] l'a décrite et figurée de Bohême, Roehl [2] de Westphalie, tous les deux sous le nom de *Lycopodites selaginoides*, nom regrettable, car l'épithète *selaginoides* appartient à une plante lycopodiacée fossile fort différente.

Lindley et Hutton [3] l'ont eue des environs de Newcastle.

Dawson la cite parmi les espèces de *Lepidodendron* les plus communes dans la *middle coal formation* du Canada; mais on ne le trouve pas dans le Dictionnaire des fossiles de Pensylvanie de Lesley.

LEPIDODENDRON RIMOSUM STERNBERG.

(Atlas, pl. XLII, fig. 1 à 4.)

Voir synonymie au culm inférieur, p. 81, et partie de la description p. 49.

Coussinets étroits, en forme de losange allongé ou de fuseau, à angles aigus en haut et en bas, les angles latéraux très obtus. *Intervalles qui séparent les coussinets larges ou très larges, remplis par des bandes rubanées sinueuses, ou par des costules longitudinales saillantes.* Cicatrices foliaires placées très peu au-dessus du milieu des coussinets, à angle supérieur arrondi, l'inférieur et les latéraux aigus; ces derniers donnant naissance, de chaque côté, à une ligne courbe à concavité inférieure, qui va rejoindre les bords du coussinet un peu au-dessous du milieu. Fossettes à droite et à gauche de la carène rarement visibles, de même que les cicatricules placées à droite et à gauche de la cicatricule médiane, sur la surface de la cicatrice foliaire. Ces trois cicatrices, dont la moyenne seule donne passage à des vaisseaux, sont sur une même ligne droite transversale, un peu au-dessous du milieu de la cicatrice de la feuille.

Description de l'espèce.

[1] O. FEITSMANTEL, *Lycopodites selaginoides,* Die Verstein. d. Böhmisch. Kohlengebirge, II Abth., p. 10, pl. I, fig. 3-4.

[2] V. ROEHL, *Lycopodites selaginoides,* Fossile Flora d. Steink.-Form. Westphaliens, p. 144, pl. VI, fig. 2, 3, 5.

[3] LINDLEY et HUTTON, *Lepidodendron elegans,* The foss. Flora of Great Brit., II, pl. CXVIII.

Le *Lepidodendron rimosum* est connu seulement par ses tiges, dont l'aspect varie beaucoup, suivant que l'écorce a été plus ou moins bien conservée ou enlevée, suivant qu'une couche ligneuse est plus ou moins profonde, ou suivant l'âge de la tige.

L'échantillon le plus parfait que je connaisse est certainement celui figuré par M. Zeiller, pl. LXVII, fig. 5, de sa *Flore fossile du bassin houiller de Valenciennes*. Il est, d'après l'auteur, dépouillé de la zone externe de l'écorce; mais la netteté avec laquelle se voient les coussinets, les carènes et les cicatrices foliaires donne à penser qu'il manque seulement une bien faible épaisseur. Quoi qu'il en soit, c'est l'échantillon le plus complet, celui qui se rapprocherait le plus d'une tige intacte. M. Zeiller s'en est évidemment servi beaucoup pour sa description, ce qui m'a permis de mentionner des caractères que je n'ai pu voir dans les empreintes que j'ai eues entre les mains. Ce mode de conservation est celui qui montre les surfaces rubanées, sinueuses, aplaties, séparant les coussinets, qui sont loin les uns des autres; c'est aussi celui qui permet de voir tous les détails du coussinet. Cet état se trouve rarement.

Sur la planche LXVII de M. Zeiller, ainsi que sur la planche III, fig. 2, et la planche XLII, fig. 1 du présent ouvrage, on a figuré une tige décortiquée. On voit encore les coussinets, bien qu'un peu moins apparents, et sur un certain nombre on distingue encore les trois ponctuations; mais il n'y a plus de cordons aplatis. Ce sont des stries longitudinales, fines, très saillantes, qui ne sont pas groupées en cordons, mais descendent parallèlement, les unes aboutissant à la partie supérieure du coussinet en partant de sa partie inférieure; les autres, ce sont les moins nombreuses, longuement ondulées et passant entre les mamelons.

Sur de très vieilles tiges, telles que celle qui est représentée pl. XLII, fig. 2, on voit toujours les coussinets écartés les uns des autres, elliptiques, aigus surtout au bout inférieur, et avec la cicatricule médiane presque effacée, manquant souvent; mais on voit en outre de longs fuseaux saillants de 30 à 45 millimètres de long, de 4 à 5 millimètres de large, placés à des hauteurs très différentes et entremêlés d'autres plus petits, parmi lesquels sont les coussinets. Ceux-ci sont devenus moins apparents parce qu'ils ont près d'eux des saillies plus grandes et à peu près de la même forme; mais ils ne sont nullement déplacés.

Il y a plus : ces saillies en forme de fuseau peuvent, comme on le verra pl. XLII, fig. 3, prendre une grande extension et, au lieu d'avoir quelques centimètres de long, former de longues côtes, presque à une même distance les unes des autres, de sorte que leurs intervalles, dont les bords sont parallèles, simulent des côtes de *Sigillaria;* on ne s'y trompera pas cependant si l'on remarque que les coussinets ne sont pas placés sur la ligne médiane de ces espaces longitudinaux, mais beaucoup plus près d'un bord que de l'autre.

Ces aspects doivent tenir à des fentes qui se sont produites dans les parties extérieures des troncs, et l'on peut induire de là que ces troncs grossissaient en vieillissant. L'échantillon 3 de la planche XLII est une portion d'un tronc qui a près de 20 centimètres de diamètre; encore ne voit-on pas les deux bords de l'empreinte.

On pourrait confondre le *Lepidodendron rimosum* avec le *Bothrodendron costulatum;* mais, dans celui-ci, il n'y a, sur la superficie corticale, couverte de costules en long, que de petites cicatrices foliaires arrondies, sans vestiges de coussinets. *Rapports et différences.*

De tous les autres *Lepidodendron,* on distinguera facilement celui-ci par l'écartement de ses coussinets.

Le *Lepidodendron rimosum* Sternb. a vécu longtemps et s'est largement répandu. Nous l'avons vu, mais très rare, dans le culm inférieur de la basse Loire; dans le culm supérieur, où nous le trouvons maintenant, il prend une extension qu'il conserve à l'époque houillère moyenne; enfin M. Grand' Eury le signale à Montbressieux, dans le houiller supérieur du département de la Loire. Le *Lepidodendron rimosum* Sternb. a donc eu une longévité remarquable. *Provenance.*

Voici l'indication des localités du culm supérieur de la basse Loire où il a été recueilli :

Département de la Loire-Inférieure.

Mines de la Tardivière, puits neuf, Ed. Bur.; puits Préjean, Ed. Bur., Beaulaton; puits Henri, Ed. Bur.

Mines de Montrelais, n° 54 M. O. 3ᵉ et 59 M. O. 3ᵉ, Dubuisson, mus. Nantes.

Département de Maine-et-Loire.

Mines de Layon-et-Loire : la Haie-Longue, veine du puits du Chêne, Ad. Brongniart, 1845, Cat. Mus. nᵒˢ 4665 et 4667.

M. Zeiller l'a vu dans le bassin de Valenciennes. Il le cite dans le département du Nord à Raismes et à Aniche; dans le département du Pas-de-Calais,
à Meurchin et à Douvrain.

Sauveur l'a figuré de Belgique. Geinitz le mentionne en Saxe, Roehl en
Westphalie, Feistmantel en Bohême, Eichwald en Russie, etc. Il est répandu
aussi dans le Nouveau-Monde : au Canada, d'après Dawson, et aux États-Unis :
Pensylvanie, Illinois et Kentucky, d'après Lesquereux.

LEPIDODENDRON VOLKMANNIANUM Sternberg.

(Atlas, pl. LVII, fig. 1 à 3; pl. LIX, fig. 3, 4, 4 A.)

1720. .... Volkmann, Silesia subterranea, p. 113, pl. XV, fig. 4.
1823. **Sagenaria Volkmanniana** Rhode, Beitr. z. Pflanzenk. t. VII, fig. 4 et (Figuræ inversæ).
 — Presl in Sternberg, Vers. ein geogn.‑bot. Darstel. d. Flora d. Vorwelt, fasc. 7,
 8, 1838, p. 179, pl. LXVIII, fig. 8. — Goeppert in F. A. Rœmer's Beitr. z. Geol.
 Kenntn. d. nordwest Harzgebirges, Palæontogr. III, 1850, pl. VII, fig. 15.
1825. **Lepidodendron Volkmannianum** Sternberg, Versuch. ein. geogn.‑bot. Darstell. d.
 Fl. d. Vorwelt, fasc. 4, p. X, pl. LIII, fig. 3 a-d. — Ad. Brongniart, Prodr. d'une hist.
 des vég. foss., 1828, p. 85. — Unger, Synopt. plant. foss., 1845, p. 130. — Unger,
 Gen. et sp. plant. foss., 1850, p. 256. — Schimper, Traité de pal. vég., II, 1870, p. 23.
 — Stur, Die Culm-Flora d. Ostrauer u. Waldenb. Schichten, 1877 (Abhandl d. k. k.
 Geol. Reichsanst. Band VIII), part. II, p. 286, pl. XVIII, fig. 4; pl. XXIII, fig. 2 à 3. —
 Hofmann et Ryba, Leitpflanzen d. palæozoisch. Steinkohl. in Mittel-Europa, pl. XV,
 fig. 2, 3.
1838. **Sagenaria affinis** Presl in Sternberg, Vers. ein. geogn.‑bot. Darstel. d. Flora d.
 Vorwelt, fasc. 7-8, p. 180, pl. LXVIII, fig. 9.
1852. **Sagenaria Rœmeriana**, Gœpp., Foss. Fl. d. Übergangs. (Nova Acta Acad. Cœs. Leop. ‑
 Carol. Nat. Curios., vol. 22, suppl., p. 184.)

TIGES DÉCORTIQUÉES.

1877. **Lepidodendron Volkmannianum** Stur, Die Culm-Flora der Ostrauer und Waldenb.
 Schichten (Abhandl d. k. k. Geol. Reichsanst. Band VIII), p. 392 (286 du mémoire),
 pl. XL (XXIII du mémoire), fig. 4.
1877. **Sigillaria antecedens** Stur, l. c., p. 400 (192 du mémoire), pl. XLI (XXIV du mémoire),
 fig. 4, 5.

*Description
de l'espèce.*

Couche superficielle plane, sans grandes côtes en long, mais couverte de
petites costules irrégulièrement ondulées et à direction longitudinale; plusieurs anastomosées, quelques-unes se dirigeant vers le coussinet voisin. *Coussinets à peine saillants, à carène presque indiscernable, ayant dans le haut deux
grands lobes arrondis, formant à eux deux un sommet cordiforme, les bords se*

rapprochant promptement l'un de l'autre de manière à dessiner la pointe du cœur, pointe qui reste tronquée cependant, cette partie tronquée se continuant jusque près du sommet du coussinet qui se trouve au-dessous. Cicatrices foliaires légèrement enfoncées dans le parenchyme, à bord supérieur formant un arc de cercle, dont la concavité regarde l'intérieur de la cicatrice. Angles latéraux aigus, l'inférieur à peu près droit. Surface de la cicatrice marquée de trois cicatricules placées au-dessus du milieu de la hauteur de cette surface; la médiane ponctiforme, donnant passage aux vaisseaux, les latérales, plus grosses, elliptiques, placées un peu plus bas que la médiane. Partie du coussinet (ou de la surface correspondant au coussinet, s'il était saillant) toute couverte d'une série de sillons transversaux séparés par des petites côtes placées comme les barreaux d'une échelle, au nombre de 6 à 8, de longueur inégale, les plus longs et plus serrés en bas, les plus courts et plus écartés en haut; deux cicatricules, ou plutôt deux ouvertures ponctiformes situées sur le coussinet, à droite et à gauche de la ligne médiane.

Couche profonde (surface probable du corps ligneux), couverte de petites stries fines longitudinales, sur lesquelles sont placées, dans le même sens et en ligne, des saillies elliptiques et géminées, identiques à celles de l'ancien genre *Syringodendron.*

Certes les caractères que présentent la couche superficielle et la couche profonde que nous venons de décrire sont tellement différents qu'on n'est que bien difficilement conduit à l'idée de les attribuer à un même végétal, à moins qu'on ne trouve ces deux couches en place et adhérentes l'une à l'autre. C'est précisément l'heureuse chance qui m'est arrivée. Dans les déblais du puits Préjean, à la Tardivière, commune de Mouzeil, j'ai recueilli un fragment de tige aplati, présentant à gauche la surface extérieure, et à droite la couche profonde, bien en place, l'une sur l'autre, et ayant les cicatrices dont elles sont parsemées dirigées exactement dans le même sens. C'était, sans doute possible, deux couches d'une même tige, et cette première détermination se trouvait bientôt confirmée par une série d'échantillons à caractères légèrement différents de l'un à l'autre, et finissant par combler l'intervalle si grand (au point de vue organique) entre les deux couches réunies sur le premier échantillon.

Le nombre de ces tiges fossiles a permis d'apprécier les changements qui s'y effectuaient par l'âge, et de voir comment elles passaient des axes relativement jeunes et revêtus de leur épiderme à de vieilles tiges décortiquées et n'ayant plus pour toutes saillies que les corps géminés des *Syringodendron.*

Remarques
paléontologiques.

Si l'on se reporte à notre planche LVII, on verra, à la figure 1, les coussinets cordiformes plus nettement que sur la figure 4 de la planche LIX, dont une partie me paraît représenter la surface tout à fait extérieure de la tige. La figure 1, pl. LVII, est probablement sous-épidermique, les bords du coussinet sont bien plus nettement accusés en haut qu'en bas, où cependant leur base tronquée vient s'attacher à un gros bourrelet qui coiffe les parties supérieures du coussinet et de la cicatrice foliaire situées en dessous; car ces coussinets sont en séries verticales, ceux de chacune sont alternés avec ceux des rangées voisines, et chaque série est renflée à la partie supérieure de chaque coussinet. Ceux-ci se touchent, tandis qu'il y a un certain espace entre ceux de notre planche LIX, fig. 4, et aussi dans un très bel échantillon figuré par Stur[1].

Dans nos figures 2, 2 A, 3, 3 A de la planche LVII et 3 de la planche LVIII, la saillie que nous avons vu commencer à se montrer au-dessus de la cicatrice foliaire et des parties supérieures du coussinet grossit et prend la forme d'un croissant! Elle soulève la cicatrice foliaire, la repousse en avant et l'efface de plus en plus.

Dans un échantillon arrivé à cette phase : planche LVIII, figure 2, sont des lignes verticales, assez régulièrement espacées, qui pourraient faire croire que les rangées de coussinet seraient placées sur des côtes. Il n'en est rien : ce sont des brisures longitudinales semblables à celles que nous avons vues sur d'autres *Lepidodendron*, notamment sur le *L. rimosum*. C'est un accident de croissance ou de fossilisation, et non pas un caractère organique et constant.

Lorsque la cicatrice foliaire s'est effacée, le bourrelet en arc qui l'a soulevée et masquée s'efface à son tour (pl. LVIII, fig. 4, 4 A), et, par une sorte de balancement organique, les lacunes qui sont visibles dans la plupart des *Lepidodendron*, et qui existent peut-être dans toutes, lacunes qui sont situées deux sur la cicatrice foliaire et deux sur le coussinet, se mettent à secréter; ces lacunes contiennent, en effet, une substance résineuse ou gommeuse, ainsi qu'on a pu s'en assurer sur des préparations microscopiques.

La paire de lacunes qui paraît fonctionner la première est celle qui s'ouvre sur la cicatrice laissée par la feuille. Les lacunes de cette paire émettent leur contenu sous une forme qui paraît bien différente suivant les échantillons. Dans les figures 2 et 3 de notre planche LVII, on voit de petites coulées

---

[1] Stur, Die Culm-Flora der Ostrauer und Waldenburger Schichten, pl. XXIII, fig. 2.

consolidées, minces comme un fil, sortir des lacunes foliaires et descendre
sur le coussinet. Dans la figure 3 de la planche LIX, c'est au contraire une
protubérance elliptique qui paraît sortir de chacune des lacunes supérieures.
L'orifice de chaque lacune de la paire inférieure se voit bien, et l'on peut s'assurer qu'il n'a émis aucune substance.

Les figures 4 et 4 A de la planche LVIII présentent d'autres particularités :
dans l'une et dans l'autre, les deux saillies des lacunes inférieures sont longuement effilées par le bas; mais cette saillie, qui ressemble à un point
d'admiration (!), est surmontée, surtout dans la figure 4 A, par une protubérance arrondie ou elliptique qui provient d'une lacune foliaire. Chaque faisceau vasculaire se trouvait donc accompagné, ou plutôt remplacé par quatre
lacunes dont les deux supérieures se traduisaient par une protubérance courte
et obtuse et les deux inférieures par une protubérance allongée et aiguë. Cet
allongement se voit aussi sur la tige fig. 4, pl. XXIII de Stur, où ce
savant a représenté, en attribuant avec raison au *Lepidodendron Wolkmar-
mianum*, la couche profonde que nous examinons ici.

Cette identification d'un *Lepidodendron* avec une forme attribuée aux *Sigillaria* démontre une fois de plus l'étroite parenté des deux genres.

Il me reste plusieurs observations à faire à propos des *Syringodendron*.
D'abord, nous avons dit que les protubérances correspondant aux lacunes
étaient parfois allongées par le bas. Cela ne s'accorde guère avec l'écoulement
d'un liquide plus ou moins épais, qui devrait, au contraire, avoir une coulée
renflée et obtuse à sa partie inférieure; il est donc possible que, parfois du
moins, la lacune se soit remplie d'un liquide qui se consolidait avant que s'ou-
vrît la poche qui le contenait. Quant à la traînée filiforme sortant de certaines
lacunes de la cicatrice foliaire, elle a bien l'aspect d'un filament visqueux.

Il reste encore à noter que les deux côtés d'une tige aplatie peuvent présenter des différences : sur notre planche LVIII, la figure 4 A, qui est la face
postérieure de la figure 4, a les bourrelets transversaux effacés, tandis qu'ils
sont encore visibles sur la face A. Au contraire, les quatre lacunes de chaque
groupe sont bien plus distincts sur la face 4 A. Un grand échantillon de la
Tardivière, dont une petite portion seulement a été représentée planche LIX,
figure 3, a les corps géminés des *Syringodendron* en lignes verticales régulières d'un côté; mais, sur l'autre face, trois ou quatre rangées sont rom-
pues et la partie supérieure des rangées est déviée. C'est cet accident que
nous avons fait représenter. Il est à croire que ces différences sont dues à des

Rapports
et différences.

compressions inégales; mais il n'en est pas de même de la différence suivante. Toujours des saillies géminées sont placées en lignes verticales; mais tantôt ces lignes sont chacune sur le milieu d'une véritable côte séparée des voisines par un sillon régulier, tantôt elles sont sur une surface plane, sans trace de côtes.

Ces différences sont-elles des caractères génériques? spécifiques? ou seulement des caractères individuels? C'est ce que l'avenir nous apprendra peut-être. Tout ce que je puis dire c'est que la disposition sans traces de côtes parait être la plus ancienne. C'est la seule qui ait été constatée dans la basse Loire, c'est la seule que Stur ait rencontrée dans le culm supérieur de Waldenburg, c'est la seule que Schimper ait trouvée dans le culm inférieur des Vosges; mais il l'a désignée sous le nom de *Stigmaria ficoides* [1], et sur cet échantillon, qui est une grosse tige, c'est seulement dans le bas, à droite, que les corps géminés se voient bien. Dans le mémoire de Schimper on voit encore représenté un bel échantillon qui a déterminé *Ancistrophyllum stigmariæforme* Gœpp [2]. C'est encore une tige. Elle porte des saillies en forme de croissants, la concavité en bas, qui surmonteraient la cicatrice foliaire et les bords supérieurs du coussinet, si ces parties étaient mieux visibles. Ces renflements sont à peine arqués; mais ils représentent tout à fait ceux que nous avons vus sur le *Lepidodendron Volkmannianum.* Nous aurions donc déjà, dès le culm inférieur, cette espèce sous deux des formes qu'elle affecte dans le culm supérieur.

Stur, *l. c.,* pl. XXIII, fig. 4, figure un *Syringodendron* qu'il regarde, avec raison, comme étant une forme de *Lepidodendron Volkmannianum,* et, p. 400, pl. XXIV, fig. 4, il donne la description et la figure d'un autre *Syringodendron,* qu'il appelle *Syringodendron antecedens.* Je pense que tous se rattachent au *Lepidodendron Volkmannianum,* y compris même le grand échantillon portant le n° 5 dans la planche que je viens de citer, et qui serait pris pour un *Syringodendron* à côtes, s'il n'était facile de s'assurer que les longs sillons qui parcourent cette tige ne bordent nullement des côtes.

Le *Lepidodendron Volkmannianum* est facile à reconnaître parmi les espèces du même genre; car il a une physionomie toute particulière. Le caractère le plus frappant est celui fourni par le coussinet en forme de cœur, non saillant ou à peine saillant, et à pointe inférieure tronquée. Ce coussinet ressemble à celui des *Lepidophloios;* mais celui-ci, avec l'âge, se renverse de manière à

---

[1] Schimper, Mémoire sur le terrain de transition des Vosges, pl. IV.
[2] *Ibid.,* pl. XII.

amener la cicatrice foliaire au bas, ce qu'on ne voit jamais dans les *Lepidodendron*. A mesure que la tige du *Lepidodendron Volkmannianum* vieillit, un gros bourrelet en arc entoure la partie supérieure du coussinet, puis ce bourrelet diminue et s'efface, en même temps que les lacunes qui accompagnent le cordon vasculaire grossissent et que leur contenu se dessèche ou s'écoule. La couche profonde de la tige du *Lepidodendron Volkmannianum* se transforme ainsi peu à peu en un *Syringodendron* sans côtes.

Si l'on avait quelque hésitation pour distinguer ce *Lepidodendron* de certains *Sigillaria*, on se rappellerait que les cicatrices foliaires sont fort différentes : leur bord inférieur décrit un angle saillant dans les *Lepidodendron;* il est droit ou convexe dans les *Sigillaria*.

La position du *Lepidodendron Volkmannianum* dans le bassin de la basse $\quad$ Provenance. Loire est singulière. Je ne l'ai vu provenant avec certitude que d'un seul point de ce vaste dépôt : c'est à la mine de la Tardivière, commune de Mouzeil (Loire-Inférieure). Nous pouvons même préciser davantage. Nous avons dit, dans la partie géologique, que deux systèmes de couches étaient exploités à la Tardivière et désignés sous les noms de veines du Sud et veines du Nord. C'est dans les veines du Sud ou plutôt dans les schistes et grès au contact de ces veines que le *Lepidodendron Volkmannianum* a toujours été trouvé. M. Viquesnel l'y a recueilli en 1843; Ad. Brongniart, dans le voyage qu'il fit en 1845, en a reçu du directeur un échantillon de même provenance, et tous ceux que j'ai trouvés ou que je me suis procuré depuis proviennent aussi des déblais du puits Neuf. Les veines du Sud sont depuis très longtemps abandonnées, et l'on ne peut plus guère espérer de retrouver le *Lepidodendron Volkmannianum* dans le bassin de la basse Loire.

Voici les échantillons de ce gisement que j'ai relevés dans les collections du Muséum :

Échantillon avec surface extérieure, puits Préjean, Ed. Bur.

Échantillons avec coussinets bien marqués : Mines de Mouzeil, Viquesnel, 1843. Cat. Mus. n° 4044. — Mines de Mouzeil, veines du Sud, donné par le Directeur. Ad. Brongn, 1845, Cat. Mus. n° 4676.

Bourrelets soulevés; passage au *Syringodendron*. La Tardivière, puits Neuf, Ed. Bur., et La Tardivière, Ed. Bur., Cat. Mus. n°s 7412 à 7425.

Syringodendron. La Tardivière, Ed. Bur., Cat. Mus. n° 7410.

Le *Lepidodendron Volkmannianum* ne paraît pas être une espèce très répandue. Nous en avons vu des traces dans le terrain houiller des Vosges qui

IMPRIMERIE NATIONALE.

est du culm inférieur; mais on n'en trouve trace ni dans l'ouvrage de M. Naffier sur le Carbonifère inférieur du Mâconnais, ni dans celui de Stur sur le culm de Moravie et de Silésie, localités qui appartiennent toutes à la partie la plus basse du Carbonifère.

Dans le culm supérieur, aussi bien dans les schistes d'Ostrau et de Waldenburg que dans la basse Loire, l'espèce se montre, et sous toutes ses formes; mais il me semble bien qu'elle n'a pas passé dans le Carbonifère moyen ou Westphalien. Cependant les *Syringodendron* n'y sont pas très rares, aussi bien ceux qui ont des côtes que ceux qui en sont dépourvus; mais si nous avons vu un *Syringodendron* appartenant positivement à un *Lepidodendron*, il est certain que la plupart sont des couches sous-corticales de *Sigillaria*; et si nous considérons l'absence de tiges à coussinets en cœur et l'abondance des sigillaires dans la partie moyenne du Carbonifère, il nous paraît presque certain que les *Syringodendron* du Carbonifère moyen n'appartiennent pas au *Lepidodendron Volkmannianum*.

LEPIDODENDRON SELAGINOIDES Sternberg.

(Atlas, pl. XXXV, fig. 1 à 3 ; pl. XXXVI, fig. 1 ; pl. XXXVI *bis*, fig. 1.)

1821. **Lepidodendron selaginoides** Sternberg, Vers. ein. geogn. – bot. Darstell. d. Fl. d. Vorwelt, 2ᵉ partie, p. 31, pl. XVII, fig. 1. — Ad. Brongniart, Prodr. d'une hist. des vég. foss., 1828, p. 85. — Lindley et Hutton, The foss. Fl. of Great Brit. – II, pl. CXIII, 1833-1835. — Schimper, Traité de pal. vég. II, 1870, p. 30. — Williamson, On the light upon the question of the Growt and develop. of the carbonif. arboresc. Lepidodendra by a study of the details of their organis. (*Mem. and proceed. of the Manchester lit. philos. Soc.*, 1894-95, fourth ser., vol. IX, n° 2, p. 39, 40). — Nathorst, Z. foss. Fl. d. Polarländ, vol. I, partie 1, Z. palæozoisch. Fl. d. arktisch. Zone, 1894.

1837. **Lepidodendron fastigiatum** Ad. Brongniart, II, *Hist. des vég. foss.*, p. 47, pl. XXXI.

1869. **Lycopodites selaginoides** Rœhl (E. von), Foss. Fl. d. Steinkohl.-Form. Westphalens, p. 144, pl. VI, fig. 3 a, 4; VII, fig. 3.

1875. **Lycopodium carbonaceum** O. Feistmantel, Die Verstein. d. Böhmisch. Kohlenablag., II Abtheil. (*Palæontographica*, t. XXIII, p. 183, pl. XXX, fig. 1, 2.)

1876. **Rhytidodendron minutifolium** Boulay, Le terrain houiller du nord de la France et ses végétaux foss., p. 39, pl. III, fig. 1 et 1 *bis*.

1885. **Bothrodendron minutifolium** Zeiller, Présent. d'une broch. de M. Kidston sur les Ulodendron et obs. sur les genres Ulodendron et Bothrodendron. (*Bull. Soc. géol. de France*, 3ᵉ sér., XIV, publ. en 1886.) — Kidston, Additional Notes on some British carbonif. Lycopods. (*Proceed. of the Roy. Physic. Soc.*, vol. X, 1888-89, p. 93, 97, pl. IV, fig. 5, 5 a, 5 b, 6). — Nathorst, Z. foss. Fl. d. Polarländer, vol. I, fasc. 1, Z. palæoz. Fl. d. arktischen Zone, 1894. — Seward, Fossil plants, a text-book for students of bot. and geol., 1910, vol. II, p. 251, fig. 212 C, D.

1886. **Lycopodites carbonaceus** ZEILLER, Fl. foss. du bassin houiller de Valenciennes, texte, p. 495, atlas, pl. LXXIV, fig. 1.

1893. **Sigillaria (Bothrodendron) minutifolia** WEISS et STENZEL, Die Sigillarien d. preussisch. Steinkohl. und Rothliegend. Gebiete; K. Preuss. Geol. Landesanstalt, vol. II, p. 49, atlas, pl. I, fig. 3 et 4; pl. II, fig. 8 et 9.

Plante assez robuste, dichotome, les plus gros rameaux ayant 15 à 20 milli- Description
de l'espèce. mètres, se divisant en branches qui elles-mêmes sont subdivisées en rameaux de grosseur parfois inégale. *Toutes les divisions à angle très aigu*, plus rappro- chées dans le bas des branches, les rameaux terminaux ayant jusqu'à 10 centi- mètres et plus sans subdivisions, *couverts de feuilles très petites*, de 5 à 7 milli- mètres de long, *linéaires, très aiguës, dressées, souvent appliquées sur l'axe du rameau* et, à ce qu'il semble, promptement caduques, *tiges et rameaux dont les feuilles sont tombées couvertes de coussinets contigus*, de 7 à 10 millimètres de long, *étroits, en forme de fuseau avec les extrémités inférieure et supérieure très aiguës.* Toute leur surface couverte, en dessus et en dessous de la cicatrice foliaire, de petites lignes saillantes, transversales, qui les font ressembler absolument aux coussinets du *Lepidodendron acuminatum* Schimp., cicatrice foliaire à peu près au milieu de la longueur du coussinet, transversalement et irrégulièrement elliptique, le bord supérieur plus courbé que l'inférieur et formant avec lui un angle à peu près droit. Sur la surface, trois cicatricules, la médiane plus grosse que les autres. Au-dessus de la cicatrice foliaire, une fossette indiquant la place de la ligule. Sur les plus fortes branches ou les parties les plus vieilles des rameaux, cicatrices foliaires éloignées les unes des autres et laissant entre elles un espace garni de stries transversales sinueuses, accompagnées de nombreuses petites ponctuations. Tige décortiquée offrant, d'après M. Zeiller, sous chaque cicatrice foliaire, une saillie longitudinale; d'après M. Kidston, deux saillies parallèles[1].

Épi isolé, terminant un rameau grêle, feuillé jusqu'à la base de l'épi, qui est long de 1 décimètre environ, large de 8 à 10 millimètres. Bractées fructi- fères composées chacune de deux parties : une partie basilaire rétrécie en pétiole, implantée sur l'axe de l'épi perpendiculairement ou légèrement incli- née, supportant un seul sporange, dans toute sa longueur. L'autre partie,

---

[1] D'après M. KIDSTON, la saillie serait double et réunie par un trait transversal, comme un H majuscule. M. ZEILLER attribue, avec raison assurément, la saillie unique qu'il a vue au cordon vasculaire; mais la saillie double de M. KIDSTON me paraît autre chose; elle est produite plutôt par les fossettes latérales, comme le sont les protubérances jumelles des *Syringodendron*.

foliacée, brusquement dressée, en fer de lance : un sommet aigu, deux pointes aiguës près du pétiole.

Le *Lepidostrobus Obryi* de M. Zeiller me parait, comme à M. Kidston et à M. Seward, être l'épi du *Bothrodendron minutiflorum*. Ces deux épis sont fendus en long, ce qui permet de voir leur distribution intérieure; mais les bractées, étant coupées perpendiculairement à leurs deux faces, paraissent bien plus étroites qu'elles ne le sont en réalité.

Remarques paléontologiques.

Les épis que j'ai recueillis, et dont l'un termine un rameau, sont au nombre de quatre sur une plaque de schiste. On y voit les bractées par leur face inférieure, et, bien qu'elles soient brisées dans la roche, on peut apprécier leur largeur, qui est beaucoup plus grande que celle des feuilles; mais, sur une seule, dans le haut de l'épi, on peut reconnaître la forme hastée. Je dois ajouter que, dans le même gisement, j'ai trouvé le *Lepidophyllum triangulare* de Zeiller. Les écailles isolées auxquelles le savant paléobotaniste a donné ce nom sont, je n'en doute pas, détachées des cônes de son *Bothrodendron minutifolium*. Elles sont très bien représentées sur la planche LXXVIII, figures 4, 5, 6 de la flore du bassin houiller de Valenciennes.

La plaque représentée ici, pl. XXXVI, fig. 1, outre les cônes qu'elle porte, est couverte de petits rameaux feuillés qui appartiennent aussi au *B. minutifolium*.

Enfin nous avons à remarquer que les écailles de tous ces cônes ont une tendance marquée à se disposer en verticilles. Cela se voit surtout sur les figures données par MM. Zeiller et Kidston; c'est moins net, quoique visible, sur les échantillons de la basse Loire.

Rapports et différences.

L'espèce dont nous nous occupons fut publiée en 1821 par Sternberg dans le genre *Lepidodendron;* Ad. Brongniart, Lindley et Hutton, Schimper, l'y maintinrent[1]. Plus tard, d'autres auteurs, frappés sans doute de la petitesse des feuilles, qui lui donnent le port d'une Lycopodiacée vivante, l'introduisirent dans un genre d'attente ou genre subsidiaire : *Lycopodites*. O. Feistmantel en fit même un *Lycopodium;* mais la plupart évitèrent ce rapprochement trop hasardeux en faisant entrer cet ancien *Lepidodendron selaginoides* soit dans un genre nouveau, comme le *Rhytidodendron* de Boulay, soit dans un genre déjà connu, comme le genre *Bothrodendron* Lindl. et Hutt. C'est dans ce dernier que le plaça M. Zeiller, après une sérieuse étude, et c'est là que je l'avais placé aussi; mais une remarque m'arrêta et m'obligea à revoir ce qu'on connaît du *Bothro-*

[1] Voir la synonymie.

dendron minutiflorum. Parmi les caractères du genre *Bothrodendron*, les plus importants, me semble-t-il, sont la présence de grands disques excentriques (disques qui n'existent pas toujours) et le mode d'insertion des feuilles. Dans les *Lepidodendron* chaque feuille est insérée sur un coussinet parfois fort grand, plus ou moins saillant. Ce coussinet présente à sa surface des détails qui se montrent constants dans tout le genre . la cicatrice foliale, la cicatricule vasculaire, les deux fossettes lacunaires, et d'autres qui sont caractéristiques de certaines espèces; telles sont : l'absence ou la présence de la carène, les petites stries qui la coupent, la présence ou l'absence de la fossette indiquant la ligule, etc. Or, dans les plantes comprises dans le genre *Bothrodendron*, il y en a une qui présente, au moins pendant une partie de son évolution, les caractères essentiels des *Lepidodendron*. C'est le *Bothrodendron minutifolium*. Il a des coussinets étroits et longs, en forme de fuseaux; sur chaque coussinet la cicatrice foliaire et, en dessus comme en dessous de cette cicatrice, de nombreuses stries transversales. Non seulement c'est le mode d'insertion des feuilles de tous les *Lepidodendron*; mais ces coussinets du *B. minutifolium* ressemblent presque complètement aux coussinets du *Lepidodendron acuminatum*, espèce du culm inférieur. On pourra cependant l'en distinguer par les stries du coussinet qui sont en accent circonflexe dans le *B. minutifolium* et en petites lignes droites transversales dans le *L. acuminatum*. On ne voit pas non plus, dans cette dernière espèce, d'écartement ni d'effacement graduel des coussinets.

En somme, le *Bothrodendron minutifolium* a d'abord les caractères d'un vrai *Lepidodendron*, et c'est par écartement et par effacement des coussinets qu'il finit par revêtir les caractères d'un *Bothrodendron*. Cette transformation graduelle est très bien représentée dans l'ouvrage de MM. Weiss et Sterzel [1]; mais l'important n'est pas de savoir comment se modifient la tige et les rameaux : au point de vue de la classification, le fait capital c'est qu'ils ont eu les caractères des *Lepidodendron* et qu'ils les ont eus antérieurement à toute déformation.

Je crois donc devoir restituer le *Bothrodendron minutiflorum* au genre *Lepidodendron*. Quel nom y prendra-t-il? Son premier nom, celui qu'il a reçu de Sternberg en 1821 : *Lepidodendron selaginoides*.

---

[1] E. WEISS u. T. STERZEL, Die Sigillarien der preussischen Steinkohlen-und Rothliegenden Gebiete, II, p. 49, pl. I, fig. 3.

Quant au *Lepidodendron fastigiatum* d'Ad. Brongniart, dont il est question dans le second volume de l'*Histoire des végétaux fossiles*[1], il devait être représenté sur la planche XXXI; mais cette planche n'a pas paru. L'ouvrage s'est arrêté, en 1838, à la planche XXX.

Provenance. Néanmoins, grâce aux échantillons qu'avait étudiés autrefois Ad. Brongniart et que j'ai tous eus entre les mains, j'ai pu m'assurer que les *Lepidodendron selaginoides* et *fastigiatum* ne sont qu'une même espèce.

Ces échantillons sont au nombre de quatre; trois sont étiquetés de la main d'Ad. Brongniart :

Le premier a été recueilli par lui à la Bourgonnière (Loire-Inférieure), en 1845. Il est à feuilles tellement dressées qu'elles sont appliquées sur le rameau. Il porte sur le catalogue du Muséum de Paris le n° 4695.

Le second, d'après l'étiquette de Brongniart, a été trouvé à Chalonnes par M. Leclerc. Cet échantillon porte d'un côté un assez gros rameau sans feuilles. On voit bien les mamelons losangiques allongés. De l'autre côté est un rameau bifurqué à angle très aigu. Les feuilles sont presque appliquées. Cat. Mus. Paris, n° 1345.

Le troisième appartient au Muséum d'histoire naturelle de Nantes, et fait partie de la collection de Dubuisson, qui l'a recueilli à Montrelais et l'a annoté 63, M. O. 3, dans son *Catalogue de la collection minéralogique, géognostique et minéralurgique du département de la Loire-Inférieure*, Nantes, 1830, p. 166.

Enfin, le quatrième échantillon est de Saint-Georges-Châtelaison, d'où il a été apporté au Muséum par Virlet d'Aoust, en 1828. L'étiquetage ne paraît pas de la main de Brongniart; mais la détermination est certainement de lui. Cet échantillon, confirmatif des trois autres, n'en diffère que par les feuilles moins serrées contre le rameau et par conséquent plus visibles; mais elles sont aussi droites et ont la même raideur. Il figure au catalogue du Muséum sous le n° 1320.

Tous ces échantillons, reconnus par Brongniart comme appartenant au *Lepidodendron fastigiatum*, sont, à n'en pouvoir douter, des spécimens des *Lepidodendron selaginoides* de Sternberg.

Le *Lepidodendron selaginoides* est presque aussi répandu que le *Lepidodendron Veltheimianum* dans le bassin de la basse Loire.

---

[1] AD. BRONGNIART, Histoire des végétaux fossiles, livraison 14, 1838, p. 47, pl. XXX, non parue.

Département de la Loire-Inférieure.

Mine des Touches, La Guérinière. Éd. Bur.; La Bourgonnière, veines du Sud. Ad. Brongniart, 1845. Cat. Mus. n° 4695, concession de Mouzeil, mines de la Tardivière, Puits Préjean, Éd. Bur.

Mine de la Tardivière, veines du Sud, Ad. Brongniart, 1845. Catalogue du Muséum n° 4690.

Mine de la Tardivière, puits Henri, toits de la veine n° 1 et recoupe au sud de la veine n° 1, Beaulaton, Puits Henri, Éd. Bur.

Mine de la Tardivière, Puits Saint-Georges, Éd. Bur.

Mine de Montrelais, collection Dubuisson, 63. M. O. 3, mus. hist. nat. Nantes.

Département de Maine-et-Loire.

Mine de Saint-Georges-sur-Loire, puits de la Mazière, Ad. Brongniart, 1845. Cat. Mus. n° 4633.

Mine de Chalonnes, Le Clerc (Ad. Brongn. ms.), 1845, Cat. Mus. n° 1345; Chalonnes, coll. Couffon.

Mine de Saint-Aubin-de-Luigné, Éd. et L. Bur., n° 4633.

Mine de Saint-Georges-Châtelaison, près Doué, Virlet 1828. Cat. Mus., n° 1320.

Bords de la Loire, coll. Rouault. Mus. Rennes.

Le *Lepidodendron selaginoides* Sternb. se montre dans le culm supérieur, d'où il passe, sous différents noms, dans la zone inférieure et dans la zone moyenne du Westphalien. Il n'a pas été vu dans la zone supérieure.

M. Zeiller[1], qui l'a nommé *Bothrodendron minutifolium,* ne le trouve pas très rare dans le bassin de Valenciennes. Il cite les localités de Fresnes, Saint-Saulve, Anzin, Raismes, Aniche, dans le département du Nord; Carvin, Nœux, dans le département du Pas-de-Calais.

On trouve la même plante en Allemagne, dans les schistes rhénans de Westphalie[2], et en Angleterre, dans le Yorkshire[3]. Je ne la connais pas en Amérique.

---

[1] Zeiller, Flore fossile du bassin houiller de Valenciennes, p. 493.

[2] Weiss et Stenzel, Die Sigillarien der preussischen Steinkohlen und Rothliegenden Gebiete, II, p. 53.

[3] Kidston, Additional Notes on some British Carboniferous lycopods. (*Proce. of the Roy Physical Soc.*, vol. X, p. 93.)

LEPIDODENDRON VELTHEIMIANUM Sternberg.

(Atlas, vieilles tiges; pl. XXXIX, fig. 4, 4 A; XL, fig. 4, 4 A; XLIII, fig. 1, 1 A, 1 B. Forme ulodendroïde, pl. XLV, fig. 1, 1 A, 1 B, 2. Rameaux feuillés : XXX bis, fig. 1, 1 A, 1 B; XXXI, fig. 2, 3; XLIII, fig. 1, 1 A, 1 B, 2 tige fissurée.)

Voir, p. 72 et 73, la synonymie des tiges ordinaires et de la forme ulo-dendroïde.

FORME ULODENDROÏDE.

Description
de l'espèce.

Nous avons dit, lorsque nous avons parlé de la flore du culm inférieur, qu'on avait trouvé à ce niveau quelques tiges de *Lepidodendron Velthei-mianum*, dont une présentait l'état particulier qu'on a appelé la forme ulodendroïde; mais qu'on n'y avait pas encore rencontré de rameaux feuillés.

Depuis longtemps on a désigné sous le nom d'*Ulodendron* des tiges portant sur deux rangées opposées, et alternant sur ces deux lignes verticales, de grands disques qui sont, à n'en pas douter, des impressions de cônes de forte taille. On voit leur base moulée, et aussi leur point d'attache; car on perçoit très bien, au milieu, la brisure d'un axe.

Non seulement les vrais *Ulodendron* présentent ce caractère, mais M. Zeiller, qui a fait, ainsi que M. Kidston, une étude attentive de ces plantes, a reconnu le même fait sur des tiges de *Lepidodendron Veltheimianum,* et Stur a figuré plusieurs de ces tiges portant les impressions caractéristiques des *Ulodendron*. Il a figuré aussi des rameaux qu'il attribue à la même espèce et qui portent de petits cônes terminaux.

On connaît des cônes de *Lepidodendron* contenant des spores d'une seule sorte; on en connaît d'autres contenant des macrospores dans leur partie infé-rieure et des microspores dans leur partie supérieure.

Dans un groupe qui admet de pareilles différences, je ne puis pas regarder comme improbable la présence, sur une même espèce ou un même individu, de deux sortes de cônes: les uns terminaux, petits et contenant des micro-spores (chatons ou cônes mâles); les autres sessiles, grands, contenant des ma-crospores (cônes femelles); mais il y a eu aussi des cônes bisexués qui étaient sessiles. Celui connu sous le nom de *Lepidostrobus Dabadianus,* contenant macrospores et microspores, est précisément de dimensions à avoir pu laisser une impression de sa base bien ressemblante aux disques des échantillons ulodendroïdes.

Les Lycopodiacées ont des tiges dichotomes, et les deux branches d'une même dichotomie ont parfois un développement très différent. Supposons que cette différence soit extrême, nous aurons, dans une première bifurcation, à droite, par exemple, un rameau très court portant un gros cône terminal. Ce rameau, dans les tiges ulodendroïdes, est tellement rudimentaire, que le fruit devient sessile, bien que son axe soit toujours visible sur la cassure. A gauche, au contraire, est la seconde branche de la bifurcation. Elle ne présente plus une division immédiatement fertile; c'est un puissant rameau végétatif, qui va donner naissance à une série de bifurcations; mais, à la seconde de ces bifurcations, c'est le rameau de gauche qui porte immédiatement le cône, et la branche de droite par laquelle se fait l'allongement de la plante. La troisième bifurcation se présente comme la première, etc.; en un mot, la singulière disposition des tiges ulodendroïdes n'est autre chose que la disposition distique ordinaire des Lycopodiacées, tant vivantes que fossiles, avec l'inégalité de développement des deux branches de la bifurcation poussée aussi loin que possible.

La dichotomie se faisant toujours dans le même plan, et la branche rudimentaire, terminée par un gros cône, se trouvant alternativement à droite et à gauche, il est clair que les empreintes en forme de disques, laissées par ces cônes, doivent être sur deux lignes verticales, et que les empreintes d'une de ces lignes doivent être alternes avec les empreintes de l'autre.

Les disques du *Lepidodendron Veltheimianum* Sternb. ont jusqu'à 30 à 35 millimètres de long sur 25 millimètres de large, car ils ne sont pas absolument circulaires. Leur distance est très différente d'un échantillon à l'autre. Tantôt ils sont assez rapprochés, tantôt très loin l'un de l'autre. J'en ai mesuré qui étaient distants de 10 centimètres dans une même ligne.

La forme ulodendroïde de ce *Lepidodendron* la distingue d'ordinaire assez facilement des *Ulodendron majus* et *minus,* par ses coussinets allongés et bordés d'un bourrelet saillant, lorsque le coussinet est en creux.

On voit parfois des *Lepidodendron Veltheimianum* à coussinets rhomboïdaux; mais, quand ces coussinets sont bien conservés, on y retrouve les détails ordinaires des coussinets elliptiques de la même espèce. Ceux qui sont rhomboïdaux sont simplement plus courts.

RAMEAUX FEUILLÉS.

Nous avons dit que, dans le culm inférieur de la basse Loire, on a recueilli de vieilles tiges de *Lepidodendron Veltheimianum*, dont une présente les caractères de la forme ulodendroïde; mais que, dans le culm supérieur, on a trouvé, de plus, des rameaux feuillés de cette espèce.

Ce n'est pas cependant dans la basse Loire qu'en fut faite la première découverte, mais dans les schistes d'Ostrau et de Waldenburg. Ces rameaux ont été très bien décrits et figurés par Stur[1]; mais ceux de la basse Loire ne sont pas d'une moins bonne conservation, et nous pouvons appuyer notre description sur les uns et sur les autres, sauf en ce qui concerne les organes de fructification, qui, jusqu'ici, ne sont bien visibles que sur les échantillons de Moravie et Silésie.

Les rameaux sont lâchement dichotomes, longs de 5 à 10 centimètres entre les bifurcations, épais de 2 à 3 millimètres suivant leur âge, se séparant à angle aigu, paraissant avoir été souples et même retombants, car plusieurs rameaux d'une même branche sont terminés par des strobiles assez petits, qui sont plus ou moins redressés. Les feuilles sont étalées ascendantes, tout à fait étalées sous les strobiles, lancéolées, rétrécies à la base, aiguës au sommet, uninerviées; elles naissent à un angle un peu plus aigu que leur direction générale, mais elles se redressent promptement et restent presque droites; ces feuilles paraissent très minces, peu consistantes, formant un feuillage lâche, nullement dense. Après leur chute, elles laissent voir, sur les rameaux un peu gros, des coussinets de forme losangique, conformes à ceux des tiges de *Lepidodendron Veltheimianum*, sauf que le sillon séparant ces coussinets, sillon dont le développement est tardif, ne se voit pas ici.

CÔNES.

Stur a représenté quatre cônes ou strobiles. Ils sont, comme je l'ai dit, plus ou moins renversés, comme s'ils avaient voulu reprendre une situation verticale au sommet des rameaux. Ces cônes sont couverts de bractées

[1] Stur, Culm Flora der Ostrauer und Waldenburger Schichten, 1877, p. 281, pl. XIX, fig. 9, 9*a*, 9*b*, 8, 10.

formées chacune de deux parties : l'inférieure horizontale, portant en dessus un sporange ; la supérieure foliacée, redressée, de sorte que toutes ces parties terminales de bractées sont imbriquées à la surface du cône. Elles sont beaucoup plus larges que les feuilles et caduques. Les strobiles pourvus de leurs bractées complètes ont 4 à 8 centimètres de long sur 15 à 20 millimètres de large.

Le même auteur a rapporté aussi au *Lepidodendron Veltheimianum* un grand cône provenant de Poln-Ostrau, cylindrique, de 25 centimètres de long, de 5 centimètres de large, y compris un axe de 12 millimètres de diamètre. Les bractées sont longues de 3 centimètres. Elles paraissent attachées en verticilles sur l'axe et sont obliquement dirigées de bas en haut.

Ce cône était bien gros et bien pesant pour pendre au sommet de rameaux aussi grêles. Il paraît bien plutôt avoir été sessile sur quelque tige à cicatrices ulodendroïdes. Or nous savons que, dans le culm supérieur, il y avait de nombreuses tiges ainsi conformées, et que celles du *Lepidodendron Veltheimianum* se trouvaient parmi les plus abondantes.

Si le gros cône de Stur appartient, comme cela est très vraisemblable, au *Lepidodendron Veltheimianum,* on pourra facilement le distinguer d'un autre gros cône du même niveau : le *Lepidostrobus variabilis*, dont les bractées ne sont pas obliques, mais divisées en deux parties, l'une horizontale et l'autre verticale.

Schimper a certainement fait une erreur pour les feuilles du *Lepidodendron Veltheimianum (Sagenaria Veltheimiana)*. Cette espèce a les feuilles lancéolées, et nullement des feuilles très longues, aciculaires, droites et raides, que Schimper a décrites et figurées dans son *Mémoire sur le terrain de transition des Vosges,* p. 337, pl. XXVI, fig. 6. Ces feuilles aciculaires, au niveau géologique où nous sommes, ne peuvent appartenir qu'à un *Lepidophloios* ou à une autre espèce de *Lepidodendron* ayant réellement cette sorte de feuilles, tel que le *Lepidodendron obovatum* Sternb.

Le *Lepidodendron Veltheimianum* paraîtrait, dès le Dévonien, supérieur, sous la forme du *L. acuminatum,* si l'on faisait de ce dernier une simple variété. Si on les regarde comme des espèces différentes, il est certain qu'elles sont très voisines. Toutes deux passent dans le culm inférieur, où le *L. acuminatum* s'éteint, tandis que le *L. Veltheimianum* se développe largement, puis il décline avec une telle rapidité que la seule trace de sa présence dans l'étage westpha-

Rapports
et différences.

lien est un échantillon unique trouvé par M. Zeiller dans les couches inférieures du bassin de Valenciennes.

Provenance.   L'énumération suivante montre combien le *Lepidodendron Veltheimianum* est
répandu dans celui de la basse Loire.

TIGES.

Département de la Loire-Inférieure.

Puits de la Tardivière, Mines de Mouzeil, commune de Mouzeil (Loire-
Inférieure), veines du sud. Ad. Brongniart, 1845. Cat. Mus. n° 4689.

Mines de la Tardivière, puits neuf. Éd. Bur.

Mines de la Tardivière, puits Saint-Georges. Éd. Bur.

Mines de la Tardivière. Cat. Mus., n° 7400. (Avec un gros disque ulodendroïde; n° 7404.)

Mines de la Tardivière, puits Henri, niveau 152, toit de la veine Sud,
mus. Nantes; niveau 132 et recoupe Sud, voie Ouest, toit de la veine n° 1,
mus. Nantes; voie Est, toit de la veine n° 1, M. Beaulaton, directeur de la
mine.

Mines de Montrelais, Dubuisson, 1822, Cat. Mus. n°s 1196, 1201; mus.
de Rennes, coll. Bezier.

Département de Maine-et-Loire.

Mines de la Prée, commune de Chalonnes, puits n° 5. Éd. et L. Bureau.

Chalonnes, de Verneuil, cat. Mus. n° 1344; Triger, 1844, cat. Mus.
n° 4040; mus. paléont. d'Angers; coll. Couffon.

Mines de Layon-et-Loire, Seemann, cat. Mus. n° 6850.

La Haie-Longue, Audoin 1831, cat. Mus. n°s 1197, 1199; veine du puits
du Chêne, Ad. Brongniart, 1845, Cat. Mus. n° 4663, et puits du Bocage,
cat. Mus. n° 4668.

Mines d'Ardenay, commune de Chaudefonds, cat. Mus., n° 6851; mus.
paléont. d'Angers.

Mines de Saint-Georges-Chatelaison, Virlet, 1828, Cat. Mus. n°s 1195,
1209.

RAMEAUX FEUILLÉS.

Mines de la Tardivière, commune de Mouzeil (Loire-Inférieure), puits neuf et puits Saint-Georges, Éd. Bur.; puits Henri, niveau 132, recoupe Sud, voie Est, toit de la veine n° 1, M. Beaulaton.

Mines de Saint-Georges-Chatelaison, Virlet, cat. Mus. n° 1355.

CÔNES.

Bords de la Loire, collection Marie Rouault (Musée de Rennes).

3 gros cônes de la Tardivière ayant beaucoup de rapport avec celui figuré par Stur, *Die Culm-Flora der Ostrauer u. Waldenburger Schichten,* p. 269, pl. XXXVI, fig. 8. Le plus long, brisé à sa partie inférieure, a encore 65 millimètres de long, sa largeur est de 25 à 35 millimètres. L'axe est large de 3 millimètres. Toutes les bractées sont ascendantes; la partie basilaire est beaucoup plus longue que la partie foliacée, qui lui fait suite. Il me semble apercevoir quelques macrospores entre les bractées.

Le *Lepidodendron Veltheimianum* a été très répandu pendant une certaine période. Il y a peu de gisements de carbonifère inférieur où il n'ait été signalé. Les plus importants, en Europe, sont les gisements de Moravie et de Silésie qui ont fait le sujet des beaux travaux de Stur. Dans le premier volume, qui traite du culm inférieur, il cite pour le *L. Veltheimianum* les localités suivantes : Mohradorf, Tschirm, Meltsch, Moranitz, Altendorf. Dans le second volume, consacré au culm supérieur, il mentionne des localités plus nombreuses; j'en cite seulement quelques-unes :

Schistes d'Ostrau : Près de Petřkowitz. — Carrière sur la rive gauche de l'Oder, près de Koblau. — Schönbrunn. — Hruschau. — Mine Hubert, couche Franciskar. — Mine Henrich in M. Ostrau; — Jaklovic in Poln.-Ostrau; — Zwierzina près de Poln.-Ostrau. — Mine Salm, Poln.-Ostrau ; — Witkowitz. — Michalkowitz. — Peterswald, — et avec forme ulodendroïde : couche Fridolin, dans la mine Franz, près de Přivoz.

Dans les schistes de Waldenburg : Puits Paul, de la mine de Morgensten et Puits Schuckmann, près d'Altwasser en Waldenburg. — 7° et 13° couche de la mine Rudolph, près de Volpersdorf. — 6° couche de la mine Fortuna d'Ebersdorf.

M. Kidston, dans son *Catalogue of the palæozoic plants*, p. 162, indique le *Lepidodendron Veltheimianum* à Carluck, dans le British Lamarkshire (*Carboniferous limestone series*), et à Burdiehouse près d'Edimbourg, ainsi qu'à Juniper Green, dans la même région, où il est dans le Carboniferous sandstone series, c'est-à-dire aussi bas que possible dans le culm. Le *Carboniferous limestone* le monterait environ jusqu'à la partie supérieure du culm.

Mais l'extension de ce *Lepidodendron* a bien dépassé l'Europe. Lesquereux l'a étudié provenant de l'Illinois, l'Alabama et l'Ohio. Sa position est à l'intérieur ou au-dessous d'un dépôt qu'on appelle le conglomérat, et qui est tout à fait à la base de l'étage westphalien. Le *Lepid. Veltheimianum* est donc placé ici à peu près comme dans le bassin de Valenciennes.

L'Amérique du Sud est beaucoup moins riche en houille que l'Amérique du Nord. Il y a cependant du terrain carbonifère avec des fossiles végétaux *parmi lesquels se trouve le Lepidodendron Veltheimianum*, qui a été décrit dans ce bassin sous le nom de Flamingites.

Enfin, cette même plante a été reconnue par le Rev. Tenison-Woods, dans la partie centrale du Queensland (Australie).

Il serait difficile de trouver une plante fossile ayant une plus grande extension.

Genre ULODENDRON Lindley et Hutton.

1831. **Ulodendron** Lindley et Hutton, Fossile Flora of Great Brit., I, pl. V, VI. — Ad. Brongniart, Hist. vég. foss., II, 1837, p. 69, pl. XIX. — Unger, Gen. et sp. plant. foss., 1850, p. 262. — Zeiller, Présent. d'une broch. de M. Kidston (*Bull. Soc. Géol. Fr.*, 3e sér., XIV, p. 168, 1885). Fl. foss. bass. houill. Valenciennes, 1888, p. 479.

Tiges généralement grosses, contiguës, sans coussinets, persistantes et se brisant plus ou moins près de leur base. Il reste donc une partie basilaire, qui masque la cicatrice, ou, du moins, qui rend invisible, le plus souvent, le faisceau vasculaire se rendant dans la feuille, faisceau unique, non accompagné de cicatricules latérales. *Grands disques disposés sur la tige en deux séries longitudinales* à égale distance l'une de l'autre, les disques d'une même série étant aussi à égale distance les uns des autres et distiques avec les disques de l'autre série, orbiculaires ou légèrement allongés de bas en haut, concaves, montrant au centre un axe brisé et, autour de cet axe, des sillons rayonnants produits par l'impression de la côte des feuilles inférieures attachées sur cet axe. *L'organe qui était ainsi implanté sur la tige, et qui laissait de telles empreintes, était un grand cône.* On ne peut en douter, M. d'Arcy Thomson ayant trouvé un échantillon d'*Ulodendron* avec un cône brisé, mais encore attaché à la tige.

La structure intérieure des tiges d'*Ulodendron* est incomplètement connue. Elle a été étudiée par Williamson, qui a trouvé un axe central de bois primaire, mais pas de bois secondaire à développement centrifuge.

L'absence de coussinet sous les feuilles distinguera les Ulodendron *des Lepidodendron; la disposition des feuilles en spirales, et non en lignes verticales, permettra de les séparer des Sigillaires; on ne les confondra pas non plus avec les Lepidophloios, dont les coussinets subissent un complet renversement.* On peut donc distinguer les *Ulodendron* des principaux genres de Lépidodendrées, quand même les rameaux ne porteraient pas les grands disques caractéristiques.

ULODENDRON MAJUS Lindley et Hutton.

(Atlas, pl. XLVI, fig. 1 à 4; pl. XLVII, fig. 1.)

1831. **Ulodendron majus** Lindley et Hutton, I, Foss. Fl. of Great Brit., p. 22, pl. V. — Presl in Sternberg, Vers. ein. geog.-bot. Darstel. d. Fl. d. Vorwelt, fasc. 7 et 8, 1838, p. 185, pl. XLV, fig. 3. — Unger, Synopsis plant. foss., 1845, p. 134. — Unger, Gen. et sp. plant. foss., 1850, p. 263. — Goldenberg, Fl. saræpontana foss., fasc. 1., 1855, p. 18. — Schimper, Traité de pal. vég., II, 1870, p. 41. — Renault, Cours de bot. foss., II, 1882, p. 50, pl. II, fig. 3. — Zeiller, Bassin houil. de Valenciennes. Descr. de la Flore foss., texte, 1888, p. 481; atlas, 1886, pl. LXXIII, fig. 1.

1837. **Lepidodendron** Ad. Brongniart, Hist. vég. foss., II, pl. XIX, fig. 1, 2, 4.

1838. **Lepidodendron discophorum** Koenig, Icon. foss. sect., pl XVI, p. 194.

1866. **Sigillaria Menardi** Lesquereux, non Brongniart, Geol. Surv. of Illinois, II, p. 450, pl. XLIII.

1870. **Ulodendron parmatus** Carruthers, On the struct. of the stems of the arboresc. Lycopod. of the coalmeas. On the nature of the scars in the stems of *Ulodendron*, etc. (Reprinted from *The monthly Microscopical Journ.*, 1870, p. 152, pl. XLIV, fig. 4.)

1885. **Sigillaria discophora** Kidston, Ann. and Magaz. of nat. hist., X, p. 251 (pars).

1886. **Ulodendron discophorum** Zeiller, Présentation d'une broch. de M. Kidston (*Bull. Soc. Géol. Fr.*, 3ᵉ sér., XIV, p. 175).

Tiges de 4 à 10 centimètres de diamètre, couvertes de saillies rhomboédriques en spirale, formées par les bases des feuilles qui sont persistantes, puis finissent par se déchirer et se briser en fragments. Feuilles linéaires, roides, longues de 20 à 25 centimètres, peut-être plus, larges de 3 à 4 millimètres, concaves en dessus en gouttière anguleuse, ayant en dessous une saillie formée par la nervure unique, proéminente de ce côté et se prolongeant sur la partie basilaire,

Description de l'espèce.

qui persiste, sommet de la feuille aiguë; bases tout imbriquées. Grands disques légèrement concaves, sur deux rangées opposées; ceux de chaque série très écartés les uns des autres, parfois de 10 centimètres, presque orbiculaires, ou légèrement elliptiques, longs de 4 à 6 centimètres, larges de 3 centimètres environ, marqués au centre d'un axe brisé, qui était vraisemblablement ligneux, et entre cet axe et le bord du disque, parsemé de ponctuations et de petites lignes disposées en spirales, qui se rendaient dans les organes appendiculaires du cône. Tiges décortiquées couvertes de petites lignes courtes, de 4 à 5 millimètres de long, obtuses, indiquant les faisceaux vasculaires, qui se rendaient dans les feuilles.

Remarques
paléontologiques.
L'*Ulodendron majus* n'est peut-être pas très rare dans le bassin de la basse Loire; mais on ne l'a pas souvent en bon état. Je n'ai trouvé qu'un seul échantillon avec des feuilles. C'est une tige de 3 centimètres de large sur laquelle on voit une série de disques de 2 centimètres de long et assez rapprochés les uns des autres. Cette faible dimension et ce rapprochement des disques, la petitesse aussi des bases de feuilles persistantes lui donnent un peu l'aspect de l'*Ulodendron minus;* mais les longues feuilles linéaires qui entourent cette tige, et dont plusieurs ne sont pas encore tombées et partent du pourtour des disques, sont caractéristiques de l'*Ulodendron majus*. Dans cet échantillon, les bases persistantes des feuilles gardent une forme rhomboédrique, avec un angle supérieur aigu, dans lequel aboutit la côte médiane brisée.

Dans les tiges plus grosses et vraisemblablement plus vieilles, toutes les parties ont pris un développement plus grand : les bases persistantes des feuilles sont presque carrées, la côte médiane est moins marquée, l'angle supérieur est émoussé, et des bords d'un certain nombre de ces bases foliaires on voit partir des filaments qui les reliaient à la longue feuille actuellement tombée. Les grands disques d'une même rangée sont écartés de 8 à 10 centimètres l'un de l'autre.

Il est certain que toutes les bases de feuilles tombent avec l'écorce. On ne voit plus sur la surface décortiquée que de petits sillons courts, trace du passage des faisceaux vasculaires se rendant dans les feuilles.

Il arrive parfois que chaque rangée de disques soit bordée d'un sillon à droite et à gauche, ces sillons se rapprochent légèrement l'un de l'autre dans l'intervalle des disques et s'écartent en face d'eux. Dans ces intervalles, aussi, il y a des traces d'insertions de feuilles. Pl. XXVI, fig. 4 de l'atlas, j'ai fait représenter un très petit échantillon qui donne l'idée de cette forme. Je n'ose en faire une variété, cette particularité pouvant tenir à un accident de fossilisation.

L'*Ulodendron majus* se distingue de l'*U. minus* par ses bases de feuilles plus grandes, presque carrées; par ses disques plus grands et plus écartés, et surtout par ses feuilles linéaires et très longues.

Rapports et différences.

C'est à la mine de la Tardivière (Loire-Inférieure) qu'ont été trouvés les plus nombreux échantillons d'*Ulodendron majus*. J'ai recueilli dans les déblais du puits Préjean, sur le faisceau des veines du Sud, la petite tige figurée sur la planche XLVI. Les numéros 1 à 3 de la même planche, n°s 7402, 7403 du catalogue d'entrée du Muséum, sont aussi de cette provenance; mais le faisceau des veines du Nord a fourni les échantillons les plus nombreux et les plus beaux, grâce surtout aux soins de M. Beaulaton, directeur des mines de la Tardivière. Ces tiges d'*Ulodendron* sont très grandes (il y en a dont on a extrait des tronçons de 1 mètre de long); elles ont été fortement comprimées et sont devenues très minces et très fragiles. Elles seraient certainement arrivées au jour brisées en petits fragments, si les ouvriers, sur les recommandations du Directeur, ne les avaient pas montées avec les plus grandes précautions. C'est ainsi que, par le puits Henri, de la Tardivière (Loire-Infér.), on a eu de très beaux échantillons, qui étaient couchés au toit de la veine n° 1, à 152 mètres, et, par le puits Saint-Georges, d'autres spécimens, qui étaient au toit de la veine n° 5 et de la veine du Sud à 260 mètres; car il y a une veine dite du Sud dans le faisceau des veines du Nord.

Provenance.

Dans la collection de Dubuisson, au Muséum d'histoire naturelle de Nantes, il y a une tige d'*Ulodendron majus* recueillie par ce géologue à Montrelais, et noée, dans son catalogue imprimé : 82, M O. 3°.

J'en ai pas vu d'échantillons de cette espèce dans la partie angevine du bassin.

L'*Ulodendron majus* a été trouvé par M. Zeiller sur un seul point du bassin de Valenciennes, dans le faisceau gras du Pas-de-Calais, à Liévin, fosse n° 1. Goldenberg l'indique à Duttweiller (Prusse rhénane); Lindley et Hutton à Benham, près de Newcastle-upon-Tyne (comté de Northumberland, Angleterre); Carruthers, à Craig-Leith (Écosse); Lesquereux, aux États-Unis, dans la Pensylvanie et dans l'Illinois.

L'espèce que nous venons d'étudier commence dans la partie supérieure du culm et se prolonge dans l'étage westphalien. Je ne pense pas qu'elle passe

IMPRIMERIE NATIONALE.

dans le Stéphanien, à moins que ce ne soit en Amérique où les deux étages sont superposés.

ULODENDRON MINUS Lindley et Hutton.

(Atlas, pl. XLV, fig. 3; pl. XLVIII, fig. 1, 2, 3, 3 A, 3 B, 4.)

1831. **Ulodendron minus** Lindl. et Hutt. The foss. Fl. of Great Brit., 1, pl. VI. — Sternberg, Vers. ein. geogn.-bot. Darstell. d. Fl. d. Vorwelt, fasc. 7 et 8, 1838, p. 185, pl. XLV, fig. 1. — Schimper, Traité de pal. vég., II, 1870, p. 42, pl. LXIV, fig. 1, 2, 3. — Lesquereux, Coal Fl. of Pennsylvania, II, 1880, p. 403, pl. LXVI, fig. 1. — Renault, Cours de bot. foss., II, 1882, p. 50, pl. II, fig. 2. — Zeiller, Présent. d'une broch. de M. Kidston sur les *Ulodendron*, etc., in *Bull. Soc. géol. Fr.*, 3ᵉ sér., IV, 1886, p. 171; pl. IX, 3, 3 A, 3 B. — Zeiller, Bassin houill. de Valenciennes, descr. de la Fl. foss., texte, 1888, p. 483; atlas, 1886, pl. LXXIII, fig. 2, et pl. LXXIV, fig. 5. — Lesley, A Diction. of the fossils of Pennsylvania, III, 1890, page 1243 et fig. — Zeiller, Éléments de Palæobot., 1900, p. 188, fig. 130.
1837. **Lepidodendron** Ad. Brongniart, Histoire des végétaux fossiles, II, 1837, pl. XIX, fig. 3.
1870. **Ulodendron pumilum** Carruthers, On the struct. of the stems of arbores. Lycopodiaceæ of the coal measures. On the nature of the stems of *Ulodendron*, etc. Reprinted from *The monthly microscop. Journ.*, p. 144, pl. XLIII, fig. 2
1885. **Sigillaria discophora** Kidston, On the relation of *Ulodendron* Lindley and Hutt., etc. (*Ann. and magaz. of nat. hist.*, XVI, p. 251, pl. IV, fig. 5, pl. V, fig. 8; pl. VII, fig. 12, 13.)
1891. **Lepidophloios parvus** Dawson, Acadian Geology, 4ᵉ édit., p. 455, fig. 170 G.

Description de l'espèce.

Tiges ordinairement grosses, pouvant avoir jusqu'à 10 centimètres de diamètre, paraissant avoir été moins consistantes que celles de l'espèce précédente. *Surface la plus externe entièrement constituée par les bases de feuilles persistantes, imbriquées,* formant actuellement un très mince enduit charbonneux. Couche sous-épidermique montrant une quantité de *petites cicatrices foliaires, obscurément polygonales ou serrées les unes contre les autres,* entourées d'un petit bourrelet, ayant, un peu au-dessus du milieu, une cicatricule unique. Couche sous-corticale lisse, parsemée de petites lignes saillantes. Disques presque orbiculaires, cependant un peu plus longs que larges (longueur, 2 centimètres; largeur, 15 millimètres), placés en deux rangs opposés, ceux d'un même rang plus rapprochés les uns des autres que ceux de l'*Ulodendron majus. Feuilles longues au plus de 15 à 20 millimètres, épaisses, raides, se brisant au-dessus de la base,* disposées en quinconce ou en lignes courbes, ayant une forme triangulaire très allongée, nullement rétrécies à la base, longuement en pointe au sommet, légèrement courbes, à bords enroulés, la nervure médiane très apparente.

La brièveté des feuilles si remarquable lorsqu'on la compare à la longueur de celles de l'*Ulodendron majus* est le caractère principal de l'espèce que nous venons de décrire; elle est, du reste, plus petite dans toutes ses parties, ce qui justifie son nom. Les cicatrices sous-épidermiques n'ont que 4 à 5 millimètres, et, si l'on réussit à les mettre à nu, on voit qu'elles forment une surface réticulée, avec un petit bouton dans chaque maille. J'ai vu ces cicatrices foliaires plutôt rhomboïdales qu'hexagonales. Les angles sont, du reste, assez émoussés. Les disques sont aussi plus petits que ceux de l'*U. majus*, et ils sont rapprochés sur une même ligne, parfois tout à fait contigus. Les feuilles sont souvent tombées, et, lorsqu'elles sont encore en place, elles sont d'ordinaire engagées dans la roche. Sur l'échantillon 3 de la planche XLVIII, j'ai eu la chance de les voir attachées à la tige, mais non engagées, sur une surface de près de 5 centimètres de long. Cet emplacement exceptionnel m'a permis de prendre deux photographies grossies au double, notées 3 A et 3 B. Cette dernière surtout était assez nette pour me permettre d'ajouter quelques détails aux descriptions des feuilles qui n'ont pu être données jusqu'ici.

Un autre échantillon, très petit, représenté fig. 4, m'a montré les feuilles de profil. Elles y sont plus courtes encore : 6 millimètres, et leur brièveté ne tient pas à une cassure, car sur quelques-unes, qui ne sont pas tout à fait de côté, on reconnaît la forme des feuilles de l'*U. minus*. Cet échantillon nous montre de plus que les feuilles étaient obliquement ascendantes et non appliquées sur le rameau.

La position de l'*Ulodendron minus* dans le bassin de la basse Loire est à peu près la même que celle de l'*Ulodendron majus*. On le trouve cependant un peu plus à l'Ouest, à la Bourgonnière, où il a été recueilli par Viquesnel : catal. du Muséum, n° 4045. A la Tardivière, on l'a trouvé dans les deux systèmes de veines qui ont été exploités successivement. Sur le système des veines du Sud, j'en ai eu, du puits Préjean, plusieurs échantillons, dont l'un, pl. XLV, fig. 3, montre une surface sous-corticale plissée longitudinalement. C'est probablement l'effet d'une compression éprouvée au moment ou dans le cours de la fossilisation.

Sur le système des veines du Nord, cette espèce a été recueillie par M. Beaulaton avec toutes les précautions qu'il avait prises pour l'espèce précédente. Ici encore les échantillons ont été détachés du toit des veines. Les

Rapports et différences.

Provenance.

uns, provenant de la veine n° 1, à la profondeur de 152 mètres, ont été extraits par le puits Henri; les autres, pris dans la veine du Sud, à la profondeur de 190 mètres, et aussi dans la veine n° 1, ont été sortis par le puits Saint-Georges.

L'*Ulodendron minus* a été trouvé en bien des endroits en dehors de la basse Loire : M. Zeiller ne l'a rencontré qu'une fois dans le bassin de Valenciennes, dans le faisceau maigre du département du Nord, à Vieux-Condé, fosse Chabaud-Latour, veine Philippine. Dans son intéressante note sur les *Ulodendron*, il le cite d'Entreweiler (Prusse rhénane), d'après un échantillon de la collection Grœser, conservée à l'École des mines. Schimper l'indique à la Stangalpe en Styrie. Lindley et Hutton ont eu en main des échantillons provenant du schiste houiller de South-Schields (comté de Durham). M. Carruthers l'a étudié d'après un spécimen appartenant au British Museum et provenant d'un terrain houiller du Yorkshire. Allan, qui l'a publié dans *Edinburgh Philosophical Journal*, l'a eu de Craig-Leith (Écosse). Comme l'*Ulodendron majus*, il a dû occuper un continent ancien tenant, en partie au moins, la place de l'océan actuel; car on le trouve au Canada et aussi aux États-Unis, où on a constaté sa présence dans le Tenessee, à Colchester dans l'Illinois, et dans l'Alabama, où il est particulièrement abondant.

Comme l'*Ulodendron majus*, l'*U. minus* se montre dans la partie supérieure du culm et se développe dans le carbonifère moyen. Je ne le connais pas du carbonifère supérieur.

Genre THAUMASIODENDRON [1] Ed. Bur.

1905. Bull. Soc. études scient. d'Angers, p. 147.

Arborescent, rameaux, rameaux très gros lorsqu'ils sont décortiqués, plusieurs saillies longitudinales sous chaque cicatrice foliaire, coussinets serrés, couvrant le rameau, cicatrice foliaire au-dessous du milieu, losangique. *Feuilles épaisses, largement ovales, aiguës au sommet, planes à la face supérieure, d'où part une crête longitudinale, fourchue en avant et montant le long du rameau en arrière;* face inférieure convexe; les deux faces séparées par un bord aigu.

[1] τὸ δένδρον, ου, arbre; θαυμασιος ᾶ, ον, étonnant.

THAUMASIODENDRON ANDEGAVENSE Éd. Bureau.

(Atlas, pl. XLIX.)

1905. **Thaumasiodendron andegavense** Éd. Bureau, Bull. de la Soc. d'études scient. d'Angers.

Cette espèce est jusqu'ici la seule du genre, et j'en connais seulement deux échantillons, que j'ai recueillis ensemble. Leur étude m'a montré qu'ils appartiennent à un genre non encore connu de Lépidodendrées.

L'un des échantillons présente un fragment de tige en relief, portant des feuilles, l'autre un fragment analogue, mais en creux, un peu plus étroit et beaucoup plus long. Non seulement ils se rapportent à une même espèce, mais on a toute raison de croire que ce sont des parties différentes d'une même plante; car, malgré leur ressemblance, ils ne se font pas suite et ne peuvent pas être superposés.

Celui qui est en relief montre un grand rameau aplati, mais pas complètement, car il a conservé une certaine convexité. L'écorce, peu épaisse si l'on en juge d'après la position des feuilles qui sont encore insérées latéralement, a presque entièrement disparu, laissant à nu la surface extérieure du bois. Cette surface a l'aspect de celle d'un bois de *Lepidodendron,* ou mieux de *Lepidophloios.* Elle présente des saillies ou mamelons serrés, répondant évidemment chacun à une feuille, disposés en spirale. Les spires secondaires comptent sur la face visible 10-12 mamelons, ce qui porterait le nombre à 20-24 pour le tour du rameau. En outre, la surface du bois est parcourue par des saillies longitudinales peu régulières, nombreuses, qui ne peuvent être que le relief des faisceaux vasculaires. Ces faisceaux sont visibles au-dessous de chaque cicatrice foliaire. Ils paraissent s'accoler et se fondre parfois les uns avec les autres. J'en ai compté, suivant les mamelons, de 3 à 9. On en voit dont la longueur est plus grande que la distance entre deux mamelons superposés. Il est probable, en effet, qu'ils parcouraient un trajet assez long avant de devenir apparents.

Le second échantillon donne l'empreinte, non du bois, mais de la surface extérieure d'un rameau. Cette empreinte est légèrement concave. Ce rameau avait donc, comme le précédent, une certaine consistance et ne s'est pas complètement aplati. Il porte assurément des feuilles tout autour; mais celles qui se voient de profil, sur les bords droit et gauche de l'empreinte, sont

Description de l'espèce.

seules visibles. Leur position régulière montre qu'elles sont encore toutes attachées.

La partie conservée de ce rameau est, sans aucun doute, voisine de sa base, et il devait former l'une des branches d'une bifurcation. En effet, il est plus large et conique dans le bas, ce qui indique le voisinage du point d'attache, et, au-dessus, il s'effile un peu pour prendre une forme cylindrique. Son diamètre passe ainsi de o m. o4 à o m. o35. La longueur de l'échantillon est de o m. 25.

Cette empreinte présente, sur toute sa surface, des cavités losangiques serrées, dont chacune est le creux imprimé du coussinet foliaire. Ces losanges sont allongés de bas en haut. Ils ont o m. 15 de long sur o m. 007 de large, et sont séparés les uns des autres par un bourrelet, lequel est l'empreinte du sillon qui, à la surface du rameau, se trouvait entre les coussinets.

Remarques paléontologiques.

Les cavités correspondant aux coussinets étaient, sur l'empreinte de cette branche ou rameau, remplies d'un charbon très adhérent. J'essayai de l'enlever, d'abord avec une pointe d'acier, qui avait l'inconvénient de rayer la roche (un psammite houiller), puis avec une pointe en os, qui n'avait pas le même inconvénient mais qui, par contre, n'avait plus toute la rigidité nécessaire pour faire sauter le charbon en petits éclats. J'eus alors recours à un procédé qui me fut suggéré par une observation que j'avais faite aux mines de la Tardivière, commune de Mouzeil (Loire-Inférieure) : le feu y avait pris dans un énorme amas de déblais formé de schistes et grès charbonneux sortis des galeries; il y couva près d'un an, et ces déblais ayant ensuite été enlevés pour faire les talus du chemin de fer de Segré à Nantes, je pus chercher des plantes fossiles sur ces pierres remaniées, et je fus surpris de la netteté exceptionnelle des empreintes. La roche n'était plus noire; elle avait pris une teinte rougeâtre; la combustion avait fait disparaître toute trace de charbon, et les fossiles ainsi nettoyés laissaient voir leurs moindres détails.

Je me décidai à employer ce procédé sur lequel une circonstance fortuite avait appelé mon attention, et je plaçai l'échantillon sur un feu de charbon de terre. En une demi-heure, la roche avait passé du noir au gris rosé, et tout le charbon contenu dans les cavités correspondant aux coussinets avait disparu. Il y avait, à la place, un peu de cendre, qu'un coup de brosse enleva. L'échantillon avait bien été un peu endommagé, quelques éclats s'en étaient détachés, soit par suite de l'échauffement inégal de la pierre, qui est épaisse, soit par l'effort de l'eau qu'il pouvait encore contenir. Je n'avais pu imiter complètement les effets de l'incendie dont j'avais été témoin. Il faudrait pouvoir élever la température graduellement, pendant que l'échantillon supporterait une certaine pression. On éviterait probablement aussi l'éclatement de la pierre.

Quoi qu'il en soit, j'avais réussi à rendre très nettes les empreintes en creux des coussinets. Il ne restait plus qu'à en prendre la contre-empreinte par le moulage, pour avoir sous les yeux le relief exact que ces coussinets présentaient sur le végétal vivant. En raison de certaines anfractuosités, une substance devenant rigide, telle que le plâtre, ne pouvait être employée sans causer de nombreuses brisures. En terme de mouleur, ce moulage n'était pas « de dépouille ». Je dus me contenter de la cire à modeler qui me donna un relief très satisfaisant et se prêtant tout aussi bien à être photographié que celui obtenu par le plâtre.

Voici ce qu'on voit sur ce relief :

Les coussinets ont la forme d'un losange dont l'angle supérieur est cependant un peu dévié à gauche, et l'angle inférieur un peu dévié à droite. Sur chaque coussinet on distingue trois parties : la cicatrice foliaire, la partie du coussinet située au-dessus de la cicatrice, celle située au-dessous.

La cicatrice foliaire est à peu près trapézoïdale; elle est haute de o m. oo4, large de o m. oo5, avec un angle en haut, un autre en bas et deux latéraux. L'angle supérieur est obtus, l'inférieur et les latéraux un peu aigus. Certains coussinets, particulièrement bien conservés, permettent une constatation plus délicate : sur chacun des deux bords du trapèze, qui s'étendent entre un des angles latéraux et l'angle supérieur de la cicatrice foliaire, s'élève perpendiculairement à celle-ci une lamelle très mince. On dirait que la feuille n'était pas articulée et a laissé, en se détachant, un lambeau d'épiderme; cela se voit même, moins marqué, sur les bords inférieurs. Les deux lamelles des bords supérieurs, arrivées à l'angle médian, s'unissent et envoient un petit prolongement lamelleux vertical sur la base de la partie du coussinet située au-dessus de la cicatrice foliaire. On ne distingue pas la brisure des vaisseaux à la surface de cette cicatrice, et, en effet, la feuille étant très peu développée, le cordon vasculaire devait rester fort petit.

Les angles latéraux de la cicatrice foliaire correspondent aux angles latéraux du coussinet, et, comme ladite cicatrice s'étend plus au-dessous de ces angles latéraux qu'en dessus, il en résulte que la partie du coussinet supra-cicatricielle est beaucoup plus haute que la cicatrice elle-même, tandis que la partie

Rapports et différences.

infra-cicatricielle est moins haute que cette cicatrice. Chacune de ces deux parties est triangulaire et carénée.

En somme, sauf qu'ici la cicatrice foliaire est plus basse, la ressemblance est très grande avec les coussinets et les cicatrices foliaires des *Lepidodendron*; mais la ressemblance s'arrête lorsqu'on examine les feuilles.

Celles de notre *Thaumasiodendron* sont tombées, avec l'écorce, sur la face antérieure du rameau en relief, et elles sont marquées par l'empreinte des coussinets, sur la face visible de celui qui se présente en creux; mais, sur l'un des bords du premier rameau, sur les deux bords du second, elles sont parfaitement visibles et se présentent de profil. Au premier abord, on dirait des bases de feuilles dont la plus grande partie du limbe se serait détachée; mais, dès le début de l'examen, cette idée doit être abandonnée, et il est évident qu'on a sous les yeux des feuilles bien entières, mais d'une forme inattendue, étrange, et qu'on ne trouve dans aucun végétal houiller. Toutes sont de même taille, très courtes, très larges à la base, aiguës au sommet, dirigées obliquement en haut et en dehors et régulièrement superposées sur le profil du rameau, de manière qu'elles donnent à ce profil l'aspect d'une scie avec ses dents. Elles sont longues de o m. oo5 à o m. oo6, épaisses de o m. oo5 (presque aussi épaisses que longues par conséquent), très largement insérées à la base, et même *décurrentes en dessus comme en dessous. Leur face inférieure est fortement convexée, carénée. La face supérieure est presque plane;* elle devient même légèrement concave avant la pointe, qui est très courte, bien qu'assez aiguë.

Ces feuilles étaient donc très épaisses. Étaient-elles charnues? La cavité que chacune a laissée, et qui était remplie de charbon, me ferait plutôt croire qu'elles avaient une certaine consistance. Pour connaître quelque chose de leur surface, il fallait, comme pour l'étude des coussinets, enlever le charbon, et cela s'est fait dans la même opération. Après la combustion, le creux laissé par chaque feuille est apparu avec une grande netteté, et j'ai pu m'assurer que, si la feuille était épaisse de bas en haut, elle ne l'était pas moins transversalement, ce que faisait déjà prévoir la cicatrice d'insertion portée par le coussinet.

Le moulage montre *qu'il y a de chaque côté une carène,* cette carène part évidemment des angles latéraux de la cicatrice foliaire. Elle est large et obtuse vers la base de la feuille, et devient graduellement plus étroite et plus aiguë en s'avançant jusqu'à la pointe. Cette ligne marginale est, dans son trajet, un peu sinueuse; elle décrit, vers le milieu de la longueur de la feuille, une légère convexité tournée en haut et, sous la pointe, une légère concavité. *La crête latérale, dont nous parlons, représente évidemment le bord de la feuille, qui se trouve ainsi avoir énormément plus d'épaisseur en dessous de ce bord qu'en dessus. De la face supérieure on voit partir une crête médiane haute et mince, une sorte de lame qui parcourt longitudinalement la partie supracicatricielle du coussinet. A son extrémité antérieure cette lame se divise en deux autres* qui se dirigent en avant et en dehors, *formant ainsi comme un V très ouvert, dont chaque branche aboutit à un des bords de la feuille,* vers les 3/4 de la longueur de ce bord. *A son extrémité postérieure, la lame médiane se redresse pour monter le long du rameau en* décrivant une concavité par son bord extérieur. Au bas de cette partie

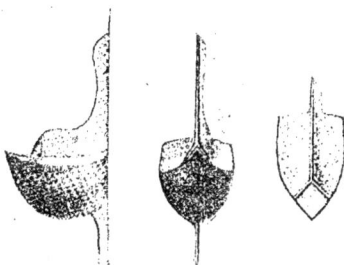

Figures grossies et un peu schématisées des feuilles de *Thaumasiodendron andegavense*.

1. Feuille vue de profil. — 2. Feuille vue par devant. — 3. Feuille vue par la face supérieure.

ascendante, elle fait saillie, perpendiculairement au rameau, de o m. 001 à o m. 0015, et en montant la saillie augmente, du moins jusqu'où il m'a été possible de l'observer. Il est probable que cette lame remonte assez haut; mais je ne saurais dire si elle va rejoindre la face inférieure d'une feuille plus élevée ou si elle s'insinue entre les feuilles situées au-dessus, car je n'ai pu la suivre jusqu'à sa terminaison supérieure.

L'affinité de cette plante avec les *Lepidodendron* n'est pas douteuse; mais la forme si particulière et si étrange de ses feuilles l'en distinguera toujours très facilement.

Les deux échantillons dont je viens de parler ont été recueillis par moi, tout près l'un de l'autre, dans les déblais du puits n° 3, aux mines de la Prée, commune de Chalonnes (Maine-et-Loire). On ne connaît pas ce genre ailleurs.

Provenance.

Genre BOTHRODENDRON Lindley et Hutton.

Voir synonymie et description du genre au culm inférieur, p. 51.

BOTHRODENDRON KILTORKENSE Kidston.

(Atlas, pl. LIX, fig. 1, 1 A; fig. 2.)

1859. **Cyclostigma kiltorkense** Haughton, On cyclostigma, a new genus of foss. Planta from the old red sandstone of Kiltorkan, C° Kilfenny (*Journ. of the Roy. Dublin Soc.*, II, p. 418, pl. XIV-XVII). — Heer, Die Flora der Polarländer, II, Foss. Fl. der Polar-länder, II, Foss. Fl. d. Bären-Insel, p. 43, pl. XI, fig. 1-5 c.
1859. **Cyclostigma Griffithii** Haughton, *Journ. Roy. Soc. Dublin*, II, p. 418, pl. XIV-XVII.
1859. **Cyclostigma minutum** Haughton, *Journ. Roy. Soc. Dublin*, II, p. 418, pl. XIV-XVII.
1871. **Lepidodendron Veltheimianum** Heer, part. Foss. Fl. d. Bären-Insel (Fl. foss. arctica, II), p. 43, pl. IX, fig. 2 a.
1871. **Stigmaria ficoides minuta** Heer, *id.*, p. 46, pl. IX, fig. 2 c.
1871. **Knorria imbricata** Heer (part.), Fl. foss. arctica, zweiten Band; I, Foss. Fl. d. Bären-Insel, p. 41, pl. X, fig. 4.
1889. **Bothrodendron kiltorkense** Kidston, Ann. and Mag. of nat. hist., IV, p. 66. — Nathorst, Z. Fl. d. Polarländer, erst. Theil, erste Lief., Z. palæozoisch. Fl. d. arktisch. Zone, 1894, p. 65, pl. XIV, fig. 7-9; XI, fig. 1-5 c.
1893. **Cyclostigma (Bothrodendron?) kiltorkense** Weiss, Die Sigillarien der preussischen Steinkohl. u. Rothliegenden-Gebiete; II, Die Gruppe der Sub-Sigillarien, p. 60, pl. III, fig. 15.
1902. **Bothrodendron (Cyclostigma) kiltorkense** Nathorst, Zur oberdevonischen Fl. z. Bären-Insel, p. 31, pl. X, fig. 4-9; XI, fig. 1-19; XII, fig. 1-3, 9, 10, 13-19 a, 20, 21; XIII, fig. 1-3, 8; XIV, fig. 5. (*Kongl. svensea vetensk. Akad. Handlingen*, Band 36, n° 3.)

Description
de l'espèce.

Couche extérieure charbonneuse, couverte de petites côtes très serrées, indéfini-ment longues, droites, parallèles, laissant voir les fossettes répondant à la rupture des cordons vasculaires, couche sous-corticale également couverte de petites côtes longitudinales, tout aussi serrées, mais *plus grosses et de grosseur plus inégale, de diverses longueurs,* atténuées aux deux extrémités et ayant ainsi l'aspect d'un très long fuseau, çà et là entrecroisées, convergentes à l'approche des cica-trices foliaires, beaucoup s'arrêtant au-dessous des *cicatrices* et reprenant au-dessus. Celles-ci, presque *orbiculaires, très petites, entourées d'une plage ou aréole plus large en haut et en bas,* et sur le bord de laquelle s'arrêtent les petites côtes. A la surface de cette cicatrice foliaire, vers le milieu ou plus haut, sont trois cicatricules : celle du milieu, seule vasculaire, très peu apparente; les deux autres, plus bas que la médiane, ovoïdes ou presque globulaires.

Sur les échantillons que nous figurons ici, on voit l'écorce et la partie extérieure du bois fendues longitudinalement, comme nous l'avons vu sur certains troncs de *Lepidodendron rimosum*. Ces déchirures limitent des espaces qu'on pourrait prendre pour des côtes de Sigillaires; mais on constate facilement que les cicatrices foliaires sont placées diversement, et non sur la ligne médiane de ces apparences de côtes.

Remarques paléontologiques.

Pour arriver à la détermination des échantillons de la basse Loire, qui sont des fragments de troncs, j'ai dû mettre de côté une série d'espèces dont la surface est couverte de lignes transversales ondulées. Ce sont :

Rapports et différences.

Bothrodendron minutifolium Zeill. = *Rhytidodendron minutifolium* Boulay.
Sigillaria (Bothrodendron) punctiformis Weiss.
Sigillaria (Bothrodendron) semicircularis Weiss.
Sigillaria (Bothrodendron) lepidodendroides Weiss.

Il en reste une dizaine, qui ont, pour la plupart, des stries ou des petites côtes longitudinales, comme l'espèce que j'ai vue dans le culm supérieur de la basse Loire et qui m'a paru être le *Bothrodendron Depereti* Vaffier. Elles s'en distinguent cependant. Je donne ici sommairement leurs caractères, pour qu'on puisse les comparer à l'espèce ci-dessus.

Le *Sigillaria (Bothrodendron) pustulata* Weiss est parsemé à la fois de stries très fines, rectilignes, et de petites ponctuations. Les cicatrices foliaires sont assez grandes, légèrement elliptiques avec un angle émoussé à droite et à gauche. Les cicatricules sont égales, sur un même rang. La fossette ligulaire est grosse.

Le *Bothrodendron punctatum* Lindley et Hutton a de petites stries longitudinales disséminées, des cicatrices foliaires très petites, rondes, avec les trois cicatricules sur une même ligne, un peu au-dessus du milieu. La fossette ligulaire est très petite.

Le *Bothrodendron Weissi* Nathorst a des côtes assez grosses, des cicatrices foliaires très écartées les unes des autres, rondes; les cicatricules presque invisibles.

Le *Bothrodendron Wijkianum* Nathorst = *Lepidodendron Wijkianum* Heer a de très fines côtes longitudinales, un peu ondulées, les cicatrices vasculaires très petites, chacune portée sur une partie renflée en croissant, la concavité tournée en bas et s'ouvrant sur une large plage (espace sans côtes).

Le *Bothrodendron* (*cyclostigma*) *brevifolium* Nathorst a ses feuilles ou les cicatrices résultant de leur chute alternes ou rangées transversalement. Les cicatrices foliaires sont petites, presque rondes, avec deux côtes qui prennent origine sur les parties latérales, et forment, en descendant, un croissant ouvert en bas.

Deux autres, au lieu de côtes longitudinales, ont sur leur surface des stries en réseau. Dans le *Sigillaria* (*Bothrodendron*) *sparsifolia*, ce réseau est à mailles carrées; dans le *Bothrodendron tenerrimum* Nathorst = *Lepidodendron tenerrimum* Auerbach, il est à mailles irrégulières.

Certaines espèces, enfin, ont l'écorce lisse ou presque lisse. Tels sont : le *Bothrodendron Carneggianum* Nathorst = *Lepidodendron Carneggianum* Heer, qui a une quantité de cicatrices foliaires très rapprochées les unes des autres, transversalement elliptiques, parfois à angles aigus, les trois cicatricules bien marquées; pas de fossettes ligulaires.

Tel est aussi le *Bothrodendron Leslei* Seward, remarquable par ses cicatrices foliaires, qui varient de forme et sont plus ou moins serrées sur une même tige.

Le *Bothrodendron kiltorkense* se range évidemment parmi les espèces pourvues de côtes longitudinales. Ces côtes s'infléchissent vers les cicatrices vasculaires; celles-ci sont elliptiques, avec les trois cicatricules au-dessus du milieu, et sont entourées d'une plage qui est beaucoup plus large au-dessus et surtout au-dessous de la cicatrice que sur les côtés. Ce sont là les caractères si bien représentés par MM. Nathorst, Seward et Weiss, et ils me paraissent bien s'appliquer aux échantillons trouvés dans le culm supérieur.

De même, l'échantillon du culm inférieur, avec ses côtes rectilignes, de moyenne grosseur, ressemble bien au *Bothrodendron Depereti* Vaffier, dont il ne diffère guère que par ses cicatrices foliaires présentant un certain relief.

Provenance.   Ad. Brongniart a recueilli dans son voyage, en 1845, deux échantillons provenant de la veine du Chêne, à la Haie-Longue (Maine-et-Loire). Ils sont inscrits au catalogue du Muséum sous le numéro 4667.

Le *Bothrodendron kiltorkense* Kidston était connu dans le Dévonien supérieur et dans le culm inférieur. Sa présence dans le culm supérieur augmente ce qu'on savait de sa durée.

On le trouve à l'île des Ours et dans le vieux grès rouge de Kilkenny, en Irlande.

Si, au lieu de l'espèce, nous considérons le genre, nous verrons que M. Zeiller l'a constaté dans la zone inférieure et dans la zone moyenne du bassin houiller de Valenciennes, qui est tout entier dans l'étage westphalien. Il est connu dans le dévonien de la baie de Gaspé, au Canada, et est même signalé dans le Carbonifère inférieur du Transvaal (Afrique du Sud).

BOTHRODENDRON CARNEGGIANUM Nathorst.

(Atlas, pl. LXXIV, fig. 1.)

1871. **Lepidodendron Carneggianum** Heer, Flora fossilis arctica, II, Foss. Fl. d. Bären-Insel, p. 4o, pl. VII, fig. 3-7 ; VIII, fig. 8 *a* ; IX, p. 2 *d*, vergr. 2 *c*.

189/4. **Cyclostigma minutum** Heer, *l. c.*, p. 44, pl. VII, fig. 11, 12 ; VIII, fig. 54 ; IX, fig. 5 *a*.

1904. **Bothrodendron Carneggianum** Nathorst, Zur fossilen Flora der Polarländer, erster Theil, erst Lieferung, *Zur palæozoischen Flora der arktischen Zone,* p. 68, pl. XIV, fig. 10-14.

1902. **Bothrodendron (Cyclostigma) Carneggianum** Nathorst, Zur oberdevonischen Flora der Bären-Insel, p. 4o.

Troncs de près de 1 décimètre de diamètre. *Rameaux grêles et allongés, couverts de coussinets petits, serrés, disposés en quinconces* plus ou moins réguliers, ayant, dans le haut, une *cicatrice foliaire rhomboédrique,* avec une *cicatrice vasculaire sur le milieu de la largeur.*

Description de l'espèce.

Cette espèce a été trouvée anciennement à Montrelais, par Dubuisson, et plus récemment par M. Davy et par moi, à Montjean. Tous les échantillons connus sont dans la pierre carrée, qui paraît, ainsi, se prêter mieux qu'une autre roche à la conservation de ce fossile. Il est, du reste, constamment représenté par des tiges qui sont à peine comprimées.

Provenance.

Heer, et après lui Nathorst, l'ont décrit provenant de l'île des Ours, entre le cap Nord et le Spitzberg.

Cette localité correspond au culm inférieur des Vosges et aux schistes d'Ancenis ; mais c'est plus haut, au niveau du culm supérieur, que se trouve le *Bothrodendron Carneggianum,* dans le bassin de la basse Loire ; c'est une de ces formes archaïques qui montent jusqu'au sommet du carbonifère inférieur.

Genre LYCOPODITES Ad. Brongniart.

1820. **Lycopodiolithes** Schlotheim, Die Petrefactenkunde, p. 4ı3.
1822. **Lycopodites** Ad. Brongn., Sur la classif. et la distrib. des vég. foss., p. 9. — 1823. Ad. Brongn., Prodr. d'une hist. des vég. foss., p. 83.
1825. **Lycopodiolites** Sternberg, Vers. ein. geogn.-bot. Darst. d. Fl. d. Vorwelt, partie IV, pl. VIII.
1855. **Lycopodites** Goldenberg, Flora Saræpontana foss., fasc. I, p. 9.
1869. **Lycopodites** Roëhl (E. von), Foss. Fl. d. Steinkhol.-Formation Westphaliens, p. 144.
1875. **Lycopodium** O. Feistmantel, Verstein. d. böhmisch. Kohlenablag., part. II, p. 8.
1888. **Lycopodites** Zeill., Fl. du terrain houill. de Valenciennes, p. 494.

Plantes paraissant avoir été de moyenne ou de petite taille. Rameaux dichotomes, ordinairement grêles. Feuilles très petites dans la plupart des espèces, linéaires, aiguës, assez longtemps persistantes. *Pas de coussinet, mais rameaux couverts de côtes aboutissant chacune à une feuille.*

Le nom de *Lycopodites*, avec de légères modifications, a été employé très anciennement. Dès 1820, Schlotheim (*Die Petrefactenkunde*) le désigna sous le nom de *Lycopodiolithes*, et, en 1825, Sternberg l'orthographia *Lycopodiolites* (sans *h*). Mais Ad. Brongniart, dès 1822, dans son *Mémoire sur la classification et la répartition des végétaux fossiles*, avait déjà simplifié ce nom; il en fit *Lycopodites*, et le reproduisit sous cette forme en 1828, dans son *Prodrome d'une histoire des végétaux fossiles*. Chose singulière : pendant plus de vingt-cinq ans, ce nom de *Lycopodites*, quelle que fût son orthographe, tomba en désuétude. On avait voulu indiquer une affinité de certaines empreintes avec des Lycopodiacées vivantes, et l'on s'aperçut bientôt que cette ressemblance était tout à fait illusoire : les échantillons de Schlotheim, celui nommé et figuré par Brongniart, étaient des rameaux de Walchia, des conifères par conséquent.

C'est en 1855 seulement que Goldenberg, dans son *Flora saræpontana fossilis*, reprit ce nom et l'appliqua à de curieuses empreintes de vraies Lycopodiacées, mais qui semblent se rapprocher davantage, parmi les Lycopodiacées vivantes, des Sélaginelles que des Lycopodes. Toutefois, l'élimination des éléments étrangers contenus dans le genre ne se fit que graduellement, et, dans l'ouvrage de Rœhl : *Fossil Flora der Steinkohlen-Formation Westphaliens*, on trouve encore un mélange de Conifères et de Lycopodiacées.

L'épuration, cependant, finit par être complète, et, dans les ouvrages plus récents, tels que la *Flore du terrain houiller de Valenciennes,* de M. Zeiller, les publications de MM. Grand'Eury, Schenk, Seward, Kidston, etc., la séparation des Conifères est complète.

Mais, si nous n'avons plus à examiner que des Lycopodiacées, toute difficulté n'est pas supprimée pour cela. Il s'agit de les répartir en genres. Il y a certes des genres bien caractérisés : *Lepidophloios, Ulodendron* et surtout *Lepidodendron* avec ses nombreuses espèces. Mais il y a aussi des rameaux grêles, isolés, le plus souvent à petites feuilles et à caractères imprécis, qui ne permettent guère un classement. Cependant un caractère me paraît faire exception, par la facilité avec laquelle on peut le constater et par son importance dans le groupement des espèces. On sait que les *Lepidodendron* ont leurs feuilles insérées chacune sur une partie élevée d'une protubérance qu'on désigne sous le nom de coussinet ou mamelon. La feuille est implantée tantôt au milieu, tantôt plus près d'une des extrémités du mamelon; mais, toujours à la surface, jamais à une des extrémités du coussinet. Eh bien! *ce mode d'implantation terminal, que l'on ne voit pas dans les* Lepidodendron, *est celui des Lycopodes vivants. Il n'y a pas de coussinets. La surface de leur tige ou de leurs rameaux est couverte de côtes* différant un peu de forme d'une espèce à l'autre, les inférieures recouvrant incomplètement les supérieures, et *toutes portant à leur sommet soit une feuille, soit la cicatrice foliaire, quand la feuille est tombée.* Ad. Brongniart, dans le second volume de l'*Histoire des végétaux fossiles,* a donné d'excellentes figures de cette particularité organique. On y voit, sur le *Lycopodium gnidioides,* des côtes longues, avec un sillon longitudinal au milieu; sur le *Lycopodium lucidulum,* des côtes moitié plus courtes, plus plates, avec une carène sur le milieu de la côte; sur le *Lycopodium venustulum,* des côtes épaisses, ayant tendance à se mettre en verticilles; sur le *Lycopodium inflexum,* des côtes grêles et presque cylindriques, etc.

Ces côtes, supportant une feuille terminale, on les retrouve sur certaines Lycopodiacées fossiles. M. Zeiller les a vues sur le *Lycopodites carbonaceus.* S. Feistmantel les a représentées pl. LXXIV, fig. 1 A de sa *Flore fossile du bassin de Valenciennes,* et s'est, avec raison, je crois, appuyé sur ce caractère pour confirmer le genre provisoire *Lycopodites,* dont le nom rappelle l'affinité avec les Lycopodes.

J'ai trouvé, dans la basse Loire, une espèce que je crois nouvelle, et qui, en raison du caractère dont nous venons de parler, et qu'elle possède très évidemment, viendra se ranger dans les *Lycopodites* malgré ses feuilles. Elles sont, en effet, beaucoup plus grandes que celles des autres espèces de ce genre.

Une autre espèce du même bassin, nouvelle également, a les petites feuilles habituelles du genre.

LYCOPODITES FOLIOSUS Ed. Bur.

(Atlas, pl. XXIX, fig. 1 à 3.)

Description de l'espèce.

Rameaux dichotomes, de 5 à 10 millimètres de diamètre ; ceux d'une même bifurcation à peu près de même grosseur, tous couverts de côtes formées assurément par le relief des faisceaux vasculaires se rendant aux feuilles. *Côtes imbriquées de bas en haut, chacune portant à son sommet une feuille. Feuilles paraissant coriaces et persistantes, longues de 10 à 45 millimètres, linéaires, avec un fort sillon occupant toute la largeur de la feuille,* de sorte que la section transversale serait en forme de V. Elles montent d'abord parallèlement au rameau, puis s'étalent en se portant en dehors et finissent en pointe aiguë légèrement relevée.

Rapports et différences.

Or cette plante, à part *Lepidodendron*, ne pourrait être confondue qu'avec les espèces à grandes feuilles ; mais *l'insertion des feuilles au sommet d'une côte et l'absence de coussinet ne permettent pas de la joindre aux* Lepidodendron.

Provenance.

Je ne connais, de cette espèce, que deux échantillons :

L'un provient de Saint-Georges-Châtelaison (Maine-et-Loire) et a été envoyé par Dubuisson à Ad. Brongniart en 1829. Il porte au catalogue d'entrée des plantes fossiles du Muséum le numéro 1294.

L'autre a été trouvé par Ad. Brongniart, en 1845, au puits de la Mazière, concession de Saint-Georges-sur-Loire, près d'Angers. Il porte sur le catalogue le numéro 4633 ; mais un troisième échantillon de la même provenance, qui porte le numéro 4652, est la contre-empreinte du précédent.

LYCOPODITES TENUIS Ed. Bur.

(Atlas, pl. XXXIX, fig. 1 ; pl. XLI, fig. 1.)

Description de l'espèce.

Rameaux longs et grêles, de 1 à 2 millimètres de diamètre. Bifurcations rares. Branches de la bifurcation s'écartant sans courbure et à angle très aigu. Sur le rameau, côtes arrondies, plus courtes que les *feuilles ;* celles-ci ayant une tendance à se disposer en verticilles, *très petites, très fines, aciculaires, longues de 3 à 5 millimètres*, ascendantes ou transversalement étalées.

Cette plante ressemble au *Lepidodendron gracile* Lindley et Hutton (I, pl. IX); mais ce dernier, qui est un vrai *Lepidodendron*, a des coussinets, les rameaux un peu à la base et les feuilles arquées, à concavité supérieure, comme le *Lepidodendron ophiurus*. Rapports
et différences.

J'ai recueilli dans le même endroit, mais à bien des années de distance, les deux seuls échantillons que je connaisse de cette petite plante. Tous deux proviennent de la Tardivière, concession de Mouzeil, et du faisceau de veines dit : faisceau Nord. Provenance.

Le premier est étiqueté : puits du Nord. C'est probablement le puits Henri. Il porte, sur le catalogue d'entrée des plantes fossiles, au Muséum d'histoire naturelle de Paris, le numéro 7396.

L'autre provient du puits Saint-Georges, par lequel on exploitait les mêmes couches qu'au puits Henri.

Genre LEPIDOSTROBUS Ad. Brongniart.

1828. **Lepidostrobus** Ad. Brongniart, Prodr. d'une hist. des vég. foss., p. 87. — Roehl., Foss. Fl. d. Steinkohl.-Formation Westphaliens, p. 1869, p. 141. — Schimper, Traité de pal. végét., II, 1870, p. 59. — Feistmantel, Verstein. d. böhm. Kohlenablag., 1875, p. 44. — Lesquereux, Coal Fl. of Pennsylv., II, texte, p. 434, 1880. — Renault, Cours de bot. foss., II, 1881, p. 31. — Zeiller, Flore foss. Valenciennes, 1888, p. 496. — Schimper, Handbuch d. Palæontol., Palæophyt., II Abtheil, 1890, p. 191, 197. — Schimper, Traité de pal., II, Paléophytol., trad. par Barrois, 1891, p. 186, 192. — Zeiller, Éléments de paléobot., 1900, p. 184. — Seward, Foss. plants, a text book for students of bot. and geol., 1910, p. 181.

Nous avons décrit, sous le nom de *Lepidostrobus*, des cônes attachés soit à des *Lepidodendron* (*Lepid. ophiurus, Veltheimianum*), soit au *Lepidophloios laricinus*; mais il y en a d'autres appartenant assurément à des Lepidodendron, et trouvés jusqu'ici à l'état d'isolement, séparés de la plante qui les a portés.

Force nous est donc de maintenir, pour les recevoir, un genre subsidiaire, genre qui a déjà sa synonymie, et dont les caractères rappellent plus ou moins ceux des cônes déjà déterminés.

Voici la description commune qu'on peut appliquer à ceux de ces *Lepidostrobus* isolés que j'ai trouvés dans la basse Loire.

IMPRIMERIE NATIONALE.

Cônes de Lepidodendrées ou même, pour la plupart, de Lepidodendron, cylindriques ou parfois diminuant de largeur de la base au sommet, formés d'un axe central, qui, lorsqu'il est dénudé, se montre couvert de petites stries longitudinales qui sont des cicatricules de cordons vasculaires ou des points d'attache d'organes latéraux. Ces organes sont des écailles serrées les unes contre les autres et *formées, chacune, de deux parties : partie horizontale,* étroite, supportant un sporange et s'attachant à l'axe par son extrémité intérieure ; *partie foliacée,* attachée à l'extrémité extérieure de la partie basilaire, dressée ; tous ces appendices foliacés, lancéolés ou sublinéaires, couchés les uns sur les autres comme les tuiles d'un toit et couvrant tout l'extérieur du cône ; souvent caducs, se détachant au point où les deux parties de l'écaille changent de direction, et laissant voir alors le bout extérieur de la partie horizontale, qui est plus ou moins renflé. La surface du cône est alors couverte de cicatrices rhomboédriques. *Sur la surface supérieure de la partie basilaire ou horizontale de l'écaille est attaché un seul sporange,* qui couvre toute cette surface et contient des spores. Le plus souvent ce sont des macrospores vers le bas du cône et des microspores vers la partie supérieure. D'autres fois, un cône ne contient que des macrospores ou que des microspores.

LEPIDOSTROBUS VARIABILIS Lindley et Hutton.

(Atlas, pl. XXXVII, fig. 1 à 5, 7.)

1831-1833. **Lepidostrobus variabilis** Lindl. et Hutt., Foss. Fl. of Great Brit., I, pl. X-XI. — Ad. Brongniart, Hist. des végét. foss., II, livr. 14, 1838, p. 47, pl. XXII, fig. 1, 2 ; XXIV, fig. 1, 2. — Schimper, Traité de pal. vég., II, 1870, p. 61, pl. LXI, fig. 1, 2. — Zeiller, Flor. foss. bassin houil. de Valenciennes, 1888, p. 499, pl. LXXVI, fig. 3, 4, 3 A, 3 B.

Description de l'espèce.

Cône cylindrique, long de 12 à 15 centimètres et plus, large de 20 à 25 millimètres, obtus ou plus rarement presque aigu au sommet ; axe de 5 millimètres de diamètre. *Partie basilaire de la bractée* atténuée vers l'axe, où elle s'insère, *renflée à l'extrémité externe ;* partie foliacée étroite, aiguë et formant, à la suite de la partie basilaire, une courbe régulière, ascendante, mais caduque et *découvrant, par sa chute, le renflement* dont nous venons de parler.

Rapports et différences.

Le *Lepidostrobus variabilis* a été rapporté à différentes espèces de *Lepidodendron.* Boulay le regarde comme l'épi fructifère de *Lepidodendron Sternbergii,* auquel, dit-il, on le trouve constamment associé. Nous devons noter qu'il ne s'agit pas du *L. Sternbergii* de Schimper, qui est synonyme du *L. aculeatum*, mais du *Sternbergii* de Lindley et Hutton, I, pl. 4, qui est le *L. dichotomum* de Sternberg, fasc. 1, p. 20, 25.

Renault, dans le tome II de son cours de botanique fossile, l'attribue au *Lepidodendron rimosum*.

Mais tous ces *Lepidodendron* sont plus ou moins rares dans le bassin de la basse Loire.

Celui qui se trouve le plus fréquemment dans ce bassin est le *Lepido-dendron lycopodioides* Sternberg. On le recueille parfois avec des cônes de petite taille terminant les rameaux et, dans le même gisement, on trouve le *Lepidodendron variabilis* Lindl. et Hutt., bien semblable par sa forme générale et par la configuration de ses bractées; mais ce *Lepidostrobus* est repré-senté par des spécimens énormément plus volumineux que les petits épis terminaux. De plus, ces gros échantillons sont toujours isolés; ils étaient caducs, assurément, parce qu'ils étaient mûrs. Il est fort possible que le *Lepi-dodendron lycopodioides* eût, à la fois, de petits cônes terminaux et de grands cônes sessiles, contenant des spores différents. C'est à cette conclusion que paraît conduire, dans le cas présent, la méthode recommandée par M. Grand'-Eury, méthode qui consiste à chercher, à un niveau ne contenant les débris que d'un très petit nombre de plantes, les organes qui peuvent être rappro-chés et qui permettent de reconstituer quelques-unes de ces espèces.

Le *Lepidostrobus variabilis* Lindl. et Hutt. varie beaucoup de taille; la partie foliacée des bractées est moins étroitement dressée, plus courbée, régulière-ment ascendante, et n'envoie pas de prolongement vers le bas, au-dessous du point de jonction des deux parties de la bractée.

Dans le bassin de la basse Loire, je n'ai trouvé le *Lepidostrobus variabilis* Lindl. et Hutt. qu'à la Tardivière, commune de Mouzeil (Loire-Inférieure), mais en certain nombre. Je l'ai recueilli dans le faisceau des veines du Sud, au puits Préjean, et dans le faisceau situé plus au Nord, au puits Saint-Georges. M. Zeiller l'a eu du bassin de Valenciennes, départements du Nord et du Pas-de-Calais. On le connaît dans le bassin de Saarbruck, en Angleterre, etc., mais le spécimen figuré par Lesquereux, dans sa *Flore fossile de Pensylvanie*, II, p. 434, pl. LXIX, me laisse quelque doute.

Je ne connais pas de localités en dehors de l'étage westphalien.

Provenance.

LEPIDOSTROBUS ORNATUS Ad. Brongniart.

(Atlas, pl. XXXVII, fig. 6.)

1828. **Lepidostrobus ornatus** Ad. Brongniart, Prodr. d'une hist. des vég. foss., p. 87. — Lindley et Hutton, Foss. Fl. of Great Brit., I, 1831-1833, pl. XXVI; III, 1837, pl. CLXIII. — Ad. Brongniart, Hist. des vég. foss., II, 1838, livr. 14, pl. XXII, fig. 5, 6. Sans nom spéc. — Bronn, Lethæa geognost., I, part 2, 1851, p. 127, pl. VI, fig. 6-12. — Goldenberg, Flora saræp. foss., I, 1855, pl. III, fig. 2, 3, 6, 7, 8. — Schimper, Traité de paléont. vég., II, 1870, p. 67, pl. LXII, fig. 34, 38. — Renault, Cours de bot. foss., II, 1882, p. 34, pl. VI, fig. 13 à 15. — Zeiller, Flore foss. du bassin houil. de Valenciennes, 1888, p. 497, pl. LXXVI, fig. 5, 5 A, 6.

Description de l'espèce.

Cóne ordinairement plus petit que le *Lepidostrobus variabilis,* inférieurement cylindrique, *subaigu dans le haut.* Bractées présentant deux parties distinctes : la partie basilaire étroite, insérée sur l'axe perpendiculairement et renflée vers l'extrémité externe, au point où elle s'attache à *la partie foliacée,* celle-ci *dépasse en bas, de 1 à 2 millimètres, le point d'attache, ce qui donne à la bractée une forme peltée; au niveau du point d'attache la bractée est large, au-dessus elle se rétrécit rapidement et se termine en pointe.* Sporanges renfermant des microspores.

Rapports et différences.

M. R. Kidston [1], dans son *Catalogue of the Palæozoic plants,* regarde le *Lepidostrobus ornatus* comme un état particulier du *Lepidostrobus variabilis* dans lequel la partie foliacée des bractées se serait détachée de la partie horizontale. Le cône paraît alors couvert de mailles rhomboïdales dont chacune est remplie par l'extrémité extérieure renflée de la partie sporangifère de la bractée.

Cette physionomie réticulée de la surface du cône doit se produire dans toutes les espèces où la partie foliacée des bractées est caduque. Il est clair qu'alors les caractères qui étaient appréciables sur la surface intacte des cônes ont disparu, et que tous les cônes ont pris, par l'effet du même phénomène, des caractères nouveaux et uniformes, caractères résultant d'une évolution ou d'une altération de la plante, et nullement propres à telle ou telle espèce. On comprend donc que plusieurs espèces, affectées par cette chute des bractées, aient perdu leurs caractères spécifiques et ne puissent plus être reconnues. Il doit assurément y avoir un mélange dans les *Lepidostrobus* réunis sous l'épi-

[1] R. Kidston, Catalogue of the palæozoic plants in the department of Geology and palæontology British Museum (*Natural history,* London, in-8, 1886).

thète spécifique *variabilis* ou *ornatus;* mais la détermination n'est pas impossible lorsqu'on étudie des *Lepidostrobus* à surface extérieure suffisamment conservée. C'est ainsi que M. Zeiller a pu distinguer le *Lepidostrobus ornatus* à ses bractées prolongées de 1 millimètre ou 2 au-dessous du point' d'attache et presque peltées, du *Lepidostrobus variabilis*, à bractées courbées ascendantes et faisant suite, sans former d'angle, à la partie basilaire, étroite.

Je n'ai trouvé le *Lepidostrobus ornatus* qu'une seule fois, au puits Henri, Provenance. La Tardivière, commune de Mouzeil (Loire-Inférieure), c'est-à-dire dans le même gisement que le *Lepidostrobus variabilis*.

Genre GYMNOSTROBUS nov. gen.

1875. **Lepidostrobus variabilis** part. Feitsmantel, Verstein. d. böhm. Kohlenablag., II Abth., p. 44.
1880. **Lepidostrobus (Macrocystis)** part, Lesquereux, Descr. of the coal Fl. of the carbon. format. in Pennsylv., II, p. 443.

Strobiles très longs, flexibles, bractées insérées sur l'axe, aplaties transversalement, en forme de quadrilatère, couvertes de stries verticales, contenant des macrospores.

GYMNOSTROBUS SALISBURYI.

(Atlas, pl. XXXVIII, fig. 1, 2, 1 A, 2 A.)

1875. **Lepidostrobus variabilis** part. Feitsmantel, Die Verstein. d. böhmisch. Kohlenalb., II Abtheil., Hycopodiaceæ, p. 44, pl. XVI, fig. 2; non pl. XIX, XV, XVI, fig. 1.
1879. **Lepidostrobus macrocystis** Lesquereux, II, Explic. des planches, p. 13.
1880. **Lepidostrobus (Macrocystis) Salisburyi** Lesquereux, Coal Flora of Pennsylvania, II, p. 443, pl. LXIX, fig. 1, 2. (L'Atlas du vol. II est de 1879.)
1884. **Lepidostrobus macrocystis truncatus** Lesquereux, Coal. Fl. of Pennsylv., III, p. 784, pl. CVIII, fig. 1.

Strobiles de 20 centimètres, et même, d'après Lesquereux, *de 60 centi-* Description
de l'espèce. *mètres de long et plus,* larges de 25 millimètres, cylindriques, *ayant sûrement été pendants et flexueux.* Axe large de 6 à 8 millimètres, cylindrique, mais couvert de stries longitudinales assez courtes répondant à l'insertion des écailles, celles-ci *aplaties transversalement,, à peu près quadrilatères, terminées, à son angle extérieur et supérieur, par une pointe très courte et rayées sur les faces d'une multitude de petites stries verticales,* hautes de 10 à 15 millimètres, larges de 5 millimètres, s'ouvrant par le bord supérieur, et les deux faces verticales s'étalant, le bord inférieur formant charnière. Macrospores multiples, gros : 1 millimètre de diamètre.

De toutes les figures publiées dans *Versteinerung. d. böhmischen Kohlenablagerungen*, une seule, celle qui porte sur la planche XVI le numéro 2, peut être attribuée avec certitude à notre *Gymnostrobus Salisburyi*. Elle n'a pas de nom sur la planche où elle se trouve, et, dans le texte, elle est confondue avec le *Lepidostrobus variabilis*. Dans le texte comme sur la planche, le numéro qu'elle porte (2) est entouré d'une parenthèse. Feistmantel s'est donc aperçu que cet épi de fructifications différait notablement des autres, mais il ne lui a pas donné de nom.

Le *Lepidostrobus Macrocystis truncatus* de Lesquereux ressemble tellement au *Lepidostrobus (Macrocystis) Salisburyi* du même auteur qu'ils me paraissent appartenir à une même espèce. Le *G. Salisburyi* a les sporanges serrés et insérés perpendiculairement sur l'axe; dans le *Lepidostrobus truncatus*, les bractées sont plus lâches et ascendantes. Il est vrai que la partie du cône qui nous est restée est une sommité et que les organes situés dans cette région ont généralement une tendance à se redresser. On remarquera aussi que les sporanges les plus élevés sont ouverts et que leurs macrospores sont à nu. Cet échantillon pourrait donc très bien être l'empreinte d'un cône plus âgé.

A quelle plante appartient ce strobile ? A une Lépidodendrée presque sûrement; mais ce n'est ni à un *Lepidodendron* vrai, dont les strobiles couverts d'écailles sont bien connus, ni à un *Lepidophloios* dont les cônes portent des écailles comme ceux des Lépidodendrées et sont très caduques. Le champ des recherches est assurément bien restreint, et les caractères distinctifs : longueur et flexibilité du cône, écailles striées, etc., des plus marqués. Cependant nous n'osons pas émettre de suppositions. Nous savons seulement que nous sommes en présence d'un cône qui ne peut être confondu avec ceux qui sont réunis dans le genre *Lepidostrobus*, et qu'il convient de lui donner un nom.

Le plus simple serait de prendre comme nom de genre celui que Lesquereux avait utilisé comme nom de groupe : *Macrocystis*; mais les *Macrocystis* sont des Algues actuelles de l'ordre des Laminariées, étudiées et nommées par Agardh.

J'adopterai le nom générique *Gymnostrobus*, de γυμνός, nu et σ]ρόβος, cône.

Le nom spécifique sera *Gymnostrobus Salisburyi*, l'espèce, lorsqu'elle a été décrite pour la première fois, ayant été dédiée au Dr Salisbury.

Je n'ai trouvé cette espèce qu'une seule fois, aux mines de la Tardivière, Provenance. commune de Mouzeil (Loire-Inférieure). Un échantillon du musée de Rennes, recueilli par M. Maugé, provient vraisemblablement du département de Maine-et-Loire.

L'échantillon figuré par Feistmantel est la seule trace de la présence de cette espèce dans le reste de l'Europe.

En Amérique, elle ne paraît pas moins rare. Lesquereux décrit et figure deux échantillons seulement : l'un, sous l'épithète *Salisburyi*, provient de Coal Creek, W. Virginia; l'autre, qu'il appelle *Lepidostrobus Macrocystis truncatus*, est de Cannelton.

Le premier échantillon américain offre la ressemblance la plus frappante avec celui de la basse Loire.

Genre LEPIDOPHLOIOS Sternberg.

1835. **Lepidophloios** Sternberg, Vers. ein geogn.-botan. Darstell. d. Fl. d. Vorw., part. 4, p. XIII. — Schimper, Traité de paléont. vég., II, 1870, p. 49. — Lesquereux, Coal Fl. of Pennsylvania, II, 1880, p. 418, etc.
1833. **Halonia** Lindley et Hutton, Foss. Fl. of Great Brit., II, 1833, p. 85, 86, et III, 1837, pl. CCXXVIII. — Ad. Brongniart, Hist. des vég. foss., II, 1838, livraison 14, p. 69, pl. XXVIII, fig. 1 à 3.
1828. **Lepidophyllum** Ad. Brongniart, Prodr. d'une hist. des vég. foss., p. 87. — Lindley et Hutton, Foss. Fl. of Great Brit., I, 1831, pl. VII et pl. XLIII. — Schimper, Traité de bot. foss., II, 1870, p. 72. — Lesquereux, Descr. of the coal Fl. of the carbonif. format. in Pennsylv., II, 1880, p. 447. — Zeiller, Fl. foss. du bassin houil. de Valenciennes, 1888, p. 504. — Zeiller, Élém. de paléobot., 1900, p. 186.
1838. **Filicites** Ad. Brongniart, Hist. des vég. foss., II, livraison 14, p. 32.
1862. **Lepidostrobus** Goldenberg, Fl. saræpont. foss., fasc. 3, p. 46. — Roehl, Frucht von Lepidophloios, 1869, p. 150, pl. XIII, fig. 1 a, 1 b, etc.

Tige arborescente dichotome. *Coussinets foliaires attachés à la tige par leur partie rétrécie, d'abord dressés, puis renversés et imbriqués, les supérieurs recouvrant les inférieurs, comme les tuiles d'un toit; la cicatrice foliaire se trouvant alors le long du bord devenu inférieur du coussinet. Cicatrice foliaire plus large que haute, les deux pointes latérales très aiguës, un angle obtus au milieu du bord supérieur, bord inférieur courbé à concavité en haut; trois cicatricules en ligne transversale, sur la cicatrice foliaire, la cicatricule médiane seule vas-*

culaire; les latérales correspondant à des réservoirs résineux ou gommeux sur la partie devenue extérieure du coussinet, une ponctuation marquant l'emplacement de la ligule. *Feuilles linéaires, parfois très longues,* disposées en quinconce, très serrées. *Certaines tiges,* désignées sous le nom d'*Halonia, portent des mamelons en quinconce qui paraissent disposés sur 2, 4, 6 et même 8 rangs.* Ces protubérances sont couvertes à l'extérieur de feuilles ou de cicatrices foliaires, destinées à porter, ou ayant porté des strobiles, qui peuvent aussi avoir été terminaux, mais sessiles. Feuilles du voisinage des strobiles se transformant peu à peu en bractées fertiles, et ayant alors, comme les bractées des strobiles de *Lepidodendron,* deux parties : une basilaire, horizontale portant un sporange, et une partie foliacée dressée, plus ou moins lancéolée, avec une seule nervure longitudinale, très grosse.

On connaît la structure de la tige de deux *Lepidophloios;* le *L. crassicaule* Corda et *L. Laricinus* Sternb. Tous les deux ont présenté : une moelle centrale, un cylindre ligneux à développement centripète, formé de trachéides centrales, rayées, un tissu cellulaire généralement mal conservé, parcouru par des faisceaux se rendant aux feuilles; enfin, une écorce formée d'un tissu cellulaire résistant.

LEPIDOPHLOIOS LARICINUS Sternberg.

(Atlas, *vieille tige,* pl. LIV, fig. 3, 3 A; *tige feuillée,* pl. LIII, fig. 1, 2; *Halonia,* pl. XLI, fig. 2; *cônes,* pl. XXXVI, fig. 3, 4, 5.)

TIGE.

1820. **Lepidodendron laricinum** Sternberg, Vers. ein. geogn.-bot. Darstell. d. Flora d. vorwelt, part. I, p. 23, pl XI, fig. 2 à 4. — Geinitz, Darstell. d. Fl. d. Hain. Ebersd. u. d. Flöh. Kohl., p. 47, pl. XI, fig. 4, 5, 7, 1854. — Feitsmantel, Die Verst. d. böhm. Kohlengebirg., fasc. II, 1875, p. 17, pl. III, fig. 1 à 4; pl. IV; pl. V, fig. 1 à 4.

1825. **Lepidophloios laricinum** Sternberg, Vers. ein. geogn.-bot. Darstell. d. Flora d. Vorwelt, fasc. IV; p. XIII, pl. XI, fig. 2 à 4. — Goldenberg, Fl. saræp. foss., fasc. I, 1855, p. 22, pl. XV, fig. 11.

1867. **Lepidophloios laricinus** Roehl, Foss. Fl. d. Steinkol.-Form. Westph., p. 150, pl. XXVIII, fig, 8, 9. — Schimper, Traité de pal. vég., II, 1870, p. 51, pl. LIX, fig. 4, 4 *bis;* pl. LX, fig. 11, 12. — Weiss, Foss. Fl. d. Steink. u. d Rothl. im Saar-Rhein-Gebiete, fasc. II, vol. III, 1871, p. 154, pl. XV, fig. 6, 7, 9. — Grand'Eury, Fl. carbonif. du dép. de la Loire, 1, p. 142. — Zeiller, Expl. carte géol. de France, IV, part. II, Vég. foss. 1879, p. 113, pl. CLXXII, fig. 5, 6. — Grand'Eury, Géol. et paléont. du terrain houil. du Gard, 1890, p. 334. — Zeiller, Bass. houill. et perm. de Brive, 1892, p. 77.

TIGE FORME *HALONIA*.

1837. **Halonia regularis** LINDLEY et HUTTON, The foss. Fl. of Great Brit., III, pl. CCXXVIII.
— BINNEY, Palæontogr. Soc. XXV, 1872, p. 189, pl. XV, XVI, XXVII, XXVIII. —
O. FEISTMANTEL, Verstein. d. böhm. Kohlenablag., fasc. II, 1875, pl. V, VI, VII,
fig. 1, 2; VIII, fig. 1 et 2.

1838. **Halonia tuberculosa** AD. BRONGN., Hist. des vég. foss., II, pl. XXVIII, fig. 1 à 3. —
GOEPPERT et HERM., v. Meyer, in Bronn, III, Index paleontologicus, 1848, p. 564.

1845. **Halonia tuberculata** UNGER, Synops. plant. foss., p. 137. — UNGER, Gen. et spec. plant.
foss., 1850, p. 267. — GOEPPERT, Foss. Fl. d. Übergangs, 1852, p. 194, pl. XXVIII,
fig. 8. — EICHWALD, Lethæa rossica, I, 1860, p. 148. — ROEHL, Palæontogr., XVIII,
Foss. Fl. d. Steinkohl. Format. Westph., 1869, p. 140, pl. X, fig. 4, 5, 6. — LESQUE-
REUX, Coal Fl of Pennsylv., II, 1880, p. 411, pl. LXXIV, fig. 9; pl. LXXXVII, fig. 1.
— RENAULT, Cours de bot. foss., II, 1882, p. 53, pl. IX, fig. 1, 5, 7. — LESLEY,
A Dictionnary of the foss. of Pennsylvania, 1889, p. 269. — GRAND'EURY, Géol. et
paléont. du bassin houiller du Gard, 1890, p. 236.

1870. **Halonia tortuosa** SCHIMPER, Traité de paléont. végét., II, p. 54, pl. LXVI, fig. 1 à 5. —
ZEILLER, Flore foss. du bassin houil. de Valenciennes, 1886, texte, p. 476; atlas,
pl. LXXII, fig. 4, 5. — SEWARD, Foss. plants, a text-book for students of bot. and
geol., 1910, p. 136, fig. 161.

LEPIDOPHYLLUM.

1831. **Lepidophyllum lanceolatum** LINDLEY et HUTTON, Foss. Fl. of Great Brit., I, pl. VII,
fig. 3, 4.

1831. **Lepidophyllum intermedium** LINDLEY et HUTTON, Foss. Fl. of Great Brit., I, pl. XLIII,
fig. 3.

1830. **Lepidophyllum glossopteroides** GOEPPERT, D. foss Farnkr, pl. XLIV, fig. 3. — GOL-
DENBERG, Fl. Saræpont. foss., 1862, fasc. 3, p. 47, pl. XVI, fig. 13.

1870. **Lepidophyllum majus** SCHIMPER, Traité de pal. vég., II, p. 72, pl. LXI, fig. 8.

LEPIDOSTROBUS.

1862. **Lepidostrobus Goldenberg**, Fl. saræpont. foss., fasc. 3, p. 46, pl. XVI, fig. 9. —
Frucht v: *Lepidophloios laricinum*, Roehl, 1869, p. 150, pl. XIII, fig. 1 a, 1 b. —
Fructifications de *Lepidophloios laricinum*, Grand'Eury, Géol. et paléont. du bassin
houil. du Gard, p. 234, pl. VI, fig. 17, etc.

Le *Lepidophloios laricinus*, aujourd'hui passablement connu, demande à
être étudié avec quelques détails. Nous examinerons successivement : la forme
la plus simple, *Lepidophloios*; la forme *Halonia*, montrant les implantations
des organes de la reproduction; et enfin ces organes eux-mêmes, soit groupés
en cônes : *Lepidostrobus*, soit détachés et isolés : *Lepidophyllum*.

LEPIDOPHLOIOS. — Tiges, soit de petite ou de moyenne grosseur, soit d'un très grand diamètre, et souvent alors comprimées. *Coussinets aplatis, rétrécis à leur point d'attache sur la tige, s'infléchissant graduellement par leur poids, d'où il résulte que la cicatrice foliaire, d'abord sur le bord supérieur du coussinet, se présente de face, puis sur le bord inférieur, ou mieux sur le bord supérieur, qui se montre inférieur par suite du mouvement de renversement dont nous venons de parler.* C'est surtout sur les tiges de moyenne taille que l'on voit des coussinets à divers points de leur mouvement de bascule. Sur les grosses tiges ce mouvement est achevé, et les coussinets se renversent de haut en bas, comme les tuiles d'un toit.

Feuilles attachées sur le bord inférieur du coussinet, formant avec lui un angle droit, se portant en dehors et en haut, linéaires, longues, plus ou moins étroites; laissant par leur chute une cicatrice losangique, à surface portant trois cicatricules dont la médiane seulement est vasculaire, les deux latérales contenant des secrétions. Sur la surface postérieure du coussinet, devenue antérieure, une très petite cavité contenant la ligule.

Sur les grosses tiges, les coussinets ont jusqu'à 25 millimètres de large et 11 millimètres de hauteur[1]. *Ces coussinets, dans le* Lepidophloios laricinus, *n'ont sur les bords ni franges, ni lobes.*

HALONIA. — Lorsque nous avons parlé du *Lepidodendron Veltheimianum,* nous avons noté ce fait intéressant que tantôt la tige de cette plante est uniforme et ne porte que des feuilles ou des cicatrices de feuilles, quand celles-ci sont tombées; tantôt on y remarque, en outre, de grands disques déprimés, rangés sur deux lignes verticales de telle sorte que les disques d'une série alternent avec ceux de la série opposée.

Les *Halonia* vont nous présenter une disposition très analogue, et l'on peut dire que l'*Halonia tuberculosa* est au *Lepidophloios laricinus* ce que l'*Ulodendron* du *Lepidodendron Veltheimianum* est à ce *Lepidodendron.*

On ne peut pas douter aujourd'hui que l'*Halonia* soit, *non pas une espèce, mais une forme particulière du Lepidophloios; car il est couvert de cicatrices de feuilles semblables à celles de cette plante,* et la présence de ce revêtement uniforme est une des raisons principales qui s'opposent à ce qu'on regarde les *Halonia* comme des racines. Ce ne sont pas non plus des rhizomes. Les feuilles

---

[1] M. ZEILLER, dans sa *Flore fossile du bassin houiller et permien de Brive,* a donné d'intéressants détails sur le renversement des mamelons dans le *Lepidophloios Dessorti.*

portées par des tiges souterraines sont toujours différentes des feuilles aériennes. Ici, toutes les cicatrices foliaires sont semblables, quelle que soit leur position.

Nous avons comparé les *Halonia* aux *Ulodendron*, il n'y a pas d'identité, mais une analogie très évidente. *Au lieu de disques déprimés, la surface de l'Halonia, indépendamment des cicatrices de feuilles, porte des protubérances cylindriques ou coniques,* hautes de 1 centimètre et plus, et couvertes, comme la tige qui les porte, de cicatrices foliaires. Leur diamètre est bien moins grand que celui des *Ulodendron. Un axe ligneux les parcourt dans toute leur longueur et l'on voit la brisure au sommet de la protubérance, lorsque ce sommet lui-même est plus ou moins endommagé.*

Les protubérances des Halonia sont rarement sur deux rangées, comme le sont toujours, au contraire, les disques des Ulodendron. *Elles sont bien plus souvent sur 4, 6 ou 8 rangées, surtout sur 4,* et, comme ces protubérances alternent d'une rangée à l'autre, elles se trouvent, en même temps, décrire des spirales.

Ces saillies s'allongent parfois en rameaux. Sternberg [1] figure trois de ces rameaux dont un peut-être est terminal. Le plus grand a au moins 10 centimètres de longueur; ils sont encore couverts de feuilles linéaires, de 2 à 4 centimètres de longueur, qui sont toutes semblables. *Les rameaux sont cylindriques et très obtus à l'extrémité.* Les feuilles n'offrent pas la moindre trace de fructification.

LEPIDOSTROBUS. — Un autre échantillon, figuré par Goldenberg [2], est une grosse tige de 45 millimètres de diamètre et laissant voir trois rangées de rameaux disposés de manière à montrer que ces rangées étaient au nombre de 4. Ils ont 15 millimètres de diamètre. Sur la tige comme sur les rameaux toutes les feuilles sont tombées.

Ce dernier échantillon nous renseigne sur la ramification des *Halonia,* mais non sur la terminaison des rameaux. Nous avons vu que dans le grand échantillon de Sternberg toutes les feuilles, celles du bas comme celles de la terminaison, étaient semblables et que cette uniformité n'annonçait pas l'approche de fructifications. Il n'en est pas de même sur le spécimen figuré par Sternberg, *l. c.,* pl. II, figure en haut à gauche, où *l'on voit un gros rameau*

[1] STERNBERG, Vers. ein. geognost.-bot. Darstell. d. Fl. d. Vorwelt, fasc. 4, 1825, p. XIII, pl. II, fig. bas à gauche.
[2] GOLDENBERG, Fl. saræpont. foss., fasc. 3, 1862, p. 46, pl. XVI, fig. 6.

obtus terminé par un véritable cône. Ce rameau est muni de feuilles linéaires, étalées, longues de 3 centimètres. Le cône est entouré d'écailles dressées aussi longues que les feuilles. Sur l'axe mince s'insère la partie horizontale et basilaire des écailles qui portent un sporange, et dont la partie terminale et foliacée se redresse brusquement. Toute cette organisation, assez confuse dans Sternberg devient très claire par l'examen des spécimens trouvés depuis. Dans l'échantillon de Sternberg, les feuilles et les parties foliacées des écailles paraissent linéaires. Cela tient à ce que le cône est fendu dans sa longueur, et qu'il en est de même des écailles et des feuilles, dont on voit seulement l'épaisseur.

La forme des appendices foliacées qui garnissent le sommet des rameaux fertiles se voit, au contraire, *très bien sur un échantillon figuré par Rœhl*[1], *dans lequel les feuilles devenues plus courtes, plus larges, prennent la forme de la partie folia-cée des écailles.*

Cela se voit peut-être encore mieux sur les échantillons publiés par Geinit[2] sous le nom de *Lepidodendron dichotomum*, comme les échantillons de Rœhl, mais qui appartiennent tous au *Lepidophloios laricinus. Le passage des feuilles aux écailles y est encore plus marqué par le passage à la forme lan-céolée, et, sur un de ces appendices isolés on voit l'indication de la partie horizontale qui, plus développée, supportera le sporange.*

Ainsi, il y a des fructifications terminales des rameaux, mais il y en a aussi de latérales, ou plutôt occupant la place des protubérances, mais sessiles sur les tiges principales. M. Grand'Eury, dans sa Flore fossile du terrain houiller du Gard, a figuré une grosse tige, portant, au milieu des cicatrices foliaires, quatre cônes à écailles petites, obovées, très lâches[3]. Il l'attribue sans hési-tation au *Lepidophloios laricinus.*

LEPIDOPHYLLUM. — J'en rapprocherai volontiers d'autres cônes à petites écailles, tels que celui qu'a figuré Goldenberg, pl. XVI, fig. 10, et celui que j'ai représenté ici pl. XXXVI, fig. 5 ; *ils ont l'axe très mince et les écailles du*

---

[1] *Lepidodendron dichotomum* Rœhl, Verstein. böhmischen Kohlenabl., fasc. II, 1875, p. 14, pl. III, fig. 5.

[2] *Lepidodendron dichotomum* Geinitz, Die Verstein. d. Steinkohl in Sachsen, 1855, p. 34, pl. II, fig. 6 à 8.

[3] *Lepidophloios laricinus* Grand'Eury, Géol. et Paléont. du bassin houiller du Gard, p. 234, pl. VI, fig. 17.

type formes intermedium *ou* lanceolatum. Nous devons remarquer ici que ce dernier *Lepidophyllum* varie considérablement de taille. C'est aux plus gros *Lepidophyllum lanceolatum* qu'appartiennent les fragments d'énormes cônes avec écailles se recouvrant comme les tuiles d'un toit, qu'on peut voir représentés par Goldenberg [1], Roehl [2], Lesquereux [3], etc.

En somme, trois formes entre lesquelles on voit de nombreux intermédiaires appartiennent au *Lepidophloios laricinus*. Pour bien les étudier il faut tâcher de trouver des écailles isolées, ce qui n'est pas rare dans les mines de Mouzeil. Ce sont des caractères négatifs qui les distinguent surtout des espèces dont nous parlerons plus loin.

La forme la plus abondante de beaucoup, celle qu'on trouve mêlée aux tiges et aux feuilles du *Lepidophloios laricinus*, est le *Lepidophyllum lanceolatum* Lindl. et Hutton. On la trouve aussi insérée sur des rameaux de *Lepidophloios laricinus*. Ces *Lepidophyllum*, détachés des cônes, ou *Lepidostrobus*, qu'ils contribuaient à former, varient, comme nous l'avons vu, considérablement de dimensions. *Ils sont, comme tous les Lepidophyllum de Lepidodendrées formés de deux parties. L'une, basilaire, est horizontale. Elle varie de 5 à 25 millimètres de long, de 3 à 10 millimètres de large. Vue par-dessus, elle est un peu concave et parcourue par une crête médiane longitudinale. Un gros sporange est à cheval sur cette crête; il cache tout le plancher formé par la partie basilaire et, de bas en haut, remplit tout l'intervalle entre deux bractées successives. Ce sporange s'ouvre du côté extérieur par trois ou quatre grosses dents. Lorsqu'il est en tout ou en partie vidé, sa paroi est flasque, avec quelques gros plis longitudinaux irréguliers* (pl. LXV, fig. 8). Les granulations qui s'en sont échappées, et qu'on voit à l'état d'empreintes, sont de deux sortes. Les unes ne *peuvent être que des macrospores : elles sont anguleuses, tétraédriques, plus ou moins ridées, et leur état flasque fait que les plis prennent une forme de crête. Leur diamètre est de 1 millim. 1/2 à 2 millimètres. Les autres, qui sont parfois éparses avec les précédentes et à peu près aussi nombreuses, sont considérablement* (25 ou 30 fois peut-être) *plus petites* et ne peuvent être regardées que comme des

Sporange.

Macrospores.

Microspores.

[1] *Lepidophloios lepidophyllifolium* GOLDENBERG, Pal. saræpont. foss., fasc. I, p. 37, pl. III, fig. 13 A.

[2] *Lepidophloios laricinus* ROEHL, Foss, Fl. d. Steinkohl. - Form. Westphaliens, p. 150, pl. XIII, fig. 1 *a*, 1 *b*

[3] *Lepidophloios lauricinus* (pour *laricinus*) LESQUEREUX, Coal Fl. of Pennsylv., p. 422, pl. LXVIII, fig. 1.

microspores. La roche en est parfois toute parsemée et, sur de larges surfaces, ils sont seuls, sans macrospores. Cette séparation semble indiquer qu'ils
étaient dans des cônes différents ou dans des parties différentes d'un même cône.
   La partie extérieure de l'écaille est brusquement dressée. Elle a de 3 à 15
centimètres de long sur 3 à 15 millimètres de large; la forme est nettement
lancéolée; elle est rétrécie à la base et aiguë au sommet.

   Une seconde forme, beaucoup plus rare, est le Lepidophyllum intermedium
Lindl. et Hutt. La partie inférieure de cette écaille est longue d'environ 1 centimètre; la partie supérieure, foliacée, est étroite et longue de 5 centimètres
sur 7 millimètres de large. *Cette forme est donc presque linéaire. La partie termi-*
nale est longuement aiguë.

   Une troisième forme est celle que Geinitz, puis Schimper ont parfaitement figurée
et décrite sous le nom de Lepidophyllum majus, nom que je lui laisserai aussi, le
L. majus d'Ad. Brongniart étant assurément un *L. lanceolatum. Cette troisième*
forme a la partie horizontale longue de 1 centimètre environ. La partie foliacée est
largement rubanée, non rétrécie à la base, à bords le plus souvent parallèles et à
extrémité supérieure aiguë, mais peu allongée. Sa longueur est d'environ 6 centimètres; mais il y a des échantillons qui forment le passage au *L. Lanceolatum*
et qui sont beaucoup plus courts, avec les bords légèrement convexes, mais
non rétrécis du bas.

   Le *Lepidophyllum majus* ne me paraît pas avoir été trouvé autrement que
détaché, ce qui est dû probablement à son état de maturité.

Provenance.   Le *Lepidophloios laricinus* est très commun dans le bassin de la basse Loire et
y a été recueilli sous toutes ses formes. J'y ai trouvé des tiges de toutes les
grosseurs dans la bande Sud du Culm supérieur au puits Préjean, au puits
Neuf, au puits Saint-Georges, mines de la Tardivière, commune de Mouzeil,
et, dans la bande Nord, aux carrières de la Rivière, commune de Teillé
(Loire-Inférieure).

   Les tiges sous la forme d'*Halonia tuberculosa* Ad. Brongn. sont beaucoup
plus rares. Le type de Brongniart provient de Montrelais et figure dans la gale-
rie de paléontologie végétale du Muséum d'histoire naturelle de Paris, sous
le numéro d'entrée 1349. Un autre échantillon de la même provenance,
recueilli par Dubuisson, fait partie de la collection de ce géologue au Muséum
d'histoire naturelle de Nantes, sous la notation 65 M. O. 3ᵉ. Enfin, j'ai trouvé
un troisième échantillon au puits Neuf, à la Tardivière, commune de Mouzeil (Loire-Inférieure).

Les cônes fructifères ne sont pas communs non plus. J'en ai trouvé à la Tardivière, puits Saint-Georges, deux échantillons, dont l'un avait eu certainement un point d'attache très étroit, et dont l'autre, dont j'ai l'empreinte et la contre-empreinte, avait eu probablement une insertion beaucoup plus large.

J'ai trouvé au puits Neuf de la même mine un faisceau de cinq écailles des types *lanceolatum* et *intermedium*. Leur disposition est tout à fait celle des écailles imbriquées ayant fait partie de fragments de cônes et figurées par Roehl [1], Schimper [2] et Lesquereux [3].

Les écailles désignées par Ad. Brongniart sous le nom de *Lepidophyllum* sont très abondantes, surtout celles du type *lanceolatum*. J'en ai recueilli au puits Neuf, au puits Préjean, au puits Henri, au puits Saint-Georges, dans la bande Sud du Culm supérieur et au puits de la Chapelle-Breton, commune de Mouzeil (Loire-Inférieure) dans la bande Nord du même terrain. Brongniart en a trouvé à la mine de Saint-Georges-Châtelaison, puits du Bel-Air, veine du puits Solitaire, cat. Mus. Paris, n° 4626.

Les deux autres types sont beaucoup plus rares. Je n'ai trouvé que deux échantillons bien conformes à la figure et à la description du *Lepidophyllum intermedium* de Lindley et Hutton; l'une au puits Préjean, l'autre au puits Saint-Georges.

Le *Lepidophyllum majus* ne se trouve pas non plus bien fréquemment, cependant je l'ai vu du puits Préjean, du puits Henri, du puits Saint-Georges et du puits de la Chapelle-Breton.

Je dois rappeler de nouveau qu'il y a de nombreux passages entre les trois formes.

Les sporanges détachés de l'écaille qui les portait sont très communs, particulièrement au puits Saint-Georges et au puits Henri, de la mine de la Tardivière. Leur taille varie beaucoup, comme celles des écailles qui les ont portés. Les plus petits sont lisses, les plus gros sont plissés en long et ouverts au sommet. Je n'ai vu que très rarement des sporanges en place.

---

[1] *Lepidophloios laricinus* ROEHL, Foss. Fl. der Steinkohlen-Formation Westphaliens, p. 150, pl. XIII, fig. 1 *a*, 1 *b*, 1869.

[2] *Lepidophloios laricinus* SCHIMPER, Traité de paléontologie végétale, II, 1870, p. 51, pl. LXI, fig. 3 et 4.

[3] *Fragment de cône de Lepidophloios laricinus*, LESQUEREUX, Coal flora of Pennsylvania, II, 1880, p. 422, pl. LXVIII, fig. 1.

C'est au puits Saint-Georges de la Tardivière que les macrospores et les microspores ont été trouvés par M. Beaulaton, directeur de la mine.

Le *Lepidophloios laricinus* a vécu longtemps et s'est étendu sur une surface considérable. Il a paru dans le culm et s'est montré dans toute l'époque carbonifère moyenne, jusqu'à l'époque carbonifère supérieure inclusivement.

M. Zeiller, dans sa *Flore du bassin houiller de Valenciennes*, le cite dans le département du Nord (faisceau maigre : vieux Condé, Fresnes, Vicoigne; faisceau gras de Douai : Aniche); (faisceau gras au Sud du cran de retour : Anzin) et dans le département du Pas-de-Calais (faisceau gras : Courcelles-lès-Lens, Dourges, Lens, Liévin, Bully-Grenay, Marles).

M. Grand'Eury l'a trouvé dans le bassin houiller de Saint-Étienne et dans le bassin du Gard; M. Renault, dans le bassin de Commentry.

Il est connu dans le bassin de la Sarre, en Saxe, en Bohême, en Russie, dans le gouvernement de Petrowskaja, en Angleterre, etc.

En Amérique, Lesquereux le signale dans la Pensylvanie et dans l'Illinois.

LEPIDOPHLOIOS FIMBRIATUS Ed. Bur.

(Atlas, Pl. LV, fig. 1, 1 A. 2, 2 A.)

Description
de l'espèce.

Les tiges de *Lepidophloios* (et particulièrement celles de l'espèce que nous examinons maintenant), lorsque l'extérieur est conservé, peuvent se présenter avec deux physionomies très différentes : si ce qu'on voit est l'empreinte, ce qui est le cas le plus fréquent, on a sous les yeux des cicatrices foliaires transversalement elliptiques, aiguës aux deux bouts, portant, vers le tiers ou le quart inférieur, trois cicatricules ponctiformes, celle du milieu plus grosse. Au-dessus de la cicatrice foliaire on croirait voir une large expansion membraneuse. Les figures 1, 1 A représentent cette expansion.

Mais, si l'on prend un moulage et qu'on examine cette contre-empreinte, on reconnaît de suite que l'apparence précédente était des plus trompeuses, et ce qu'on voit ce sont des coussinets imbriqués, renversés, les supérieurs recouvrant les inférieurs. Ce qu'on avait pris pour une membrane était l'empreinte en creux des coussinets. Ces coussinets sont plus larges que hauts. Tout à fait en bas ils portent la cicatrice foliaire, avec les trois cicatricules, qui étaient en relief et qui ici sont en creux.

Or, sur certains échantillons dont la couche extérieure de charbon est conservée où remplacée par un psammite très fin, on voit la surface du coussinet parcourue par des côtes soit en éventail, soit presque parallèles. Elles sont peu régulières, et j'ai remarqué, sur plusieurs échantillons, qu'elles sont bien plus marquées du côté droit, vers lequel se dirige la spire des feuilles. Peut-être résultent-elles d'un plissement de l'épiderme. La face intérieure du coussinet, devenue la face extérieure par renversement, est marquée d'une petite impression ponctiforme qui indique l'emplacement de la ligule. C'est au-dessus et à droite de ce point surtout qu'on voit les plis. Quelle que soit leur cause, ils indiquent, dans les tissus du coussinet, une certaine épaisseur. *Le coussinet est un peu arrondi sur les bords latéraux et porte là, dans sa partie la plus large, un peu en dehors de la cicatrice foliaire, de 3 à 6 appendices étroitement coniques, arrondis, assez épais, un peu obtus au sommet, presque des dents, qui confirment l'épaisseur des bords du coussinet. Ces appendices sont dirigés* obliquement en bas, parfois transversalement.

L'échantillon que j'ai fait figurer provient d'un amas de déblais du puits Neuf, puits par lequel étaient exploitées les veines du faisceau Sud de la mine de la Tardivière, commune de Mouzeil. Le feu avait pris dans cet amas et y a couvé près d'un an. Les fossiles végétaux dont le charbon a été brûlé sont devenus d'une admirable netteté. On voit sur l'empreinte une pointe effilée sortir de chacun des deux orifices de canaux résineux ou gommeux qui se trouvent sur la cicatrice foliaire. On dirait que la substance excrétée s'est ainsi étirée en pointe et s'est consolidée; mais, sur la contre-empreinte, qui reproduit la face extérieure du fossile, au lieu de deux saillies verticales et étirées, on voit deux sillons partant des deux orifices excréteurs, larges en ce point, s'amincissant graduellement, s'élevant à travers la cicatrice foliaire et la partie inférieure de la surface du coussinet, et cessant à droite et à gauche de l'impression ligulaire. Ces fentes semblent indiquer que les lacunes accompagnant la cicatricule vasculaire étaient très près de la surface. Elles n'existent pas, du reste, sur toutes les cicatrices. Ces sortes de tentacules latérales que nous avons décrites plus haut n'existent, je crois, dans aucune autre espèce de *Lepidophloios*. J'ai donné à celle-ci l'épithète de *fimbriatus* en raison de cette sorte de frange.

Le coussinet est large de 8 à 10 millimètres. La cicatrice foliaire est haute de 2 à 3 millimètres et large de 5 à 6.

Les feuilles sont linéaires, avec une nervure formant sillon en dessus, saillante en dessous, et, de chaque côté, un ou deux petits plis secondaires.

Provenance.

LEPIDOPHLOIOS CRASSICAULIS Schimper.

(Atlas, pl. LVI, fig. 1, 2, 3, 4, 4 A.)

1838. **Zamites Cordai** Sternberg, Vers. ein. geogn. - bot. Darstell. d. Fl. d. Vorwelt, fasc. 7 et 8, p. 196, pl. LV.

1838. **Lomatophloios crassicaule** Sternberg, Vers. ein. geogn. - bot. Darstell., fasc. 7 et 8, p. 206, pl. LXVI, fig. 10 à 14; LXVII, fig. 20. — Corda, Beitr. z. Fl. d. Vorwelt, 1845, p. 17, pl. 1 à 5. — Unger, Gen. et sp. pl. foss., 1850, p. 276. — Goldenberg, Fl. saræpont. foss., fasc. III, 1862, p. 26, pl. XIV, fig. 7 à 24.

1845. **Cycadoidea Cordai** Unger, Synops. plant. foss., p. 162.

1870. **Lepidophloios crassicaulis** Schimper, Traité de pal. vég., II, p. 50, pl. LX, fig. 13, 14. — Weiss, Foss. Fl. d. jungsten Steinkohlenform. u. d. Rothlieg. im Saar-Rhein-Gebiete, part. II, 1871, p. 156. — Lesquereux, The foss. Fl. of Pennsylvania, II, 1880, p. 420. — Renault, Cours de bot. foss., II, 1882, p. 45, pl. X, fig. 1 à 9. — Miller, North Americ. géol. and palæont., 1889, p. 123.

1891. **Lepidophloios (Lomatophloios) crassicaulis** Gr. z. Solms Laubach, Foss. bot. being. an Introd. to palæophyt. from the stand point of the botanists. English translat. by H. E. F. Garnsey, revis. by I. Bayley Balfour, p. 210, fig. 21.

1892. **Lepidophloios laricinus** Zeill. Bassin houiller et permien de Brive, p. 77.

Description de l'espèce. Arborescent. Grosse tige recouverte de coussinets imbriqués comme les tuiles d'un toit, les supérieurs recouvrant les inférieurs, tous *deux fois aussi longs que larges, très épais, surtout sur la partie moyenne,* où ils sont relevés comme en dos d'âne. *Cette partie moyenne se termine en remontant (après le renversement du coussinet) par une sorte de pied, lequel se rend au point d'attache.*

Au bord devenu inférieur, cicatrice foliaire occupant plus de la moitié de ce bord, les deux angles latéraux très aigus, le supérieur obtus, l'inférieur arrondi ou formant un angle largement ouvert. Sur la cicatrice foliaire, trois cicatricules alignées transversalement, cette ligne très rapprochée de la partie inférieure de la cicatrice; les deux cicatricules latérales répondant à des lacunes résineuses ou gommeuses qui se prolongent de bas en haut à travers la cicatrice, mais ne la dépassent pas. *En dessus de la cicatrice foliaire, deux petits lobes attachés latéralement, un de chaque côté, au coussinet,* se dirigeant de suite en haut, atteignant à peu près la moitié de la longueur de cet organe, obtus, et donnant à l'ensemble du coussinet à peu près la forme d'une poire aplatie avec un pédoncule d'attache assez long, longueur en raison de laquelle les coussinets ne se recouvrent pas aussi étroitement et ne se masquent pas autant que dans les autres espèces. Feuilles linéaires, longues, larges de 3 à

4 millimètres, quadrangulaires, étalées, dressées et parcourues de nombreux plis longitudinaux.

Cette espèce se distingue très facilement des autres du même genre par la forme de ses coussinets, plus longs que larges, très épais au milieu et bordés de deux lobes très petits par rapport au lobe médian. Rapports
et différences.

Un échantillon de cette espèce avait été donné en 1845 à Ad. Brongniart par le Directeur des mines de la Tardivière, commune de Mouzeil (Loire-Inférieure). Il porte, sur le catalogue d'entrée des plantes fossiles du Muséum de Paris, le numéro 4675. J'en ai trouvé depuis dans la même concession, notamment au puits Neuf, des échantillons peu nombreux, mais d'une belle conservation. Contrairement au *L. auriculatus*, dont les coussinets sont toujours épars, ceux du *L. crassicaulis*, malgré la longueur de leur pédoncule, sont presque toujours adhérents à la tige. Je n'ai pu en voir qu'un seul tout à fait libre. On le trouvera en bas et à droite de la planche LVI, figure 1. Il m'a fourni très nettement les caractères des coussinets. Provenances.

Cette espèce ne paraît nulle part très abondante. Plusieurs auteurs la citent à Radnitz (Bohême); Lindley et Hutton, près de Newcastle, en Angleterre; Sauveur, en Belgique.

On a parfois confondu avec elle des *Artisia*, qui sont des moelles de *Cordaïtes*, et qui n'ont aucun rapport avec des Lépidodendrées.

LEPIDOPHLOIOS AURICULATUS Lesq.

(Atlas, pl. LXXIII, fig. 7.)

1870. **Lepidophloios? auriculatus** Lesquereux, Geol. Survey of Illinois, IV, Palæontol. descr. of plants, p. 439, pl. XXX, fig. 1.

1874. **Lepidophloios auriculatus** Schimper, Traité de paléont. vég., III, p. 537.

1880. **Lepidophyllum auriculatum** Lesquereux, Descr. of the coal Flora of the carbon. form. in Pennsylvania, II, p. 450, pl. LXVIII, fig. 3.

Coussinets presque toujours disséminés dans la roche (ils paraissent extrêmement caducs), très grands, 30-40 millimètres de diamètre transversal, 20-32 millimètres de long, y compris la cicatrice foliaire. *Trois grands lobes obtus,* celui du milieu est le seul par lequel le coussinet adhère à la tige. Étaient mêlés avec des feuilles linéaires qui doivent leur appartenir. La cicatrice foliaire a 10-12 millimètres de large, 5-6 millimètres de haut. Cicatrice foliaire, plus large que haute, losangique, placée sur le bord inférieur du cous- Description
de l'espèce.

23.

sinet portant trois ponctuations sur une même ligne. Bords du coussinet lisses, nullement dentés ni fimbriés.

Le *Lepidophloios auriculatus* ressemble beaucoup au *Lepidophloios macrolepidotum* de Goldenberg; *Flora saræpontana fossilis*, partie III, p. 37, pl. XIV, fig. 25 (1862); mais, dans celui-ci, les auricules ne sont pas apparentes; peut-être sont-elles recouvertes par les écailles voisines.

Le *Lepidophloios*, dont nous venons de donner la description, n'est connu dans le bassin de la basse Loire qu'à la Tardivière et dans les couches situées au Sud d'une lentille stérile, dont nous avons parlé dans la partie géologique du présent ouvrage. Je ne pense pas qu'on l'ait trouvé dans les autres bassins houillers d'Europe; mais Lesquereux l'a recueilli dans l'Illinois.

Genre LEPIDOPHYLLUM Ad. Brongn.

Bractées ou écailles divisées en deux régions : une basilaire, ayant sur son milieu une saillie longitudinale sur laquelle s'insérait un sporange; une terminale, foliacée, aiguë au sommet, parcourue au milieu par une très grosse nervure, accompagnée parfois de plusieurs plis.

LEPIDOPHYLLUM AURICULATUM Lesquereux.

(Atlas, pl. LXXIV, fig. 4.)

1866. **Lepidophyllum auriculatum** Lesquereux, Geol. Survey of Illinois, II, Palæontology, Descr. of plants, p. 457, pl. XXXVI, fig. 6.
1880. **Lepidophyllum auriculatum** Lesquereux, Coal Fl. of the carbonif. format. in Pennsylvania, II, p. 450, pl. LXVIII, fig. 5.

Nous avons parlé, à propos du *Lepidophloios laricinus* Sternb., de trois sortes d'écailles ou feuilles transformées pour porter des sporanges, nous les avons vues se rattacher les unes aux autres par des formes intermédiaires, et nous en avons vu aussi faire partie de cônes plus ou moins gros. Ces sortes d'appendices avaient formé, pour Ad. Brongniart, un genre subsidiaire qu'il avait appelé *Lepidophyllum* et qu'il attribuait d'abord, avec beaucoup de doutes, à la classe des Fougères. On sait aujourd'hui que ce sont des fragments de cônes de *Lepidophloios*. Nous avons cru pouvoir rapporter les *Lepidophyllum lanceolatum, intermedium* et *majus* au *Lepidophloios laricinus*; mais il y a des *Lepidophyllum* dont les caractères sont notablement différents, et pour lesquels un tel rapprochement analogue n'est pas possible dans l'état actuel de nos connaissances. Nous sommes, pour ces fossiles, obligés de conserver encore le genre provisoire de Brongniart. Il n'y a, dans le bassin de la basse Loire, que deux ou trois *Lepidophyllum* dans ces conditions.

Une écaille, à laquelle Lesquereux a donné le nom de *Lepidophyllum auriculatum*, a été considérée par ce savant comme appartenant au *Lepidophloios auriculatus* parce que ces deux formes ont été trouvées associées ou du moins près l'une de l'autre.

Voici la description du *Lepidophyllum* dont nous nous occupons maintenant :

Écailles lancéolées ayant une partie basilaire courte et une partie foliacée, lancéolée, longue de 4 à 7 centimètres, large de 1 centimètre, aiguë au sommet. *Bords terminés, à la base du limbe, par deux petites saillies arrondies, placées juste au-dessus du point de jonction des deux parties de la bractée.* Ainsi, ces protubérances sont sur le limbe; elles sont très petites, tandis que les protubérances qui bordent les coussinets sont beaucoup plus grosses et adhérentes au bord même des coussinets.

J'ai trouvé le *Lepidophyllum auriculatum* à la Tardivière, mais peu abondamment.

Cette plante fossile ne paraît pas très commune. Je lui attribue une écaille figurée par Geinitz [1] sous le nom de *Lepidophyllum majus,* et aussi une écaille sans nom représentée par Lebour, dans ses *Illustrations of foss. Plants,* p. 52 et 53. En Amérique, Lesquereux l'a citée dans l'Illinois et dans la Pensylvanie.

Description de l'espèce.

Provenance.

LEPIDOPHYLLUM VELTHEIMIANUM Geinitz.

(Atlas, pl. LXXIV, fig. 3.)

1855. **Lepidophyllum Veltheimianum** Geinitz, Die Versteinerungen d. Steinkohlenformat. in Sachsen, p. 37, pl. II, fig. 9. — Geinitz, Darstell. d. Fl. d. Hainich. Ebersdorfer, pl. IV, fig. 7, 8.

Partie horizontale très courte, insérée probablement sur l'axe par la pointe d'un triangle de 5 millimètres de haut sur 7 millimètres de large. Limbe de la partie terminale et foliacée lancéolé, mais peu rétréci dans le bas, long

Description de l'espèce.

[1] Geinitz, Die Versteinerungen der Steinkohlenformation, pl. II, fig. 5.

de 6 centimètres, large de 9 millimètres, ayant *au milieu une forte nervure longitudinale, se prolongeant au sommet au delà du limbe en une épine fine et droite.*

On a regardé ce *Lepidophyllum* comme une écaille fructifère du *Lepidodendron Veltheimianum;* mais il n'y a pas de preuve de cette attribution. Cette écaille fossile appartiendrait plutôt à un *Lepidophloios.*

Provenance.   La Tardivière.

LEPIDOPHYLLUM TRIANGULARE Zeïll.

(Atlas, pl. LXV, fig. 7.)

1886. **Lepidophyllum triangulare** Zeill., Flore foss. du bassin houill. de Valenciennes, texte, 1888, p. 508; atlas, 1886, pl. LXXVII, fig. 4 à 6.

Description de l'espèce.

Bractée obcordée, 10 millimètres de haut sans le prolongement inférieur, 8 millimètres de large. Bords latéraux concaves en haut, puis convexes en descendant et concaves de nouveau pour se porter vers le sommet du pétiole. Sommet aigu. Nervure médiane droite, accompagnée de deux plis légèrement incurvés qui sont à 1 millimètre de la nervure médiane dans leur plus grande distance.

Rapports et différences.

Cette bractée rappelle beaucoup le *Lepidophyllum brevifolium* de Lesquereux, Coal Fl. of Pennsylvania, II, 1880, p. 447, pl. LXIX, fig. 33, dont elle diffère par les bords du limbe droits ou concaves, par les angles latéraux plus aigus et par les deux plis accompagnant la nervure médiane.

Provenance.

Trouvée une seule fois, au puits Neuf, mines de la Tardivière, commune de Mouzeil (Loire-Inférieure).

M. Zeiller l'a décrite et l'a figurée du bassin de Valenciennes où il l'a rencontrée à deux ou trois reprises.

Genre KNORRIA Sternberg.

1720. **Volkmann,** Silesia subterranea, p. 333, pl. III, fig. 4.
1823. **Lepidolepis** Sternberg, Vers. ein. geogn.-bot. Darstel., fasc. 3, p. 39.
1825. **Knorria** Sternberg, Vers. ein. geogn.-bot. Darstellung, fasc. 4, p. xxxvii. — Göppert, Les genres de plantes foss. comparés avec ceux du monde moderne, 1841, fasc. 3 et 4, p. 37; 5 et 6, p. 85. — Fr.-Ad. Roemer, Die Versteiner. d. Harzgebirges, 1843, p. 2. — Göppert, Foss. Flora d. Übergangs (*Nov. Acta Acad. Cæs. Leop.-Carol. Nat. cur.,* voluminis vicesimi secundi suppl., 1852, p. 195). — H.-B. Geinitz, Darstel. d. Fl. d. Hainichen Eberd. u. Flœhner Kohl., 1854 p. 56. — H.-B. Geinitz, Die Verstein. d.

Steinkohlenform. in Sachsen, 1855, p. 38. — GOLDENBERG, Flor. sarœp. foss., fasc. 1, 1885, p. 17. — SCHIMPER, Mém. sur le terrain de transit. des Vosges, part. paléont., 1862, p. 331. — SCHIMPER, Traité de paléont. vég., II, 1870, p. 45. — LESQUE-REUX, Geol. Surv. of Illinois, vol. IV, Palæont., 1870, Descr. of plants, p. 445. — ZEILLER, Expl. de la carte géol. de France, IV, 1879, p. 118. — LESQUEREUX, Descr. of the coal Flora of the carbonif. format. in Pennsylvania, II, 1880, p. 407. — RENAULT, Études sur le terrain houiller de Commentry, Flor. foss., II, 1890, p. 518. — SCHIMPER, fortgesetzt u. vollandet v. Schenk; Handbuch d. Palæontologie, II, 1890, Palæo-phys. — SCHIMPER et SCHENK, Palæophytologie, trad. par CH. BARROIS, II, 1891, p. 190. — POTONIÉ, Lehrbuch der Pflanzen-Palæontologie, 1899, p. 224. — SCOTT, Studies in foss. bot., 1900, p. 122. — SEWARD, Fossil plants, a text book for students of botany and geology, II, 1910, p. 124.

1838. **Aspidiaria** STERNBERG, Vers. ein. geogn.-bot. Darst. d. Fl. d. Vorwelt, fasc. 7-8, p. 180. — POTONIÉ, Lehrbuch d. Pflanzen, 1899, p. 224. — SCOTT, Stud. in foss. bot., 1900, p. 122. — SEWARD, Foss. pl., a text-book for students of bot. and geol., II, 1910, p. 127.

1838. **Bergeria** STERNBERG, Vers. einer geogn.-bot. Darstell. d. Fl. Vorwelt, fasc. 7-8, p. 183. — POTONIÉ, Lehrbuch d. Pflanzen Pal., 1899, p. 223. — SCOTT, Stud. in foss. bot., 1900, p. 122. — SEWARD, Foss. plants, a text book for students of bot. and geol., II, 1910, p. 126.

1845. **Ancistrophyllum** UNGER, Synops. plant. foss., p. 117. — UNGER, Gen. et spec. plant. foss., 1850, p. 229. — GÖPP., Foss. Pl. d. Übergang. Verhandl. d. kais. Leop.-Carol. Akad. d. Naturforsch.; suppl. d. vierzehnten Bandes, 1852, p. 205. — SCHIMPER, Mémoire sur le terrain de transit. des Vosges, partie paléontol., 1862, p. 330.

1845. **Diplotegium** CORDA, Beitr. z. Fl. d. Vorwelt, p. 112.

1899. **Aspidiopsis** POTONIÉ, Lehrbuch d. Pflanzen-Palæont., p. 227, fig. 220

Plantes arborescentes, dichotomes. *Tiges ou rameaux ayant au centre un axe ligneux d'où partent une quantité de cordons fibro-vasculaires qui traversent un espace rempli de tissu cellulaire le plus souvent détruit.* Ces cordons, qui ne doivent pas être entièrement formés de fibres scalariformes, mais aussi probablement d'un tissu consolidant, ont des formes très diverses dues plutôt à l'âge du rameau qui les porte ou à l'état d'usure ou de décomposition de la partie sous-corticale de la tige qu'à des espèces différentes. La partie extérieure de la tige varie beaucoup aussi, suivant la grosseur et l'âge de l'arbre. Lorsque la surface a été conservée, on voit des cicatrices foliaires sans coussinets, polygonales ou arrondies, se touchant ou séparées par une petite crête sinueuse, rappelant les insertions de feuilles de l'*Ulodendron minus* ou du *Sigillaria minima*. Goldenberg, dans son *Flora saræpontana fossilis*, pl. II, fig. 8 A, représente un échantillon qui montre un *Knorria*, c'est-à-dire une couche de faisceaux vasculaires sortant de l'axe central, surmontée par une autre couche couverte de coussinets foliaires qui sont très certainement ceux d'un *Lepidodendron*, et dans la fig. 8 B, un semblable *Knorria*, surmonté par une couche formée par les coussinets renversés d'un *Lepidophloios*, que je n'hésite pas à regarder comme le *Lepidophloios laricinus*. Ainsi *les caractères fournis par les Knorria ne sont pas des caractères de genres ou d'espèces. Ce sont des caractères organiques propres non seulement à des Lepidodendron, mais à d'autres genres du groupe des Lépidodendrées.* Ce nom de *Knorria* n'indique donc qu'une particularité anatomique. Il sera commode cependant de le conserver pour désigner une particularité très commune chez les végétaux des terrains les plus anciens. L'indication : *structure knorriiforme* évite une longue périphrase.

KNORRIA IMBRICATA Sternberg.

(Atlas, pl. XXIV, fig. 3; pl. L, fig. 1 à 4; pl. LI, fig. 1 à 4; pl. LII, fig. 1.)

1720. **Volkmann**, Silesia subterranca. p. 333, pl. IV, fig. 4.

1823. **Lepidolepis imbricata** Sternberg, Versuch einer geognost.-botanisch, Darstellung d. Fl. d. Vorwelt, fasc. III, p. 39, pl. XXVII.

1825. **Knorria imbricata** Sternberg, Vers. ein. geogn.-bot. Darst. d. Fl. d. Vorwelt, fasc. 4, pl. XXXVII. — Goeppert, Les genres de plantes foss. comparés avec ceux du monde moderne, fasc. 3-4, 1841, p. 37, pl. I, fig. 1, 2; pl. II, fig. 1, 2, 4. — Goeppert, Foss. Fl. d. Übergangs (*Nova Acta Acad. Cæs. Leop.-Carol. Nat. cur.*, voluminis vicesimi secundi suppl. 1852, p. 198). — H.-B. Geinitz, Darstell. d. Flora d. Hain.-Ebersd. u. d. Flœchner Kohlenbas., 1854, p. 37, pl. VIII; fig. 3; pl. IX, fig. 1, 3. — Goldenberg, Flora saræpont. foss., 1855, p. 18, pl. III, fig. 8 A, B. — Schimper, Mémoire sur le terrain de transit. des Vosges, 1862, p. 332, pl. XVIII, fig. a. — Schimper, Traité de pal. vég., II, 1870, p. 46, pl. LXV. — Zeiller, Explic. de la carte géol. de France, IV, 1879, p. 119. — Lesquereux, Descr. of the carbonif. format. in Pennsylvania, II, 1880, p. 407, pl. LXXIV, fig, 14, 15. — Schenk, in Zittel Handbuch d. Palæont. heraug. II, 1890, Palæophyt. begonnen v. Schimper fortgesetzt u. vollend. v. Schenk, p. 194, fig. 143. — Renault, Études sur le terrain houil. de Commentry, II, 1890, p. 518, pl. LIX, fig. 7. — Schenk, in Zittel, II, Traité de paléophyt., 1891, p. 190, fig. 143 (suite de Schimper). — Solms-Laubach, trad. par Balfour, 1891, p. 200, fig. 20. — Potonié, Lehrbuch d. Pflanzen-Palæont., 1899, p. 225, fig. 219.

1838. **Pinites mughiformis** Presl in Sternberg, Vers. ein. geogn.-bot. Darstell. d. Fl. d. Vorwelt, fasc. 7 et 8, p. 201, pl. XLIX, fig. 5.

1838. **Pinites pulvinaris** Presl in Sternberg, *l. c.*, fig. 7.

1843. **Knorria Jugleri** F.-A. Roemer, Die Verstein. d. Harzgebirges, p. 2, pl. I, fig. 10. — Göpp., Foss. Fl. d. Übergangs, 1852 (*Nova Acta Acad. Cæs. Leop.-Carol. Nat. cur.*, voluminis vicesimi secundi suppl., p. 203).

1843. **Knorria polyphylla** F.-A. Roemer, Verst. d. Harzgeb., p. 2, pl. I, fig. 8. — Göpp., Foss. Fl. d. Übergangs, 1852 (*Nova Acta Acad. Cæs. Leop.-Carol. Nat. cur.*, voluminis vicesimi suppl., p. 202).

1847. **Knorria acutifolia** Göpp., Neues Jahrb. f. Mines, p. 684. —Unger, Gen. et sp. plant. foss., 1850, p. 267. — Göppert, Foss. Fl. d. Übergangs, 1852, p. 202.

1852. **Knorria acicularis** Goeppert, Foss. Fl. d. Übergangsgebirges (*Nova Acta Acad. Cæs. Leop.-Carol. Nat. cur.*, vol. vicesimi secundi suppl., p. 200, pl. XXX, fig. 3).

1852. **Knorria longifolia** Goeppert, Foss. Fl. d. Übergangsgeb. (*Nova Acta Cæs. Leop.- Carol. Nat. cur.*, voluminis vicesimi secundi suppl., p. 199, pl. XXX, fig. 1, 2). — Schimper, Mém. sur le terrain de transit. des Vosges, 1862, p. 332, pl. XIV, XV, XVI, XVIII.

1852. **Knorria Schrammiana** Göppert, Foss. Fl. d. Übergangsebirges (*Nova Acta Acad. Cæs. Leop.-Carol. Nat. cur.*, voluminis vicesimi secundi suppl., p. 201, pl. XXX, fig. 4). — Schimper, Mémoire sur le terrain de transit. des Vosges, p. 334, pl. XVIII, fig. 6.

1852. **Knorria confluens** Goeppert, Foss. Fl. d. Übergangsebirges (*Nova Acta Acad. Cæs. Leop.-Carol. Nat. cur.*, voluminis vicesimi secundi suppl., p. 201). — Schimper, Mém. sur le terrain de transit. des Vosges, 1862, pl. XIV, fig. 1.

1860. **Knorria cancellata** Eichwald, Lethæa rossica, I, p. 152, pl. XIX, fig. 5 a, b, c.

1860. **Sagenaria excentrica** Eichwald, Lethæa rossica, I, p. 134, pl. VI, fig. 14, 15

1860. **Knorria apicalis** Eichwald, Lethæa rossica, I, p. 154, pl. XII, fig. 1.

1899. **Knorria Selloi** Potonié, Lehrbuch d. Pflanzenpæleont., p. 225.

1910. **Knorria mirabilis** Seward, Fossil. plants, a text-book for students of bot. and geol., II, p. 125, fig. 156.

On connaît depuis très longtemps des formes rentrant dans le groupe organique et très artificiel, désigné depuis sous le nom de *Knorria* : en 1720, Volkmann, dans son ouvrage intitulé *Silesia subterranea*, a représenté, pl. IV, fig. 4, un échantillon couvert de grosses écailles imbriquées de bas en haut. Beaucoup de ces protubérances, très arrondies, portent, sur leur face extérieure, la trace d'un faisceau vasculaire rompu. Cet échantillon resta sans détermination.

Remarques paléontologiques.

Il n'en fut pas de même de ceux qui furent décrits et figurés soit par Sternberg, dans le premier volume de son grand ouvrage, soit par Presl, dans le second volume de ce même traité.

Sternberg donna le nom de *Knorria* à des tiges présentant une surface profonde, assurément celle de l'axe ligneux, couverte de cordons soit cylindriques et imbriqués, soit un peu coniques et plus ou moins écartés.

Dans le même ouvrage, Presl proposa deux genres : *Bergeria* et *Aspidiaria*, qui ont été depuis adjoints au type *Knorria*. L'un et l'autre sont fondés sur des parties différentes de la couche corticale de Lepidodendron. Dans les *Bergeria*, pour la plupart, les coussinets sont quadrilatères à côtés à peu près égaux, l'arête effacée ou presque effacée et le faisceau vasculaire près de l'angle supérieur. Les *Aspidiaria* ont des coussinets losangiques ou ovoïdes et

IMPRIMERIE NATIONALE.

la cicatricule vasculaire le plus souvent sur le milieu de la longueur. Ces différents noms ont cessé d'être usités lorsqu'il fut démontré que ces aspects divers n'étaient pas dus à des différences spécifiques, mais aux surfaces corticales ou axiales mises à nu par la dénudation plus ou moins profonde qui s'est produite, soit avant, soit pendant la fossilisation du tronc ou de la branche. Des subdivisions même s'accusent dans chaque couche. Dans le *Knorria mirabilis* figuré par Renault, pl. LX, fig. 1 de sa *Flore fossile de Commentry*, on en compte au moins cinq.

Mais chacune des couches ayant sa physionomie propre lorsqu'elles sont superposées sur une même tige, il n'est pas étonnant qu'on puisse les reconnaître lorsqu'on les constate en plus petit nombre sur un même échantillon, ou même lorsqu'il n'y en a qu'une seule visible.

Voici ce que j'ai pu voir sur les échantillons que j'ai recueillis en nombre, surtout à la mine de la Tardivière.

Celui qui montre le mieux, à leur naissance, les faisceaux se rendant aux feuilles est un fragment de tige de 13 centimètres de longueur, à section elliptique, peu aplatie par conséquent et permettant de voir tout son pourtour. Il y a donc deux faces plus larges, elles ont 14 centimètres d'un bord à l'autre et sont fort dissemblables. La figure 1, pl. L, est couverte de coussinets ou bases de tiges cylindriques, ayant 2 centimètres de long, rapprochés les uns des autres et imbriqués de telle sorte que les inférieurs recouvrent les supérieurs. Ils sont généralement brisés à leur partie supérieure et, sur le milieu de la surface de rupture, on distingue le plus souvent une dépression qui représente assurément le cordon fibro-vasculaire. Ce cordon était donc accompagné d'un tissu de consolidation qui entourait les vaisseaux et donnait aux cordons une grosseur de 5–6 millimètres.

Sur l'autre face de l'échantillon, les faisceaux se rendant aux feuilles ne sont point brisés dans le haut; cette partie supérieure, pl. L., fig. 2, est arrondie ou presque en ogive; le cordon vasculaire se voit toujours. Cette différence entre les deux faces tient peut-être à ce que l'une a subi plus d'usure que l'autre ou a été différemment exposée pendant sa vie. Les feuilles, par exemple, ont pu tomber plus promptement d'un côté que de l'autre.

Si nous suivons dans leur évolution les faisceaux qui se rendent aux feuilles, le premier changement que nous constatons est un renflement de leur partie inférieure, le haut restant cylindrique; ce qui leur donne une forme de bouteille (pl. L, fig. 3).

En troisième lieu, le col de la bouteille semble se résorber et le faisceau devient elliptique, pointu, puis arrondi au sommet, atténué par en bas et prend ainsi une forme elliptique.

Le cordon vasculaire n'est plus au sommet du mamelon, mais très bas sur la partie antérieure, sur le milieu de la hauteur (pl. LI, fig. 3) ou même sur la base (pl. LI, fig. 4).

Dans les très vieilles tiges, les faisceaux ne s'imbriquent pas; ils s'écartent plus ou moins et ils finissent par ne plus se présenter que sous la forme d'un disque elliptique avec une saillie verticalement allongée, au milieu, et quelques lignes concentriques (deux ou trois) assez également distantes, la dernière circonscrivant le disque (pl. LII, fig. 1). Il y a là quelque chose qui rappelle les protubérances en fuseau dont nous parlerons plus loin.

Une couche très mince se voit par-dessus les fuseaux et les recouvre immédiatement. Bien que la surface formée par l'ensemble des faisceaux soit inégale, leur saillie ne se fait pas sentir, et cette couche, qui les recouvre, est lisse et unie, sauf les points d'aboutissement des vaisseaux. Un tissu cellulaire, actuellement changé en charbon, remplissait l'intervalle entre les faisceaux.

Il y a donc une sorte de membrane qui limite le cylindre intérieur. Elle porte extérieurement de petites saillies disposées en quinconce, comme l'étaient les faisceaux vasculaires; mais, vu leur petitesse, écartés les uns des autres de 1 centimètre sur la spirale secondaire de gauche à droite et de 15 millimètres sur la spirale de droite à gauche.

Ces saillies sont en forme de fuseau de 7 à 8 millimètres de long, soit tout à fait elliptiques et aiguës aux deux bouts, soit (sur le même échantillon) un peu plus élargies du bas. Cela est ordinairement en rapport avec la position de la cicatrice vasculaire, qui est vers le milieu ou plus bas. Ces saillies sont souvent prolongées, soit en haut, soit aux deux bouts, par une ligne saillante aussi longue ou même plus longue qu'elles. La couche, dont nous venons de parler, paraît bien correspondre à la couche c du *Knorria mirabilis*, pl. LX, fig. 1, de la *Flore fossile de Commentry*, t. II, par Renault.

La surface tout à fait extérieure de la tige est très différente. Cette surface est couverte de polygones formés chacun par une cicatrice de feuille. Ils sont hexagonaux : deux côtés beaucoup plus courts sont l'un en haut et l'autre en bas; quatre côtés beaucoup plus longs sont : deux latéralement à droite, deux à gauche, et ces bords formés par les six côtés sont légèrement saillants. Une

24.

cicatricule vasculaire unique pour chaque cicatrice foliaire occupe la ligne médiane de la cicatrice, mais beaucoup plus près du bord inférieur que des autres. On sait, du reste, que les feuilles étaient longues, ensiformes et raides.

La couche extérieure, montrant ces insertions de feuilles, est réduite à une couche de charbon qui a une épaisseur de 1 à 2 millimètres. En enlevant le charbon on met à nu des saillies fusiformes, serrées, imbriquées de bas en haut.

Les inégalités de la surface de la tige peuvent aller beaucoup plus loin. J'ai vu, près de Chaudefonds (Maine-et-Loire), dans le coteau de la rive droite du Layon, en face de la Brosse, sur le bord du sentier, des roches remplies de troncs d'arbres fossiles. Un de ces arbres, fort gros, montrait des traces de sa structure : en dedans, on voyait un axe central ayant jusqu'à 20 centimètres de diamètre. Cet axe était couvert de mamelons arrondis, ou à peine plus hauts que larges (5 à 7 millimètres). Sur un certain nombre, il semble qu'on voit une cicatrice vasculaire placée sur le milieu de la hauteur. Ces mamelons ont vraiment l'apparence de faisceaux épais des *Knorria* réduits à leur base. On en voit, du reste, un dont le col rétréci rappelle les faisceaux en forme de goulot de bouteille.

Autour est une couche formée par des lames de grès épaisses, attachées au tronc par leurs bords fusiformes, et imbriquées latéralement, mais plusieurs autres échantillons contribuent à jeter un peu de jour sur cette organisation.

L'un, de la Tardivière, puits Saint-Georges (pl. XLIII, fig. 2), présente les mêmes saillies fusiformes que nous avons vues dans l'échantillon précédent. Elles ont de 8 à 13 centimètres de long, sur 10 à 15 millimètres de large, s'imbriquent par leur extrémité et, de plus, s'imbriquent de gauche à droite. Elles semblent donc avoir eu beaucoup plus de saillie qu'elles n'en ont maintenant, et avoir tenu à la tige. J'ai pu enlever plusieurs de ces lames serrées l'une contre l'autre. On dirait des feuilles de quelque plante grasse, si ce n'est leur insertion qui se fait par le côté le plus étroit, et non par la base. Chacun de ces appendices est entouré et séparé des voisins par une couche de houille de quelques millimètres d'épaisseur. Il y avait donc là deux tissus juxtaposés de consistance très différente : l'un formé de cellules prosenchymateuses disposé en lames anastomosées, aujourd'hui changé en charbon, l'autre d'un tissu cellulaire qui a rempli d'abord l'intervalle entre les lames du précédent, puis s'est altéré promptement et a été remplacé par des grès. Renault a bien décrit et figuré cette disposition dans la tige de son *Lepidodendron rhodonense* (*Cours de botanique fossile*, I, II, 1882, p. 24, pl. III, fig. 9) et du *Sigillaria spinulosa* German (Renault, Cours, 1881, I, p. 138, pl. XVIII, fig. 2). Mais indépendamment de toute structure microscopique, la surface extérieure de cette écorce, telle que nous venons de la voir, se retrouve encore dans Geinitz, *Darstellung der Flora des Hainichen-Ebersdorfer*, pl. VI, fig. 2, et dans Schimper, *Mémoire sur le terrain de transition des Vosges*, p. 336, pl. XXI, fig. 3, ces deux auteurs attribuent les échantillons qu'ils décrivent au *Lepidodendron Veltheimianum*. En effet, plusieurs de ces échantillons (particulièrement celui du haut de la planche XXI) ont des alternances de bandes lisses et d'autres bandes qui paraissent appartenir à une forme très superficielle de l'écorce, et sur lesquels sont de nombreux coussinets ressemblant, en effet, beaucoup à ceux du *Lepidodendron Veltheimianum*. Ces coussinets sont petits, elliptiques, on n'y voit pas la cicatrice foliaire, mais des cordons sinueux, encadrant les coussinets et passant d'un coussinet à l'autre, ont tout à fait l'aspect des cordons qui se recourbent autour des mamelons du *L. Veltheimianum*.

J'ai recueilli, moi-même, à la Tardivière, deux belles plaques semblables à celles qu'ont représentées Geinitz et Schimper : les longs fuseaux ont souvent un angle longitudinal sur leur milieu; on dirait un toit avec deux versants. Tous ces fuseaux sont parcourus de fines côtes longitudinales, parallèles, se rapprochant vers les extrémités. Ces fuseaux avaient au moins 15 centimètres de long sur 25 millimètres de large. Il semble que le tissu cellulaire s'est formé dans la profondeur de la partie corticale et a repoussé au dehors le tissu plus ancien par maintes couches superposées, dont on voit aujourd'hui les bords (p. XLIV, fig. 1 et 2). Ce repoussement vers l'extérieur ne se faisait pas sans rupture, d'où l'aspect de landes que prenaient les parties restantes de la face extérieure de la tige. Les coussinets sont elliptiques, comme ceux de Schimper; mais les cordons d'encadrement sont moins visibles. La face inférieure des deux plaques dont nous venons de parler est couverte de rameaux feuillés de *Lepidodendron Veltheimianum*.

D'après ce que nous venons de dire, il semblerait que la disposition réticulée de l'écorce serait propre à des *Lepidodendron* ou à des Sigillaires. On la trouve cependant ailleurs et sur des plantes très éloignées des Lépidodendrées. Nous citerons le *Lyginodendron Oldhamia* Williamson, dont l'écorce est réticulée et dont le contenu de ces mailles s'est décomposé, de sorte qu'elles sont maintenant remplies d'un contenu résistant et formant des fuseaux plus ou moins imbriqués [1]. Ce *Lyginodendron* est connu aujourd'hui par sa structure, ses feuilles et ses graines. Il appartient à la classe du Ptéridospermées. C'est une plante phanérogame sans rapport avec les Lycopodiacées.

Le *Knorria imbricata*, sous toutes ses formes, n'est pas rare aux mines de la Tardivière, commune de Mouzeil (Loire-Inférieure). Je l'ai trouvé au puits Neuf et au puits Préjean (faisceau des veines du Sud), et M. Beaulaton au toit de la veine n° 1, puits Saint-Georges (faisceau des veines actuellement exploitées, au Nord du précédent et au Sud du terrain stérile). Beaucoup d'autres échantillons proviennent de la Tardivière sans indication plus précise. Au Muséum, l'échantillon Cat. n° 7338 présenté des couches superficielles et celui n° 7372, la forme *imbricata*. Un échantillon de la même forme, provenant de Chalonnes, est au Musée paléontologique d'Angers.

Schimper signale les *Knorria* dans les Vosges, vallées de Thann et de Burlach, massif des Ballons. Il les indique encore dans la Basse et la Haute Silésie, à Ebersdorf près de Falkenberg, en Saxe; près de Saarbruck, dans le Harz; en Russie, Eichwald les a trouvés dans le grès carbonifère de Petrowslaya, gouvernement de Kharkoff; en France, M. Grand'Eury les mentionne à Rive-de-Gier, à Saint-Étienne, à Commentry. Lesquereux les décrit et les figure, provenant des couches inférieures du bassin anthracitique de Pensylvanie, dans l'Amérique du Nord.

Les *Knorria* se trouvent surtout dans la partie inférieure du carbonifère : culm inférieur et culm supérieur; puis, sans disparaître tout à fait, ils remontent jusque dans le carbonifère supérieur.

Mais, je le répète après Gœppert, Goldenberg, Grand'Eury, Seward et d'autres paléobotanistes, les *Knorria* ne sont que des tiges imparfaitement connues de Lépidodendrées, et je ne conserve ici ce nom que pour avoir un cadre qui puisse recevoir ces tiges jusqu'à leur exacte détermination.

---

[1] WILLIAMSON, On the organization of the fossil plants of the coal Measures, part. IV, p. 377, pl. XXVII, fig. 26-29 (surtout 26, 1872).

Genre SIGILLARIA Ad. Brongn.

1822. **Sigillaria** Ad. Brongniart, Sur la classific. et la distrib. des vég. foss., p. 9. (Extr. des *Mém. du Mus. d'hist. nat.*, VIII.) — Ad. Brongniart, Prodr. d'une hist. des vég. foss., 1828, p. 63. — Ad. Brongn., Hist. des vég. foss., I, livr. 11, 1836, p. 192. — Schimper, Traité de Paléont. vég., II, 1870, p. 77. — Lesquereux, Descr. of the coal Fl. of the carbonif. format. in Pennsylv., II, 1880, p. 467. — Zeiller, Bassin houill. de Valenciennes, texte, 1888, p. 510. — Schimper, Handb. d. Palæophyt. herausg. v. K. A. — Zittel, Abtheil. begon v. W. Ph. Schimper, forstg. u. vollend. v. A. Schenk, 1890, p. 199. — Dawson, Acadian geol., fourth edit., 1891, p. 430, 474. Suppl. to the second edit., 1878, p. 51. — Schimper, Traité de Paléont. vég., par K. Zittel, part II, Palæophyt., par Schimper, termin. par Schenk, trad. par Ch. Barrois, 1891, p. 195. — Zeiller, Élém. de paléobot., 1900, p. 190.

1822. **Clathraria** Ad. Brongniart, Sur la class. et la distrib. des vég. foss., p. 9. (*Extr. des Mém. du Mus. d'hist. nat.*, VIII.) — Renault, Cours de bot. foss., I, 1881, p. 129.

1825. **Favularia** Sternberg, Vers. ein. geogn.-bot. Darstell. d. Vorwelt, fasc. 4, pl. XIII. — Renault, Cours de bot. foss., I, 1881, p. 129.

1825. **Rhytidolepis** Sternberg, Vers. ein. geogn.-bot. Darst. d. Fl. d. Vorw., fasc. 4, pl. XXIII. Renault, Cours de bot. foss., I, 1881, p. 129.

1857. **Sigillaria** section I, Leiodermariæ Goldenberg, Flora saræpontana fossilis, fas. 2, 1857, p. 8.

1860. **Asolanus** Wood, Proc. Acad. nat. sc. Philad., p. 237.

1881. **Leiodermaria** Renault, Cours de bot. foss., I, p. 129.

TIGES DÉCORTIQUÉES.

Syringodendron Sternberg, Vers. ein. geogn.-bot. Darstell. d. Vorwelt, fasc. 4, 1825, pl. XXIV.

Plantes arborescentes à tige cylindrique, rarement une ou deux fois bifurquée, couvertes dans le haut de longues feuilles linéaires, uninerviées, caduques, laissant des cicatrices dont la position varie beaucoup d'une espèce à l'autre. Tantôt elles sont placées sur des côtes longitudinales, saillantes, qui sont séparées par des sillons droits ou sinueux, et alors elles sont éloignées les unes des autres sur une même côte (sous-genre *Rhytidolepis*), ou contiguës (sous-genre *Favularia*). Tantôt les tiges sont à écorce lisse, il n'y a pas de côtes, et les cicatrices, disposées en spirale, sont, comme celles du premier groupe, distantes (sous-genre *Leiodermaria*) ou contiguës (sous-genre *Clathraria*). Mais on a trouvé parfois des échantillons intermédiaires entre les *Rhytidolepis* et les *Favularia*, ou entre les *Leiodermaria* et les *Clathraria*. On a même vu des passages des *Sigillaria* à côtes aux *Sigillaria* sans côtes, de sorte que le genre conserve une homogénéité trop grande pour qu'on puisse le subdiviser et que les prétendus sous-genres qu'on a essayé d'y établir sont plutôt des différences localisées dans certaines régions de la plante que des caractères pouvant servir de base à une classification.

Cicatrices souvent plus hautes que larges, sur un coussinet parfois absent, hexagonales, le bord supérieur le plus souvent échancré, les latéraux à angle droit ou ouvert, l'inférieur droit ou arrondi; deux lignes partant des angles latéraux et descendant jusqu'à la cicatrice ou presque jusqu'à la cicatrice sous-jacente, mais jamais de carène sur la partie inférieure du coussinet; sur la surface de la cicatrice foliaire 3 cicatricules, la médiane seule vasculaire, les deux latérales répondant à des lacunes résineuses ou gommeuses. Fossette ligulaire immédiatement au-dessus de la cicatrice foliaire.

La structure anatomique des *Sigillaria* n'a pu être étudiée que sur un très petit nombre d'échantillons sans côtes. Ceux d'Autun ont été observés par Ad. Brongniart. Williamson a pu voir des échantillons d'Angleterre, et il leur a trouvé une constitution presque identique à celle des échantillons français. En somme, on trouve au centre une moelle abondante, elle est entourée d'un bois primaire, en faisceaux séparés sur les échantillons d'Autun, formant un centre complet sur les échantillons décrits par Williamson. Autour du bois primaire est une zone de bois secondaire formée de faisceaux scalariformes. Ce bois est en files rayonnantes, qui sont séparées de distance en distance par des rayons médullaires. Les cordons foliaires prennent naissance entre les deux bois, mais le bois centrifuge disparaît bientôt.

En somme, la structure du *Sigillaria* a la plus grande analogie avec celle des *Lepidodendron*.

Les épis de *Sigillaria* [1] sont longuement pédonculés, le pédoncule couvert de feuilles linéaires. Sur leur axe sont implantées des bractées, en verticilles alternes. Elles ont la figure de deux triangles attachés l'un à l'autre par leur base, leur triangle inférieur plus court supportait assurément à sa face supérieure un sporange qui a disparu, ou dont on peut voir encore les débris. On voit aussi des spores. Les épis contiennent tantôt des macrospores, tantôt des microspores, parfois même il y a des macrospores dans le même épi, mais dans des régions différentes de ce même épi.

[1] ZEILLER, Cônes de fructifications de Sigillaires. (*Ann. des sc. nat.*, 6ᵉ sér., t. IX, 1884, p. 256, pl. XI, XII.) — ZEILLER, Bassin houiller de Valenciennes, texte, 1888, p. 591; atlas, 1886, pl. LXXXIX et XC.

SIGILLARIA RUGOSA Ad. Brongniart.

(Atlas, pl. XXXVI *bis,* fig. 3 A, 3 B, 3 C.)

1828. **Sigillaria rugosa** Ad. Brongniart, Prodr. d'une hist. des vég. foss., p. 64. — Ad. Brongniart, Hist. des vég. foss., I, 1828, p. 476, pl. CXLIV, fig. 2. — Schimper, Traité de paléont. végét., II, 1870-1872, p. 92. — Grand'Eury, Flore carbonif. du dép. de la Loire, I, 1877, p. 157. — Zeiller, Explic. de la carte géol. de France, IV, seconde partie, *Vég. foss. du terr. houiller,* texte, 1879, p. 126; atlas, pl. CLXXIII, 1878, fig. 3. — Lesquereux, Descr. of the coal Flora of the carbonif. format. in Pennsylvania, II, 1880, p. 497. — Zeiller, Flore foss. du bassin houiller de Valenciennes, texte, 1888, p. 551; atlas, 1886, pl. LXXX, fig. 1 à 5. — A. Hofmann und Ryba, Leitpfl. d. palæozoisch. Ablagerung. in Mittel Europa, 1899, pl. XVII, fig. 17.

1848. **Sigillaria rimosa** Sauveur, Vég. foss. des terrains houil. de la Belgique, p. LVIII, fig. 1.

1848. **Sigillaria cristata** Sauveur, *id.,* p. LVIII, fig. 2.

1869. **Sigillaria subrotunda** Roehl, Foss. Fl. d. Steinkohl. Westphallens, p. 103, pl. XXVI. fig. 9.

1869. **Sigillaria solana** Wood, Trans. Amer. Phil. soc., XIII, pl. VIII, fig. 5.

1879-1880. **Sigillaria marginata** Lesquereux, Descr. of the coal Fl. of the carbon. form. in Pennsylv., II, 1880, p. 498; atlas, 1879, pl. LXXI, fig. 5.

1879-1880. **Sigillaria Lacoei** Lesquereux, *l. c.,* II, 1880, p. 499; atlas, 1879, pl. LXXII, fig. 12, 12 *a,* 12 *b.*

1889. **Sigillaria Lacoei** Miller, North Americ. Geol. and paleont. for the use of amateurs, students and scientists, 1889. — Lesley, A dictionnary of the foss. of Pennsylv., III, 1890, p. 140.

M. Zeiller, qui a vu de nombreux échantillons et qui a pu en donner des figures prises à des âges très différents, a reconnu les caractères essentiels suivants : « *Côtes légèrement bombées sur les jeunes tiges,* tout à fait plates sur les tiges âgées, larges de 5 à 35 millimètres, *séparées par des sillons rectilignes ou parfois faiblement ondulés,* à section anguleuse au fond, et aussi sur les bords, du moins chez les tiges âgées. *Cicatrices foliaires* distantes, sur une même tige verticale, de 20 à 35 millimètres *environ, de forme ovale, rétrécies vers le haut, tronquées horizontalement au sommet, à bord supérieur légèrement déprimé ou échancré au milieu,* hautes de 6 à 10 millimètres, larges de 3 à 6 millimètres, occupant une fraction de la largeur des côtes variant de 1/6 à 3/5 suivant que les tiges sont plus ou moins âgées; flanquées, immédiatement au-dessus de leur bord supérieur, d'une petite cicatricule ponctiforme; et *munies en dedans, vers le tiers supérieur de leur hauteur, de trois cicatricules,* celle du milieu ponctiforme, *les deux latérales* placées à peu près à la même hauteur que celle-ci, linéaires ou elliptiques, hautes de 1 à 2 millimètres sur 1/4

Description de l'espèce.

à 3/4 de millimètre de largeur, droites et à peine arquées, allongées verticalement ou convergeant un peu vers le haut.

« *Bords latéraux de chaque cicatrice donnant naissance à deux lignes légèrement saillantes, qui descendent d'abord verticalement, puis se rapprochent un peu*, et s'effacent avant d'atteindre la cicatrice immédiatement inférieure. *Côtes marquées, au-dessus de chaque cicatrice, de très fines rides obliques*, partant de la ligne médiane de la côte et *divergeant vers le haut, puis remplacées par de simples ponctuations*, plus marquées au voisinage du bord inférieur de la cicatrice foliaire et occupant sur la côte une largeur égale ou un peu inférieure à celle de la cicatrice. *Côtes des tiges âgées* paraissant *divisées en trois bandes parallèles*, celle du milieu d'une largeur un peu supérieure à celle des cicatrices foliaires, rugueuse ou ridée au milieu et lisse sur les bords, les deux latérales sillonnées de fines rides longitudinales, sauf quelquefois sur les bords mêmes des sillons, qui restent alors tout à fait lisses.

« Côtes des tiges décortiquées marquées de fines stries longitudinales, et munies, à la hauteur de chaque cicatrice foliaire, d'une très petite cicatricule ponctiforme souvent peu visible, flanquée de deux cicatricules linéaires, hautes de 2 à 4 millimètres, larges de 1/2 à 3/4 de millimètre, et quelquefois confluentes. »

Je n'ai pas hésité à donner cette excellente et complète description, l'échantillon unique de la basse Loire que je rapporte au *Sigillaria rugosa* ne me permettant pas à beaucoup près de donner directement tous ces détails. Cet échantillon, qui appartient au Muséum de Nantes, a été recueilli très anciennement par Dubuisson et est noté : n° 14. V. A, 3ᵉ dans son *Catalogue de la collection géognostique et minéralogique du département de la Loire-Inférieure*. Il a 7 centimètres de haut sur 5 de large. C'est une contre-empreinte; par conséquent il donne le relief de la tige, relief, du reste, assez fruste, le grain de la roche, qui est un psammite houiller, étant assez grossier, et le détail des cicatrices invisibles, bien que leur emplacement soit reconnaissable. Malgré cet état fâcheux, il reste deux caractères qui permettent, je crois, la détermination. Pour qu'on puisse mieux en juger j'ai fait représenter ce fossile grandeur naturelle en relief, son moulage en cire et ses deux mêmes figures grossies une fois et demie seulement pour ne pas être gêné par le grain de la pierre.

Rapports et différences.   D'abord, il y a des côtes longitudinales bien marquées : côtes de *Sigillaria* incontestablement sur lesquelles les cicatrices foliaires sont distantes les unes des autres; par conséquent ce *Sigillaria* appartient au sous-genre (ou section) *Rytidolepis*.

Les cicatrices foliaires (ou du moins leurs vestiges) sont à 3 centimètres l'une de l'autre sur une même côte. Il n'y a guère de *Sigillaria* qui les ait à une pareille distance, et on doit noter particulièrement le *Sigillaria rugosa*, qui les a à 3 centimètres et demi. A ce caractère, sur notre fossile, vient s'en joindre un autre également assez rare.

On a vu dans la description ci-dessus que les sillons qui séparent les côtes sur les *Sigillaria* sont tantôt droits, tantôt faiblement ondulés; il est même évident, d'après les figures de la *Flore fossile de Valenciennes*, que les sillons sont droits sur les vieilles tiges et qu'ils sont ondulés sur les jeunes, sur celles où les cicatrices foliaires occupent presque toute la largeur de la côte. On peut même croire que les sillons sont d'autant plus flexueux que la tige est plus jeune. L'échantillon de Dubuisson, qui présente ce caractère de sinuosités, a les côtes plus étroites que dans l'échantillon ondulé représenté par M. Zeiller, pl. LXXI, fig. 4; elles sont aussi plus sinuées.

Ce caractère d'ondulations existe dans d'autres espèces. Je la relève dans le *Sigillaria subrotunda* de Brongniart, pl. CXLVII, fig. 5-6, et surtout sur le *Sigillaria contracta*, même planche, fig. 2, dont le nom est précisément tiré de cette particularité.

On peut même le constater sur deux des empreintes réunies par Eichwald (*Lethæa rossica*), sous le nom de *Sagenaria Glinkana*, et qui appartiennent à des genres et même à des groupes végétaux très différents; les fig. 1 et 2, planche V a, sont certainement des *Sigillaria* à sillons ondulés et à côtes renflées dans l'espace où les sillons s'écartent l'un de l'autre. Mais, chose curieuse, dans les différentes espèces de Sigillaires à sillons ondulés, la position des cicatrices foliaires n'est pas la même. C'est sur la partie la plus étroite de la côte que sont placées les cicatrices foliaires des *Sigillaria subrotunda* et *contracta*. Sur la figure d'Eichwald, appartenant à un *Sigillaria* jusqu'ici non distingué, les cicatrices foliaires sont au-dessus de la partie la plus renflée de la côte, ou du moins, de la moitié du renflement. Sur le *Sigillaria rugosa* c'est au milieu du renflement que se trouve la cicatrice et, en choisissant quelques mamelons grossis dont la conservation est moins imparfaite, on peut reconnaître qu'il en est de même de l'échantillon du Musée de Nantes. C'est donc au *S. rugosa* qu'il se rapporte par les caractères essentiels qui lui restent.

25.

Une remarque qui me semble à faire c'est que les deux figures de *Sigillaria* d'Eichwald à sillons ondulés, qu'il a compris dans son *Sagenaria Glincana*, sont du « calcaire noir houiller de Kamenskaja, près de la ville de Jekaterinebourg », c'est-à-dire, si je ne me trompe, du culm. Cette forme à côtes alternativement renflées et resserrées a donc commencé anciennement. On peut même dire que, sauf la légère différence dans la position de la cicatrice, la ressemblance de l'échantillon de la basse Loire avec ceux d'Eichwald est frappante. Il est à côtes plus contractées que la figure 4 de M. Zeiller (*S. rugosa*); moins contractées que les échantillons d'Eichwald; la forme des renflements dans toutes les espèces que nous venons de citer est longuement en fuseau ou losangique, les pointes des losanges plus ou moins soudées entre elles.

Provenance. L'échantillon unique de la basse Loire fait partie, comme nous l'avons dit, de la collection de Dubuisson au Muséum d'histoire naturelle de Nantes. Ce géologue l'a recueilli à la Censerie, commune de Varades (Loire-Inférieure). C'est un fragment d'une tige assurément très jeune. Les cicatrices, peu apparentes en raison de la nature de la roche, sont au centre, c'est-à-dire dans la partie la plus large de chaque côte.

M. Zeiller a vu et représenté le *Sigillaria rugosa* de diverses localités du bassin de Valenciennes, et Sauveur l'a figuré provenant du prolongement belge du même bassin. M. Grand'Eury le signale à Rive-de-Gier, Goldenberg, à Saarbruck, Roehl, en Westphalie. Il a même été reconnu en Pensylvanie, dans l'Amérique du Nord, où Lesquereux lui a donné plusieurs noms.

C'est dans le houiller moyen que cette plante se trouve surtout. Elle n'est que très exceptionnellement dans le culm supérieur ou sur la base de l'étage stéphanien.

SIGILLARIA MINIMA Ad. Brongn.

(Atlas, pl. LXI, fig. 3, 3 A.)

1828. **Sigillaria minima** Ad. Brongniart, Hist. des vég. foss., I, p. 435, pl. CLVIII. — Unger, Synops. plant. foss., 1845, p. 120. — Unger, Gen. et sp. plant. foss., 1850, p. 234. — Stur, Die Culm-Flora d. Ostrauer u. Waldenburger Schichten, 1875-1877, p. 292. (*Abhandl. d. k. k. geol. Reichs*, Band VIII, p. 398.) — Ed. Bureau, La ville de Nantes et la Loire-Inf. Notice sur la géol., III, 1900, p. 276.

1870-1872. **Sigillaria tessellata** Schimp. part., Traité de paléont. végét., II, pp. 81.

Description de l'espèce. *Sigillaires sans côtes à mamelons se touchant tous, dans tous les sens : verticalement et latéralement.* Ce n'est donc point, ainsi que Brongniart le dit : *caule*

...*is sinuosis subcostato, cortis alternatim contractis*. Ceci est le caractère des *Favularia* dont les côtes sont marquées par une sorte d'arête verticale saillante d'où partent d'autres arêtes transversales qui forment à chaque cicatrice une base quadrilatère. Le *S. minima* est donc bien un *Clathraria*, et c'est dans ce groupe que Brongniart l'a placé, malgré la description où il est parlé de côtes. L'échantillon type, du Muséum de Nantes, que j'ai sous les yeux, n'a ni la netteté, ni les traits accusés de la figure. On voit cependant qu'il y a un réseau de carènes aiguës et que chaque maille est occupée par une cicatrice foliaire. Le contour de chaque maille est hexagonal avec un angle saillant de chaque côté. Sur le milieu du bord supérieur il y a un angle rentrant, et les deux moitiés de ce bord s'arrondissent, décrivant une convexité extérieure pour aller rejoindre les angles latéraux. Les côtés situés au-dessous des angles latéraux sont au contraire droits ou légèrement concaves. Les cicatrices foliaires couvrent tout le mamelon, sauf un peu en bas; elles ont donc à peu près la forme de la maille. Leur surface, plate, présente, un peu au-dessus du milieu, trois cicatricules presque égales, la moyenne ponctiforme ou un peu transversale, les latérales à peine plus hautes que larges. Celle du milieu est vasculaire, les latérales correspondent à des réservoirs de gomme ou de résine. Les cicatrices foliaires n'ont que 4 millimètres de large sur 3 millimètres de haut.

Rapports
et différences.

Le nom de *minima* est bien donné, car je ne pense pas qu'on trouve dans d'autres espèces d'aussi petites cicatrices. Cette petitesse de cicatrices lui donne une assez grande ressemblance avec l'*Ulodendron minus*, dont on le distinguera par la rangée transversale de trois cicatricules sur chaque cicatrice foliaire.

Je n'ai vu de cette espèce qu'un seul échantillon : l'échantillon type, provenant du bassin de la basse Loire. Il y en a un autre, figuré par Schimper[1], qui ressemble au type, mais dont les rangées de cicatrices foliaires sont séparées par un sillon en zig-zag, tandis que, dans le *S. minima* authentique, ce sont des lignes élevées qui séparent les cicatrices foliaires. Peut-être n'est-ce pas la même espèce; Schimper dit : probablement une forme de *Sigillaria tessellata* Brongn.

M. Zeiller[2] a figuré un *Sigillaria Brardii* Ad. Brongn. ayant dans la partie supérieure de la tige des cicatrices foliaires contiguës, et, dans sa partie inférieure,

[1] Traité de paléontologie végétale, pl. LXVIII, fig. 1.
[2] Éléments de paléobotanique, p. 193, fig. 136.

ces mêmes cicatrices écartées, appartenant par conséquent dans une partie au sous-genre *Clathraria* et, dans une autre, au sous-genre *Leiodermaria*. Schimper aussi a vu (et c'est ce qui l'a engagé à cette réunion), sur un même échantillon, le *Sigillaria tessellata*, le *S. microstigma* et le *Syringodendron pachyderma*, suivant que les cicatrices étaient corticales, sous-épidermiques ou sous-corticales. Mais je dois remarquer que toutes les espèces ou prétendues espèces que je viens de citer sont du houiller moyen, et bien plus rarement du houiller supérieur. Pouvons-nous affirmer que le *Sigillaria minima*, qui est du houiller supérieur, présenterait les mêmes changements sur un même individu? Pouvons-nous assurer qu'il n'est pas autre chose qu'une des formes du *S. tessellata*, et qu'ainsi cette espèce aurait vécu pendant les trois âges de l'époque houillère? étant donné surtout qu'il a les cicatrices foliaires bien plus petites que celles du *Sigillaria tessellata*. Le seul fait que nous pouvons affirmer c'est que nous avons bien ici affaire à la forme appelée par Ad. Brongniart *Sigillaria minima* et, qui plus est, à l'échantillon même qui lui a servi à décrire et à figurer cette forme, qui était pour lui une espèce. La constatation des types de Brongniart a une telle importance que nous n'hésitons pas à conserver ici sa détermination, sans préjuger en rien des affinités qu'on pourra ultérieurement trouver avec des formes appartenant à des niveaux plus élevés.

Constatons seulement que la *Sigillaria minima* de la grauwack du *culm* est un *Clathraria*.

Une étiquette de la main d'Ad. Brongn. porte *Sigillaria tessellata* Ad. Br. Quelle est la raison qui a fait à Brongniart abandonner ce nom pour publier à la place celui de *minima*? La petitesse des cicatrices, sans doute; car je ne trouve aucun autre caractère. Mais le *S. tessellata* figuré par Schimper, pl. LXVIII, n'offre pas une bien grande différence, puisque les cicatrices foliaires ont 6 millimètres de large sur 5 millimètres de haut: 1 millimètre de plus dans un sens, 2 dans un autre. On trouverait bien des échantillons de *Sigillaria tessellata* qui offrent entre eux de plus grandes différences.

M. Zeiller n'a pas compris le *S. minima* parmi les synonymes qu'il admet pour son *Sigillaria tessellata*. Il ne le réunit donc pas à cette espèce. De plus il constate un fait important, c'est que le *Sigillaria tessellata*, si on y comprenait le *S. minima*, aurait une bien singulière distribution stratigraphique. En effet le « *Sig. tessellata*, dit-il (Valenciennes, p. 568), est extrêmement commun dans la zone supérieure du bassin de Valenciennes; il a été rencontré également dans la zone moyenne, mais avec beaucoup moins d'abondance ».

Ainsi on ne le trouve pas dans la zone inférieure et, avant cette interruption, il existerait dans le culm supérieur, sous la forme de *Sig. minima*. C'est assez peu probable. Je crois donc plus prudent de lui laisser son individualité, tout en constatant qu'il n'est pas impossible que des recherches ultérieures puissent permettre de le rattacher au *Sig. tessellata*.

L'échantillon type a été trouvé par Dubuisson à Montrelais. Il est noté : Provenance. 79 M. O. 3ᵉ dans la collection de ce géologue, actuellement au Muséum d'histoire naturelle de Nantes. Un autre échantillon a été recueilli par M. le Dʳ Fortineau aux mines de Mouzeil lors de la réunion extraordinaire de la Société géologique, en septembre 1908. En somme le *Sigillaria minima* Ad. Brongn. est très rare.

La figure 2 de la planche CLVIII, *Hist. des végétaux fossiles*, est la reproduction d'un dessin exécuté par Ad. Brongniart à Nantes, en 1822.

SIGILLARIA VENOSA Ad. Brongniart.

(Atlas, pl. XXXVII, fig. 8)

1828. **Sigillaria venosa** Ad. Brongniart, Prodr. d'une hist. des vég. foss., p. 64. — Ad. Brongniart, Hist. des vég. foss., I, 1828, p. 424, pl. CLVII. — Unger, Synops. plant. foss., 1845, p. 119. — Unger, Gen. et spec. plant. foss., 1850, p. 231. — Schimper, Traité de pal. vég., II, 1870, p. 98. — Lesquereux, Descr. of the coal Fl. of the carbonif. format. in Pennsylvania, III, 1834, p. 842. — Ed. Bureau, La ville de Nantes et la Loire-Inf., III, 1900. Notice sur la géol. de la Loire-Inf., p. 276.
1828. **Sigillaria lævigata** Ad. Brongn., Prodr. d'une hist. des vég. fos., p. 66 et 172, non p. 164.

Surface de la tige lisse et parcourue seulement par des stries fines, longitudinales Description
de l'espèce. *et légèrement ondulées. Cicatrices foliaires très écartées les unes des autres, sans coussinets, ovales arrondies, en bas,* bords formant un angle obtus un peu au-dessous du milieu, échancrées au sommet, un petit lobe arrondi à droite et à gauche de l'échancrure. Trois cicatricules disposées en ligne transversale un peu au-dessus du milieu de la cicatrice foliaire, l'une au milieu, ponctiforme, les deux autres en croissant dont la concavité regarde la cicatricule médiane.

Cette espèce est du groupe *Leiodermaria*. On la distingue du *Sigillaria* Rapports
et différences. *Leioderma* par ses cicatrices foliaires légèrement anguleuses sur les côtés et sans échancrure spéciale. Elle se rapproche aussi du *Sigillaria lepidodendrifolia*; mais elle a des stries longitudinales bien plus grêles et moins serrées; les angles latéraux de la cicatrice foliaire sont bien moins prononcés.

Provenance. La figure et la description d'Ad. Brongniart sont faites d'après un échantillon trouvé au puits Saint-Jacques, à la Flandrière, département de la Loire-Inférieure, bien probablement par Dubuisson. Cet échantillon, d'après Brongniart, ferait partie des collections de l'École des mines. Il y a peut-être là quelque erreur, car nous n'avons pu le retrouver dans ces collections qui sont dans un ordre parfait. Cette localité de la Flandrière a été attribuée par Stur (Culm Flora, II, p. 292) au *S. minima*. C'est pour le *S. venosa* que Brongniart l'indique positivement.

En l'absence de l'échantillon type, je reproduis ici la figure de Brongniart, qui a été faite d'après cet échantillon.

Genre STIGMARIA Ad. Brongniart.

Voir description, p. 54.

STIGMARIA FICOIDES Ad. Brongn.

α VULGARIS Gœppert.

(Atlas, pl. LX, fig. 1, 2.)

1822. **Stigmaria ficoides** Ad. Brongniart, Sur la classif. et la distrib. des végétaux fossiles p. 9 et 28, pl. 1, fig. 7 (Extr. des *Mém. du Mus. d'hist. nat.*).

Description de l'espèce. Voir la suite de la synonymie, p. 56.

Des nombreuses formes du *Stigmaria ficoides* celle-ci est la plus commune. J'en ai fait représenter deux échantillons. L'un montre une écorce lisse, pl. LX, fig. 1; l'autre est ouvert longitudinalement, ce qui permet d'apercevoir quelque chose de sa structure : au centre est l'axe ligneux et l'on voit les faisceaux fibro-vasculaires qui traversent la partie cellulaire pour se rendre aux appendices.

Provenance. Voici les localités où ont été recueillis les nombreux échantillons que j'ai pu observer.

Département de la Loire-Inférieure.

La Tardivière, commune de Mouzeil, puits Préjean, coll. Cailliaud, Mus. de Nantes; puits Henri, mur de la veine n° 4, M. Beaulaton; puits Henri; puits de la veine n° 2, Beaulaton; puits Saint-Georges, veine du Sud et toit de la veine n° 1, Beaulaton.

Montrelais, Dubuisson, 2 échant. cat. Mus. Paris, n° 1172.

Département de Maine-et-Loire.

Échantillon de la collection Toulmouche indiqué comme venant de Montjean. Musée de Rennes.

Mines de la Prée, puits n° 3, commune de Chalonnes, Mus. Paris et Nantes.

Ardenay, Chalonnes. Mus. paléontologique d'Angers.

Collection Courtillier. Musée de Saumur.

Bords de la Loire, coll. Marie Rouault, Musée de Rennes.

Le *Stigmaria ficoides* α *vulgaris* a été rencontré dans presque tous les bassins houillers d'Europe, et depuis le culm inférieur jusqu'au Stéphanien. On trouve même dans le terrain dévonien, mais avec divers noms spécifiques, des *Stigmaria* ayant les plus grands rapports avec la forme dont nous venons de parler.

β UNDULATA Goeppert.

(Atlas, pl. LX, fig. 3 et 4.)

1831-1833. **Stigmaria ficoides** Lindley et Hutton, The foss. Fl. of Great Brit., I, pl. XXXIV. — Corda, Beitr. z. Fl. d. Vorwelt, 1845, p. 32-33, pl. XII, fig. 2. — Roemer in Bronn, Lethæa geogn., Vol. II, p. 137, 1851-1856, Atlas, 1850-1856, pl. VI, fig. 15. — Goldenberg, Fl. sarœpont, part. III, 1862, p. 17, pl. XIII, fig. 1 et 1 A. — Heer, Fl. foss. arctica, III, 1, Beitr. z. Steinkohlenfl. Fl. d. arctisch. Zone, 1875, p. 5, pl. I, fig. 4. — Binney, Obs. of the struct. of foss. plants found in the carbonif. strata, Pal. Soc., 1875, part. IV, vol. 1875, pl. XXIV, fig. 4. — Saporta et Marion, Évol. du Règne vég., phanérog., I, 1885, p. 54, fig. 24 c.

1838. **Stigmariæ ficoidis epidermis corrugata** Sternberg, Vers. ein. geogn.-bot. Darstel. d. Fl. d. Vorwelt, part 1 et 2, 1878, p. 209, pl. XV, fig. 5.

1841. **Stigmaria ficoides** β **undulata** Goepp., Die Gatt. d. foss. Pflanz., Livr. 1 et 2, 1841, p. 30, pl. IX, p. 5-10. — Goepp., Foss. Fl. d. Übergangs. (*Nov. Acta Acad. cœs Leop.-Carol. Nat. Cur.*, voluminis 22 suppl.), 1852, p. 245, pl. XXXII, fig. 2. — Goeppert, Ueber die foss. Fl. d. Silur., d. devon. und unter Kohlenform. vol. XXVII, 1859, p. 541. — Schimper, Traité de paléont. vég., 1870, p. 114. — Schimper, Vég. du terrain de transit. des Vosges, 1862, p. 325.

1862. **Stigmaria anabathra** Goldenberg, part. Fl. sarœpont. foss., p. 19, pl. XIII, fig. 4, 9, 10, 11, 13.

1868. **Stigmaria ficoides** variété **undulata**, Ébray, Vég. foss. des terrains de transit. du Beaujolais, 1868, pl. II, IV, V. — Solms Laubach, Foss. Bot., an Introd. to Palæophyt. translat. by Garnsey, revis. by Balfour, 1891, p. 270.

1880. **Stigmaria ficoides** var. β **undulata** Lesquereux, Descr. of the coal Fl. of the carbonif. format. of Pennsylvania, II, p. 515, Atlas, 1879, pl. LXXIV, fig. 2, 3, 7.

1880. **Stigmaria undulata** Renault, Cours de bot. foss., I, p. 155, pl. XIX, fig. 8.

Écorce parcourue par des sillons longitudinaux ondulés descendant entre les cicatrices, tantôt isolément, tantôt par faisceaux de 4 ou 5, ceux d'un côté se rapprochant de ceux de l'autre côté au-dessous de chaque cicatrice. Cicatrices rondes, égales.

Département de la Loire-Inférieure.

La Tardivière, commune de Mouzeil, puits Neuf; puits Henri, mur de la veine n° 1, M. Beaulaton; puits Saint-Georges, mur de la couche n° 4, toit de la veine n° 2, et mur de la veine du Sud, M. Beaulaton, et sur d'autres points de la même mine.

Département de Maine-et-Loire.

Mines de la Prée, puits n° 3, Chalonnes.

Comme la forme précédente, celle-ci s'est largement répandue dans le temps et dans l'espace.

γ RETICULATA Goeppert.

(Atlas, pl. LXII, fig. 1, 1 A.)

1841. **Stigmaria ficoides** γ reticulata Goepp., Die Gattung. d. foss. Pflanz., Livr. 1 et 2, p. 3o, pl. IX, fig. 11. — Goepp., Foss. Fl. d. Übergangsg. (*Nov. Act. Cæs. Leop.-Carol. Nat. cur.*, vol. 22 suppl., 1852, p. 246.) — Goeppert, Ueber d. foss. Fl. d. Silur. d. devon. u. unter. Kohlenformat. (*Nov. Act.*, vol. XXVII, 1859, p. 541.) — Schimper, Vég. foss. du terrain de trans. d. Vosges, 1862, p. 325. — Schimper, Traité de pal. vég., II, 1870-72, p. 114.
1880. **Stigma ficoides** var C reticulata Lesquereux, Descr. of the coal Fl. of the carbonif. form. of Pennsylvania, II, p. 515.

Cicatrices de moyenne taille, arrondies. Écorce réticulée, striée. *Stries rayonnant souvent autour des cicatrices.*

Département de la Loire-Inférieure.

La Tardivière, commune de Mouzeil (Loire-Inférieure).

Puits Saint-Georges, Éd. Bur.

Dans une terrée au Sud de la veine n° 1, et même puits, niveau de 190 mètres, au toit de la veine n° 1. Muséum de Nantes, M. Beaulaton.

Dans le bassin de la basse Loire, cette forme de *Stigmaria* n'a jamais été trouvée qu'au puits Saint-Georges, et rarement.

Gœppert l'a certainement vue d'Allemagne et l'a très bien figurée; mais Lesquereux, bien que dans sa Flore de Pensylvanie il en ait donné une synonymie, déclare ne l'avoir jamais observée.

ζ INÆQUALIS Gœppert.

(Atlas, pl. LXI, fig. 1.)

1841. **Stigmaria ficoides ε inæqualis** Gœppert, Die Gattung. d. foss. Pfl., p. 30, pl. 11, fig. 21. — Gœppert, Foss. Fl. d. Übergangs. 1852 (*Nov. Acta Acad. Cæs. Leop. Carol. Nat. cur.*, vol. 11, suppl.), p. 246, pl. XXXII, fig. 1. — Geinitz, Darstell. d. Fl. d. Hainich.-Ebersdorfer u. d. Flœher Kohlen-bassins (*Preisschrif. jablonnskisch. Gesellschaft zu Leipzig* V), 1854, p. 59, pl. X, fig. 3, 4, 5. — Gœppert, Ueber d. foss. Fl. d. Silur., d. devon. u. unter. Kohlenform., 1859, XXVII, p. 541. — Schimper, Plant. foss. du terrain de transit. des Vosges, 1862, p. 326, pl. V Schimper, Traité de paléontologie végét , II, 1870 18/2, p. 115.

Cicatrices rondes mais de grandeur inégale.　　　　　　　　Description de l'espèce.

Département de la Loire-Inférieure.

La Tardivière, commune de Mouzeil, puits Saint-Georges; veine n° 2 et　　Provenance. mur de la veine du Sud, M. Beaulaton; niveau de 260 mètres, M. Beaulaton, Mus. Nantes.

Département de Maine-et-Loire.

Saint-Georges-Chatelaison, Virlet, 1828, cat. Mus., n° 1167.

Gœppert l'a décrite et figurée d'Allemagne; mais Lesquereux ne l'admet qu'avec doute dans sa Flore fossile de Pensylvanie. Quoi qu'il en soit, c'est une forme assez rare.

θ ELLIPTICA Gœppert.

(Atlas, pl. LXI, fig. 2, 3.)

Voir synonymie et description au culm inférieur, p. 50.　　　　Description de l'espèce. On l'a trouvée, culm supérieur de la basse Loire, dans les localités suivantes :

Département de la Loire-Inférieure.

Provenance. Puits Préjean, La Tardivière, commune de Mouzeil.
Ancien puits de la Transonnière, commune de Mésanger.
Montrelais, Dubuisson, cat. Mus. Paris n° 1172.

Département de Maine-et-Loire.

Saint-Georges-Chatelaison, Virlet, 1828, cat. Mus. Paris n° 1167.
Cette plante est assez répandue, mais elle ne paraît pas s'être étendue au delà de l'ancien continent. Lesquereux ne la mentionne pas dans sa Flore fossile de Pensylvanie.

ι LÆVIS GOEPPERT.

(Atlas, pl. LX, fig. 5.)

1852. **Stigmaria ficoides** *ι* GOEPPERT, Foss. Fl. d. Übergangs. (*Nov. Act. Acad. Cæs. Leopold.-Carol. Nat. cur.*, vol. 22, suppl., p. 246.) — GOEPPERT, Foss. Fl. d. silur., d. devon. u. unter. Kohlenform., vol. XXVII, 1859, p. 542. — SCHIMPER, Vég. foss. du terrain de trans. des Vosges, 1862, p. 327. — SCHIMPER, Traité de paléont. vég., II, 1870-1872, p. 115.

Description de l'espèce.

Cicatrices rondes, très grandes, très saillantes, écartées, écorce lisse.

Département de la Loire-Inférieure.

Provenance. Puits Neuf, La Tardivière, commune de Mouzeil (Loire-Inférieure), Éd. Bur., et Saint-Georges-Chatelaison, près de Doué (Maine-et-Loire), Virlet, 1828, Cat. Mus. n° 1167.
Forme rare en Europe, non citée en Amérique.

μ RUGOSA HEER.

(Atlas, pl. LXI, fig. 4, 4 A.)

1860. **Stigmaria ficoides** var. non denomin., EICHWALD, *Lethæa rossica* I, p. 205. — SCHIMPER, Vég. foss. du terrain de transit. des Vosges, 1862, p. 325, pl. VIII, fig. 2. — POTONIÉ, Lehrbuch d. Pflanzenpal. 1899, p. 211, fig. 203.
1862. **Stigmaria abbreviata** GOLDENBERG, Flora saræp. foss., III, pl. XII, fig. 3, 3 A, 4.

1862. **Stigmaria anabathra** Goldenberg, Fl. saræp. foss., III, pl. XIII, fig. 3, 3 A, 16.
1871. **Stigmaria ficoides rugosa** Heer, Foss. Fl. d. Bären-Island (Flora foss. arctica, I, p. 46, pl. XII, fig. 1 à 3).
1900. **Stigmaria ficoides** μ **rugosa** Éd. Bureau, Nantes et la Loire-Inf., III, p. 278.

Écorce rugueuse, à petits plis saillants, rapprochés, aboutissant 5-6 au ma- melon d'en dessus et autant à celui d'en dessous; d'autres passant à droite et à gauche des cicatrices, sans les contourner. Cicatrices de 5 millimètres de large, rondes, écartées. Description de l'espèce.

Département de la Loire-Inférieure.

La Tardivière, commune de Mouzeil, Éd. Bur. Provenance.
La Richerais, même commune, Éd. Bur., Cat. Mus. Paris, n° 7419.
Montrelais, coll. Dubuisson : 77. M. O. 3ᵉ, Mus. Nantes.

Département de Maine-et-Loire.

Mines de la Prée, puits n° 4, Chalonnes, Mus. de Nantes, L. Bureau.
    Cette forme est répandue, puisqu'on la cite dans le terrain de transi- tion des Vosges, dans la Russie et dans l'île des Ours entre la Norvège et le Spitzberg; mais elle ne paraît abondante nulle part et n'a pas été trou- vée au-dessus du culm.

Genre STIGMARIOPSIS Grand'Eury.

1877. **Stigmariopsis** Grand'Eury, Fl. carbonif. du départ. de la Loire, Botanique, p. 171.
1882. **Stigmarhizes** Renault, Cours de bot. foss., II, p. 37.

C'est l'appareil des racines de Lepidodendron et de Sigillaires. Les *Stigmaria* proprement dits sont cylindriques et se prolongent, avec de rares bifurcations, jusqu'à 2 ou 4 mètres de longueur. Ce sont des rhizomes, et ils ont, d'après Renault, des appendices de deux sortes : les uns seraient des racines, les autres des feuilles. On les reconnaît non à la forme, mais à des différences de structure : *les racines ont un fuiseau ligneux triangulaire avec des éléments tra- chéens à chacun des angles et un développement centripète. Les feuilles ont, du côté de l'axe, un cordon primaire centripète et extérieurement des lames de bois secondaires.*

Sur certains points du rhizome s'élevaient des tiges, qui présentaient les caractères soit d'un *Sigillaria*, soit d'un *Lepidodendron*. Ces tiges émettaient d'énormes racines, qu'on voit encore en place. On peut constater qu'elles étaient souvent au nombre de quatre, très grosses, courtes, coniques, plongeantes, que chacune se dichotomisait à faibles distances et un certain nombre de fois.

Il est clair que dans la basse Loire, où les Sigillaires sont d'une excessive rareté et les Stigmaria très communs, les Stigmariopsis sont émis par des Lépidodendrées.

STIGMARIOPSIS ÆQUALIS n. sp.

(Atlas, pl. LXII, fig. 2.)

Description de l'espèce. Les *Stigmariopsis* qui ont reçu des déterminations sont peu nombreux. Le *Stigmaria abbreviata* de Goldenberg[1] est un *Stigmariopsis* bien reconnaissable à l'énorme racine dont il montre l'extrémité hémisphérique, et à une autre forte racine se divisant en deux branches. Sa surface couverte de stries longitudinales, ses cicatrices rapprochées, plus larges que les autres, permettent aussi très bien de les reconnaître.

Un autre *Stigmariopsis*, dont on doit la figure à Geinitz[2], offre bien la bifurcation en deux grosses branches presque parallèles. Il en fait le *Stigmaria inæqualis*. Les cicatrices très petites forment un contraste avec la dimension des grosses branches dichotomes.

C'est à M. Grand'Eury qu'on doit rapporter le transport des deux formes ci-dessus dans le groupe *Stigmariopsis*.

Il y a joint un *Stigmariopsis tenuis*, bien distinct par la gracilité de ses rameaux et l'excessive petitesse de ses cicatrices[3].

Aucune de ces formes n'est semblable à celle que j'ai recueillie, et qui est remarquable par son épiderme rugueux, ainsi que par ses grandes cicatrices, écartées, soulevées, bordées et toutes égales.

J'ai donné à ce *Stigmariopsis* l'épithète d'*æqualis*, en raison de l'égalité de taille de ses cicatrices.

Provenance. Je ne l'ai trouvé qu'une seule fois, à la Tardivière, commune de Mouzeil (Loire-Inférieure).

[1] GOLDENBERG, Flora saræpontana foss., pl. XII, fig. 3 et 4.

[2] GEINITZ, Darstellung d. Flora des Hainichen Ebersdorf, pl. X, fig. 3, 5ᵉ.

[3] GRAND'EURY, Flore carbonif. du départ. de la Loire, Botanique, p. 173.

Classe des SPHÉNOPHYLLINÉES.

Genre SPHENOPHYLLUM Ad. Brong.

Voir caractères de la classe et du genre, p. 13.

SPHENOPHYLLUM TENERRIMUM Ettingsh. mss.

(Atlas, pl. LXXIII, fig. 9, 10; LXXIV, fig. 8.)

1853. **Sphenophyllum tenerrimum** Ettingshausen mss. — Stur, Verb. d. k. k. geol. Reichsanst., 1868, p. 52. — R. Helmhacker, Beitr. z. Kenntn. d. Fl. d. Südlandes d. überschl. poln. Steinkohlenf., 1874, p. 28, pl. III, fig. 5-6. — Stur, Die Culm-Flora d. Mährisch-Schlesischen Dachschiefer, 1875, p. 17 — Stur, Die Culm-Flora d. Ostrauer u. Waldenburger Schichten, 1875, p. 108 (ou 214), pl. VII.

1872. **Sphenophyllum binatum** Helmhacker, Über die geol. Verbreitung d. Gattung *Sphenophyllum*. Sitzungsb. d. böhm. gelehrt, Sitzungsb. d. math.-naturw. Classe am 18 Oct. 1872. Ex. Stur : Nomen hocce ab ipso auctore, in emolumentum primi 1874 omissum.

Rameaux de 1-3 millimètres de diamètre, élargis aux nœuds. *Entre-nœuds parcourus par 10-12 côtes aiguës, séparées par des espaces concaves et obtus,* côtes n'alternant pas d'un entre-nœud au suivant. *Verticilles de 10 à 12 feuilles. Feuilles le plus souvent une fois bifurquées,* rarement deux fois, ou tout à fait simples, la première bifurcation se faisant plus ou moins haut, le plus souvent assez bas, sa feuille s'élargissant graduellement, parfois d'une façon très apparente, de la base au niveau de la première bifurcation; *parcourues au-dessous de cette bifurcation par une seule nervure qui se divise en même temps que la feuille,* de manière qu'il n'y a qu'une seule nervure par segment. *Pour les segments linéaires, s'écartant en éventail,* mais sans se toucher, les derniers subaigus et formant à la feuille un bord extérieur assez large. Plante peu rameuse. *Il y a sur les tiges et rameaux quatre grosses côtes et d'autres plus fines dans l'intervalle. Fructification au sommet des rameaux, en forme d'épis, occupant de nombreux entre-nœuds feuillés, sporangifères. Sporanges à contour pyriforme,* allongés à la base, sessiles, verticillés, *formant un ou deux cercles concentriques à la face supérieure des verticilles de bractées.*

On ne pourrait guère confondre cette espèce ·qu'avec le *Sphenophyllum myriophyllum* Crépin; mais celui-ci a les feuilles bifurquées plus près de la base, les lanières plus longues, plus aiguës.

Description de l'espèce.

Rapports et différences.

Les *Bornia*, dont les feuilles sont aussi plusieurs fois bifurquées, les ont beaucoup plus longues, irrégulièrement étalées, et non en rosettes comme celles du *Sphenophyllum tenerrimum*.

Provenance.   Ce joli petit *Sphenophyllum* est dispersé dans presque tout le bassin de la basse Loire; mais nulle part il n'est abondant. Voici les localités où il a été recueilli :

Département de la Loire-Inférieure.

Mines de la Tardivière, commune de Mouzeil, puits Préjean, Éd. Bur.

Mines de Montrelais : les Bertauderies; puits du Haut-Fourneau, limite Nord du terrain carbonifèrien, Éd. Bur.

Département de Maine-et-Loire.

Butte de la Garenne, à Montjean, MM. Davy, Couffon, L. Bur.

Mines de la Prée, puits n° 4, commune de Chalonnes.

Mines de Beaulieu, Couffon.

Stur cite de nombreuses localités dans les schistes d'Ostrau et de Waldenburg; ce niveau est celui du culm supérieur de la basse Loire. Il cite aussi, d'après Schimper, la vallée de Thann, qui correspond à notre culm inférieur. La plante fossile dont nous venons de parler aurait donc vécu pendant toute l'époque houillère inférieure.

SPHENOPHYLLUM DAVYI Ed. Bur.

(Atlas, pl. LXX, fig. 1 à 4 A.)

1900. **Sphenophyllum Davyi** Ed. Bur., La ville de Nantes et la Loire-Inférieure, vol. III, 1900, p. 280.

Description
de l'espèce.   *Feuilles, sur les jeunes rameaux, soudées à leur base;* à partir de cette base, *dressées, étroitement obcunéiformes, divisées au sommet en lanières terminées chacune par une pointe aiguë*, sétacée. Jeunes feuilles, 8 à 10 par verticille, longues de 2 à 5 centimètres, *les plus vieilles devenant énormes*, brisées actuellement aux deux bouts et ayant encore 12 centimètres de long (elles devraient en avoir plus de 15); *s'élargissant graduellement, mais très peu, de sa base au sommet*, où elles sont larges de 15 à 20 millimètres, *presque rubanées*. Impression de leur face supérieure concave, en forme de gouttière; celle de leur

face inférieure convexe. *Nervures nombreuses, saillantes, apparentes sur les deux faces, dichotomes, contiguës.*

Cette espèce est bien facile à distinguer; une seule pourrait être confondue avec elle : c'est le *Sphenophyllites longifolius* Germar; mais les proportions de cette dernière n'atteignent pas celles du *S. Davyi*, qui ont bien les feuilles quatre fois plus grandes; elles ne présentent pas non plus la longue pointe sétacée qui termine les divisions de la feuille dans l'espèce que nous venons de décrire. Rapports
et différences.

En somme, si remarquable que soit cette forme de *Sphenophyllum*, ce n'est point une forme archaïque comme le *Sph. tenerrimum*, espèce à feuilles très petites et très divisées, qui se trouve dans le même dépôt : par ses traits de ressemblance avec le *Sphenophyllites longifolius* Germar, elle semble le précurseur des espèces qui ont vécu vers le milieu de l'époque houillère.

Le *Sphenophyllum Davyi* n'a été jusqu'ici trouvé que dans le bassin de la basse Loire. Il y est même très cantonné. Provenance.

M. Davy a trouvé dans la pierre carrée de Montjean l'échantillon contenant les feuilles de grande dimension (fig. 3, 3 A, 4, 4 A) et un rameau feuillé (fig. 1); mon frère a recueilli, dans la même localité, le verticille (fig. 2).

Dans le psammite du culm supérieur de Chalonnes, Triger a trouvé, en 1844, un fragment de verticille de 5 à 6 feuilles que je ne puis attribuer à une autre plante qu'au *Sphenophyllum Davyi*. Cet échantillon est inscrit au registre d'entrée des plantes fossiles du Muséum sous le n° 4040.

Classe des CALAMARIÉES.

Voir caractères de la classe p. 15.

Genre CALAMITES Schlotheim.

1751. **Calamites** Guettard, *Mém. Acad. Sc. Paris.* — Succow in *Acta Acad. Theodosa-Palatinæ*, V, 1874, p. 355-363, pl. XVI, fig. 2; pl. XVIII, fig. 11; pl. XIX, fig. 8-9. — Schlotheim, Die Petrefactekunde, 1820, p. 378. — Artis, Antedil. Phyt., 1825, p. et pl. 2, 4, 6, 13, 14. — Ad. Brongn., Prod. d'une hist. des vég. foss., 1828, p. 37. — Ad. Brongniart, Hist. des vég. foss., I, 1828, p. 121. — Lindl. et Hutt., Foss. Fl. of Great Brit., I, 1831-3, pl. I, fig. 15, 16, 20, 21, 77, 79; II, 1833-5, pl. XCVI, CXXXIX; III, 1837, pl. CXCVI, CCXVI. — Sternberg, Vers. ein. geogn.-

IMPRIMERIE NATIONALE.

bot. Darstel., fasc. V et VI, 1833, p. 49. — F. Roemer in Bronn's, Lethæa geogn.,
I, 1851, p. 3 et 100. — Eichwald, Lethæa rossica, I, 1860, p. 160. — Lesquereux,
Geol. Survey of Illinois, II, 1866, p. 445. — Schimper, Traité de Pal. vég., I, p. 292.
— Balfour, Introd. of. the Study of palæontol.-bot., 1872, p. 57. — Boulay, Le
terrain houill. du nord de la France, 1876, p. 21. — Grand' Eury, Fl. carbonif. du
départ. de la Loire, 1ᵉʳ part., Bot., p. 13. — Lesquereux, Descr. of the Coal Fl. of the
carbon. format. of Pennsylv., I, 1880, p. 19. — Schimp. in. Schenk, Handb. d. Palæont.
herausg. v. Zittel, II, Abtheil., Palæophyt., 1880, p. 163. — Renault, Cours de Bot.
foss., II, 1881, p. 157. — Weiss, Calam., II, 1841, p. 51. — Solms-Laub., Einleit. in die
Palæont., v. Bot. Standp., p. 316. — Stur, Calam. d. Carb. Fl. d. Schatzl. Schicht.,
1887, p. 1. — Zeill., Fl. foss. du bassin houiller de Valenciennes, 1888, p. 310. —
Renault, Fl. foss. de Commentry, II, 1890, p. 394. — Grand' Eury, Géol. et palæont.
du bassin houil., 1890, p. 209. — Dawson, Acadian Geol., fourth edit., 1891, p. 308.
— Potonié, Lehrb. d. Pflanzen Palæont., 1899, p. 187. — Zeiller, Élém. de Palæobot., 1900, p. 149.

*Rhizome articulé ainsi que les tiges, donnant des tiges secondaires d'abord
horizontales, qui se redressent rapidement, augmentant de grosseur et prenant
une forme obconique. Tige dressée, creuse avec des diaphragmes de tissus
celluleux très mince. Enveloppe ligneuse et celluleuse très mince, cannelée,
côtes alternantes à chaque nœud, ayant une protubérance à leur sommet et souvent
une autre à la base. Tiges sans rameaux ou à rameaux rares et irrégulièrement
placés. Pas d'appendices.*

CALAMITES SUCCOWII Stur.

(Atlas, pl. LXIV, fig. 1-2.)

1828. Calamites Suckowii Ad. Brongniart, Hist. des vég. foss., I, p. 124, pl. IV, fig. 6;
pl. XV, fig. 1 à 6; invers. pl. XVI. — Sternberg, Vers. ein geogn.-bot. Darstell.,
fasc. 5 et 6, 1833, p. 49. — Sauveur, Vég. foss. des terrains houill. de la Belgique, 1848,
pl. III, IV, fig. 1-2; XI, fig. 3. — Eichwald, Lethæa rossica, 1860, p. 170. — Lesquereux, Geol. Surv. of Illinois, II, Palæontol., Descr. of plants, 1866, p. 445. —
Rœhl, Foss. Fl. d. Steinkohl.-Form. Westphaliens, 1869, p. 9, pl. I, fig. 6; pl. II,
fig. 2. — Grand'Eury, Fl. carbonif. du départ. de la Loire, Bot., 1877, p. 14. —
Lesquereux, Coal Fl. of Pennsylv., I, 1880, p. 20, pl. I, fig. 3. — Renault, Cours de
bot. foss., II, 1882, p. 159, pl. XXIV, fig. 3 à 5, — Zeiller, Fl. foss. du bassin houill.
de Valenciennes, texte 1888, p. 333; atlas, 1886, pl. LIV, fig. 2-3; pl. LV, fig. 1. —
Stur, Calamar. d. Schatzlar. 1887, p. 145, pl. I, fig. 3; pl. III, fig. 4; pl. V, fig. 5 et 6;
pl. XIV, fig. 1; pl. XVI, fig. 1 et 2. — Lesley, A dictionary of the foss. of Pennsylv.,
1889, p. 105 et fig. — Grand' Eury, Géol. et palæont. du bassin houill. du Gard, 1890,
p. 216. — Dawson, Acadian Geology, fourth edit., 1891, p. 195, fig. 39. — Éd. Bur.,
La ville de Nantes et la Loire-Inf., III, 1900, p. 281. — Geinitz, Die Verstein. d.
Steinkohl. in Sachsen, 1855, p. 6, pl. XIII, 1 à 3, 5 à 6. — Weiss, Foss. Fl. d.

jungst. Steinkohl. u. d. Rothlieg. im Saar-Rhein-Gebiete, fasc. II, 1871; p. 117, pl. XIII, fig. 5. — FEISTMANTEL, Die Verstein. d. böhmish. Kohlengebirgsabl. (*Palæogr.* XXIII), 1874; XXIII, p. 102; pl. II, fig. 3-4; III, fig. 1-2; IV, fig. 1-2; V, VI, fig. 1. — WEISS, Steinkohl. Calam., vol. II, fasc. I, 1876, p. 123; pl. XIX, fig. 1, et vol. V, fasc. II, 1884, p. 129, pl. II, fig. 1; pl. III, fig. 2-3; pl. IV, fig. 1; pl. XXVII, fig. 3. — WEISS, Steinkohl.-Calamarien, II, 1884, p. 129. — ZEILLER, Explic. de la carte géol. de France, IV, seconde partie : Vég. foss. du terrain houill., 1879, p. 12, et atlas, 1878, pl. CLIX, fig. 1. — RENAULT, Étude sur le terrain houill. de Commentry, Flore foss., II, 1890, p. 385, pl. XLIII, fig. 1-3; pl. XLIV, fig. 4-5.

1833. **Calamites æqualis** STERNB., Vers. einer geognost.-bot. Darstell. d. Fl. d. Vorwelt, fasc. V et VI, p. 49 (c'est la var. β Brongn.).

1848. **Calamites nodosus** SAUVEUR, Vég. houill. du terrain houiller de Belgique, pl. III, fig. 1 et 2.

1848. **Calamites Artisi** SAUVEUR, *l. c.*, pl. VII, fig. 1-2.

1880. **Calamites irregularis** ACHEPOHL, d. Niederrhein.-Wesphal. Steinkohl., Atlas d. foss. Fauna u. Flora, p. 89, pl. XXVIII, fig. 2.

1884. **Calamites (Stylocalamites) Suckowii** WEISS., Steinkohlen-Calamarien, II, pl. IV, fig. 1.

1884. **Stylocalamites Suckowii** WEISS, Steinkohlen-Calamarien, II, pl. II, fig. 1; pl. III, fig. 2-3; pl. XXVII, fig. 3.

1887. **Calamites Succowii** latine quia Georgius Ad. SUCCOW et STUR, Die Carbon-Flora der Schatzlarer Schichten, p. 145, note.

Partie souterraine, très bien étudiée par M. Grand'Eury, *se composant d'une tige-mère verticale, qui émet à certaines articulations des rhizomes.* Ces rhizomes, partant de la tige principale horizontalement, se redressent parfois dès leur origine, mais, souvent aussi, ont la forme d'un cordon cylindrique et mince, qui décrit un certain trajet avant de se redresser. A partir de leur redressement, les tiges souterraines, qu'elles soient nées sur la tige mère ou sur les rhizomes latéraux, se renflent rapidement, prennent une forme obconique, et leurs entre-nœuds s'écartent de plus en plus; elles deviennent alors des tiges aériennes, qui s'amincissent graduellement, ne semblent pas émettre de rameaux et finissent en pointe avec des entre-nœuds de plus en plus courts.

*Racines cylindriques, simples ou peu rameuses, naissant des articulations sou-*terraines, paraissant avoir été molles, avec un cordon fibro-vasculaire central.

Surface extérieure de la tige cannelée, côtes aplaties, parcourues de stries longitudinales excessivement fines, *portant à leur sommet une protubérance arrondie qui ne se voit pas toujours, non plus qu'une protubérance plus ou moins allongée qui se trouve au bas des côtes. Couche corticale très mince, recouvrant des cannelures mieux marquées que celles de l'extérieur. Le centre de la tige* était

Description de l'espèce.

27.

vide et coupé par des cloisons. Cicatrices des rameaux peu nombreuses, orbiculaires, placées au-dessus des articulations.

Stur (Die Calamarien der Schatzlarer Schichten, pl. IX, fig. 2) attribue au Calamites Suckowii des épis qui ont tous les caractères de ceux connus sous le nom de Bruckmannia Sternberg ou de Stachannularia Weiss. Le rameau qui les porte a des verticilles de feuilles linéaires comme les Asterophyllites. L'attribution me paraît donc encore douteuse.

Ad. Brongniart a partagé son Calamites Suckowii en cinq variétés. Il l'a donc regardé lui-même comme une espèce peu homogène. La plupart des échantillons sur lesquels il l'a fondée sont au Muséum d'histoire naturelle de Paris. Stur, dans un des séjours qu'il y a fait, les a examinés et a pu se convaincre que ces matériaux se rapportaient à plusieurs types spécifiques mélangés. J'ai acquis la même conviction.

La variété γ a été fondée sur un échantillon incomplet, envoyé par M. Cist, de Wilkesbarr, en Pensylvanie. Il n'a pas été figuré.

La variété δ, des mines de Richmond, en Virginie, a été établie et figurée pl. XVI, fig. 1, de Brongniart, d'après un spécimen également insuffisant. C'est un gros fragment de tige comprimé de haut en bas, très plissé par conséquent et dépourvu d'articulations. Les côtes sont très fines, très nombreuses; elles ressemblent à celles des Calamites ramosus ou Cistii.

La variété β repose sur un bel échantillon recueilli dans les mines de Littry (Calvados) [pl. XVI, fig. 4-5 de Brongniart]. Il a des côtes bien prononcées, des entre-nœuds à peu près égaux et des protubérances elliptiques. Stur fait remarquer que cette forme a déjà été indiquée comme espèce par Sternberg[1], sous le nom de Calamites æqualis.

La variété ε, à côtes carénées (Brongniart, pl. XV, fig. 4-5), provenant de Littry (Calvados), est bien insuffisamment caractérisée, puisque cette côte médiane peut manquer ou être présente sur les différentes parties d'un même échantillon. Elle manque totalement sur les beaux spécimens figurés par M. Zeiller[2].

La variété α est fondée sur un très bel échantillon provenant de Newcastle et conservé au Muséum d'histoire naturelle. Il est figuré pl. XIV, fig. 1-3, dans l'ouvrage de Brongniart. Les articulations, les côtes, l'allongement

[1] Sternberg, Vers. ein. geogn.-bot. Darstell. d. Fl. d. Vorwelt; fasc. 5 et 6, p. 1833, p. 49, pl. IX, fig. 2-4.

[2] Zeiller, Flore foss. du bassin houiller de Valenciennes, pl. LIV, fig. 2, et LV, fig. 1.

graduel des entre-nœuds sont très accusés. On voit très bien un entre-nœud court suivi de trois autres de plus en plus longs, ayant jusqu'à 6 centimètres de hauteur et suivis brusquement d'un entre-nœud de 2 centimètres de hauteur, niveau de départ d'une série nouvelle.

Il résulte de cet examen que les variétés α et β, qui ont des côtes assez fortes, planes, pourvues de protubérances, sont celles que nous trouvons aujourd'hui dans les gisements où les cite Brongniart et dans ceux qui sont d'un âge analogue. Quant aux tiges à côtes nombreuses, fines, c'est plutôt, comme nous l'avons dit, près des *Calamites Cistii* et *ramosus* qu'il convient de leur chercher des analogies.

Il arrive parfois, dans le *Calamites Succowii*, que certaines côtes passent d'un entre-nœud à l'autre sans entrecroisement. Cette disposition devient plus fréquente dans certains échantillons dont Stur [1] a fait, surtout d'après ce caractère, une espèce à qui il a donné le nom de *Calamites Haueri*. Ce calamite semble former, au point de vue de la structure, une transition entre le *C. Succowii* et le *Bornia transitionis* [2].

Le *Calamites Succowii* a été trouvé sur presque toute la longueur du bassin.   Provenance.
Voici les localités constatées jusqu'ici :

Département de la Loire-Inférieure.

Mines de la Tardivière, commune de Mouzeil, puits Préjean ; puits Saint-Georges, collection Bertrand-Geslin, Mus. hist. nat. de Nantes ; puits du Nord, Éd. Bur.

Mines de Montrelais, collection et catal. de Dubuisson : 84. M. O. 3ᶜ. Mus. hist. nat. Nantes.

Département de Maine-et-Loire.

Mines de Saint-Georges-sur-Loire, près Chalonnes, puits du Port-Girault ; Ad. Brongniart, 1845, cat. Mus. Paris, n° 4641.

Mines de Chalonnes-sur-Loire, Triger, 1844, cat. Mus. n° 4040 ; cf. *Calam. Haueri*, Stur, ms.

[1] Stur, Die Culm-Flora der Ostrauer u. Waldenburger Schichten, II, p. 195, pl. II, fig. 7 ; pl. V, fig. 2 et 3 *a*, *b* ; fig. 19, p. 92 (176) ; fig. 20, p. 93 (199).

[2] Stur fait remarquer que ce Calamite est dédié à Succow et non Suckow. Par conséquent Brongniart aurait dû écrire : *Succowii* et non *Suckowii*.

Chalonnes, mines de la Prée, puits n° 3, L. Bur.

La Haie-Longue, au Sud-Ouest d'Angers, Audoin, 1831, Mus. Paris; coll. Bertrand-Geslin, Mus. de Nantes.

Coteau de la rive nord du Layon, vis-à-vis La Brosse, près de Chaudefonds, Éd. Bur.

Saint-Georges-Chatelaison, Th. Virlet, Mus. Paris.

En dehors de la basse Loire, cette espèce est largement répandue.

M. Zeiller l'a trouvée dans les deux sections du bassin de Valenciennes : département du Nord et département du Pas-de-Calais. On l'a signalée à Ronchamp (Haute-Saône), à Littry (Calvados), à Saint-Étienne et à Rive-de-Gier (Loire), à Blanzy et à Épinac (Saône-et-Loire), à Commentry (Allier), à Graissessac (Hérault), à la Mure (Isère), dans le bassin du Gard, en Belgique, à Eschweiler dans la province rhénane, en Saxe, en Bohême, dans le bassin du Donetz (Russie méridionale), à Newcastle, en Angleterre, aux États-Unis, d'après Lesquereux; au Canada, d'après Dawson, et assurément dans bien d'autres gisements.

La vitalité de cette espèce a répondu à son extension : on a commencé à la voir dans le culm, et même semble-t-il dans le culm ancien, en Russie; elle a traversé, en laissant des traces de son existence, les étages carbonifères moyen et supérieur, et ce n'est qu'après le dépôt des couches inférieures de l'étage permien qu'on cesse de la rencontrer.

Var. UNDULATUS WEISS.

1822. **Calamites decoratus** AD. BRONGNIART, Class. vég. foss., p. 17, 89, pl. I, fig. 2. — AD. BRONGNIART, Hist. des vég. foss., I, 1828, p. 123, pl. XIV, fig. 3-4.

1826. **Calamites undulatus** STERNBERG, Vers. ein geol.-bot. Darstell. I, fasc. 4, p. 26; II, fasc. 5, 6, p. 47, pl. I, fig. 2. — AD. BRONGNIART, Hist. végét. foss., I, p. 127, pl. XVII, fig. 1-4. — SAUVEUR, Vég. foss. terr. houill. Belg., pl. V, fig. 1-3; pl. VIII, fig. 1.

1883. **Calamites inæquus** ACHEPOHL, Niederrh. Westfäl., p. 114, pl. XXXIV, fig. 15.

1883. **Calamites duplex**, ACHEPOHL, id., p. 135, pl. XLI, fig. 11.

1884. **Calamites Suckowii**, var **undulatus** WEISS, Steinkohl.-Calamarien, II, p. 134, 2 fig. et pl. XVII, fig. 4.

1888. **Calamites undulatus** ZEILLER, Fl. foss. bass. houill. Valenciennes, p. 338, pl. LIV, fig. 1-4.

Description de la variété.

Articles longs, côtes larges de 2 à 3 millimètres, aplaties, à bords plus ou moins sinueux, interrompues parfois par le rapprochement des côtes voisines.

Côtes alternant aux articulations, leurs sommets triangulaires formant, par leur réunion, une ligne en zig-zag; protubérance globuleuse sous leur sommet. Au-dessous de cette saillie, traces d'un tissu cellulaire à mailles allongées rectangulaires.

Un échantillon du Muséum d'histoire naturelle de Nantes est un vrai *Calamites undulatus.* Il est assurément du bassin de la basse Loire et bien probablement de Montrelais; car la roche qui le forme est celle des échantillons recueillis dans cette localité par Dubuisson. C'est une tige de 65 millimètres de diamètre, peu comprimée, à nœuds assez rapprochés, à côtes de 3 millimètres de large, peu aplaties ou presque semi-cylindriques, ondulées latéralement, et aussi d'avant en arrière. Cette tige est formée d'un grès grisâtre, en partie ferrugineux.

Provenance.

Var. SINUOSUS.

Un échantillon du Muséum de Paris, recueilli par Audouin, en 1831, à la Haie-Longue, au Sud-Est d'Angers, m'a offert des caractères particuliers.

Provenance.

Cet échantillon est formé de deux fragments qui ont été évidemment ramassés l'un près de l'autre, mais qui, dans le rangement, se sont trouvés disjoints, tellement que, sur le catalogue d'entrée de la collection de paléontologie végétale, l'un porte le n° 116 et l'autre le n° 200. Je les ai rapprochés et collés, de sorte que le tout forme une portion de tige longue de 20 centimètres, rompue à ses deux extrémités, mais ayant toute sa largeur qui est de 7 centimètres. Les côtes, de 2 millimètres de large environ, sont arrondies, mais, dans les 15 centimètres environ où elles sont visibles, ne rencontrent pas une seule articulation. Leur partie supérieure, sur une longueur de 5 centimètres, est rectiligne; mais, dans *les 15 centimètres formant les trois quarts inférieurs de l'échantillon, elles semblent avoir subi l'effet d'une compression agissant de haut en bas.* Dans la variété *undulatus,* c'est chaque côte qui est ondulée latéralement; dans celle-ci, la forme des côtes ne change pas; mais, tout en restant groupées et parallèles, l'ensemble qu'elles constituent tantôt s'infléchit en une dépression transversale, tantôt se soulève en une sorte de bourrelet. Ces enfoncements et soulèvements sont alternatifs, et le phénomène a eu la même action sur une certaine surface de la tige; car les bourrelets sont tous conformes : ils ont environ 1 centimètre de grosseur, et les sillons qui les séparent sont également profonds et également espacés.

Description de la variété.

Si cette forme appartient à un calamite déjà connu, c'est à l'une des espèces ayant de très longs entre-nœuds ou des caractères particuliers reconnaissables. Ce n'est pas au *Calamites ramosus*, dont les côtes sont bien plus étroites; on peut hésiter entre *C. Succowii* et *C. cannæformis;* mais le *cannæformis* a des côtes bien plus grosses, presque aussi grosses parfois que celles du *Calamites gigas.* C'est donc au *Calamites Succowii* que cette forme paraît se rapporter.

CALAMITES DUBIUS Artis.

(Atlas, pl. LXIV, fig. 4.)

Calamites dubius Artis, Antediluvian Phytology, p. 13. — Ad. Brongniart, Prodr. d'une
hist. des vég. foss., 1828, p. 38. — Ad. Brongniart, Hist. des vég. foss., I, 1828,
p. 130, pl. XVIII, fig. 1-3. — Unger, Synopsis plant. foss., 1845, p, 22. — Unger,
Gén. et sp. plant. foss., 1850, p. 46. — Schimper, Traité de pal. vég., I, 1869, p. 313.

Description
de l'espèce.

Tige de 25 millimètres de large, *à entre-nœuds assez longs, parcourus par des côtes* larges de 1 millimètre et demi, *irrégulièrement alternantes* et légèrement renflées aux nœuds, *plates, nettement limitées sur les côtés par un sillon partagé en deux dans sa longueur par une côte très fine.*

Remarques
paléontologiques.

Plusieurs auteurs ont regardé le *Calamites dubius* comme une forme de *Calamites Cistii* dont la pellicule charbonneuse se serait détachée, mettant à nu une couche plus profonde, à côtes plates, nettement limitée latéralement. Mais j'ai vu des tiges de *C. Cistii* recouvertes de leur pellicule qui, par endroit, est tombée. Sous cette pellicule, on distingue des côtes bien conformes à ce qu'on voit extérieurement. Il n'y a trace ni de la surface plate des côtes, ni des sillons qui les limitent, ni de la petite saillie longitudinale qui partage chacun de ces sillons en deux. Avec les échantillons que j'ai pu étudier, il ne m'a pas été possible de voir comment cette transformation pourrait s'opérer, d'autant plus que les côtes du *Calamites dubius* sont notablement plus larges. Rien ne m'autorise donc à réunir les *Calamites Cistii* et *dubius.* Il me semble même que ce dernier ressemble plus au *Calamites Succowii* qu'au *Calamites Cistii.*

Provenance.

Le *Calamites dubius* a été trouvé dans deux localités du bassin de la basse Loire : au puits Neuf, commune de Mouzeil (Loire-Inférieure), Éd. Bur., et à Saint-Georges-Chatelaison, Virlet, Mus. hist. nat. Paris.

Schimper cite cette espèce de la mine de Leabrock, près Wenmorth, dans le Yorkshire, d'après Artis; dans l'anthracite de la Stangalpe, en Styrie et à Waldenburg, en Silésie, d'après Unger; dans les mines de Zanesville, Ohio (Granger).

CALAMITES CISTII Ad. Brongniart.

(Atlas, pl. LXIV, fig. 5, 6.)

1828. **Calamites Cistii** Ad. Brongniart, Prodr. d'une hist. des vég. foss. — Ad. Brongniart, Hist. des vég. foss., I, 1828, p. 129, pl. XX. — Sternberg, Vers. ein geogn.-bot. Darstell. d. Fl. d. Vorwelt, fasc. 5 et 6, 1833, p. 50. — Unger, Synops. plant. foss., 1845, p. 22. — Unger, Gen. et spec. plant. foss., 1850, p. 46. — Schimper, Traité de Paléont. vég., I, 1869, p. 313. — Roehl, Foss. Fl. d. Steinkohl. Format. Westphaliens, 1869, p. 12. — Grand'Eury, Fl. carbonif. du dép. de la Loire. Botanique, 1877, p. 19, atlas, pl. II, fig. 1 à 3. — Renault, Cours de bot. foss., II, 1882, p. 162, pl. 24, fig. 7. — Dawson, The. geol. of Nova Scotia or Acadian Geology, 4ᵉ édit. 1891, p. 442.

1855. **Calamites Cistii** Geinitz, Die Verstein. d. Steinkohlen Form. in Sachsen, p. 7, pl. II, fig. 7-8; pl. XII, fig. 4, 5; pl. XIII, fig. 7. — Feistmantel, Die Verstein. d. Böhmisch. Kohlenablag., part I, 1874, p. 110. — Zeiller, Fl. foss. du bassin houill. de Valenciennes, texte, 1888, p. 342, atlas, 1886, pl. LVI, fig. 1, 2. — Miller, North american Geol. and Paleontol., 1889, p. 110. — Renault, Étud. sur le terr. houil. de Commentry, II, 1890, p. 389, atlas, pl. XLIII, fig. 4; XLIV, fig. 1, 2 et LVII, fig. 4.

D'après Grand'Eury, *plante ayant formé des touffes, mais non serrées et enchevétrées comme celles du Calamites cannæformis. Pas de rhizomes apparents;* mais base de la tige légèrement amincie et à entre-nœuds plus courts. Nœuds de cette partie inférieure émettant des racines simples ou très peu rameuses. *Tiges dressées, droites ou très peu courbées, à entre-nœuds à peu près égaux. Sauf aux nœuds inférieurs, pas de racines; sommet de la tige à peu près ogival, avec nœuds de plus en plus rapprochés, d'où partent 1 ou 2 ramuscules simples,* très rarement un peu rameux, articulés comme la tige. Leurs nœuds sont également espacés; *tige à écorce très mince. Côtes menues, droites, régulières, subcarénées,* séparées par des sillons assez larges, qui sont, comme les côtes, parcourus par des stries longitudinales très fines. *Côtes ayant à leur partie supérieure des mamelons elliptiques et, à leur partie inférieure, à toucher l'articulation, de petites verrues ponctiformes qui* n'existent pas sur toutes les côtes. *Le sommet des côtes est ogival; elles sont alternes aux articulations, mais pas toutes* : il y en a qui passent d'un entre-nœud à l'autre, d'autres qui convergent : 2 ou 3 se rapprochent l'une de l'autre au sommet et arrivent au contact d'un pareil faisceau, qui s'est formé en face, au-dessus de l'articulation.

Description de l'espèce.

J'ai reçu en communication, du Muséum d'histoire naturelle de Nantes, trois échantillons de *Calamites Cistii* qui, tous les trois, ont été vus par Ad. Brongniart et font partie de la collection Dubuisson.

Provenance.

L'un est sûrement celui ou un de ceux cités par Brongniart : « Montrelais, département de la Loire-Inférieure. » Il porte, en effet, une étiquette de la main de Dubuisson : « 55. M. O. 3ᵉ Montrelais », ce qui veut dire que dans le *catalogue de la collection minéralogique, géognostique et minéralurgique du département de la Loire-Inférieure,* par Dubuisson, cet échantillon porte le nº 55 parmi ceux recueillis dans la commune de Montrelais, laquelle est dans le 3ᵉ arrondissement, celui d'Ancenis; et, en me reportant audit catalogue, j'y vois « Psammite bitumineux impressionné de fragments de tiges de plantes, de Montrelais ». La roche est bien un psammite noir et porte deux tiges de Calamites à côtes assez fines, subcarénées, qu'on ne peut méconnaître comme côtes appartenant au *C. Cistii.* L'authenticité n'est pas douteuse, bien que l'étiquette de la main de Brongniart se trouve arrachée. On en voit la base encore collée, et juste de la largeur des étiquettes de Brongniart qui sont sur les deux autres échantillons.

Un second échantillon porte la grande étiquette suivante : « *Calamites Cistii* Ad. Br. (Brongniart mss.) *Calamites Cistii* Ad. Brongniart (Cailliaud mss.) (Vieillevigne) » [ce dernier mot est d'une écriture et d'une encre différentes, probablement de la main de Dubuisson]. Mais une autre étiquette de la main de mon frère, Directeur du Muséum d'histoire naturelle de Nantes, porte : « Bien que cet échantillon soit étiqueté Vieillevigne, il est collé sur un socle qui porte : Montrelais, nº 59, 3ᵉ. » Je trouve, en effet, dans le catalogue de Dubuisson « 59. M. O. 3ᵉ Empreintes d'écorces d'arbres sur phyllades bitumineux ». La roche est un psammite noir, avec des surfaces de glissement. Elle est toute couverte d'un côté par une empreinte de *Calamites Cistii.*

Le 3ᵉ échantillon porte, comme le second, une grande étiquette : « *Calamites Cistii* Ad. Br. (Ad. Brongniart mss.) *Calamites Cistii* Ad. Brong., du terrain (Calliaud ms.) anthraxifère, commune de Vieillevignes » (au crayon et probablement de la main de Cailliaud). Sur une étiquette collée par mon frère, il y a : « sans numéro d'ordre. Coll. Dubuisson ».

La roche est semblable à la précédente, et un peu différente de celle du 1ᵉʳ échantillon. Cette dernière présente quelques traces de stratifications. Les 2 autres sont compactes, sans aucune trace de feuilletage.

Le 3ᵉ échantillon contient une tige non comprimée de Calamite, grosse comme le doigt, à côtes très fines, qui peut bien être un *C. Cistii* jeune, mais qui pourrait aussi bien être un *C. ramosus* (*Annularia ramosa* Weiss).

Les 3 échantillons étaient collés sur des socles par la même cire noire dont se servait Dubuisson.

Ce qu'il y a de curieux, c'est qu'il y a bien près de Vieillevigne un terrain houiller, mais que Dubuisson, dans son livre, n'en fait aucune mention. En effet ce terrain est, je crois, hors du département. Cependant les trois échantillons figurent dans la collection Dubuisson, collection exclusivement départementale, et deux sont cités à Montrelais, dans son catalogue.

J'ai vu aussi dans les collections de botanique fossile du Muséum d'histoire naturelle de Paris plusieurs échantillons dont Brongniart s'est servi comme types de son *Calamites Cistii*.

Tel est celui de Wilkesbarre (Pensylvanie), cité par ce savant dans son *Histoire des végétaux fossiles*, I, p. 129. C'est un spécimen remarquable, qui porte sur le catalogue d'entrée le n° F, 130. Il est représenté de grandeur naturelle, assez fidèlement, sauf que la position des côtes, à chaque nœud, est moins régulière que dans la figure : pl. 20, fig. 1. La plupart des côtes alternent; mais un bon nombre aussi sont bout à bout, et cela est peut-être plus visible encore sur un rameau qui se trouve à gauche de la grosse tige et parallèlement à elle. On dirait, pour la finesse des côtes et leur nombre, une tige et un rameau de *Calamites ramosus* Artis; mais il n'y a pas ici la longueur des entre-nœuds si remarquable dans le *C. ramosus*. Pour la grosse tige, on ne la distinguerait pas, au premier abord, du *C. ramosus* Artis; mais, à un examen plus attentif, on voit bien la forme subcarénée des côtes. Elles sont, en outre, plus rectilignes, plus égales de grosseur que dans les échantillons de Montrelais.

J'ai vu aussi l'échantillon de Gravenhorst (Silésie) qui est cité par Brongniart, même page. La plupart des côtes sont alternes, quelques-unes bout à bout. Le caractère des côtes subcarénées est bien marqué aussi. En somme, la seule différence qu'on puisse trouver entre les échantillons provenant de régions éloignées et ceux de la Basse-Loire, c'est que dans les premiers les côtes sont en général plus fines et plus régulières, encore cela n'est-il pas constant, car j'ai sous les yeux un échantillon des Basses-Alpes, où les côtes sont à peu près aussi grosses que dans les échantillons de la Basse-Loire.

Stur a séparé du *Calamites Cistii* et regardé comme espèce distincte, sous le nom de *Calamites Cistiiformis,* une forme de Calamite à laquelle il a reconnu les caractères suivants : le noyau pierreux présentant l'impression de cellules médullaires énormément plus grandes que celles du *C. Cistii;* côtes les unes alternant aux nœuds, les autres bout à bout, sans déviation d'un

28.

entre-nœud à l'autre. La disposition des côtes serait ainsi intermédiaire à ce qu'on voit d'une part dans la *C. Cistii*, de l'autre dans l'*Asterocalamites radiatus*, ou *Bornia transitionis*.

Parmi les échantillons recueillis dans la Basse-Loire, je n'en ai pas reconnu qui pussent être rapportés au *Calamites Cistiiformis*; c'est, au contraire, ce bassin qui a fourni une partie des spécimens sur lesquels Ad. Brongniart a fondé son *C. Cistii*. Cette dernière espèce se reconnaît bien à ses côtes fines, convexes, subcarénées. Le *C. ramosus* a aussi les côtes fines, mais planes, du moins dans les échantillons décortiqués.

Voici les localités de la Basse-Loire qui ont fourni le *Calamites Cistii*.

Département de la Loire-Inférieure.

Montrelais, collection Dubuisson, 56. M. O. 3ᵉ et 59. M. O. 3ᶜ. Mus. hist. nat. de Nantes.

Département du Maine-et-Loire.

Montjean, Éd. Bur., Davy.
Saint-Georges-sur-Loire, puits du Port-Girault.
Ad. Brongniart, 1845. Cat. Mus. Par., n° 4642.
Mines de la Prée, commune de Chalonnes, puits n° 4.
La Haie-Longue, au S. O. d'Angers, Audouin, 1831.
Saint-Georges-Chatelaison, Virlet. Cat. Mus. Paris, n° 137.

Dans les autres bassins houillers, français et étrangers, le *Calamites Cistii* paraît assez largement répandu : M. Zeiller le cite à tous les niveaux du bassin de Valenciennes, dans les départements du Nord et du Pas-de-Calais; M. Grand'Eury, sur de nombreux points du centre de la France : à Saint-Étienne, Avaize, Le Treuil, à la Roche-du-Geai, dans le tunnel de la Ricamarie, à la Malafolie, à Roche-la-Molière, à Rive-de-Gier, Grand'Croix, Landuzière, Communais, etc. On le trouve à Commentry, dans la Tarentaise, en Suisse, en Belgique, à Saarbruck, en Silésie, en Saxe, en Bohème, en Hanovre, et jusqu'aux États-Unis, à Wilkesbarre en Pensylvanie.

On n'a pas, que je sache, trouvé la *Calamites Cistii* dans le culm inférieur; mais dans le culm supérieur il ne paraît pas très rare. On a constaté sa présence dans tout le houiller moyen et dans tout le houiller supérieur.

CALAMITES CANNÆFORMIS Schlotheim.

(Atlas, pl. LII, fig. 3, 4.)

1820. **Calamites cannæformis** Schlotheim, Die Petrefakt., ein. Beitr. z. Fl. d. Vorwelt.,
erste Abtheil., 1804, pl. XX, fig. 1. — Sternberg, Vers. ein geognost.-bot. Darstell., fasc. 4, 1825, p. XXVI. — Ad. Brongniart, Hist. des vég. foss., I, 1828, p. 131,
pl. XXI. — Lindl. et Hutt.,The foss. Fl. of Great Brit., I, 79, 1833. — H. B. Geinitz,
Die Verstein d. Steinkohl. in Sachsen, 1855, p. 5, pl. XIV. — Eichwald, Lethæa
rossica, 1860, I, p. 169. — Schimper, Traité de Pal. vég., I, 1869, p. 316, pl. XX,
fig. 1 à 3. — Weiss, Foss. Fl. d. jungsten Steinkohl. und d. Rothlieg. in Saar-Rhein,
fasc. 2, 1871, p. 117, pl. XIII, fig. 5. — Grand'Eury, Fl. carbonif. du dép. de la Loire,
1877, texte, p. 21, atlas, pl. III, fig. 1, 2. — Lesquereux, Descript. of the coal Fl. of
the carbonif. Format. of Pennsylvania, I, 1880, pl. I, fig. 1. — Renault, Cours de
bot. foss., 1881, p. 164. — Lesley, A. Diction. of the Foss. of Pennsylvania, I, 1889,
p. 104, fig. 2. — Éd. Bur., Bull. Soc. géol. France, 1908, p. 653.

1828. **Calamites pachyderma** Ad. Brongn., Hist. des vég. foss., p. 132, pl. XII. — Weiss,
Foss. Fl. d. jungst. Steinkohl. u. Rothlieg., 1871, fasc. 2, p. 116.

1828. **Calamites Steinhaueri** Ad. Brongniart, Hist. d. vég. foss., I, p. 135, pl. XVIII, fig. 4.
— Schimper, Traité de Pal. vég., I, 1869, p 317.

1828. **Calamites decoratus** Ad. Brongniart, I, 1828, p. 123, pl. XIV, fig. 1 à 5.

1875-1877. **Calamites Haueri** Stur, Die Culm Flora d. Ostrauer u. Waldenburg. Schicht.,
p. 89, pl. 11, fig. 7; V, fig. 2, 3 a, b et fig. dans le texte, 19, p. 92 et 20, p. 93.

1878. **Calamites Suckowii**, var. b. cannæformis Heer, Fl. foss. Helvetiæ, 1878, p. 46.

Parties souterraines des tiges naissant les unes des autres et se relevant de suite Description
de l'espèce.
après leur naissance, formant, par conséquent, une touffe serrée et non pas
lâche, comme elle l'est dans la *Calamites Succowii* en raison de ses rhizomes,
très minces à la base et longuement couchés. *Base des tiges obconiques. Entre-
nœuds très courts* du côté de la pointe, *puis rapidement plus longs en remontant
sur la tige,* et alors s'allongeant graduellement et s'effilant au sommet; en général, plus courts que leur diamètre, surtout sur les grosses tiges. *Côtes larges
de 3 à 4 millimètres, aplaties ou même déprimées sur leur ligne médiane,* alternes, à sommet et à base triangulaire, nettement limitées sur les bords par un
sillon profond et large. Protubérance subelliptique, variant de forme et de
grosseur, placée sous le sommet des côtes. *Couche charbonneuse tantôt mince
comme une feuille de papier, tantôt épaisse de plusieurs milllimètres,* de nature
cellulaire, d'après M. Grand'Eury; endoderme légèrement strié en long.

Il semble que plusieurs espèces doivent rentrer dans celle-ci : Rapports
et différences.

Les spécimens à couche charbonneuse épaisse ont constitué, d'après
M. Weiss, le *Calamites pachyderma* d'Ad. Brongniart.

Ce savant lui-même fait remarquer que le *Calamites gigas* ne diffère des autres Calamites (du *Calamites cannæformis* par conséquent) que par sa taille parfois énorme et par la largeur de ses côtes.

C'est également par la grosseur de la tige et des côtes que le *Calamites Steinhaueri* pourrait se distinguer du *C. cannæformis;* mais il y a des échantillons intermédiaires.

Enfin, j'ai été témoin de la difficulté que Stur avait à reconnaître son *Calamites Haueri*. Dans un voyage qu'il fit à Paris, il mit des noms sur les Calamites du Muséum recueillis dans le bassin de la basse Loire, à Chalonnes, par Triger, et plus récemment à la Tardivière, par moi. Sur la plupart de ces échantillons il inscrivit le nom de *Calamites Haueri*, et, sur plusieurs, le signa. Or les échantillons ainsi reconnus par l'auteur de cette espèce ne diffèrent en rien du *Calamites cannæformis*.

Si nous ajoutons que pour M. Weiss les *Calamites Haueri* et *Succowii* ne sont qu'une même espèce, nous resterons convaincus qu'une revision rigoureuse de ce groupe de calamites est nécessaire et que ce travail conduira à une réduction notable du nombre des espèces.

Provenance. Voici les localités de la basse Loire où ont été trouvés des échantillons se rapportant bien au *Calamites cannæformis :*

Département de la Loire-Inférieure.

La Tardivière, puits Neuf, et La Tardivière, sans désignation de puits. Grosse tige. *Calamites Haueri* (Stur mss.). Éd. Bur.

Les Bertauderies, Montrelais. Grosse tige déterminée par Stur : *Calamites Haueri* Ed. Bur.

Département de Maine-et-Loire.

Mines de Chalonne. 3 échantillons, grosses tiges, *Calamites gigas ?* Spec. nova ? *Trigeri* (Ad. Brongn.) Cf. *Haueri* Stur. (Stur mss.). Triger, 1844, cat. Mus. Paris, n° 4040.

Chalonnes, grosse tige. Éd. Bur.

Dans la pierre carrée, route de Chalonnes aux puits de la Prée, Louis Bureau.

Mines de la Prée, commune de Chalonnes, puits n° 3. Éd. et L. Bur.

En dehors de la basse Loire, le *Calamites cannæformis* paraît largement répandu. M. Grand'Eury le cite en de nombreux points du centre de la France : Saint-Étienne, Montrambert, la Béraudière, la Malafolie, Saint-Chamond, Langeac et Alais, etc.; puis Commentry (Allier), Decize (Nièvre), Blanzy (Saône-et-Loire). En Suisse, au col du Chardonet; en Allemagne, à Saarbruck, Manebach, Wettin, Radnitz, le Nassau, la Moravie, la Sibérie; dans le grès houiller, près de Petrowskaja, Gouvernement de Kharkoff (Russie); à Loabrock, dans le Yorkshire (Angleterre) ; en Pensylvanie (États-Unis) et dans la Nouvelle-Écosse (Canada).

Ce Calamite se trouve dans tous les niveaux houillers productifs, depuis le Carbonifère inférieur jusqu'au supérieur inclusivement.

CALAMITES APPROXIMATIFORMIS Stur.

(Atlas, pl. LXV, fig. 3.)

1875-1877. **Calamites approximatiformis** Stur, Die Culm-Flora d. Ostrauer u. Waldenburger Schichten, p. 96, pl. IV, f. 7; V, f. 4.

Grosse tige ressemblant parfaitement à celle figurée par Stur, pl. V, fig. 4. *Écorce épaisse portant en dedans l'impression d'un tissu. Articulations également distantes*, très peu rétrécies. *Entre-nœuds égaux, plus larges que hauts*, mais sans avoir la brièveté des entre-nœuds du *Calamites approximatus*. *Côtes convexes, les unes alternant aux nœuds, les autres se prolongeant au dela de l'articulation.* Tubercules de moyenne taille en haut et en bas des côtes, parfois peu visibles. *Cicatrices raméales petites, isolées, plusieurs sur chaque nœud. Côtes plus ou moins conniventes vers ces cicatrices*, qui consistent en un petit point d'attache.

Ce Calamite diffère de l'*approximatus* par son écorce charbonneuse bien plus épaisse et du *C. ramifer* par ses cicatrices raméales beaucoup plus petites.

Je connais, pouvant se rapporter à cette espèce, deux échantillons, tous deux de Montrelais et faisant partie de la collection Dubuisson qui appartient au Muséum d'histoire naturelle de Nantes.

Ils portent l'un et l'autre, dans cette collection, le n° 49. M. O. 3ᵉ. Tous deux sont brisés aux deux bouts. Ils sont moulés dans un grès grossier. Le plus grand a 15 centimètres de long et porte six nœuds régulièrement espacés. Le plus petit est long de 13 centimètres et large de 25 millimètres. Les entre-nœuds paraissent avoir 15 millimètres de long. Le grès qui constitue cette petite tige est encore plus grossier que celui qui forme le grand échantillon.

Description de l'espèce.

Rapports et différences.

Provenance.

J'ai vu, dans la collection de M. Couffon, un Calamite recueilli par lui dans la pierre carrée de Montjean, qui m'a paru appartenir au *C. approximati-formis.*

Stur signale cette espèce dans les schistes d'Ostrau.

Genre EQUISETUM L.

Equisetum L. Gen. 1169.

Rhizomes traçants, articulés, ayant une organisation analogue à celle des tiges, mais *portant, aux articulations, des racines et des tubercules. Tiges* dressées, simples ou rameuses, *ayant une cavité centrale interrompue aux nœuds par un diaphragme et 2 cercles concentriques d'autres cavités, les cavités de chaque cercle alternant avec celles de l'autre, les inférieures accompagnées de faisceaux fibro-vasculaires.* Elles sont appelées, par Duval-Jouve, lacunes essentielles, parce qu'elles ne manquent jamais, tandis que les lacunes du cercle cortical ou extérieures manquent parfois. *La tige (ou les rameaux, lorsqu'il y en a) est cannelée, chaque saillie longitudinale finit en nervure dans une dent d'une gaine qui termine en haut chaque entre-nœud.* L'épiderme des rameaux et des gaines est pourvu de stomates. *Appareil reproducteur en épi terminant la tige ou les rameaux. Il consiste en un axe sur lequel sont insérées perpendiculairement des bractées transformées, en forme de têtes de clous. Sous la partie dilatée sont attachées 6 ou 7 sporanges, qui s'ouvrent par une fente regardant la partie étroite de la bractée. Les spores, qui sont d'une seule sorte, sont entourées de quatre lames étroites, un peu renflées à leur extrémité,* roulées en spirale autour de la spore quand l'atmosphère est humide et s'étalant avec élasticité lorsqu'elle se dessèche.

EQUISETUM ANTIQUUM Ed. Bur.
(Atlas, pl. XLIV, fig. 4, 4 A, 4 B.)

1885. **Equisetum antiquum** Ed. Bur., Comptes rendus Acad. des Sciences, p. 73. — La ville de Nantes et la Loire-Inf., vol. III, 1900, p. 281.

Description de l'espèce.

Fragments de ramuscules d'un *Equisetum rameux,* entre-nœuds à 4-5 côtes sur les rameaux les plus fins, 9 sur le plus gros. *En tenant compte de la face qu'on ne voit pas, on peut supposer que les petites tiges avaient à l'état vivant 7 à 10 côtes et la plus grosse 16 à 17. Chaque entre-nœud se termine, à la partie supérieure, par une gaine* qui mesure 1 millim. 5 à 2 millimètres de haut, suivant la grosseur du rameau, et *qui est surmontée par des dents* longues de 2-3 millimètres. *Cette gaine, qui fait suite à l'entre-nœud sans ligne de démarcation bien tranchée, est légèrement évasée,* comme celles de certaines tiges fertiles d'*Equisetum* vivants; *elle est parcourue par le prolongement des côtes, et chacun de ces prolongements se rend dans une dent. Dents subulées, très aiguës.* En examinant attentivement quelques-unes des mieux conservées, il semble qu'elles aient été jointes par une membrane scarieuse.

L'échantillon sur lequel j'ai étudié cette espèce et que j'ai fait figurer pl. XLIV du présent ouvrage est de provenance tout à fait authentique; car il porte l'étiquette suivante de la main de Triger : « Extrait par moi-même de la mine de Beaulieu (anthracite) ». Triger l'a déposé au Musée du Mans, d'où il me l'a envoyé en communication. Sur la même plaque de schiste houiller sont des empreintes de Fougères : *Dactylotheca aspera, Diplotmema elegans,* lesquelles font partie de la flore pteridologique du culm supérieur et attestent que l'*Equisetum* nouveau appartient bien à la même flore. Comme dans tous les nombreux fossiles qu'a fournis la mine de Beaulieu, le charbon des empreintes est remplacé par de la séricite. C'est le même mode de conservation que celui qui est connu depuis longtemps dans le gîte alpin de Petit-Cœur, avec cette seule différence que le terrain houiller de Petit-Cœur est de l'étage stéphanien. Les petits rameaux d'*Equisetum* trouvés à Beaulieu sont donc incontestablement du culm supérieur.

Il y a sur l'échantillon quatre de ces petites tiges, couchées presque parallèlement, mais ayant leurs sommets dirigés en sens inverse : deux vers la droite et deux vers la gauche. De plus, l'une, représentée seulement par la moitié supérieure d'un entre-nœud, est plus épaisse : elle a 2 millim. 5 de large; les trois autres, semblables entre elles, ont à peine 1 millim. 5 en largeur. Ces dimensions sont prises vers le milieu des entre-nœuds; la largeur des tiges augmente en approchant des nœuds, où elle atteint 2 millimètres sur les petites et 3 millimètres sur la grande. C'est absolument ce qui arrive sur les tiges mortes d'*Equisetum,* où les nœuds forment une saillie qui n'existe pas sur les tiges vivantes. La ressemblance parfaite des trois tiges les plus minces, leur complète égalité de diamètre, comme serait celle des rameaux d'un même verticille, leur rapprochement au-dessus d'une tige plus grosse donnent naturellement l'idée qu'elles appartenaient à un même individu et que cet individu était rameux.

Remarques
paléontologiques.

Les petites tiges que nous décrivons étaient articulées, ainsi que le prouve le changement de direction qui se produit presque à chaque nœud. Jamais, au contraire, il ne se produit d'inflexion dans la continuité d'un entre-nœud, ce qui montre que ces entre-nœuds étaient rigides, comme ceux des *Equisetum*; mais la ressemblance va bien plus loin.

On sait que, dans les *Equisetum* vivants, la base de chaque entre-nœud est moins incrustée de silice et moins dure que le reste; elle aurait donc moins de chance de laisser de trace si une de nos espèces actuelles était enfouie et passait à l'état d'empreinte. Eh bien! il se trouve précisément que sur la plupart des entre-nœuds du fossile cette partie plus molle n'a pas été conservée, de telle sorte qu'il semble, au premier abord, que presque tous les articles constituants des rameaux soient isolés; mais un examen un peu plus attentif fait reconnaître qu'ils n'ont pas subi d'arrachement et qu'ils sont bien à leur place : des petits rameaux en montrent deux bout à bout, un autre trois, le dernier quatre.

La longueur des entre-nœuds varie de 12 à 17 millimètres. Nous avons dit qu'on voit leurs côtes. Ajoutons qu'avec une loupe ordinaire et un bon éclairage, on distingue sur les côtes du fossile les fines stries longitudinales qui, dans les *Equisetum* actuels, sont en rapport avec la position des stomates.

Rapports et différences.

Si l'on compare l'ensemble des organes de végétation avec les parties similaires des espèces croissant en Europe, on trouve des différences d'aspect sensibles; mais il n'en est plus de même si l'on rapproche le fossile de certaines espèces des Indes orientales : l'*Equisetum debile* Roxb., particulièrement, présente avec l'espèce ancienne la ressemblance la plus frappante, bien qu'il s'en distingue encore par ses côtes plus saillantes et ses gaines très profondes, beaucoup plus longues que les dents.

Je ferai remarquer qu'il n'est pas possible de voir dans les petites tiges que je viens de décrire les rameaux d'une calamariée de grande taille. Les calamariées de ce bassin houiller appartiennent les unes au genre *Bornia*, qui porte des feuilles libres, dichotomes, et non des gaines à dents simples, les autres aux Calamites proprement dits, dont le feuillage serait, suivant les auteurs, soit formé de feuilles simples, linéaires, soit tout à fait nul.

Les *Equisetum* anciens sont tous beaucoup plus grands que l'*Equisetum antiquam*. L'*Equisetum Mougeotii*, du grès bigarré, l'*E. arenaceum*, du Keuper, sont presque arborescents. L'*E. Monyi* B. R. et Zeill., du terrain houiller supérieur de Commentry, a 34 millimètres de largeur. D'autres espèces anciennes, fort peu nombreuses, qui se rapprochent seulement du genre *Equisetum*, ont été réunies dans le genre provisoire *Equisetites* ou *Equisetides*. Tel est l'*Equisetides Bretoni* Zeill. (*Flore foss. du bassin houiller de Valenciennes*, p. 320, pl. LVI, fig. 4). Toutes sont beaucoup plus grandes que l'*Equisetum antiquum* qui ressemble beaucoup plus aux espèces actuelles.

Ainsi, à l'époque houillère, dans les Equisétacées comme dans les Fougères et les Lycopodiacées, on trouve, à côté de formes gigantesques, de petites espèces analogues par leur port à la plupart de celles qui vivent maintenant. Tandis que les types les plus robustes en apparence n'ont pas tardé à s'éteindre, ces types plus humbles et d'un aspect plus frêle ont agrandi peu à peu leur rôle d'abord subordonné, et, à travers les différentes phases de l'évolution du règne végétal, sont parvenus jusque dans la flore actuelle.

Pour être tout à fait complet, je dirai que, sur le bord de l'échantillon, un peu à droite, on voit, bien que cela soit peu apparent, les traces d'un petit épi écrasé : au milieu est l'axe et autour de lui une série de points blancs disposés en verticilles, ces points blancs ne peuvent être autre chose que les sommets dilatés des bractées portant les sporanges.

On ne connaît pas l'*Equisetum antiquum* ailleurs qu'à Beaulieu, et il y est rare. Je n'en ai vu que trois échantillons : celui recueilli par Triger, un autre trouvé par mon frère et par moi (Muséum de Nantes), et un trouvé par M. Couffon. Il figure dans la collection de ce zélé géologue.

Provenance.

Genre CALAMITINA Weiss.

1833. **Calamites** Sternb., Vers. einer geognostisch botanischen Darstellung d. Flora der Vorwelt, Fünftes und sechstes, p. 50, pl. XII.

1877. **Calamophyllites**, **Endocalamites**, **Asterophyllites** Grand'Eury, Flore carbon. du dép. de la Loire; texte, p. 32-42, atlas, pl. IV.

1884. **Calamitina** Weiss, Abhandl. z. geol. Specialkarte von Preussen, vol. V, part. II, p. 59, atlas, pl. I.

1898. **Calamitina** Seward, Foss. Plants for students of botany and geology, vol. I, p. 330.

Grosses tiges articulées; les entre-nœuds augmentent graduellement de bas en haut, à partir du nœud où se trouvent les cicatrices des rameaux. Écorce et bois ayant une certaine épaisseur et enveloppant une moelle large, dont les côtes, bien visibles, sont moulées dans les cannelures intérieures de l'axe ligneux. Feuilles en verticille naissant de chaque nœud, se touchant à la base par une sorte de coussinet, mais libres, uninervées.

CALAMITINA VARIANS Weiss.

(Atlas, pl. LXXIV, fig. 9.)

1833. **Calamites varians** Sternberg, Vers. ein geogn. bot . . . . ., p. 50, pl. XII. — German, Die Verstein. d. Steinkohlen geb. von Wettin und Löbejün in Saakreise, part. IV, 1844, p. 47, pl. XX.

1884. **Calamitina varians (Sternb. sp.) insignis** W. Weiss, Abhandl. z. geol. Specialkarte von Preussen, vol. V, part. II, p. 59, 62, 63, pl. I.

1877. **Endocalamites varians** Grand'Eury, loc. cit., p. 40, pl. XII.

Description de l'espèce.

Je n'ai trouvé qu'un seul échantillon de cette plante; encore n'est-ce qu'un verticille de feuilles; mais il est tout à fait conforme à ceux qui ont été figurés par M. Weiss (Steinkohl.-Calamarien, II, pl. I). Il a 15 millimètres de diamètre. Ces feuilles sont linéaires, épaissies à la base, formant la petite protubérance allongée traversée par la nervure unique. Au sommet, elles finissent par une pointe aiguë. Elles ont 25 millimètres de long sur 1 ou 2 millimètres de large. Leur écartement, qui va jusqu'à 4 millimètres, ne permet pas de supposer qu'elles aient été adhérentes par leur base.

M. Grand'Eury a reconnu, dans cette même espèce, les rameaux encore garnis de leurs feuilles et les tiges dépouillées par la chute de ces appendices; néanmoins, il les a désignés sous des noms différents. M. Weiss a poussé, je crois, plus loin la reconstitution en réunissant des tiges feuillées, d'autres sans feuilles, mais avec l'épiderme conservé, d'autres montrant des cicatrices de rameaux, et, sur certains points, le moule intérieur, et il a placé la plante ainsi reconstituée dans un genre nouveau : Calamitina.

Rapports et différences.

Les Asterophyllites ressemblent beaucoup aux Calamitina par leurs feuilles en verticilles et libres; mais ils n'ont point les petites protubérances que traversent les nervures. Leurs feuilles sont rétrécies graduellement en approchant de leur point d'attache, tandis que la plus grande largeur des feuilles de Calamitina est à la base même de ces feuilles.

Provenance.

J'ai recueilli l'échantillon, dont je viens de parler, au puits Saint-Georges, mines de la Tardivière, commune de Mouzeil (Loire-Inférieure). Cette espèce a été trouvée à Wettin, en Saxe, et elle paraît abondante à Saint-Étienne, d'après le nombre des localités citées par M. Grand'Eury.

L'A. varians a donc vécu depuis le culm supérieur jusque dans le houiller supérieur.

Genre MACROSTACHYA Schimper.

1869. **Macrostachya** Schimper, Traité de pal. vég., II, p. 332.
1876. **Macrostachya** Weiss, Abhandl. zur geologischen Specialkarte von Preussen, Band II,
Heft I, p. 66.

*Gros épis insérés isolément. Bractées verticillées, soudées entre elles à leur base;
leur partie libre linéaire ou lancéolée, articulée avec la partie soudée,* uninerviée.
*Axe à nombreuses articulations. Sporangiophores naissant au milieu des entre-
nœuds,* comme ceux des *Calamostachys,* caducs et laissant chacun une cicatricule.

MACROSTACHYA CAUDATA Weiss.

(Atlas, pl. LXXIII, fig. 9, 9 A.)

Macrostachya caudata Weiss, Abhandl. z. geol. Specialkarte, Band II, Heft I, 1876, p. 77,
pl. XIII, fig. 2.

Axe épais, obtus à l'extrémité supérieure, articulations très rapprochées. Description
de l'espèce.
Entre-nœuds recouverts par les bases soudées entre elles des bractées, lesquelles
forment ainsi, autour de l'axe, une sorte de manchon. *Partie libre des bractées
très longue, linéaire, un peu plus large à la base, subcarénée, régulièrement arquée
à concavité inférieure.*

Les bractées sont au nombre de 16 à 24 à chaque verticille, leurs parties
soudées ont 2 millimètres de long, les parties libres ont environ 15 à 20 millimètres

Au premier abord cette espèce pourrait être confondue avec le *Lycopo-* Rapports
et différences.
dites foliosus; mais celui-ci n'a pas les feuilles en verticille, mais alternes; elles
sont articulées séparément sur des saillies de l'axe.

M. Beaulaton, directeur des mines de la Tardivière, a trouvé cette espèce Provenance.
au puits Saint-Georges.

M. Weiss la cite dans la Silésie inférieure.

Genre CALAMOSTACHYS Schimper.

1869. **Calamostachys** Schimper, Traité de paléontol. végét., I, p. 328.
1876. **Calamostachys** Weiss, Abhandl. zur geol. Specialkarte von Preussen und dem Thüringischen Staates, Band V, Heft 2, p. VII.

Fructifications en épis ou en panicules, un ou deux épis à chaque articulation. *Épis cylindriques, étroits ou même linéaires, dont l'axe articulé est couvert de verticilles de bractées stériles*, linéaires lancéolées, *alternant avec des verticilles fertiles, qui sont formés de pédicelles insérés perpendiculairement à l'axe de l'épi, et portant*, attachés à leur sommet, *quatre sporanges*. Ces sporanges, rapprochés, remplissent tout l'intervalle entre deux verticilles fertiles.

CALAMOSTACHYS PANICULATUS Weiss.

(Atlas, pl. LXVIII, fig. 2 à 4.)

Calamostachys paniculata [1] Weiss, Steinkohlen-Calamarien, vol. II, part. I, 1876, p. 59, pl. XIII, fig. 1, et vol. V, part. II, 1884, p. 173, pl. XIX, fig. 3 et XXI, fig. 6. (Abhandl. z. geologic. Specialkarte Preuss., Band I, Heft I.)

Description de l'espèce.

Tige articulée à côtes fines. *Cicatrices ovales triangulaires au-dessus des nœuds. Feuilles* linéaires, très aiguës, *verticillées, plus ou moins étalées. Rameaux fructifères grêles, portant à chaque nœud un ou deux épis étalés, dressés, l'ensemble figurant une panicule d'épis. Chacun de ceux-ci mince, droit, formé d'un axe formant un grand nombre de nœuds dont chacun porte un verticille* de bractées. *Verticilles alternativement stériles et fertiles. Bractées stériles* presque filiformes, dressées, très courtes (2 à 4 millimètres), *atteignant ou dépassant peu la base des bractées du verticille fertile situé au-dessus. Bractées fertiles attachées sur l'axe au milieu de l'intervalle entre les deux verticilles stériles* les plus voisins. Sporanges pendant, probablement par quatre, du sommet de chaque bractée fertile, qui est droite et insérée perpendiculairement sur l'axe.

Les rameaux ne sont épais que de 2 à 3 millimètres, et montrent, çà et là, une écorce charbonneuse assez épaisse. Ils sont droits. L'un a une longueur de 17 centimètres, et l'on n'a pas sa terminaison. *Les feuilles, en petit nombre, qu'on peut voir, ont 8 à 9 millimètres de long, 5 millimètres seulement sur les rameaux qui portent les épis* et qui manquent le plus souvent, les épis sont alors sessiles et le sommet de chaque rameau fructifère prend l'aspect d'un épi composé. Les épis simples sont longs de 15 à 25 millimètres et larges de 2 millimètres. *Il y a environ douze bractées par verticille.*

Provenance.

Ad. Brongniart, dans le voyage qu'il fit, en 1845, pour étudier le bassin de la basse Loire, trouva trois échantillons de cette plante au puits du Port-

---

[1] σTάχυς, *vos* est masculin.

Girault, commune de Saint-Georges-sur-Loire, près de Chalonnes (Maine-et-Loire). Ils figurent dans la collection de végétaux fossiles du Muséum et portent, sur le catalogue d'entrée de cette collection, le n° 4650.

Depuis, j'en ai trouvé un épi aux mines de la Tardivière, commune de Mouzeil (Loire-Inférieure).

M. Weiss indique cette espèce dans la Silésie, la Westphalie, etc. Elle paraissait propre, jusqu'ici, à l'étage houiller moyen.

CALAMOSTACHYS OCCIDENTALIS n. sp.

(Atlas, pl. LXVIII, fig. 1, 1 A.)

Rameaux assez robustes, tous dirigés d'un même côté et ayant été insérés sur une même ligne qui a dû rester dans la roche. *Feuilles linéaires. Épis opposés, paraissant tous dans un même plan, tous ceux d'un côté étalés ascendants, ceux de l'autre redressés et rapprochés du rameau qui les porte.* (On dirait que ces rameaux ont tendu à prendre une position dressée, ou bien, au contraire, ont été déviés de leur position normale par leur poids. Il ne serait pas impossible non plus que ces épis aient subi l'action d'une eau courante coulant perpendiculairement au rameau qui les portait.) *Épis ou strobiles* naissant à 12-15 millimètres l'un de l'autre sur le même rameau, longs de 2 à 3 centimètres, *amincis de bas en haut, sessiles ou presque sessiles. Bractées nombreuses, régulièrement arquées de bas en haut, à concavité supérieure,* naissant sur l'axe de l'épi et *disposées en verticilles* distants de 1 à 2 millimètres, *linéaires lancéolées, beaucoup plus longues·que les entre-nœuds.* Verticilles fertiles attachés à l'axe entre les verticilles stériles. Sporanges groupés par quatre au sommet des bractées fertiles.

Le *Calamostachys occidentalis* a le port du *C. Ludwigi* Weiss (*Steinkohlen-Calamarien*, I, p. 38; II, p. 163; atlas II, pl. XVIII, fig. 2); mais celui-ci en diffère par les épis beaucoup plus longs (30 à 60 millimètres, au lieu de 15 à 30 millimètres), cylindriques et non subconiques, assez longuement pédonculés : 7 à 10 millimètres, tandis que les épis du *C. occidentalis* ont un pédicelle beaucoup plus court.

Dans l'espèce de M. Weiss, les bractées stériles sont plus courtes; elles se redressent à angle droit et n'atteignent que le nœud situé au-dessus de leur insertion; dans l'espèce de la basse Loire, les bractées stériles sont régulièrement arquées et dépassent la base du verticille fertile situé au-dessus.

Description de l'espèce.

Rapports et différences.

Le *Palæostachya pedunculata* D. H. Scott ressemble assez, par son port, à l'espèce que nous venons de décrire, mais les bractées stériles de ses épis sont beaucoup plus courtes[1].

Provenance. Le *Calamostachys occidentalis* a été recueilli par M. Davy dans la pierre carrée, à Montjean (Maine-et-Loire).

Genre ANNULARIA Ad. Brongn.

1884. **Calamites (Eucalamites)** Weiss, avec **Annularia** et **Calamostachys**, Steinkohl.-Cala-
marien, p. 1884.

1820. **Calamites** Schlotheim, Die Petrefactenkunde, p. 399. — Artis, Antediluvian phytol.,
1825, p. 2. — Ad. Brongniart, Prodr. d'une hist. des vég. foss., 1, 1828, p. 153. —
Ad. Brongn., Hist des vég. foss., 1828, p. 121.

1825. **Bechera** Sternb., Vers. ein geogn.-bot. Darstell. d. Fl. d. Vorwelt, part. IV, 1825,
p. XXX.

Racines naissant au-dessous des nœuds. *Tiges articulées,* pourvues de côtes longitudinales, alternes aux nœuds. *Rameaux, plusieurs à chaque nœud ou nuls. Feuilles en verticilles étalés dans un même plan,* linéaires ou lancéolées, uniner-viées ; *celles qui se dirigent vers la base du rameau, moins longues que celles qui se dirigent vers le sommet. Fructifications en épis ; l'axe portant des bractées dis-posées en verticilles, les uns formés de bractées stériles, les autres de bractées soutenant des sporanges disposées par quatre sur un même pédicelle.*

ANNULARIA RAMOSA Weiss.

(Atl., p. LXIII, fig. 1 à 4, tiges; LXVIII, fig. 5 à 7, fr.)

1825. **Calamites ramosus** Artis, Antediluv. phytology, 1825, p. 2, pl. II. — Ad. Brongniart,
Hist. des vég. foss., I, 1828, p. 127, pl. XVII, fig. 5. — Sauveur, Vég. foss. des terr.
houill. de la Belgique, 1848, pl. IX, fig. 2-3 ; IX, fig. 1, 2. — Stur, Die Culm-Flora
d. Ostrauer u. Waldenburg. Schicht., 1875, p. 107. — Grand'Eury, Fl. carb. du
départ. de la Loire, 1re part., bot., p. 20, pl. II, fig. 4, 4¹. — Lesquereux, Coal. Fl.
of Pennsylvania, I, 1880, p. 22, pl. I, fig. 2. — Zeiller, *Calamites ramosus,* Fl. foss.
du bassin houill. de Valenciennes, texte, 1885, p. 345, pl. LV, fig. 3 ; pl. LVI, fig. 3.
— Stur, Die Carbon. Flora d. Schatzlarer Schichten, Abth. II, Die Calamarien, 1887,
p. 96, pl. XII, tiges et fruct.; XIIb, tiges, feuilles et fruct.; XIII, fig. 1-9, feuilles;
XIV, fig. 3-5, feuilles. Texte : fig. 1, p. 4, tige ; 2, p. 8, tige; 22, p. 68, port;
28, p. 97, tige; 29, p. 100, tige; 30, p. 103, tige; 31, p. 104, tige; 32, p. 105,
tige. — Zeiller, Éléments de paléobot., p. 152. — Éd. Bureau in L. Bur., La ville de
Nantes et la Loire-Inf., III, 1900, p. 281.

[1] Studies of fossil Botany, 1900, p. 58.

1821. **Calamitis nodosa** Sternberg, Vers. ein. geol.-bot. d. Fl. d. Vorwelt, fasc. II, 1821, p. 32.

1825. **Calamites nodosus** Sternberg, Vers. ein. geol.-bot. d. Fl. d. Vorwelt, fasc. IV, 1825, p. 27, pl. XVII, fig. 2 ; *id.*, fasc. V et VI, 1833, p. 48.

1875. **Calamites ramifer** Stur, Die Culm Fl. d. Ostrauer u. Waldenburg. Schicht., p. 82, pl. III, fig. 3 *b*, 4, tiges ; IV, fig. 2, 3, 4, tiges ; texte, fig. 86, tige. — Lesquereux, Coal. Fl. of Pennsylvania, I, p. 23.

1884. **Calamites (Eucalamites) ramosus** Weiss, **Annularia ramosa, Calamostachys ramosa**, Beitr. z. foss. Fl. III, Steinkohl.-Calamarien, II, Abhandl. zur geologischen Specialkarte von Preussen, Band V, Heft 2, p. 98, pl. II, fig. 3, tiges. — **Eucalamites ramosus** (Brongn., sp.) **tribachiatus** W.; pl. V, fig. 1, **Calamites (Eucalamites) ramosus**, avec **Annularia ramosa** Brongn., et **Calamostachys ramosa** ; pl. V, fig. 2, **Eucalamites ramosus**, avec **Calamostachys ramosa** ; pl. VI, fig. 1, 5, **Annularia ramosa**, fig. 2, 3, 4, 6, 7, **Calamostachys ramosa** ; pl. VII, **Eucalamites ramosus** Brongn., sp., **dibrachiatus**, tiges avec deux rameaux chacune ; VIII, **Eucalamites ramosus** Brongn., sp., tiges avec racines ; IX, **Eucalamites ramosus** Brongn., tiges avec racines et rameaux ; X, fig. 1, **Eucalamites ramosus** Brongn., sp., tige, rameaux, racines et **Annularia ramosa** ; XX, fig. 1, **Calamostachys (Stachannularia) ramosa**, avec **Annularia ramosa** et rameau de **Calamites ramosus** Brongn.

1884. **Calamostachys (Stachannularia) ramosa** Weiss, Steinkohlen-Calamarien, II, pl. XX, fig. 1, 2.

Rhizome de 3 à 7 centimètres, *articulé.* Entre-nœuds de 4 à 10 centimètres de longueur. Cannelures peu régulières, inégales de grosseur, peu nettement accusées, portant, ainsi que les tiges aériennes, dans le bas, des racines. *Ces racines naissant immédiatement au-dessous des articulations, par faisceaux* de 2 à 5, un ou deux faisceaux à chaque nœud ; elles ont jusqu'à 12 centimètres de long, 7 millimètres à 1 centimètre de large et sont cylindriques avec, au centre, un faisceau fibro-vasculaire. Description de l'espèce.

Tiges aériennes naissant de certains nœuds du rhizome, une par nœud et pas à tous. La base de ces tiges est très obtuse, couverte de cannelures très nettes et d'articulations très rapprochées. *La partie aérienne est dressée et rameuse. Entre-nœuds très longs* (27 centimètres et plus de longueur). *Cannelures très nettes, alternant aux nœuds,* parfois quelques côtes se continuant. Protubérance elliptique au sommet de chaque côte. Côtes aplaties, très fines, larges ordinairement de 1 millimètre. *Rameaux naissant à certaines articulations,* soit isolés, soit opposés sur le même nœud, *laissant, à la chute des rameaux, des cicatrices peu larges. Les côtes supérieures et les côtes inférieures de la tige convergent vers ce point d'attache, qui est beaucoup moins large que le rameau.* Après la chute de celui-ci, la cicatrice, qui n'a pas plus de 5 millimètres de

IMPRIMERIE NATIONALE.

diamètre, est entourée comme de rayons divergents. *Les rameaux sont arrondis à leur insertion, qui est beaucoup plus étroite qu'eux.*

Feuilles conservées sur les jeunes rameaux, très petites (à peu près 5 millimètres de long), *très étroites, atténuées à la base, acuminées au sommet, uninerviées, soudées en anneau à la base, disposées en verticilles,* de 7 à 9, *couchées toutes dans un même plan, comme si elles avaient flotté.*

Rameaux fructifères très grêles, finement costulés, un peu dilatés aux nœuds qui portent les épis, et souvent aussi un peu déviés à angle très obtus, en ce point. *Épis sur les rameaux les plus fins, un ou deux par articulation,* ordinairement minces, cylindriques, supportés par un très court pédoncule qui, lui-même, porte un ou deux verticilles de très courtes feuilles ; ces *épis formés alternativement de verticilles de bractées stériles, très fines, aiguës, étalées-arquées, et de verticilles de bractées fertiles,* attachées au milieu de l'intervalle qui sépare deux verticilles stériles, par un petit pédicelle supportant quatre sporanges globuleux.

Les rameaux arrondis à leur insertion, la longueur des entre-nœuds, la finesse des côtes, le petit nombre des rameaux sur les entre-nœuds qui en portent, la forme elliptique des protubérances terminant les côtes sont de bons caractères pour reconnaître le Calamites ramosus.

Remarques paléontologiques.   M. Weiss a heureusement réuni les tiges, les feuilles et les fructifications appartenant à cette même espèce et portant des noms de genres différents. Mais il y a bien peu de calamariées pour lesquelles une telle reconstitution soit possible.

Ce savant s'est donc borné, dans son remarquable ouvrage (*Steinkohlen-Calamarien*), à classer séparément les organes de fructification et les tiges, et à répartir celles-ci, qui se trouvent bien plus fréquemment que les autres organes, en quatre groupes bien caractérisés. Il a conservé, pour l'ensemble de ces quatre groupes, le nom générique de *Calamites,* en prévenant que c'est un genre provisoire. Les espèces pourront donc en être retirées l'une après l'autre, à mesure que la découverte de leurs caractères botaniques permettra de les faire entrer dans la classification naturelle.

Il m'a paru que ce moment était venu pour le *Calamites ramosus,* dont les tiges, les feuilles et les fructifications sont connues. Mais il y a ici une question de nomenclature. Les noms par lesquels ont été désignés les divers organes sont : *Calamites ramosus, Annularia ramosa, Calamostachys ramosa.* Pour l'épithète *ramosus* ou *ramosa,* aucune difficulté ; mais quel sera le nom générique? Le nom *Calamostachys* est relativement récent (1869) et semble bien s'adresser entièrement à l'épi. Le nom *Calamites* doit rester comme genre provisoire, destiné à recevoir toutes les tiges calamitoïdes non déterminées botaniquement; reste le nom *Annularia,* qui est de 1821, et qui ne renferme que des plantes ayant une évidente parenté.

En ce qui concerne les tiges, il pourrait peut-être y avoir quelque indécision pour le *Calamites ramifer* Stur; mais je ne vois guère de différence que dans la disposition des côtes, un peu plus souvent bout à bout que dans le *C. ramosus* et dans les tubercules terminaux, bien moins distincts. Ces différences tiennent probablement à ce que les figures données par Stur sont faites en partie d'après des rhizomes. Je ne puis vraiment trouver de différences spécifiques entre le *Calamites ramosus* et le *C. ramifer.*

L'*Annularia ramosa* est la calamariée la plus commune dans le bassin de la basse Loire.

Voici les localités que j'ai relevées. J'indique les échantillons fructifiés. Ceux qui ne sont pas accompagnés d'une mention spéciale sont représentés par des tiges ou des rameaux. Je n'ai pas vu d'échantillons feuillés, comme ceux qu'a si bien figurés M. Weiss.

Provenance.

Département de la Loire-Inférieure.

La Guérinière, commune des Touches. Coll. F. Cailliaud, Muséum de Nantes.

Mines de Mouzeil, la Tardivière, puits Neuf. Fructifications. — Puits Préjean, tiges, rameaux, fructifications. Éd. Bur. — Puits Henri, Ed. Bur. — Puits Saint-Georges, Éd. Bur. — Puits du Nord, Éd. Bur. — Puits de la Richeraie, Ad. Brongniart, 1845. Cat. Mus. n° 4678; Éd. Bur., cat. Mus. n° 7317.

Mines de Montrelais, cat. de Dubuisson, 81. M. O. 3ᵉ, Muséum de Nantes; *Id.,* 84. M. O 3ᵉ et 85. M. 3ᵉ. — Montrelais, Dubuisson, 17,123. Cat. Mus. Paris n° 134. — Les Bertauderies, Éd. Bur. Cat. Mus. Paris n° 7324.

Département de Maine-et-Loire.

Montjean, pierre carrée. Conffon. Chalonnes, Triger, 1844. Cat. Mus. n° 4040.

30.

Mines de la Prée, Puits n°⁵ 4 et 5, Éd. Bur. Ardenay, Mus. paléontologique d'Angers. La Haie-Longue, Audouin, 1831. Catal. Muséum n°⁵ 116,
135, 146. Musée de Saumur, collection Courtiller.

Le *Calamites* ou mieux *Annularia ramosa* est très répandu. M. Zeiller l'a
trouvé à tous les niveaux du bassin houiller de Valenciennes; Eichwald le cite
dans le houiller inférieur de Russie; M. Weiss, dans le houiller moyen de
Westphalie, de Bohême, de Saxe. La tige qu'Artis a fait très anciennement
connaître provenait de Wenworth, en Angleterre. M. Grand'Eury a vu cette
plante à Rive-de-Gier et dans le bassin du Gard, enfin Lesquereux l'a décrite
de l'Illinois et M. Grand'Eury a pu examiner au Muséum des échantillons provenant de l'Ohio.

L'*Annularia ramosa*, avec ses verticilles de tôutes petites feuilles, commence
à paraître dans le culm; il se prolonge à travers l'étage Westphalien où il est
accompagné d'une ou plusieurs espèces à grandes feuilles. Il se montre même
encore à la base du Stéphanien, où il se trouve avec les formes à grandes
feuilles, qui passent seules dans l'étage permien.

Genre BORNIA Schlotheim.

Voir synonymie et description du genre, p. 17.

BORNIA TRANSITIONIS F. A. Roemer.
(Atlas, pl. LXV, fig. 1, 2.)

Voir synonymie et description. Ajouter :

Nomenclature.　Le genre *Bornia* a reçu bien des noms, et l'on est fort divisé sur la question
de savoir quel est celui qu'il doit conserver.

Deux des espèces qui sont entrées dans ce genre lors de sa création étaient
connues avant la nomenclature binaire. Dès la première édition de l'*Herbarium
diluvianum* de Scheuzer, figure 1709, on voit, bien reconnaissable, pl. I,
fig. 3, 5, et surtout pl. II, fig. 1, la plante que Schlotheim appellera plus
tard *Casuarinites equisetiformis*. L'auteur non seulement regarde les figures
qu'il publie comme celles d'*Equisetum*, mais il les compare à des *Equisetum*
vivants et à un *Hippuris*. Chaque espèce fossile est accompagnée d'une phrase

diagnostique empruntée à un auteur encore plus ancien [1]. Néanmoins, les trois figures de la première édition de Scheuzer appartiennent à une même espèce.

Ces trois figures de cette première édition sont reproduites dans la seconde, *Lugduni Batavorum*, 1723, avec le même texte et le même numérotage; mais sur la planche XIII, fig. 3, est figurée une autre plante et c'est certainement une de celles qui, à l'origine du genre *Bornia*, y furent comprises. Je n'ai rien trouvé qui s'y rapporte dans le texte de Scheuzer. Nous constatons simplement que l'auteur figure deux des trois espèces ou plutôt prétendues espèces, qui furent attribuées au genre *Bornia* lors de sa création.

Elles furent encore figurées par Schlotheim en 1804, dans *Beschreibung merkwurdiger Krauter-Abdrucke und Pflanzen-Versteinerungen, ein Beitrage zur Flora der Vorwelt*, Erst Altheilung. L'espèce figurée ainsi pl. I, fig. 1, 2, par Schlotheim est celle représentée pl. I, fig. 3, 5 et pl. II, fig. 1 par Scheutzer, et celle représentée pl. I, fig. 4 et pl. II, fig. 3 par Schlotheim est celle figurée pl. XIII, fig. 3, par Scheuzer.

Scheuzer donne des descriptions, mais pas de noms, du moins dans cet ouvrage; c'est cependant à lui qu'on doit les premières déterminations qui furent appliquées à ces plantes; ce fut dans l'ouvrage du même Schlotheim intitulé : *Die Petrefaktenkunde auf ihrem jetzigen Standpunkte durch die Beschreibung seiner Sammlung versteinerter und fossiler Überreste des Thier und Pflanzenreichs der Vorwelt erleinterung*, qui parut à Gotha en 1820. Il comprit les deux espèces qu'il avait figurées seize ans auparavant, et par conséquent celles de Scheuzer, qui leur correspondent, dans un genre qu'il appelle *Casuarinites*, bien qu'il n'ait absolument rien de commun avec les *Casuarina*. La plante représentée pl. I, fig. 1 et pl. II, fig. 3, devint le *Casuarinites equiseti-formis* Schloth., et la plante figurée pl. I, fig. 4, le *Casuarinites stellatus* Scholth.

C'est à la même date : 1820, que commence à être connue une plante qui devait aussi entrer dans le genre *Bornia*. Elle est représentée par une tige

---

[1] Tab. I, fig. 3. *Equisetum palustre brevioribus foliis polyspermon.* C. B. Theatr. 242. *Equisetum minimum seu cauda equina minima* Myl. Sax. subt. p. 30, fig. 12, ad p. 19.

Tab. I, fig. 5. *Conferendum cum* fig. 3. *Equisetum conferri potest cum Equiseto majori* Myl. Sax. subter., p. 30, fig. 3, ad p. 16, Ut. et fig. 5.

Tab. II, fig. 1. *Lapidem sistit..... cui impressum cernitur Equisetum, et quidem si conjecturæ locus. Palustre brevioribus polyspermon..... Hippuritam hunc lapidem vocavi aliquando.*

qui se trouve pl. XX, fig. 4, des planches de Schlotheim. Ces planches sont au nombre de 29 : les 14 premières ont paru en 1804 avec le *Beitrag zur Flora der Vorwelt;* les autres, au nombre de 15, sont venues faire suite à la première série lors de l'apparition du *Die Petrefaktenkunde,* c'est-à-dire en 1820. C'est dans cet ouvrage que Schlotheim créa le genre *Calamites,* dont le nom n'est pas heureusement choisi; car les plantes qui le composent n'ont rien de commun avec le genre *Calamus,* qui fait partie de la famille des Palmiers; mais le genre *Calamites* est maintenant tellement connu, tellement usité; on y a réuni tant d'espèces qu'on ne pourrait le remplacer sans rejeter une quantité de noms dans la synonymie, ce qu'on doit éviter le plus possible. Le genre *Casuarinites* a, au contraire, été abandonné par presque tous les paléobotanistes. Une partie des espèces sont entrées dans d'autres genres; d'autres, insuffisamment décrites et non figurées, sont restées à l'état de rébus. Schlotheim a placé dans son genre *Calamites,* et parmi elles, le *Calamites scrobiculatus,* qu'on est d'accord aujourd'hui pour retirer du *Calamites,* et pour placer dans le genre *Bornia* ou dans celui qui viendra se substituer à *Bornia.*

Sternberg, *Versuch einer geognostisch botanischen Darstellung d. Flora d. Vorwelt,* viertes Heft, 1825, p. XXVIII, réunit dans un même genre les *Casuarinites* de Schlotheim et son *Calamites scrobiculatus.* Ce genre était très hétérogène et, dès 1822, Ad. Brongniart, dans son mémoire intitulé : *Sur la classification et la distribution des végétaux fossiles,* p. 35, pl. II, fig. 7, en avait déjà retiré le *Casuarinites radiatus* pour l'introduire dans le genre *Asterophyllites* qu'il créait en même temps, et de là, en 1828, il le transportait (*Prodrome d'une histoire de végétaux fossiles,* p. 156) dans le genre *Annularia* sous le nom d'*Annularia radiata.*

En 1828 également, il retirait du genre *Bornia* de Sternberg le *Bornia equisetiformis,* ancien *Casuarinites equisetiformis* Schloth., pour le placer dans le genre *Asterophyllites.*

Le genre *Bornia* se trouvait donc démembré. Il n'y restait que le *Bornia scrobiculata,* ancien *Calamites scrobiculatus* de Schlotheim. Encore Brongniart l'a-t-il, dans son *Prodrome,* replacé peu heureusement dans le genre *Calamites* sous le nom de *Calamites radiatus.*

En résumé, des trois espèces placées par Sternberg dans son genre *Bornia,* deux sont entrées dans les genres nouveaux *Asterophyllites* et *Annularia,* auxquels elles appartiennent véritablement et où elles sont restées; mais la troisième, le *Bornia scrobiculata,* ne peut retourner dans le genre *Calamites* dont elle n'a pas les caractères. Elle reste donc dans le genre *Bornia* qu'elle a ainsi d'abord constitué seule, mais dans lequel on a depuis reconnu plusieurs espèces.

Ce genre est, il est vrai, fort mal caractérisé dans le texte de Sternberg; mais le renvoi à la pl. XX, fig. 4, de Schlotheim ne laisse aucune espèce de doute, le fragment de tige figuré ayant très nettement les caractères qui distinguent les *Bornia* des *Calamites*.

Sternberg avait bien senti la différence qui sépare le *Bornia scrobiculata* des deux autres espèces : *proprium genus ob formam cicatricum format,* dit-il. Les deux autres espèces étant enlevées, l'opinion de Sternberg se trouve justifiée, et le genre spécial se trouve constitué avec son nom : *Bornia.*

Le nom donné par Schimper : *Asterocalamites* est un nom de sous-genre appliqué au *Calamites radiatus* Brongniart, dans l'idée que cette espèce formait une section dans le genre *Calamites*. Il est de 1862 (*Mémoire sur le terrain de transition des Vosges,* p. 321), c'est-à-dire de trente-huit ans postérieur au nom de *Bornia.*

Le nom générique *Archæocalamites,* donné par Stur en 1875, est de cinquante ans postérieur au nom de *Bornia,* et de treize ans postérieur au nom d'*Asterocalamites* de Schimper.

Il eût mieux valu d'ailleurs, me semble-t-il, ne pas employer le mot *Calamites* dans la composition de noms destinés à des plantes qui ne sont pas des Calamites.

Quant à l'épithète qui, jointe au nom de genre, constitue le nom spécifique, l'espèce longtemps unique qui a constitué le genre *Bornia* en a reçu plusieurs; la plus ancienne est assurément *scrobiculata,* puisque cette épithète est de Schlotheim et antérieure au genre *Bornia.* Sternberg eût donc bien fait de la garder et de prendre pour nom de l'espèce : *Bornia scrobiculata,* si cette épithète eût été bien satisfaisante, ce qui n'est pas, pour deux raisons :

1º Le nom est tiré de petites fossettes, *Scrobiculus,* placées entre les côtes, au niveau même des articulations et plus longues que larges; mais ces fossettes, qui sont bien visibles sur un échantillon trouvé par M. Ferronnière au bourg de Montrelais, sont loin d'être constantes, et manquent même, à ce qu'il m'a semblé, sur la plupart. Bien qu'il existe plusieurs espèces de *Bornia,* on ne peut jusqu'ici les distinguer par les tiges. On ne le peut pas non plus par les feuilles, qui appartiennent à un type uniforme, et qui cependant peuvent unir une largeur et une direction différente dans le haut et dans le bas d'un même rameau. On est donc forcé de laisser groupées sous un même nom provisoire les tiges et les feuilles qui ne sont pas accompagnées de fructifications;

2° Le mot *scrobiculata* est un barbarisme : on trouve bien dans les dictionnaires latins : *scrobiculus*, petite fosse, mais on ne trouve pas *scrobiculatus* qui ne pourrait être que le participe passé d'un verbe *scrobiculo*, verbe qui pourrait peut-être signifier : je fais une petite fosse, mais qui n'existe pas, qu'on ne trouve ni dans les auteurs latins, ni dans les dictionnaires.

Il nous faut donc trouver un autre mot pour joindre au nom générique que nous conservons, et exprimer l'espèce. Suivant la nomenclature binominale, deux ont été employés : *transitionis* et *radiatus*; mais *Bornia transitionis* est le nom spécifique le plus ancien; il date de 1854 (F. Ad. Rœmer, dans Dunk. et Mey., *Palæontographica* III, 1 Lief, tab. VII, fig. 7), tandis que *Bornia radiata* est de 1869 (Schimp., *Traité de Paléontologie végétale*, tome I, p. 335). Il se trouve du reste que le nom de *transitionis* est exact, tandis que *radiata* ne l'est pas, puisque, au lieu de former des rayons simples comme on l'avait cru d'abord, les feuilles de *Bornia* sont plusieurs fois dichotomes.

Provenance.
On a trouvé le *Bornia transitionis* au puits Préjean, à la Tardivière, commune de Mouzeil (Loire-Inférieure), à Languin, à la Rivière, près de Teillé, et assurément en bien d'autres points du culm supérieur. Nous avons parlé de sa dispersion dans le culm inférieur et dans le Dévonien.

BORNIA PACHYSTACHYA n. sp.
(Atlas, pl. LXV, fig. 1, 2; LXVI, fig. 1 à 5; LXVII, fig. 1 à 6.)

1911. **Bornia pachystachya** Ed Bur. in L. Bureau, Nantes et la Loire-Inférieure, Notice sur la géologie de la Loire-Inférieure, III, p. 282.

Bien qu'il y ait au moins quatre espèces comprises sous la forme *Bornia*, il n'est pas possible de les distinguer les unes des autres d'après les seuls caractères fournis par les tiges et les feuilles. Ces organes sont tout à fait semblables; mais il n'en est plus de même lorsqu'on a la chance de rencontrer les fruits. Ce sont tous *des épis cylindriques ou elliptiques formés de bractées fertiles, insérées perpendiculairement sur l'axe qui les porte, un peu dilatées au sommet et ayant sous cette expansion ordinairement quatre sporanges;* mais la forme des épis est fort différente.

Le plus anciennement connu fut trouvé en 1840 à Granton, près d'Édin-bourg, par le Dr Robert Paterson, qui lui trouva des analogies avec les Aroïdées et le décrivit sous le nom de *Pothocites Grantoni*. M. P. Kidston en montra les véritables affinités.

D'autres échantillons avaient été trouvés à Glencartholm, Eskdale, qui con-firmaient les caractères reconnus dans le premier. Cet épi pouvait avoir jusqu'à 13 centimètres de long sur 12 millimètres de large; il était couvert de fortes côtes longitudinales, et sur ces côtes se voyaient les organes qu'on avait d'abord appelés *stellate bodies,* et qui n'étaient autre chose que des spo-ranges réunis en étoile par un support commun. Ces lignes verticales d'étoiles sporangiques étaient formées de verticilles non alternants. Tous les dix verticilles environ se voyait un fort étranglement et, dans cet étrangle-ment, naissait un verticille de feuilles stériles, non modifiées, c'est-à-dire filiformes et dichotomes. Certains de ces épis avaient jusqu'à sept étrangle-ments.

On put croire d'abord que cette fructification était celle du *Bornia radiata,* dont on trouvait dans bien des endroits, et abondamment, les organes de végé-tations, tiges et feuilles; mais en 1873, O. Feistmantel trouva près de Both-walterrdorf, dans le comté de Glatz, au niveau du calcaire carbonifère, un épi analogue, terminant un rameau qui portait encore la plupart de ces feuilles. La figure qu'il donna fut reproduite par M. Kidston et par Stur. Feistmantel l'avait rapportée à un *Asterophyllites,* sous le nom d'*Asterophyllites spaniophyllus;* mais les feuilles des Asterophyllites ne sont pas fourchues comme le sont les mieux conservées du fossile de Feitsmantel; c'est au contraire un trait caracté-ristique des feuilles de *Bornia,* et c'est avec raison que Stur, puis M. Kidston, l'ont placé dans ce genre; mais je ne pense pas qu'il y ait lieu d'aller plus loin et d'identifier cet épi avec celui du *Pothocites Grantonii.* Dans le fossile de Feistmantel l'épi n'est point cannelé; il y a bien un verticille de feuilles stériles, mais ce verticille ne se trouve qu'après le cinquième verticille fertile, et l'insertion de ce verticille de feuilles filiformes ne produit pas un étrangle-ment. Les sporanges sont gros et, dans la figure de Stur, grossie, peuvent être jusqu'à six pendus au sommet de la bractée fertile. C'est donc, il me semble, un *Bornia* différent de celui d'Écosse que nous appellerons *Bornia Grantonii.* Nous conserverons aussi au *Bornia* de Glatz l'épithète qu'il portait dans le genre où on l'avait placé d'abord et il entrera dans le genre *Bornia* sous le nom spécifique de *Bornia spaniophylla.*

IMPRIMERIE NATIONALE.

Mais nous n'avons pas épuisé les fructifications connues du genre *Bornia*. Les deux épis dont nous venons de parler indiquent, avons-nous dit, deux espèces différentes; ces deux espèces forment dans le genre une petite section caractérisée par la présence d'un verticille de feuilles stériles, succédant brusquement à un certain nombre de bractées fertiles. Mais deux autres espèces, tout en conservant la structure des précédentes, en diffèrent par l'absence des verticilles stériles interposés.

Tel est un fruit remarquable qui a été trouvé dans la pierre carrée de Montjean (Maine-et-Loire), par M. Davy, puis par mon frère, et que j'ai eu la chance de retrouver dans les schistes de la Tardivière (Loire-Inférieure). Les épis, que je vais décrire avec les précédents, sont au nombre de trois sur une grande plaque de grès schisteux, mêlés à de beaux rameaux feuillés de *Bornia*; ce mélange indique que ces épis appartenaient non seulement à la même espèce, mais à la même plante.

Ils sont elliptiques, larges, très obtus, arrondis à chaque bout. Il n'y a aucune rupture visible au sommet, et il est évident que ces épis sont entiers. Ils sont entièrement formés de bractées insérées perpendiculairement à l'axe et élargies au sommet, sous lequel pendent ordinairement quatre sporanges. Leur longueur est de 25 à 35 millimètres, leur largeur de 12 millimètres. Il n'y a ni rétrécissement, ni intercalation de verticilles stériles au milieu des autres. Nous avons donc ici une troisième espèce de *Bornia* que nous appellerons *Bornia pachystachya*. Il est clair, comme nous l'avons dit, que les rameaux feuillés qui accompagnent les épis appartiennent à la même espèce, et il est possible que cette espèce soit la seule qu'on trouve dans le culm supérieur de la basse Loire; mais je crois plus prudent de réserver le nom ordinaire de *Bornia transitionis* aux échantillons, même de notre bassin, qu'on rencontre éloignés de tout organe de fructification.

Enfin, une quatrième sorte d'épis est celle qui a été décrite sous le nom de *Bryon* par M. Grand'Eury, interprétée autrement par M. Renault dans les *Comptes rendus de l'Académie des Sciences*, en 1886, puis décrite de nouveau par le même auteur dans son ouvrage : *Les plantes fossiles*, en 1888, et dans sa *Flore fossile du bassin houiller d'Autun et d'Épinac*. Les figures de ce dernier mémoire me paraissent les plus exactes, et il faut reconnaître que l'interprétation des empreintes n'était pas facile. L'échantillon unique qui a été l'objet de ces études, et que j'ai pu aussi examiner, est une plaque d'un schiste gréseux noir provenant du terrain carbonifère de la Vendée; plaque parsemée de rameaux de *Bornia* remarquables par les côtes dont ils sont parcourus : cinq à sept sur les rameaux les plus menus, une douzaine peut-être, sur ceux qui sont larges de 6 millimètres. Ils rappellent certains rameaux de *Sphenophyllum*, mais s'en distinguent parce qu'ils ne sont pas renflés aux nœuds. Il n'y a pas de feuilles visibles; elles ont été probablement détruites par la macération. Pêle-mêle avec ces rameaux se trouvent les empreintes de cinq épis. Ces épis sont larges de 4 millimètres à 4 millim. 5. L'axe a de 1 millimètre à 1 millim. 5 de diamètre. Il est lisse, non articulé. Aucun des épis n'est entier. Le plus grand de ces fragments mesure 15 millimètres de longueur. Un termine évidemment un rameau. Sur tous, les verticilles de bractées sont distants de 0 millim. 9; les bractées, longues de 2 millimètres, linéaires, très étroites, sont insérées perpendiculairement à l'axe et se dilatent au sommet en un disque pelté, concave. Sous ce disque sont attachés plusieurs sporanges, quatre bien probablement. On voit que la gracilité des épis et les grosses cannelures des rameaux indiquent une espèce bien différente de celle de Montjean.

En somme, si nous résumons les caractères des *Bornia* dont on connaît les organes de fructifications, nous pouvons dresser le tableau suivant :

ÉPI FEUILLÉ.

Épi pourvu de fortes côtes longitudinales . . . .   *Bornia Grantonii.*
Épi cylindrique . . . .   *B. spaniophylla.*

ÉPI NON FEUILLÉ.

Épi gros de 15 millimètres de diamètre . . . .   *B. pachystachya.*
Épi grêlé de 4 millim. 5 de diamètre . . . .   *B. Grand'Euryi.*

Pour ce qui concerne les tiges isolées, c'est-à-dire trouvées sans feuilles ni épis, on ne peut les grouper dans un genre subsidiaire, puisque le genre botanique auquel elles appartiennent définitivement est connu. Ce qui reste inconnu c'est leur répartition en espèces, et nous sommes bien obligés de les laisser dans le genre *Bornia*, où elles restent groupées provisoirement sous une même épithète, comme elles l'étaient, du reste, avant qu'on eût connaissance des fructifications des *Bornia*, et nous leur laisserons le nom de *Bornia transitionis* F. A. Rœm.

Le *Bornia pachystachya* n'est connu jusqu'ici qu'au puits Saint-Georges, à   Provenance.
la Tardivière, commune de Mouzeil (Loire-Inférieure), à Montjean, dans la pierre carrée, par M. Davy, et à Chalonnes, puits n° 1, Triger.

31.

Genre ARTHROPITUS Grand'Eury.

1877. **Arthropitus** Grand'Eury, Flore carbon. du départ. de la Loire, 1ʳᵉ part. bot., p. 234. — Renault, Notice sur les calamariées, 1895, p. 40.
1890. **Arthropitys** Schimp. et Schenk, Handbuch d. Palæontol., II Abtheil, Palæophyt., p. 236. — Schimp. et Schenk, Traité de paléont., part. II, 1891, p. 228.

Axe médullaire cannelé, les côtes alternant aux nœuds. Bois formé de coins ligneux secondaires séparés par du tissu cellulaire, les coins ayant presque toujours une lacune à leur extrémité intérieure. Il n'y a pas de vaisseaux, mais des trachéides rayées ou ponctuées. Surface extérieure de la tige lisse, sans cannelures.

ARTHROPITUS CALAMITOIDES n. sp.

(Atlas, pl. LXXV, fig. 2.)

Description de l'espèce.

Entre-nœuds très longs. Axe médullaire ayant 25 millimètres de large. *Couches ligneuse et corticale larges* ensemble de 8 à 10 millimètres. *Côtes alternant aux nœuds.*

La longueur des entre-nœuds distingue bien cette espèce des Calamites à tige ligneuse, épaisse et à entre-nœuds courts, tels que les *C. approximatus*, *gigas*, etc., qui sont réellement des *Arthropitus.*

La plupart des espèces de ce genre ont été décrites d'après des échantillons de structure conservée, structure très analogue à celle des *Bornia*, car elle n'en diffère que par la division que chaque faisceau ligneux en deux demi-faisceaux, qui, après s'être complétés, forment un faisceau nouveau qui parcoure toute la longueur de l'entre-nœud supérieur. La structure est ainsi en rapport avec la configuration extérieure, et, dans les *Bornia*, où la division dont nous venons de parler n'a pas lieu, les côtes n'alternent pas aux nœuds.

Dans la basse Loire la structure n'est pas conservée et c'est sur une empreinte que j'ai pu décrire sommairement l'espèce dont il vient d'être question.

Provenance.

Puits Préjean, la Tardivière (Loire-Inférieure).

Genre STIGMATOCANNA Göppert.

1852. **Stigmatocanna** Göpp., Fossile Flora der Ubergangsgebirge, p. 125, pl. VIII, IX.

Tige cylindrique, sans articulations apparentes, à fortes côtes, marquée de grosses cicatrices orbiculaires, très écartées.

STIGMATOCANNA VOLKMANNIANA Göpp.

1852. **Stigmatocanna Volkmanniana** Göpp., Foss. Fl. d. Ubergangs, p. 126.

Cicatrices orbiculaires, très légèrement oblongues, de 7 à 8 millimètres de diamètre, avec un petit bourrelet autour, disposées en quinconce, à 4 centimètres l'une de l'autre sur la même ligne théorique horizontale, ces lignes circulaires étant à 3 cent. 5 l'une de l'autre et les cicatrices alternant avec celles du niveau immédiatement au-dessus et celle du niveau immédiatement au-dessous. *(Description de l'espèce.)*

J'ai trouvé ce fossile aux mines de la Tardivière, commune de Mouzeil (Loire-Inférieure). *(Provenance.)*

Göppert le signale dans le terrain de transition à Landeshut et à Berndau, près de Lobschütz.

STIGMATOCANNA DISTANS n. sp.

(Atlas, pl. LXXIV, fig. 10.)

Tige (ou rhizome) ronde, mais alternativement rétrécie et renflée, maximum des rétrécissements tous les 10 centimètres, séparés par des renflements sur chacun desquels est une cicatrice (de racine assurément), ronde, large de 5 à 8 millimètres. Tout le rhizome couvert de grosses côtes longitudinales, dont les unes aboutissent à la cicatrice, et les autres s'en écartent et la contournent.

Cette espèce a des cicatrices beaucoup plus rares et beaucoup plus écartées que celles du *Stigmatocanna Volkmanniana*, de plus la tige porte des renflements en rapport avec les cicatrices.

Par leurs côtes les *Stigmatocanna* rappellent les Calamariées; par leurs cicatrices, elles ont des rapports avec les *Stigmaria*; mais, si on les regarde comme des rhizomes, on ne peut pas les comparer aux *Bornia*, qui, d'après les observations de M. Grand'Eury, ont des racines pivotantes. On doit donc conserver des doutes sur les véritables affinités des *Stigmatocanna*.

Genre PINNULARIA Lindley et Hutton.

1833-1835. **Pinnularia** Lindley et Hutton, Foss. Fl. of Great.-Brit., II, pl. III.
1838. **Myriophyllites** Artis, Antediluv. phytol., p. 12, pl. XII.
1838. **Hydatica** Artis, Antedil. phytol., p. 5, pl. 5.
1888. **Pinnularia** Zeiller, Flore foss. du bassin houil. de Valenciennes, texte, 1888, p. 403.

Racine principale donnant naissance à de nombreuses racines secondaires, qui paraissent distiques par compression. Elles sont couvertes d'une multitude de radicelles.

On a attribué ces racines à des *Annularia* ou à des *Asterophyllites*, bien qu'on ne puisse donner aucune preuve de cette attribution. Elles ne sont pas très abondantes dans le bassin de la basse Loire; mais cela tient peut-être à ce qu'on ne recueille guère ces sortes de fossiles. Cependant, dans Artis, pl. I, on voit un Calamite ayant de grands rapports avec le *Calamites ramosus*, et portant, à une même articulation, de nombreuses racines, couvertes de radicelles, bien conformes aux racines de l'*Hydatica columnaris* du même auteur, pl. V.

PINNULARIA COLUMNARIS Zeiller.

(Atlas, pl. LXIX, fig. 1.)

1833. **Pinnularia columnaris** Zeiller, Fl. foss. du bassin houil. de Valenciennes, texte, p. 404, pl. LVII, fig. 3.
1838. **Hydatica columnaris** Artis, Antediluv. phytol., p. et pl. 5.
1869. **Asterophyllites foliosa** (*folium* sur la planche), Roehl, non Lindl. et Hutton, Foss. Fl. d. Steinkohlen-Form. Werthpalens, p. 24, pl. V, fig. 1 (Palæontogr. XVIII).

Description de l'espèce.

Axes secondaires couchés dans la même direction, et partant probablement du même axe principal, larges de 2 millimètres, *légèrement sinués et couverts de très nombreuses radicelles, fines, assez courtes, flexibles.*

Lindley et Hutton, dans leur *Fossil Flora of Great Britain*, II, pl. III (1833-35) avaient publié, sous le nom de *Pinnularia capillacea*, des racines qu'ils pensaient avoir pu appartenir à des *Annularia* ou des *Asterophyllites*.

M. Zeiller, dans sa *Flore fossile du bassin de Valenciennes*, a fait remarquer que les *Pinnularia* et les racines analogues peuvent se partager en deux groupes.

Auprès du *Pinnularia capillacea* Lindl. et Hutt. viennent se placer l'*Hydatica columnaris* Artis, l'*Asterophyllites-foliosus* Rœhl (non Lindl. et Hutt.) et le *Pinnularia columnaris* de M. Zeiller; ces plantes qui, jusqu'ici, ne peuvent être séparées spécifiquement, ont pour caractères communs d'avoir des racines secondaires naissant d'un axe principal, et alternes, bien que par la compression elles aient pris une apparence distique. L'axe n'a pas d'articulations. Les racines secondaires émettent une quantité de radicelles bien moins fines, moins sétacées que celles du groupe suivant.

Ce second groupe est formé non plus de racines éparses sur un axe principal, de moyenne grosseur, mais bien rangées en cercle au niveau d'une articulation. Cette articulation se trouve sur une grosse tige cannelée qui est, à n'en pas douter, une tige de Calamite et que M. Weiss attribue au *Calamites ramosus*, conclusion à laquelle j'étais arrivé de mon côté. Ici se rangent l'*Hydatica prostrata* Artis, *Antediluvian Phytology*, p. et pl. I, et l'*Asterophyllites foliosus* Geinitz, *Die Versteinerangenformation in Sachsen*, p. 19, pl. XV.

Si ce second groupe peut se rapporter à une ou plusieurs espèces de Calamites, le premier reste sans attribution botanique.

Le fossile que je représente p. LXIX, fig. 1, ne montre pas, il est vrai, l'insertion de ses racines secondaires sur un axe principal, et ces racines sont plus grosses que dans l'échantillon de M. Zeiller; elles ont la grosseur qu'elles présentent dans celui de Rœhl. Les radicelles sont assez droites, nombreuses, courtes, filiformes et non sétacées, tout à fait semblables à celles du *Pinnularia columnaris* de M. Zeiller, dont je ne trouve pas de raison suffisante pour le séparer.

Provenance.

M. Zeiller l'a vu seulement de Liévin et de Bully-Grenay, dans la zone supérieure du bassin. Artis l'a décrit d'Angleterre, Rœhl de Bohême. Je ne le connais pas dans le nouveau continent.

Au point de vue stratigraphique, on l'a trouvé jusqu'ici dans le culm supérieur et dans la zone supérieure du Westphalien. Il y a entre ces deux niveaux une lacune que des recherches nouvelles combleront probablement.

PINNULARIA HORIZONTALIS Lindley et Hutton.

(Atlas, pl. LXIX, fig. 2 à 4.)

1858. **Pinnularia horizontalis** Lesquereux, Geol. of Pennsylvania, p. 878. — Lesquereux,
Descr. of the coal Fl. of the carbonif. format. in Pennsylv., II, 1880, p. 518.— Miller,
North. americ. geol. and pal. for the use of amateurs, stud. and scient., 1889, p. 134.
— Lesley, A Diction. of the foss. of Pennsylv., II, 1889, p. 649, fig. 648.
1900. **Pinnularia laxa** Ed. Bur., La ville de Nantes et la Loire-Inf., III, p. 205.

Description
de l'espèce.
Racines secondaires, de 2 à 3 millimètres de diamètre, striées aussi, mais
fort irrégulièrement. *Radicelles droites, raides, longues de 2 à 5 centi-*
mètres, larges de 1 millimètre ou un peu plus, très écartées les unes des autres :
au lieu de se toucher presque, elles sont à 4 millimètres de distance à leur
insertion. Elles ne sont nullement en verticille. *La longueur, l'écartement et la*
raideur de ces radicelles donnent à cet appareil radiculaire un aspect tout différent
du Pinnularia columnaris.

Remarques
paléontologiques.
J'ai cru d'abord avoir affaire à une espèce nouvelle, et je l'ai publiée sous
le nom de *Pinnularia laxa* dans l'ouvrage intitulé : *La ville de Nantes et la*
Loire-Inférieure; mais depuis, j'ai trouvé dans : *A Dictionnary of the fossils of*
Pensylvania de *Lesley* une petite figure au trait assez rudimentaire, mais
accompagnée du nom *Pinnularia horizontalis* et ne laissant pas de doute sur
son identité avec le *Pinnularia laxa.* Le dessin américain n'est pas accompagné de description; mais les caractères qu'il fournit me paraissent très
suffisants.

L'épithète *horizontalis* n'est pas exacte; car les radicelles ne sont pas placées
horizontalement : elles s'écartent à angle très ouvert de la racine secondaire
qui les porte, se dirigent en dehors et en avant.

Provenance.
Ce *Pinnularia* a été trouvé assez nombreux au puits Préjean, mines de la
Tardivière, commune de Mouzeil (Loire-Inférieure). Je l'ai recueilli aussi aux
mines de la Prée, commune de Chalonnes (Maine-et-Loire). C'était jusqu'ici
une forme américaine.

PHANÉROGAMES GYMNOSPERMES.

Classe des PTÉRIDOSPERMÉES.

Voir caractères, p. 22.

FAMILLE DES CALYMMATOTHÉCÉES.

Fructifications dans un involucre.

Genre CALYMMATOTHECA ZEILL.

1820. **Filicites** SCHLOTHEIM, Die Petrefaktenk., p. 403.
1828. **Sphenopteris** Ad. BRONGNIART, Prodr. d'une hist. des vég. foss., p. 50. — Ad. BRONGN., Hist. des vég. foss., I, 1828, pl. 169. — STERNBERG, Ueb. die geogn.-geol. Darstell. d. Fl. d. Vorw., part. 5 et 6, 1833, p. 55. — UNGER, Synops. plant. foss., 1845, p. 59. LESQUEREUX, Geol. of Pennsylv. 1858, p. . — UNGER, Gen. et sp. plant. foss., 1859, p. 107. — LESQUEREUX, Coal Fl. of Pennsylv., 1880, I, p. 269.
1836. **Cheilanthites** GÖPP. Die foss. Farnkräuter, p. 229.
1869. **Sphenopteris (Cheilanthoides)** SCHIMPER, Traité de Pal. vég., I, 1869, p. 378.
1875. **Calymmotheca** STUR, Die Culm-Flora der Ostrauer u. Waldenburg. Schichten (1875-1877), p. 151. Beitr. z. Kenntniss d. Fl. d. Vorwelt, II, p. 255. — STUR, Morphol. u. Systematic d. Culm u. Carbonfarne (vergelegt in d. Sitzung am. 12 July, 1883, p. 799. Aus dem LXXXVIII Bande d. Sitzb. d. k. Akad. d. Wissensch., I, 1883, et tirage à part, p. 167).
1883. **Calymmatotheca** ZEILLER, Fructific. de Fougères du terrain houiller in Ann. des Sc. nat., Bot., 6ᵉ sér., XVI, p. 182. — POTONIÉ, Ueber einige Carbonfarne, separat. d. Jahrbuch d. königl. preuss. geol. Landesanst. für 1890, p. 26. — ZEILLER, Elém. de Palæobot., 1900, p. 62.

Plantes à port de Fougères non arborescentes, à feuilles très grandes. Axes primaires ou secondaires fourchus, à angle aigu, sans trace de bourgeon terminal dans la bifurcation. *Axe principal portant une ou plusieurs paires de pennes au-dessous de la bifurcation.* Rachis les plus gros couverts de réticulations qui se rattachent à un réseau intérieur. *Folioles du type Sphenopteris,* c'est-à-dire très découpées, à lobes arrondis ou linéaires. *Fleurs mâles (étamines) observées par M. Kidston dans le Sphenopteris Hœninghausi, pendant sous forme* de franges, à la face inférieure de pinnules dépourvues de limbe. Fleurs femelles (ou plutôt *graines) sillonnées, sur des feuilles sans limbe,* terminant les dernières ramifica-

Description de l'espèce.

tions, le plus souvent tombées, paraissant très caduques, *entourées d'un invo-*
lucre de 6-8 folioles soudées d'abord entre elles par leur partie inférieure, puis
s'ouvrant du sommet à la base et se séparant dans le haut par déchirure,
s'étalant alors *en étoile, après avoir été pendantes avant leur expansion.*

Le genre *Calymmatotheca* sera assurément plus tard divisé en plusieurs .
genres; resteront dans ce genre : les *Calymmatotheca Dubuissonis* ou *Stangeri,
C. tenuifolia, C. Schimperi*, etc. Le *C. avoldensis* sera probablement d'un autre
genre. Toutes ces plantes fructifiées, ou du moins celles qui étaient alors
connues, sont énumérées et figurées par Stur dans : *Zur Morphologie und
Systematic der Culm und Carbonfarne*, 1883, p. 167 et suivantes.

M. Zeiller a eu raison de rectifier l'orthographe de ce genre. Stur l'a décrit
sous le nom de *Calymmotheca;* ce mot est formé de κάλυμμα, ατος, enveloppe,
et Θήκη, coffre, bourse; or les noms composés se font avec le génitif :
καλυμματος doit donner *Calymmatotheca* [1].

CALYMMATOTHECA TENUIFOLIA.

Grande feuille, trois ou quatre fois pinnée. Rachis pouvant atteindre
1 centimètre de diamètre, *parsemé de cicatrices de poils,* fourchu; les deux
branches égales de taille et *couvertes également de cicatrices* (trichomatosæ),
s'écartant l'une de l'autre à angle aigu ou très aigu. Une ou plusieurs paires de
pennes au-dessous de la bifurcation, presque perpendiculaires au rachis, ou
même un peu réfléchies, à peu près de la grandeur des pinnules situées sur
les branches de la fourche. Pas trace de bourgeon entre les deux branches.
Pennes secondaires linéaires-lancéolées ou allongées-triangulaires, se touchant
presque, mais ne se recouvrant pas, de 2 à 7 centimètres de long, variant aussi
beaucoup pour la distance de l'une à l'autre du même côté. Pinnules étroitement et longuement triangulaires, portant de chaque côté de 2 à 5 lobes,
souvent eux-mêmes lobés. *Lobes et leurs subdivisions linéaires. Nervure principale
épaisse, se subdivisant et envoyant dans chaque lobe une de ses subdivisions. Ces
nervures sont tellement épaisses qu'elles occupent le tiers de la largeur de chaque
lobe, ces lobes n'étant plus formés que par une fine lame de parenchyme bordant
la nervure. Les lobes sont obtus.* Les axes primaire, secondaires et tertiaires non
bordés, sauf parfois une très légère décurrence sur l'axe qui porte les pinnules.

---

[1] ZEILL., in *Ann. Sc. nat. Bot.*, XVI (1883), p. 177.

α BRONGNIARTI.

(Atlas, pl. XV, fig. 2, 2 A, 2 B.)

1828. **Sphenopteris tenuifolia** Ad. Brongn., Hist. des vég. foss., I, p. 190, pl. 48, fig. 1.
1877. **Calymmotheca tenuifolia** Stur, Die Culm-Flora d. Ostrauer u. Waldenburger Schichten, p. 151. *Abhandl. d. k. k. Geol. Reichsanst.*, Band 8, Heft 2, p. 257.
1900. **Calymmatotheca tenuifolia α Brongniarti** Éd. Bur. La ville de Nantes et la Loire-Inférieure. Notice sur la Géologie de la Loire-Inférieure, p. 271.

Axe primaire portant peu de paires de pennes au-dessous de la bifurcation, qui se fait *à angle très aigu.* Pennes secondaires rapprochées les unes des autres, raides, inclinées. *Pinnules très inclinées sur le rachis des pennes secondaires,* serrées. *Lobes simples;* la nervure de l'inférieur ayant, au sommet, une légère tendance à se bifurquer.

Description de l'espèce.

Cette forme a été trouvée dans toute la longueur du bassin.

Provenance.

Département de la Loire-Inférieure.

Mines de Languin, près Nort, Ad. Brongniart, 1845. Cat. Mus. Hist. nat., n° 4707.

La Tardivière, commune de Mouzeil, puits Préjean. Mus. Paris, mus. Nantes, Ed. Bur. Puits Saint-Georges, veine n° 1 et veine n° 2. M. Beaulaton.

Département de Maine-et-Loire.

Saint-Georges-Chatelaison, près Doué, Virlet, 1828. Type du *Sphenopteris tenuifolia* décrit et figuré par Ad. Brongn., Hist. des vég. foss.

β LINKII.

(Atlas, pl. XIV, fig. 1, 1 A, 1 B.)

1836. **Gleichenites Linkii** Goepp., Die fossilen Farnkrauter, p. 132, pl. 2, fig. 1. Besonder Abdruck d. Suppl. z. *Siebenzehnten Bande d. Nova Acta Acad. C. L. C. Nat. Curios.*
1875. **Calymmotheca Linkii** Stur, Die Culm. Fl. d. Ostrauer u. Waldenburg. Schicht., p. 151 et 161, pl. XII, fig. 1 à 6. *Abhandl. d. k. k. Geol. Reichsanst.*, 8, part. 2, p. 257 et 267, pl. 29, fig. 1 à 6.
1900. **Calymmatotheca β Linkii** Éd. Bur., La ville de Nantes et la Loire-Inférieure, p. 271, et tirage à part, p. 271.

32.

Description
de l'espèce.

Frondes plus robustes, à plusieurs paires de pennes au-dessous de la bifurcation, *qui est à angle plus ou moins ouvert*. Pennes secondaires à angle plus ouvert, *très étalées*, insérées à une distance plus grande les unes des autres; pennes tertiaires ou pinnules *grandes, très étalées, à lobes nombreux, subdivisés en lobules courts, étalés, bi-trifurqués.*

Provenance.

Cette forme a été trouvée dans la partie occidentale du bassin; mais elle n'y est pas rare. Son absence apparente dans la partie orientale tient peut-être à ce qu'elle n'a pas été explorée d'une manière aussi suivie.

Le *Calymmatotheca tenuifolia β Linkii* a été recueilli dans les localités suivantes; toutes sont situées dans le département de la Loire-Inférieure :

Languin, près de Nort.

La Guérinière, commune des Touches.

La Tardivière, commune de Mouzeil: puits Neuf, mus. Paris, mus. Nantes; puits Préjean, puits Henri, puits Saint-Georges, toit de la veine n° 1, niveau 260, voie est, veine n° 2, mur, M. Beaulaton.

γ DIVARICATA.

(Atlas, pl. XV, fig. 1 A, 1 B, 1 C.)

1833. **Sphenopteris elegans** STERNBERG, Vers. ein. geog.-bot. Darstell. d. Fl. d. Vorwelt, p. 5 et 6, pl. 20, fig. 3 à 4 (*Non Sphenopteris elegans* Ad. BRONGN., Sur la class. et la distr. des vég. foss., *Mém. du Mus. d'hist. nat.*, 1822, VIII, pl. 13, fig. 2; tiré à part, pl. 2, fig. 2, et Hist. des vég. foss., 1828, p. 172, pl. 53, fig. 1 à 2, quæ est *Calymmatotheca silesiaca* Ed. Bur.).

1836. **Cheilanthites divaricatus** GOEPP., Die foss. Farnkräuter, p. 238, pl. 12, fig. 1, 2. Besond. Abdruck d. Suppl. z. *Siebenzehnt. Bande d. Nova Acta Acad. C. L. C. Nat. Curios.*

1875. **Sphenopteris divaricata** STUR, Die Culm-Fl. d. Mährisch-Schleinchen Dachschief. *Abhandl. d. k. k. Geol. Reichs.*, p. 25, pl. 6, fig. 6, 7.

1875. **Calymmotheca** STUR, D. Culm-Fl. d. Ostrauer u. Waldenb. Schicht. 1877, p. 151 et 165, pl. 13, fig. 1, 3. *Abhandl. d. k. k. Geol. Reichs.*, vol. 8, part. 2, p. 257 et 271, pl. 30, fig. 1, 3.

1900. **Calymmatotheca tenuifolia γ divaricata** Éd. BUR. La ville de Nantes et la Loire-Inf. Notice sur la Géologie de la Loire-Inférieure, p. 271.

Description
de l'espèce.

Feuilles grêles ou assez grêles, à plusieurs paires au-dessous de la bifurcation, *qui se fait à angle très aigu.* Pennes secondaires *à axes grêles, étalés, assez longues, mais ne portant que des pinnules courtes*, peu développées, *écartées les unes des autres, étalées, à lobes eux-mêmes étalés, étroitement linéaires*, les inférieurs bi-trifurqués.

Cette variété, comme la précédente, n'a été recueillie que dans la partie occidentale du bassin, située dans le département de la Loire-Inférieure.

Voici le détail des localités :

Languin, 4 kilomètres au N. O. de Nort. Coll. Cailliaud, muséum de Nantes.

La Guérinière, commune des Touches, Éd. Bur.

La Tardivière, commune de Mouzeil : puits Préjean, Éd. Bur.; puits Henri, entre les veines 2 et 3, M. Beaulaton; puits Saint-Georges, Éd. Bur.

Le *Calymmatotheca tenuifolia,* sous ses diverses formes, se trouve dans les schistes d'Ostrau (Moravie) et de Waldenburg (Silésie), qui sont du culm supérieur, comme le terrain carbonifère de la basse Loire. M. Zeiller ne paraît pas l'avoir rencontré dans le bassin de Valenciennes, qui est plus récent.

FRUCTIFICATION.

(Atlas, pl. IX, fig. 4 à 6, 6 A; X, fig. 1 à 1 E; XXVII, fig. 3 à 5 A, pl. LXXIII, fig. 3, 4, 5.)

J'ai, dans la description du genre, donné les caractères généraux des inflorescences femelles des *Calymmatotheca.* Je dois maintenant y revenir à propos des mêmes inflorescences appartenant au *Calymmatotheca tenuifolia.*

M. Grand'Eury, qui a étudié avec soin les graines mêlées aux végétaux fossiles du bassin de la basse Loire, y signale [1] celles d'un *Calymmatotheca.* Ce sont assurément celles que j'ai recueillies aussi, ou plutôt dont j'ai recueilli les involucres et l'insertion sur les axes qui les portent exclusivement. *Ces axes sont complètement dépourvus de folioles, dichotomes, ayant jusqu'à trois bifurcations successives, régulières et symétriques. Au bout de chaque ramification est un involucre, d'abord pendant, puis s'ouvrant du sommet à la base, par la séparation les unes des autres des huit folioles linéaires-lancéolées qui le composent.* Elles finissent par s'ouvrir entièrement, de sorte que, lorsqu'elles ont été fossilisées à plat, elles sont *étalées en étoile.* Elles ont 5 à 6 millimètres de long et 1 millimètre de large. La base est légèrement retrécie. Le sommet finit graduellement en pointe.

Cet involucre contient une graine que M. Grand'Eury a vue en place.

[1] GRAND'EURY, Comptes rendus des séances de l'Académie des sciences, 19 novembre 1906.

Dans tous les involucres que j'ai pu observer, la graine était tombée; mais dans ceux qui étaient étalés en étoile, on voyait au centre la cicatrice indiquant le point d'attache de la graine. Des involucres détachés étaient mêlés à des feuilles de *Calymmatotheca tenuifolia* β *Linkii*. Cette association paraît ordinaire : partout où j'ai trouvé ces graines : à Languin, La Tardivière, etc., j'ai trouvé aussi des feuilles stériles de *Calymmatotheca tenuifolia* appartenant surtout à la forme β *Linkii* qui paraît être, du reste, la plus abondante. Assez souvent c'est sur la même plaque schisteuse que se trouvent les graines et les feuilles stériles; mais il devient de plus en plus certain que, dans les *Calymmatotheca, les rameaux fertiles étaient dépourvus de limbe.*

CALYMMATOTHECA DUBUISSONIS [1].

(Atlas, pl. X, fig. 1 à 1 D; XI, fig. 3, 3 A; XII, fig. 1 à 3.)

1820. **Filicites bermudensis** SCHLOTHEIM, Die Petrefakten., p. 409, fig. 2, bas de la fig.

1828. **Sphenopteris Dubuissonis** Ad. BRONGNIART, Prodr. d'une hist. des vég. foss., 1828, p. 51. — Ad. BRONGNIART, Hist. des vég. foss., 1, p. 195, 1828, pl. 54, fig. 4 a, 4 b. — 1833, STERNBERG, Versuch. ein. geogs.-bot. Darstel. d. Fl. d. Vorwelt, part. 5 et 6, 1833, p. 62. — UNGER, Synops. plant foss. 1815, p. 65. — LESQUEREUX, Geol. of Pennsylv., 1858, p. 861. — UNGER, Gen. et sp. plant. foss., 1850, p. 119. — LESQUEREUX, Coal Fl. of Pennsylv., 1, 1880, p. 275. — MILLER, North Amer. Geol. and Palæontol. for the use of amateurs, students and scientists, 1889, p. 142.

1836. **Cheilanthites Dubuissonis** GÖPP., Die foss. Farnkraüter, p. 250.

1869. **Sphenopteris (Cheilantites) Dubuissonis** SCHIMPER, Traité de Pal. vég., 1, p. 378.

1875. **Calymmotheca Dubuissonis** STUR, Die Culm-Fl. d. Ostrauer. u. Waldenb. Schicht., p. 151. (*Beitr. z. Kenntniss d. Fl. d. Vorwelt*, II, p. 252.)

[1] Les noms de la troisième conjugaison qui ont le nominatif en *o* font leur génitif en *onis.* C'est ainsi qu'on dit :

Cicéron...................... Cicero .... Ciceronis.
Caton........................ Cato........................ Catonis.
Scipion...................... Scipio...................... Scipionis.

et même :

Lion........................ Leo .... Leonis.
Crapaud..................... Bufo........................ Bufonis.

On doit donc dire :

Dubuisson.................. Dubuisso .... Dubuissonis

et non Dubuissoni.

1875. **Calymmotheca Stangeri** Stur, *loc. cit.*, pl. VIII et X, text, fig. 27. — Stur, Morphol. u. System. d. Culm. u. Carbonfarne. (Vorgelegt in der u. Carbon-Farn Sitzung. 12 Juli 1883, p. 801, 1 fig. dans le texte; fig. 34. Aus dem *LXXXVIII. Band. d. Sitzb. der k. Akad. d. Wissensch.*, et tirage à part, p. 169, fig. 34.) — Potonié, Ueber ein. Carbon-farne, Separatabdruke aus dem Jahrbuch d. königl. preuss. geol. Landesanst. für 1890, II, 1891, p. 26.

1900. **Calymmotheca Dubuissonis** Stur, Die Culm.-Fl. d. Ostrauer u. Waldenb. Schicht. p. 270.

1883. **Calymmatotheca Stangeri** Zeiller, Fructific. de Fougères du terrain houiller (*Ann. des Sc. nat.*, Bot. 6ᵉ sér., XVI, p. 183). — Zeiller, Eléments de Paléobot., 1900, p. 63, fig. 32.

Feuilles 2-4 pinnées. *Rachis principal* épais, jusqu'à 3 centimètres de large, *réticulé à mailles allongées.* Rachis des pennes secondaires parcouru par de très nombreuses et très longues petites côtes longitudinales, bifurqué à angle aigu. Une ou plusieurs paires de pennes au-dessous de la bifurcation. *Traces d'écailles sur les différents axes.* Pennes de troisième ordre, au-dessus comme au-dessous de la bifurcation, écartées du même côté, à 2 centimètres environ l'une de l'autre, longues de 4 à 10 centimètres, allongées, triangulaires et diminuant graduellement de la base au sommet. Pinnules presque contiguës, 15 à 20 de chaque côté; les plus longues mesurant 8 à 10 centimètres, les plus courtes 5 millimètres environ de large à la base, ovales, subtriangulaires; *les plus grandes quadrilobées de chaque côté, avec un lobe terminal.* A mesure qu'on avance vers la pointe, les pinnules n'ont plus que trois, puis deux, puis un lobe de chaque côté, et finalement le lobe terminal seul. *Lobes en coins et plus ou moins rétrécis à la base, 2-3 lobulés, les lobules inférieurs surtout, réfléchis, descendants* (on dirait un trèfle couché de côté), *tous insérés obliquement sur le rachis de la pinnule, obtus,* rapprochés plus ou moins, mais non imbriqués, *séparés jusqu'à l'axe ou presque jusqu'à l'axe. Le terminal symétrique, lobulé sur les bords, pas plus grand que les autres,* plus étroit que le reste de la pinnule, qui, vers le haut, s'est graduellement rétrécie en donnant à la terminaison de cette pinnule une forme un peu ogivale, *le sommet* cependant, *bien que rétréci, restant obtus.* Rachis des pinnules concave en dessus. Nervures souvent peu visibles, une par lobe, qui se divise, à angle assez ouvert, en branches qui se portent chacune dans un lobule.

Les rameaux fructifères du *Calymmatotheca Dubuissonis* ont été décrits et figurés par Stur, qui les attribue au *Calymmatotheca Stangeri;* mais nous verrons que ces deux espèces n'en font qu'une. Ces rameaux, comme ceux qu'on

Description de l'espèce.

connaît sur d'autres *Calymmatotheca*, n'ont jamais porté de folioles. Ils sont nus, comme ceux du *Cal. tenuifolia;* mais leur disposition est bien différente. Ils sont *en panicule dont les dernières subdivisions seulement sont çà et là dichotomes; les involucres ont, sur la nervure médiane de leurs bractées ou écailles, une rangée de protubérances en forme d'épines.*

L'inflorescence du *Calymmatotheca tenuifolia* est, comme nous l'avons vu, entièrement dichotome, à axes plus minces, plus longs, formant une sorte de corymbe, et les folioles des involucres ont des côtes longitudinales, mais lisses et sans épines.

Rapports et différences.   Les *Calymmatotheca Dubuissonis* et *Stangeri* ne sont, comme je l'ai déjà dit, qu'une seule espèce.

Je n'ai pas vu l'échantillon type figuré par Ad. Brongniart de son *Cal. Dubuissonis;* mais le muséum d'histoire naturelle de Nantes possède un échantillon de Languin étiqueté de la main même de Brongniart : « *Sphenopteris Dubuissonis* Ad. Br., *Hist. vég. foss.*, pl. LIV, fig. 4. » C'est évidemment lors d'un de ses voyages dans l'ouest, probablement en 1845, qu'Ad. Brongniart fit cette détermination. Plusieurs paléontologistes qui ont vu depuis le même spécimen ont confirmé la déclaration de Brongniart. C'est ainsi que, sur cet échantillon, j'ai reconnu l'écriture de Dubuisson, à qui était dédiée l'espèce, et celle de Frédéric Cailliaud, tous les deux reproduisant le texte de Brongniart.

Une dernière étiquette, collée sur le même échantillon, porte : « Grès houiller près de Montégut. » Elle a été posée en dernier lieu par Cailliaud et pourrait être une cause d'erreur. Cailliaud avait, en effet, l'habitude regrettable d'inscrire sur les échantillons des renseignements qui ne les concernaient pas. Dans le cas présent il a voulu dire que la même espèce se trouvait aussi près de Montaigu.

Quoi qu'il en soit, la détermination de l'auteur de l'espèce, confirmée par deux autres paléontologistes, ne laisse aucun doute sur l'identité du *Calymmatotheca Dubuissonis,* de même que le mot Languin, trois fois répété, et la ressemblance complète de la roche ne laisse pas d'hésitation sur la provenance du fossile.

Sans la détermination positive des auteurs des deux espèces nominales : *C. Dubuissonis* et *Stangeri,* leur identité, dont j'étais convaincu, eut été difficile à établir; car les figures de l'une et de l'autre sont loin d'être parfaites. Celle de Brongniart représente assez bien le port; celles de Stur, qui sont beaucoup plus nombreuses, le donnent avec une grande vérité; mais ce sont les figures de pinnules grossies qui sont défectueuses : celle de Brongniart a les lobes des pinnules à peine rétrécis à la base. Il est très rare de trouver des lobes ainsi faits, quand cela arrive; presque toujours on voit sur la même feuille des lobes plus rétrécis à la base que sur la figure grossie du *S. Dubuissonis*, mais bien moins que sur les pinnules grossies du *Calymmatotheca Stangeri* de Stur, où ce rétrécissement est sûrement très exagéré.

L'espèce que nous venons de décrire ressemble beaucoup au *Sphenopteris Hœninghausi;* mais celui-ci a les lobes des pinnules plus nombreuses, plus petites, moins serrées, plus longues. Les lobes sont, dans la figure de M. Potonié [1] et de M. Zeiller [2], bien plus étroits que dans la figure de Brongniart.

Le *Calymmatotheca Dubuissonis* est la plante fossile la plus commune du bassin de la basse Loire. On l'a trouvée, et en grand nombre, dans les localités suivantes.

Provenance.

Département de la Loire-Inférieure.

Languin, à 4 kilomètres au N.-O. de Nort, Dubuisson, mus. hist. nat. de Nantes. — Ad. Brongniart, 1845. Cat. mus. Paris, n° 4692. — Puits n° 2, Éd. Bur. Cat. mus. Paris, n° 7357.

Concession des Touches, Ad. Brongniart, 1845. Cat. mus. Paris, nᵒˢ 4692 et 4693.

Puits de la Cohue, concession des Touches. Éd. Bur.

Concession de Mouzeil, La Tardivière, puits Neuf, puits Préjean, puits Henri, puits Saint-Georges.

Mines de Montrelais, mus. de Nantes.

Département de Maine-et-Loire.

Montjean. École supérieure des mines, V, 415.

Saint-Georges-sur-Loire, près Chalonnes, puits de la Mazière, Ad. Brongniart 1845. Cat. mus. Paris, n° 4637.

Mines de Chalonnes-sur-Loire. Triger. Cat. mus. Paris, n° 4040. — Couche du Poirier Sanson, à la Haie-Longue, couche la plus inférieure et la plus mé-

[1] Ueber einige Carbonfarne, pl. VII.
[2] Les Ptéridospermées (*Revue générale des sciences pures et appliquées*, XVI, p. 718, fig. 41.)

IMPRIMERIE NATIONALE.

ridionale du bassin. M. Roland, 1845. Cat. du mus. Paris, n° 4950. — La Haie-Longue, Rivière, 1842. Cat. mus. Paris, n° 4021.

Mine de Beaulieu. Échantillon extrait de la mine par Triger. — Puits Saint-Joseph. Éd. et L. Bureau. — Beaulieu, musée paléontologique d'Angers.

Bords de la Loire, muséum de Rennes, coll. M. Rouault.

En dehors du bassin de la basse Loire, d'où Ad. Brongniart l'a décrite et figurée sous le nom de *Dubuissonis*, l'espèce que nous venons de mentionner paraît abondante dans les schistes d'Ostrau et de Waldenburg où Stur l'a aussi décrite et figurée, mais sous le nom de *Calymmotheca Stangeri*.

CALYMMATOTHECA BAEUMLERI.

1868. **Sphenopteris Baeumleri** Andræ, Steinkohlen-Formation Westphalens Piesberg bei Osnabrück, in-4°, sept. 1868, p. 60, pl. XX, fig. 8; pl. XXI, fig. 1, 2. — Potonié, Lehrb. Pflanzenpal., 1899, p. 373, fig. 351. — Zeiller, Fl. foss. bassin houil. Héraclée, p. 12, pl. I, fig. 8, 9, 1899 (*Mém. Soc. Géol. de France*, n° 21). — Potonié, Abbild. u. Beschr. foss. Pflanzen, Lief. I, n° 6, 1903, fig. 1-3. — Kidston, Les végét. houil. recueillis dans le Hainaut belge. (Extrait des *Mémoires du Musée royal de Belgique*, t. IV, in-4°, 1909, publié le 28 février 1911, p. 15, pl. XXVIII).

1883. **Calymmotheca Bäumleri** Stur, Morph. u. Syst. d. Culm u. Carbon Farne, p. 806, 44 fig. dans le texte. Wien, Vorgelegt in der Sitzung am 12 Juill. — *Id.*, tirage à part, p. 174. — Stur, Carbon-Flora d. Schwatzl. Schicht. Die Farne, 1885, p. 243, pl. XXXII, fig. 1-6.

Description de l'espèce.

Frondes 3-4 pinnées. Rachis de divers ordres couverts de trichomes posés sur des lignes fines saillantes, plus ou moins caducs. Rachis de 3ᵉ ou 4ᵉ ordre plus glabres. Pinnules largement linéaires, ou souvent tellement raccourcies qu'elles sont ovales, longues de 6-8 millimètres, larges de 5 millimètres environ, lobées latéralement, lobes opposés, peu profonds, chacun parcouru par 3-5 nervures, partant de la côte de la pinnule et s'avançant presque parallèlement jusqu'au sommet du lobe, qui est obtus ou faiblement lobulé. Sommet de la pinnule très obtus et parcouru par des nervures semblables.

Rapports et différences.

Les lobes des pinnules, surtout les inférieurs, ne sont point recourbés comme ceux du *Calymmatotheca Dubuissonis;* les pinnules ne sont pas supportées par des pétiolules.

La *Calymmatotheca Baeumleri* pourrait être comparée aussi au *C. Hœnin-*

ghausi; mais celui-ci a les pinnules aiguës, à lobes latéraux plus étroits, plus profondément subdivisés, à divisions plus étalées.

L'espèce que nous venons de décrire a été trouvée très rarement et seulement au puits Saint-Georges, mine de la Tardivière, commune de Mouzeil (Loire-Inférieure).

On la connaît aussi en Belgique, en Bohême, dans les schistes de Schatzlar, etc., toujours, jusqu'ici, dans le Westphalien. Il n'est pas étonnant de la voir descendre dans le culm supérieur, niveau presque aussi riche en sphénosphéridées que le Houiller moyen.

Provenance.

CALYMMATOTHECA OBTUSILOBA.

(Atlas, pl. VII, fig. 4, 4 A, 4 B; VIII, 1, 1 A, 1 B.)

1828. **Sphenopteris obtusiloba** Ad. Brongniart, Hist. des vég. foss., I, p. 204, pl. 53, fig. 2, 2 A. — Sternberg, Vers. ein geogn.-bot. Darstell. d. Fl. d. Vorwelt, part. 5 et 6, 1833, p. 63. — Unger, Synops. plant. foss., 1845, p. 64. — Sauveur, Vég. foss. de la Belgique, pl. XV, fig. 2. — Bronn, Index palæont., 1848, p. 1170. — Unger, Gen. et spec. plant. foss., 1850, p. 116. — Ettingshausen, Die Steinkohl. Fl. v. Radnitz in Böhmen, 1854, p. 37, pl. XXI, fig. 2. (Aus d. Abhandl. d. k. k. Geol. Reichsanst, III, 18 Abtheil, n° 3.) — Roehl, Foss. Fl. d. Steinkohl. Format. Westphal. einschlies. Piesberg bei Osnabrueck, 1869, p. 55, pl. XVI, fig. 10, 11, pl. XXIX, fig. 9, *Paläontogr.* — Zeiller, Explic. carte géol. de France, IV, seconde part., vég. foss. du terrain houiller, 1879, p. 39, pl. CLXII, fig. 1, 2. — Renault, Cours de bot. foss., III, 1883, p. 190, pl. 33, fig. 5, 6. — Zeiller, Fl. foss. du bassin houil. de Valenciennes, texte 1888, p. 65, atlas, pl. III, fig. 1 à 4, 4 A; IV, fig. 1, 1 A; V, fig. 1 à 2. — Schimper, Handbuch d. Palæontol., 1890, p. 108, fig. 77. — Schimper, Traité de Palæont., II, Palæophytol., trad. Charles Barrois, 1891, p. 105, fig. 77. — Kidston, On the foss. Flora of the Staffordshire coal Fields. (*Trans. roy. Soc.,* 1891, p. 72.) — Kidston, On the foss. plants of the Kilmarnoch, Galston, and Kilwinning coal Fields, Ayrshire (*Trans. of the roy. Soc. of Edinb.,* vol. XXXVII, part. II, n° 16), 1893, p. 321, pl. I, fig. 1. — Hofmann u. Ryba, Leitpfl. d. palæozoisch. Steinkohlenabl. in Mittel-Europa, 1899, p. 38, pl. III, fig. 23, 23 a.

1833. **Sphenopteris irregularis** Sternberg, Vers. ein. geogn.-bot. Darstell. d. Fl. d. Vorwelt, part. 5 et 6, 1833, p. 63, pl. XVII. — Sternberg, Vers. ein. geognost.-bot. Darstell. d. Fl. d. Vorwelt, part. 7 et 8, 1838, p. 132, pl. IX, fig. 7. — Andræ, Vorweltliche Pflanzen aus dem Steinkohl. d. Preuss. Rheinländ. u. Westphal., part. 2, 1866, p. 24, pl. VIII et 9, fig. 1. — Lesquereux, Descript. of the coal Fl. of the carbon. Format in Pensylvania, I, 1880, p. 211, pl. LII, fig. 1 à 1 b, 8.

1836. **Cheilanthites obtusilobus** Göppert, Die foss. Farnkraüt, p. 246 (Besond. Abdruck. d. Suppl. z. siebench. Bande d. Nov. Act. Acad. c. l. c. Nat. Curios.).

1837. **Sphenopteris latifolia** Lindley et Hutton, The foss. Fl. of Great-Brit., III, pl. 178, et II, pl. 156.

33.

1848. **Sphenopteris trifoliata** Sauveur, Vég. foss. des terrains houillers de la Belgique, pl. XXI.

1848. **Sphenopteris grandifrons** Sauveur, Vég. foss. des terr. houillers de la Belgique, pl. XIV.

1865. **Gymnogramme obtusiloba** Ettingshausen, Die Foss. Fl. d. Mährisch-Schles. Dachsief. p. 22, fig. 6.

1869. **Sphenopteris (Aneimioides) obtusiloba** Schimper, Traité de paléont. végét., p. 399, pl. XXX, fig. 1, 13.

1875. **Diplothmema obtusilobum** Stur, Die Culm-Fl. den Ostrauer und Waldenb. Schichten (*Abhandl. d. k. k. geol. Reichsanst.,* vol. VIII, p. 228, 230.) — Stur, Die Carbon. Flora d. Schatzlaren-Schichten, 1885. (*Abhandl von d. k. k. Geol. Reichsanst.,* vol. XI, part. I, p. 354, pl. XXV, fig. 8 a, b, c, — Éd. Bur., La ville de Nantes et la Loire-Inférieure. — M. L. Bur., Notice sur la géol. de la Loire-Inf., 1900, p. 272.

Description de l'espèce.

Très grande feuille, tri ou quadripinnée. Axe primaire ayant plus de 2 centimètres de large, *marqué de fines stries longitudinales et, en outre, de petites cicatricules transversales indiquant sans doute la présence d'écailles,* bifurqué au sommet, mais portant, dans sa partie basilaire simple, une ou deux paires de grandes pennes secondaires. Bifurcation à angle aigu, comme dans les autres *Calymmatotheca;* parfois à angle plus ouvert. *Toutes les ramifications successives ont des stries longitudinales; mais celles qui n'ont plus que 2 à 3 millimètres de large ont les petites cicatrices transversales plus serrées,* quand elles sont visibles; car elles ne me paraissent l'être que sur les échantillons les mieux conservés. *Pennes secondaires semblables,* qu'elles soient sur le rachis indivis ou sur ses branches, *se détachant du rachis primaire sous un angle très ouvert ou* presque *perpendiculairement,* étroitement triangulaires, longues de 4 à 8 centimètres, larges, à la base, d'environ 25 millimètres. Pinnules longues de 25 à 35 millimètres, *ayant de chaque côté de 1 à 6 lobes, et au sommet un lobe terminal. Lobes arrondis, amincis et décurrents à leur point d'attache,* les latéraux bilobés ou trilobés, le terminal entier ou trilobé. *Nervures partant du rachis de la pinnule, nombreuses, plusieurs fois dichotomes, arquées et atteignant le bord du lobe perpendiculairement à ce bord.* D'après M. Zeiller, *parenchyme finement et longitudinalement strié entre les nervures,* ce qui tient probablement à la disposition des cellules épidermiques et rend les nervures moins visibles. Cela se voit à la face supérieure et sur des échantillons bien conservés.

Provenance.

Cette espèce ne se trouve que rarement dans le bassin de la basse Loire.

J'en ai recueilli seulement deux échantillons : l'un au puits Neuf, l'autre au puits Saint-Georges; mines de la Tardivière, concession de Mouzeil (Loire-Inférieure).

Mais la plante est répandue dans nombre de bassins houillers : M. Zeiller l'a trouvée à tous les niveaux du bassin de Valenciennes; extrêmement commun dans la zone supérieure, rare à la base de celle-ci, et une seule fois dans la zone inférieure. M. Grand'Eury l'a citée à Faymoreau, en Vendée. On l'indique à Eschweilen, à Saarbruck, à Radnitz, en Bohême, en Westphalie, en Silésie, dans le terrain houiller de Belgique, dans les mines de houille de Jarrow (Angleterre) où elle est commune, etc.

CALYMMATOTHECA TRIDACTYLITES Stur.

(Atlas, pl. XIII, fig. 1, 1 A.)

1820. **Filioites fragilis** Schlotheim, *Die Petrefakt.*, p. 435, pl. XXI, fig. 1.
1828. **Sphenopteris tridactylites** Ad. Brongniart, Hist. des vég. foss., p. 181, pl. 50. — Sternberg, Vers. ein. geognost.-bot. Darstel. d. Fl. d. Vorwelt, 1833, part. 5 et 6, p. 59. — Unger, Synops. plant. foss., 1845, p. 61. — Unger, Gen. et sp. plant. foss., 1850, p. 112. — Geinitz, Die Verstein. d. Steinkohl. in Sachsen, 1855, p. 15, pl. XXIII, fig. 13, 13 A, 14, 14 A.
1835. **Sphenopteris quadridactylites** Gutbier, Abdrück u. Verstein. d. Zwickhauer-Schwarz-kohl. u. sein. Umbel., p. 36, pl. XI, fig. 5, 5 a, 5 b.
1836. **Cheilanthites tridactylites** Göppert, Die foss. Farnkr., p. 240.
1838. **Sphenopteris tetradactyla** Sternberg, Vers. ein. geogn.-bot. Darstel. d. Fl. de Vorwelt, part. 7 et 8, p. 128.
1869. **Sphenopteris (Dicksonioides) tridactylites** Schimp., Traité de Pal. vég., I, p. 396.

Feuilles tripinnées. *Rachis raides, canaliculés* en dessus. Pennes primaires elliptiques, étalées, à axes distants de 5 à 6 centimètres. Pennes secondaires alternes, très étalées, distantes à la base de 15 à 25 millimètres, presque linéaires ou en triangle très allongé. *Pinnules ovales ou triangulaires, ne décroissant que très lentement, par conséquent presque égales sur une grande longueur,* profondément primatifides; *segments obcunéiformes, obtus, les inférieurs 2-3 lobulés; lobules inférieurs non réfléchis vers le bas; lobes supérieurs de plus en plus obliquement insérés, le terminal étroit, linéaire obtus.* Nervures se détachant les unes des autres à angles assez aigus, chaque division se rendant dans un lobule. — *Description de l'espèce.*

Le *Calymmatotheca tridactylites*, dont quelques spécimens ressemblent un peu au *C. Dubuissonis*, s'en distingue assez facilement par les pinnules triangulaires, les lobes latéraux en coin, les inférieurs non réfléchis, tous de plus en plus obliquement insérés. Le *C. Dubuissonis* a des pinnules ordinairement ovoïdes, à sommet ogival, les lobules inférieurs réfléchis et prenant un peu la forme d'un trèfle. — *Rapports et différences.*

Je n'ai pu voir, ni dans les collections, ni sur les planches publiées, de rachis fourchu appartenant au *Calymmatotheca tridactylites*. Il est vrai que l'espèce est rare et ne s'est sans doute pas encore présentée avec tous ses caractères; elle a été créée par Ad. Brongniart sur un échantillon de Dubuisson, que
ce savant dit provenir de Montrelais.

Je l'ai vue à l'École des Mines étiquetée de Languin et de Montjean, et au
Muséum de Paris, recueillie par Ad. Brongniart à la Guérinière, concession
des Touches, près de Mouzeil. Cat. Mus. Paris, n° 4693. Je l'ai retrouvée
dans cette localité, et je l'ai recueillie aussi au puits Saint-Georges, de la Tardivière, commune de Mouzeil.

On la cite à Eschweiler près d'Aix-la-Chapelle, à Waldenburg en Silésie,
à Zwickau, en Saxe, etc.

Toutes ces localités sont de l'étage westphalien.

CALYMMATOTHECA GRAND'EURYI.

(Atlas, pl. LXXIII, fig. 3, 4. 5.)

Nous avons déjà vu des graines de *Calymmatotheca* enveloppées chacune
dans un involucre. L'involucre que nous avons cru pouvoir rapprocher du
Calymmathoteca tenuifolia avait des valves lisses sur le dos, et, à leur complète
maturité, étalées en étoiles.

Une autre inflorescence figurée par Stur comme appartenant au *Calymmatotheca Stangeri* (ou, pour nous, *Dubuissonis*), se distingue bien de la précédente par la forme de l'inflorescence en panicule, et la carène pourvue de
protubérances qui parcourent le dos de chaque valve de l'involucre.

Mais ce ne sont pas toujours des involucres linéaires ou elliptiques que l'on
rencontre, et *il arrive parfois que les valves soient remplacées par des soies. Ces
soies sont assez nombreuses, elles enveloppent la graine à la base* et forment une
sorte de collerette qui monte plus ou moins haut. La graine, avec ses côtes,
se montre donc incomplètement enveloppée.

Deux échantillons seulement, à ma connaissance, ont été trouvés, un par
M. Grand'Eury et un par moi, tous les deux à la Tardivière. Dans l'échantillon
de M. Grand'Eury, les soies sont au moins au nombre d'une douzaine, elles
montent en s'écartant, jusqu'au sommet de la graine, qui est elliptique, étroite
et un peu obtuse au sommet.

Mon échantillon est beaucoup plus gros, obtus, et les poils de la collerette ne paraissent pas même arriver à la moitié de la hauteur.

Nous ne pouvons rapprocher cette graine que des *Calymmatotheca* malgré la différence de l'involucre ; car il est certain que la présence de soies entourant son point d'attache donne à la graine un aspect tout particulier.

Elle ne peut appartenir aux deux espèces les plus répandues : *Calymmatotheca tenuifolia* et *Dubuissonis*, dont nous connaissons la fructification. Elle ne peut provenir que d'une espèce rare ou non encore connue.

M. Grand'Eury, ayant eu l'obligeance de m'envoyer un petit croquis de l'exemplaire trouvé par lui, m'a donné la possibilité de le comparer à celui que j'ai trouvé plus tard dans la même localité. Il me parait de toute justice de dédier à cet éminent paléobotaniste l'espèce intéressante due à ses recherches. Nous n'en connaissons encore que deux graines ; mais on peut espérer qu'on arrivera à trouver les organes de végétation.

CALYMMATOTHECA LINEARILOBA n. sp.

(Atlas, pl. XVII, fig. 5, 5 A.)

Rachis bifide, marqué de côtes en long, portant une grande penne immédiatement au-dessous de la bifurcation. Il y en avait probablement une de l'autre côté, soit opposée, soit alterne. La cassure de la roche ne permet pas de voir. Une autre penne, qui paraît avoir été plus forte encore que la précédente, montre l'insertion de son rachis 1 centim. 5 plus bas. *Rachis secondaires et tertiaires cannelés, et légèrement bordés.* Pennes paraissant avoir 5-6 centimètres de long, triangulaires, lancéolées, alternes ; celle qui est insérée sous la bifurcation parallèle à celles partant de la branche qui est du même côté, elles sont attachées à 2 centimètres l'une de l'autre. *Leur rachis est grêle et bien saillant,* de même que ceux de troisième ordre. *Tous sont bordés.* Pennes secondaires lancéolées, les plus longues ayant au moins 4 centimètres, portant de chaque côté *5 à 6 pinnules, contiguës par leurs bords, mais ne se recouvrant pas, lobes de part et d'autre. Lobes 2 à 3, naissant l'un au-dessus de l'autre alternativement, linéaires, uninerviés, obtus, donnant naissance à des lobules linéaires, un ou deux de chaque côté.*

Au premier abord, cette plante filicoïde paraît avoir une ressemblance assez grande avec celle figurée par M. Vaffier, sous le nom de *Calymmatotheca affinis*, mais ce n'est certainement pas le *Sphenopteris affinis* de Lindley et

Description de l'espèce.

Rapports et différences.

Hutton (*The foss. Paleot. Great Brit.*, I, pl. 45, 1831-3), ni le *Calymmatotheca affinis* de Kidston (*On the fructification of some Term from the carboniferous formation in Trans. Roy. Soc. Edinb.*, vol. XXXII, part I, 1877, p. 145, pl. IX, fig. 18-22), ni le *Sphenopteris affinis* de Peach (*On the circinate Vernation, fructification and Varieties of Sphenopteris affinis*, etc., *Quart. Journ. Geol. Soc.*, vol. XXXIV, 1877, p. 132, pl. VII), ni le *Sphenopteris linearis* de Brongn. (*Hist. vég. foss.*, tome I, 1828, p. 175, pl. LIV, fig. 1), ni le *Sphœnopteris linearis* de Sternberg (*Vers. ein. geol.-bot. Darst.*, IV, 1825, p. XV, pl. XLII); car toutes ces Fougères ou Ptéridospermées ont des pinnules à lobes amincis de haut en bas et des nervures, moins régulières, comme fasciculées, s'élevant en éventail, se dichotomisant à angle extrêmement aigu et pénétrant plusieurs, 2-7, dans chaque lobe. Ici les lobes sont linéaires. Si parfois ils s'élargissent au-dessous d'une bifurcation, cette bifurcation fournit deux nouveaux lobes linéaires; mais on ne la voit pas rester rudimentaire et ne former au sommet d'un lobe qu'une dilatation cunéiforme à peine lobée ou dentée.

L'échantillon de M. Vaffier ne rentre pas dans les *Eusphenopteris* de Zittel, mais dans les *Sphenopteris trichomanites,* où il se place à côté de l'*Hymenophyllites patentissimus* von Ettingshausen (*Die foss. Flora d. Mährisch Schlesischen Dachschiefers*, p. 26, fig. 13 et pl. VII, fig. 4). Il en a toute la gracilité, mais les pinnules ne sont pas étalées, ici elles sont obliquement dressées.

Telle est aussi la direction des pinnules de notre espèce; mais, tandis que dans le *Calymmatotheca affinis* les pinnules et les lobes sont atténués et nus à la base, les premiers lobes naissent assez haut, peu rameux, à lobules simples dans l'espèce nouvelle; les pinnules longuement atténuées et non oblongues, sont rameuses presque dès la base, à lobes plus nombreux, quelques-uns eux-mêmes subdivisés.

Certaines pinnules de *C. lineariloba* ont une grande ressemblance avec celles du *Diplotmema elegans*. Il n'y a cependant pas lieu de les confondre, puisque le *Lineariloba* a des pennes sous la bifurcation, comme ceux des *Calymmatotheca*, et que les lobes de leurs pinnules sont plus longues, plus lâches et moins serrées.

Provenance.   J'ai trouvé du *Calymmatotheca linearifolia* un seul échantillon, au puits Préjean, la Tardivière, commune de Mouzeil (Loire-Inférieure).

Genre PALMATOPTERIS Potonié.

1829. **Sphenopteris** part. Ad. Brongn., Hist. des vég. foss. 1, p. 169.

1836. **Hymenophyllites** part. Goëppert, Die. foss. Farnkraüt, p. 251.

1838. **Rhodea** Sternberg part. Vers. ein geogn.-bot. Darst. d. Fl. d. Vorwelt, part. 7-8, p. 109.

1877. **Diplothmema** Stur, Die Culm-Flora d. Ostrauer und Waldenburger Schichten, II, p. 230.

1886-1888. **Diplotmema** Zeiller, Bassin de Valenciennes, Atlas, 1886, Atlas, pl. IV, fig. 56, V, fig. 4 ; texte 1888, p. 146.

1899. **Palmatopteris** Potonié, Lehrbuch der Pflanzenpalaeontologie, p. 135. — Zeiller, Eléments de Paléobotanique, 1900, p. 85.

Genre formé par M. Potonié pour plusieurs espèces qui se trouvaient dans le groupe assez nombreux des *Sphenopteris* dont les pinnules sont linéaires. Outre ce caractère, les espèces qui ont formé le genre *Palmatopteris*, non seulement ont le rachis fourchu, comme les *Diplotmema*, mais la pinnule la plus inférieure, située du côté extérieur de la feuille, prend un développement tel que cette feuille paraît quadrilatère.

C'est, pour les *Sphenopteris*, ce que M. Zeiller a constaté dans des *Pecopteris* dont il a fait le genre *Mariopteris*.

Mais la confusion n'est pas possible entre les deux genres, les *Mariopteris* ayant des pinnules de *Pecopteris*, et les *Palmatopteris* des pinnules de *Sphenopteris*.

PALMATOPTERIS FURCATA Potonié.

(Atlas, pl. XXIV *bis*, fig. 2, 2 A. 3.)

1829. **Sphenopteris furcata** Ad. Brongniart, Hist. des vég. foss., 1, p. 179, pl. XLIX, fig. 4, 5. — Sternberg, Vers. ein geogn.-bot. Darstel. d. Fl. d. Vorwelt, part. 5-6, 1833, p. 58.

1836. **Hymenophyllites furcatus** Goëppert, Die foss. Farnkraüt, p. 259. — Unger, Synops. plant. foss., p. 70. — Unger, Genera et sp. plant. foss., 1850, p. 131.

1838. **Rhodea furcata** Sternberg, Vers. ein. geogn.-bot. Darstel. d. Fl. d. Vorwelt, part. I-8, p. 110.

1877. **Diplotmema furcatum** Stur, Die Culm-Flora d. Ostrauer und Waldenburger Schichten, II, p. 230. — Stur, Die Carbon-Flora d. Sch. Sch.

1879-1885. **Schatzlaren Schichten**, I, 1885, p. 299, pl. XXVII, fig. 2, 3. — Zeiller, Explic. de la carte géol. de France, IV, Vég. foss., texte, p. 45, Atlas, 1878, texte, p. 45, atlas, pl. CLXII, fig. 3.

1886-1888. **Diplotmema furcatum** Zeiller, Bassin de Valenciennes. Atlas, 1886, pl. IV, fig. 5, 6 ; V, fig. 4 ; texte, 1888, p. 147.

1899. **Palmatopteris furcata** Potonié, Lehrbuch der Pflanzenpalaeont, p. 136, fig. 127. — Zeiller, Éléments de paléobotanique, 1900, p. 86, fig. 57.

Description
de l'espèce.

Feuilles de moyenne taille. Rachis primaire cylindrique, de 1 centimètre de large, lisse, caréné, à carène à peine ailée. *Rachis secondaire de 7 centimètres de long sur 3 de large, nu, parcouru par un sillon médian, ainsi que les rachis suivants, bifurqué au sommet, chacune des deux sections triangulaire-allongée, décroissant rapidement. Pinnules aussi triangulaires et rapidement décroissantes,* de 2 à 3 centimètres de long, 15 millimètres de large, *émettant des lobes alternes, qui se divisent aussitôt en lanières linéaires, elles-mêmes subdivisées, les dernières très courtes* et donnant à beaucoup d'extrémités de lanières une apparence bidentée. Toutes les divisions aiguës au sommet. *Chaque lobe a ses lanières étalées en éventail.* Ceux d'un même côté sont insérés sur le rachis de la pinnule, à 5-8 millimètres de distance. *Il y a donc, de chaque côté, une succession de petits éventails* qui sont l'un au-dessus de l'autre, mais ne se recouvrent pas. *Le lobe le plus bas de chaque penne tertiaire est aussi grand que le reste de la feuille* et plus découpé que les autres. *Il donne à la feuille un aspect quadripartite.* Nervure unique partant de la base de la pinnule, dichotome, chaque division se rendant dans une lanière. *Il y a une nervure par lanière, et, de chaque côté de cette nervure, descend un limbe plus étroit qu'elle.* Le tout a 1 millimètre de large. C'est là tout le limbe.

Nous n'avons décrit que la forme typique du *Palmatopteris furcata*; mais deux autres formes lui ont été comparées, soit comme espèces voisines, soit comme variétés; tel est le *Sphenopteris spinosa*, qui a les lobes inférieurs des pennes d'autant plus larges et plus pourvus de limbe qu'ils sont plus bas; le lobe terminal étant aigu et presque sans limbe.

M. Zeiller a fait connaître les fructifications du *Sphenopteris alata*. Elles rappellent celles d'un *Calymmatotheca*. Stur a rangé le *Sphenopteris spinosa* dans le genre *Diplotmema*, et, en effet, il a beaucoup de rapport avec ce genre; mais ni l'une ni l'autre des plantes ci-dessus n'offre la disposition quadripartite, qui est le caractère de végétation principal du genre *Palmatopteris*.

Provenance.

Le *Palmatopteris furcata* a été trouvé sur le bassin de la basse Loire, dans la concession de Saint-Georges-sur-Loire, où il a été recueilli par Ad. Brongniart, en 1845. Les deux échantillons rapportés de son voyage sont la contre-empreinte l'un de l'autre. Mais il y a eu mélange d'étiquettes; l'un est indiqué : puits de la Mazière, Cat. Mus. Paris, n° 4638; l'autre : puits du Port-Girault, n° 4644. L'une des deux indications est, par conséquent, erronée. Toutefois, il est certain que le *Palmatopteris furcata* est sorti d'un de ces deux puits, qui étaient environ à 2 kilomètres l'un de l'autre.

En dehors de notre bassin, la plante paraît assez abondante. M. Zeiller a constaté qu'elle est assez répandue dans la zone moyenne du bassin de Valenciennes; il l'a également observée quelquefois dans la zone supérieure; mais elle y est beaucoup plus rare. On l'a signalée en Belgique, à Saarbruck, en Westphalie, en Silésie, en Moravie, en Bohème, à Newcastle en Angleterre; dans la Pensylvanie et le Tenessée, États-Unis de l'Amérique du Nord, au niveau désigné sous le nom : *Subconglomerate of the coal Measures*. Ce niveau paraît correspondre à la base de l'étage Westphalien. Le *Palmatopteris furcata* aurait donc commencé à se montrer dans le culm supérieur et aurait vécu pendant tout le Carbonifère moyen.

Famille des GONOSPERMÉES.

Graines à quatre angles; un des angles attaché sur le pédoncule,

Genre ANEIMITES D. White.

1822. **Filicites (Sphenopteris)** Ad. Brongn. Sur la class. vég. foss., p. 33.

1825. **Sphænopteris** Sternb., Vers. ein. Geogn.-bot. Darstell., part. 4, p. XV.

1828. **Sphenopteris** Ad. Brongn. Prodr., p. 50. — Brongn, Hist. vég. foss., I, p. 172.

1871. **Cyclopteris (Aneimites)** Dawson, Foss. plant. of Devon. and upp. silur. format., p. 46.

1904. **Aneimites** White. The seeds of Aneimites (*Smith coll.*, XLVII, 322, 10 décemb. 1904.)
— Zeill., Nouv. classe de gymnospermes : les Ptéridospermées. (*Rev. gén. de bot.*, 16ᵉ année, nᵒ 16, 30 août 1905, p. 718.)

Feuille bifurquée comme celle des *Calymmatotheca*. Une paire de pennes naissant immédiatement sous la bifurcation. *Pinnules diminuant rapidement de bas en haut et émettant successivement*, dans cette direction, *trois, puis deux lobes, et quelques-uns non subdivisés, tous oblongs, tronqués ou bidentés au sommet. Pas de nervure principale; toutes les nervures égales, plusieurs dans chaque lobe. Graines quadrangulaires.*

ANEIMITES FERTILIS D. White.

(Atlas, pl. XVI, fig. 1, 1A, 1B, 2, 3.)

1822. **Filicites (Sphenopteris) elegans** Ad. Brongniart, Sur la classification et la distrib. des vég. foss., p. 33, pl. II, fig. 2 a, b. (*Mém. du Mus. d'hist. nat.*, VIII, p. 233, pl. XIII, fig. 2 a, b.)

1825. **Sphænopteris elegans** Sternberg, Vers. ein. geogn.-bot. Darstell. d. Fl. d. Vorwelt, part. 4, p. XV, pl. XXIII, fig. 2 a, 2 b.

1828. **Sphenopteris elegans** Ad. Brongniart, Prodr d'une hist. des vég. foss., p. 50. — Ad. Brongniart, Hist. des vég. foss., I, p. 172, pl. 53, fig. 1, 2.

1900. **Calymmatotheca silesiaca** Ed. Bur., La ville de Nantes et la Loire-Inf., III. Notice sur la géol. de la Loire-Inf., p. 270.

1904. **Aneimites fertilis** D. White, The Seeds of Aneimites (*Smiths. Miscell. collect.*, XLVII, p 322, 10 décembre 1904.) — Zeiller, Une nouvelle classe de gymnospermes : les Ptéridospermées (*Revue génér des Sciences*, 16e ann., n° 16, 30 août 1905, p. 724).

Description de l'espèce.

Rachis tertiaire de 1 millimètre ou 1 millimètre et demi de large, un peu plus épais au-dessous du point où il se bifurque. *Une paire de pennes naissant immédiatement au-dessous de la bifurcation, légèrement réfractées, pour se placer parallèlement aux pennes naissant de chaque branche, et donnant ainsi au niveau de la bifurcation une apparence quadripartite.* Pennes les plus grandes ayant 2 centimètres de long sur 1 centimètre de large, triangulaires ou triangulaires-allongées. *Axe de toutes les pennes très mince, portant de chaque côté trois ou quatre pinnules, ces pinnules diminuant rapidement de taille et inégalement subdivisées;* les plus basses ayant trois ou quatre lobes, les moyennes deux, les dernières un seul. *Lobes tronqués ou à peine bilobés.* Bords des lobes parallèles, ce qui donne à chacun une figure rubanée. Ces lobes sont écartés les uns des autres; mais les *pinnules*, surtout celles du bas, sont *attachées à l'axe qui les porte par une partie très rétrécie,* une sorte de pétiole. Lobe simple terminant l'axe et surmontant plusieurs lobes latéraux simples aussi.

Nervures nombreuses au-dessus du pédicelle, égales, presque parallèles, se portant trois dans chaque lobe.

Fructifications terminant certains rameaux nus, lesquels sont en continuité directe avec des rameaux stériles et feuillés. Ces rameaux feuillés sont identiques à ceux que nous venons de décrire. M. White, qui les a découverts, les a placés dans le genre *Aneimites*, genre qui n'a pas de rapports avec les *Aneimia* vivants, et qui a été placé tantôt dans les Sphénoptéridées, tantôt dans les Névroptéridées. Le nom spécifique donné par M. White est *Aneimia fertilis. Les graines ont une forme quadrilatère; elles sont attachées par leur angle inférieur et portent latéralement une petite aile très courte.* L'échantillon stérile que j'ai recueilli

Rapports et différences.

est plus complet sous certains rapports que celui de M. White et même que l'ancienne figure de Brongniart (*Class. et distrib. des vég. foss.*, p. 33, pl. 11, fig. 2, 3 b). Il montre, en effet, que le rachis de cette espèce est fourchu comme celui des *Calymmatotheca*; mais les fruits sont totalement différents,

et nous voyons encore ici deux plantes se rapprochant beaucoup par les caractères de végétation et s'éloignant non moins par les caractères de reproduction.

Sur la figure 3 de la planche XVI sont représentées ici deux tiges fourchues.
La branche droite de la tige de gauche porte des ramuscules couverts de fructifications sessiles et opposées. Ces graines (car ce ne sont certainement pas
des sporanges) sont de formes lozangiques, mais plus épaisses que celles de
l'*Aneimites* figurées par White; de plus, les angles latéraux sont émoussés et
l'angle supérieur est acuminé. Tous ces détails, assez mal conservés, ne se
voient un peu nettement qu'à un bon éclairage latéral, et je ne serais nullement surpris qu'il y eût là une espèce à distinguer de l'*Aneimites fertilis*,
malgré l'uniformité des feuilles, qui sont semblables dans cet échantillon et
dans le *fertilis* typique.

L'*Aneimites fertilis* est rare dans le bassin de la basse Loire. Je l'ai trouvé
une seule fois à la Guérinière, commune des Touches (Loire-Inférieure), où
Brongniart l'avait déjà recueilli en 1845 (Catal. Mus. Paris, n° 4693). Il
l'avait nommé *Sphenopteris elegans*. Je n'en ai eu qu'un seul échantillon, à la
Tardivière, commune de Mouzeil.

A l'étranger, on le cite en Silésie.

Remarques paléontologiques.

Provenance.

ANEIMITES OBTUSA n. sp.

(Atlas, pl. XVI, fig. 4, 4 A, 4 B.)

Rachis fourchu, branches ouvertes à angle aigu. Axes striés longitudinalement. Une ou plusieurs paires de pennes sur la partie non bifurquée de l'axe
inférieur, qui doit être de second ou de troisième ordre; mais à 2 centimètres au-dessous de la bifurcation, et non immédiatement au-dessous comme
dans l'espèce précédente. Les deux branches portant des pennes alternes,
allongées, longues de 3 à 4 centimètres. Pinnules triangulaires ou sub-triangu-
laires, longues de 1 centimètre, larges de 5 à 6 millimètres, *paraissant assez
coriaces, leur axe et la base des lobes latéraux creusés en gouttière en dessus.*
Lobes à subdivisions écartées les unes des autres; les inférieurs à deux ou
trois lobes, les moyens à deux, les supérieurs simples. *Lobes ou subdivisions de
lobes étroitement oblongs, finissant parfois inférieurement en pétiole qui part de
l'axe de la pinnule, tous arrondis au sommet, tous parcourus par trois nervures
presque parallèles; la médiane plus forte, les latérales très près du bord.*

Description de l'espèce.

Rapports
et différences. Cette espèce, voisine de la précédente, s'en distingue par le limbe, paraissant avoir été plus ferme, les lobes obtus, jamais tronqués, les nervures latérales très près du bord, etc. Elle s'en rapproche par les nervures toujours au nombre de trois dans chaque lobe et subdivision de lobe et par la forme générale des pinnules dont les lobes, non aplatis, sont très écartés.

Provenance. Je l'ai trouvée à la Guérinière, commune des Touches (Loire-Inférieure), et à la Tardivière, commune de Mouzeil, même département. Ad. Brongniart a recueilli, en 1845, au puits du Port-Girault, mine de Saint-Georges-sur-Loire (Maine-et-Loire), un échantillon portant à la fois le type que nous venons de décrire et une forme dont nous allons parler maintenant.

Var. ABBREVIATA.

(Atlas, pl. XVII, fig. 4, 4 A; pl. XXVII, fig. 1, 1 A, 2, 2 A.)

Description
de l'espèce. Pinnules plus rapprochées, plus courtes. *Lobes beaucoup plus courts et se touchant par les bords. Lobules plus courts et plus rares.*

Le resserrement de toutes les parties du limbe fait ressembler les pinnules à celles des *Calymmatotheca Dubuissonis, obtusiloba* ou *tridactylites;* mais, sur les échantillons figurés pl. XVII, fig. 3, 3 A, 3 B, 4, 4 A, on voit des fragments de feuilles formant le passage du type représenté pl. XVI, fig. 2, 3, 4, 4 A, 4 B, à la variété figurée pl. XXVII, fig. 1, 1 A, 2, 2 A.

FAMILLE DES ARCHÉOPTÉRIDÉES.

Fructifications pendantes, sans involucre,

Genre RACOPTERIS[1] SCHIMPER.

1828. **Sphenopteris** AD. BRONGNIART, Prodr. d'une hist. des vég. foss., p. 50. — AD. BRONGNIART, part. Hist. des vég. foss., 1829, I, p. 169. — STERNBERG, part. Vers. ein geogn. bot. Darstell., fasc. 5, 1833, p. 55. — GŒPPERT, Die foss. Fl. Farnkraüt, 1836, p. 113, 128.

1845. **Asplenites** UNGER, Synopsis plant. foss., p. 74. — UNGER, Gen. plant. foss., 1850, p. 137.

1890. **Rhacopteris** SCHIMPER, Handbuch d. palæont. Karl Zittel II, *Palæophyt.*, p. 112. — SCHIMPER, Traité de paléontol., trad. Ch. Barrois, p. 108.

[1] ραχος, εος (το), ride ou déchirure, πΊερις, ιδος (ή), fougères.

Grande feuille bipinnée, non fourchue, du moins dans la partie garnie de folioles. Pinnules *inclinées sur le rachis, losangiques, attachées par l'angle inférieur, laciniées, pas de nervure médiane, mais un certain nombre dans chacun des lobes, ceux-ci arrondis ou tronqués au sommet,* parallèles ou en éventail.

Fructifications connues dans le Racopteris paniculifera Stur, où elles sont en grappes terminant, dans le haut, *des rameaux* dichotomes et *dépourvus de folioles.* La conservation, qui laisse à désirer, ne nous permet pas de préciser si nous avons affaire à une véritable Fougère ou à une Ptéridospermée On peut reconnaître cependant que les corps assez volumineux, réunis ici en grappes, rappellent surtout les capsules pendantes de l'*Archæopteris hybernica,* qui sont seulement plus longues et plus aiguës, tandis que celles du *Racopteris paniculifera* sont courtes et tronquées. Ces plantes sont, du reste, voisines par les caractères de végétation.

RACOPTERIS VIRLETII.

(Atlas, pl. IX, fig. 1, 2.)

1828. **Sphenopteris Virletii** Ad. Brongniart, Prodr. d'une Hist. des vég. foss., p. 51. — Ad. Brongniart, Hist. des vég. foss., I, 1828, p. 209, pl. 58, fig. 1, 2, 2 A. — Sternberg, Vers. ein. geogn.-bot. Darstell. z. Fl. d. Vorwelt, part. 5 et 6 , 1833, p. 64.
1836. **Asplenites Virletii** Göpp., Die. foss. Farnk., p. 284. — Unger, Synops. plant. foss., 1845, p. 75. — Unger, Gen. et spec. plant. foss., 1850, p. 139.
1869. **Pecopteris (Asplenides) Virletii** Schimper, Traité de Pal. vég., I p. 526,

Fronde bipinnée, ainsi que le montre le parallélisme des deux longues pennes qu'on voit sur le grand échantillon, pl. IX, fig. 1. Il semble même qu'on voit dans le bas de la figure, à gauche, un fragment de l'axe primaire sur lequel les deux pennes étaient insérées. Sur un échantillon de la Guérinière, pl. IX, fig. 2, on voit un gros rachis, lisse ou très légèrement rugueux, de 1 centimètre de large, qui doit lui appartenir. L'axe portant les pinnules est parcouru par plusieurs côtes longitudinales; il a 3 millimètres de large. *Pinnules de 25 à 40 millimètres de long sur environ 8 millimètres de large, alternes, lancéolées, très aiguës, décurrentes à la base, qui est en coin, pinnatifides sur les grandes pinnules, simplement lobées sur les moyennes ou les supérieures. Lobes obliques, subtronqués, un peu crénelés au sommet; les segments d'égale largeur dans toute leur étendue. Nervures resserrées au milieu et simulant une*

Description
de l'espèce.

nervure médiane, se détachant obliquement pour se porter dans les lobes, rappro-
chées, nombreuses, obscurément dichotomes, se rendant parallèlement, 4 à 5 au
moins, dans chaque lobe, qu'elles parcourent jusqu'au sommet.

Un échantillon de Virlet (Mus., n° 422) présente la base d'une penne. Les pinnules sont écartées de 12 millimètres de chaque côté. Elles sont opposées, beaucoup plus courtes que les autres, rhomboïdales, obtuses, un peu lobées sur le bord supérieur, longues de 1 centimètre. Le rachis est légèrement rugueux. Cet écartement des pinnules inférieures, leur amoindrissement, leur disposition opposée se retrouvent dans le genre *Cardiopteris,* un peu plus ancien que celui-ci.

Brongniart dit : *superficies inferior pinnularum squamulosa,* et il figure en effet une pinnule grossie, avec de nombreuses ponctuations sous le limbe. Je suis convaincu que ces petites granulations sont dues au grain de la roche, qui est un psammite assez grossier.

Au premier abord on pourrait être tenté de rapprocher cette plante de l'*Archæopteris Hibernica;* ses longues pennes parallèles, ses pinnules égales sur une grande longueur de la penne, lui donnent en effet une certaine ressemblance de port; mais si l'on examine de plus près les pinnules, on voit aussitôt que, au lieu d'être entières, comme dans l'*Archæopteris hibernica,* elles sont lobées, et que ces lobes sont parcourus par de nombreuses nervures droites et parallèles, dirigées vers le sommet des pinnules ou des lobes. La nervure médiane de chaque pinnule n'est qu'apparente : c'est un faisceau de nervures, qui se montre dans les Archæoptéridées et aussi dans les *Nevropteris.* De cette agglomération médiane se détachent les nervures qui, par quatre ou cinq, se rendent parallèlement dans chaque lobe.

Les pinnules à forme longue, atténuées à la base, bien plus longuement amincies par en haut, appartiennent à la plupart des *Racopteris;* le *R. Virletii* les a plus obliquement dressées que les autres espèces et le sommet de ses pinnules est plus longuement atténué.

Il est rare dans le bassin de la basse Loire. Voici le relevé des localités où il a été trouvé :

Département de la Loire-Inférieure.

La Guérinière, concession des Touches, Éd. Bur. La Tardivière, concession de Mouzeil, puits Préjean, puits Henri, Éd. Bur.

Département de Maine-et-Loire.

Montjean, puits Saint-Nicolas, veine du Sud, Ad. Brongniart, 1845. Cat. Mus. Paris, n° 4659.

Saint-Georges-Chatelaison. Virlet, 1828. Cat. Mus. Paris, nᵒˢ 308, 322.

Provenance.

Cette espèce ne semble pas plus abondante hors de France ; car Stur la cite seulement dans les schistes tégulaires d'Eckersdorf ou de Lettorsdof, près de Troppau (Silésie).

Elle paraît caractéristique du Culm supérieur.

Genre SPHENOPTERIDIUM Schimp.

1869. **Sphenopteris** Ludwig, Foss. Pfl. aus d. palæolith. Format d. Umgegend v. Dillenburg, p. 118.
1874. **Sphenopteridium** Schimper, Traité de pal. vég., III, p. 488. — Schimper, Handbuch d. Palæontol. in Zittel, II, Palæophytol., p. 112, 488. — Schimper, Traité de paléontol., II, Palæophytol., 1891, trad. Barrois, p. 108. — Potonié, Lehrbuch d. Pflanz. Palæontol., 1899, p. 130.
1875. **Archæopteris** Stur, Die Culm-Flora d. Mährisch-Schles., p. 63.

Gros rachis fourchu. Pennes ou mieux *pinnules* (car elles ne portent pas d'axes latéraux) *toutes semblables et de même taille ;* celles portées sur le bord extérieur de la fourche faisant suite à la rangée de celles qui sont placées sur le bord droit de la partie indivise de l'axe principal.

SPHENOPTERIDIUM DISSECTUM Schimper.

(Pl. VII, fig. 3, 3 A, 3 B.)

1869. **Sphenopteris imbricata** Ludwig, Foss. Pflanzen aus d. palæolith. Format. d. Umgegund von Dillenburg, p. 118, pl. 8, fig. 3.
1874. **Sphenopteridium dissectum** Schimper, Traité de paléontologie végét., III, p. 488, pl. CVII, fig. 12. — Schimper, Handbuch d. Palæontol. in Zittel Palæophytology, p. 112, fig. 84. — Schimper, Traité de Pal. de Zittel, II, Paléophytol., 1891, trad. par Barrois. — Potonié, Lehrbuch d. Pflanzenpal., p 130, fig. 119.
1875. **Archæopteris lyra** Stur, Die Culm-Flora der Mährisch-Schlesischen Dachschiefers, p. 63, pl. V, fig. 8.

L'axe principal montre la trace d'une subdivision qui descend bien au-dessous du point où cet axe se sépare en deux branches. Cette partie indivise porte deux

Description de l'espèce.

rangs de pinnules. Chacune de ces rangées se poursuit l'une sur le bord droit de la branche droite, l'autre sur le bord gauche de la branche gauche de la fourche. *Toutes ces pinnules sont de même forme et de même taille; elles sont ovales, obtuses,* longues de 2 centimètres et larges de 12 millimètres. *Elles sont divisées en lobes profondément séparés. Ces lobes sont obcunéiformes,* ou peu rétrécis à la base, obtus ou obliquement tronqués au sommet. Aucun n'a de nervure médiane ; *tous sont parcourus par 9 à 12 nervures* également minces et presque parallèles.

Remarques paléontologiques.

Un bon nombre de fougères des terrains anciens : dévonien et houiller inférieur, ont ce caractère commun de n'avoir pas, dans leurs pinnules, de nervure médiane. Toutes les nervures d'égale grosseur (ou à peu près) s'étalent en éventail à partir du point d'attache, comme dans les *Nevropteris,* ou marchent parallèlement, comme dans les *Odontopteris;* mais la forme de leurs pinnules diffère beaucoup de celle que présentent les deux genres houillers que je viens de nommer; ces pinnules sont en général obcunéiformes ou même décurrentes, et cela leur donne un faciès particulier, un caractère archaïque qui les a fait comprendre par Schimper dans un groupe probablement naturel : celui des Palæoptéridées. Le groupe pourra être conservé, mais le nom devra être légèrement modifié, Geinitz s'en étant servi pour désigner certains troncs de fougères. Dawson a proposé pour le genre principal du groupe le terme *Archeopteris,* qui a la même signification.

Rapports et différences.

Le *Sphenopteridium dissectum* parait très variable, et l'on peut y reconnaître trois formes :

1° La forme *lyra* Stur, dont les lobes inférieurs sont orbiculaires et les autres obliques. Il arrive même, comme on peut le voir sur notre planche VII, fig. 3, 3 A, 3 B, que tous les lobes soient orbiculaires.

2° La forme *imbricata* Ludwig, dont toutes les lobes sont obliques.

3° La forme *pachyrrachys,* à lobes découpés en lanières. Elle ne serait autre chose que le *Sphenopteridium dissectum* que nous avons trouvé dans le culm inférieur. Le nom de *dissectum* lui est fort bien appliqué lorsqu'il s'adresse à cette troisième forme; mais on ne peut vraiment l'attribuer à des plantes portant des feuilles à lobes orbiculaires ou obliques.

Quelques paléobotanistes ont réuni ces trois formes en une même espèce ; mais les passages de l'un à l'autre me paraissent bien rares pour entraîner la conviction.

Le polymorphisme des feuilles du *Sphenopteridium dissectum* pourrait bien être l'indice de l'attribution de cette plante à une autre famille que celle où nous la plaçons provisoirement.

Je n'ai trouvé la forme orbiculaire du *Sphenopteridium dissectum* qu'une seule fois, dans le culm supérieur, à la Tardivière, commune de Mouzeil (Loire-Inférieure), au niveau du culm supérieur.

Provenance.

Je n'ai également trouvé qu'une seule fois la forme à segments rubanés; mais, dans le culm inférieur du même bassin, c'est le *Sphenopteridium pachyrrhachis.*

Dans d'autres bassins, en France et à l'étranger, c'est aussi dans le culm inférieur qu'on trouve le plus souvent, sous une forme ou sous une autre, l'espèce dont nous venons de parler. dans le culm du Mâconnais, à Altendorf, duché de Nassau, à Rothwaltendorf, en Silésie, etc.

Famille des ZEILLÉRIACÉES.

Capsules groupées par quatre au sommet d'un pédoncule,

Genre ZEILLERIA Kidston.

1865. **Trichomanes** Ettingshausen, Die foss. Fl. d. Mährisch-Schlesisch-Dachschief., p. 99, fig. 9 in texte (p. 24 tirage à part). Besonder Abged. aus dem XXV Bande d. Denschr. d. math.-naturwiss. Classe d. kaiserl. Acad. d. Wissensch, pl. VI, fig. 4

1869. **Sphenopteris (Trichomanoides)** Schimper, Traité de paléont. vég., p. 412.

1875. **Rhodea** Stur, Die Culm-Fl. d. Mähr.-Schlesisch, p. 33, *Abhandl. d. k. k. geol. Reichsanst.*, vol. VIII, part. 1.

1875. **Calymmotheca** Stur, Die Culm-Fl. d. Ostrauer u. Waldenburg., p. 255 (149 de part. II). *Abhandl. d. k. k. geol. Reichs.*, vol. VIII.

1883. **Calymmotheca (Trichomanes)** Stur, z. Morphol. und Systematik d. Culm u. Carbon-farne [*Sitzb. d. math.-naturw.*, cl. LXXXVIII, vol. 1, part. p. 799 (167 du tirage)].

1883. **Sphenopteris Trichomanites** Renault, Cours de bot. foss., III, p. 192.

1883. **Calymmatotheca** Zeiller, Ann. Sc. nat. bot., 6ᵉ sér., XVII, p. 182. — Éd. Bur., La ville de Nantes et la Loire-Inférieure, 1900, p. 269.

1884. **Zeilleria** Kidston, Quart. Journ., XI, p. 590.

Plantes herbacées. Grandes feuilles décomposées, divisions des pinnules linéaires ou filiformes. Fructifications à l'extrémité des lobes de certaines pinnules, consistant en capsules (anthères) groupées par quatre, s'ouvrant du sommet à la base.

35.

ZEILLERIA MORAVICA Ed. Bur.

(Atlas, pl. XVIII, fig. 1 à 4.)

1865. **Trichomanites moravicum** Ettingshausen, Die foss. Fl. d. Mährish-Schles. Dachsch.,
p. 24, fig. 9 in text., pl. VI, fig. 4. (*Besond. Abgedr. a. d.* vol. XXV *d. mat.-naturw.
Classe d. kais. Akad. d. Wissenchaft.*, p. 100, fig. 9 in text., pl. VI, fig. 4).

1869. **Sphenopteris (Trichomanides) moravica** Schimper, Traité de Paléont. végét., I,
p. 414.

1875. **Rhodea moravica** Stur, Die Culm-Fl. d. Mähr.-Schlesisch. Dachs., p. 38, pl. X, fig. 3
à 7; pl. XI, fig. 1. (*Abhandl. d. k. k. geol. Reichsanst.*, vol. VIII, part. 1.)

1875. **Calymmotheca moravica** Stur, Die Culm.-Fl. d. Ostrauer u. Waldenb. Schicht., p. 172.
(*Abhandl. d. k. k. Geol. Reichsanst.*, vol. VIII, Die Culm-Fl., part. 1I, p. 278).

1883. **Calymmotheca (Trichomanes) moravica** Stur, Zur Morphol. u. Systemat. d. Culm u.
Carbon-farne. (*Stizb. d. math.-naturw. Cl.*, vol. LXXXVIII, part. 1, p. 806 et tirage à
part, p. 174.)

1883. **Sphenopteris moravica** Renault, Cours de bot. foss., III, p. 193.

1900. **Calymmatotheca moravica** Éd. Bur., La ville de Nantes et la Loire-Inf., III, Notice sur
la géol. de la Loire-Inf., p. 270.

<table>
<tr><td>Description
de l'espèce.</td><td>Feuille très grande. Pétiole de 4 centimètres de diamètre, très lisse, *parcouru longitudinalement par des sillons à 3-4 millimètres l'un de l'autre*, à fond saillant, très irrégulièrement, comme s'ils laissaient passer une exsudation. Rachis de 3 millimètres ayant des côtes très accusées. Feuilles au moins quadripartite. Pennes espacées. *Pinnules espacées, aussi à divisions ou lanières filiformes*, grêles, les stériles, aiguës au sommet, plus régulièrement placées, *les fertiles terminées par quatre capsules soudées à leur base, à leur maturité étalées en étoile.* Les lanières, stériles ou fertiles, parcourues par une seule nervure, tronquées lorsque la fructification qui les terminait est tombée.</td></tr>
<tr><td>Remarques
paléontologiques.</td><td>Les découvertes qui ont été faites depuis quelques années ont montré, nous l'avons dit, qu'un certain nombre de végétaux fossiles, regardés jusqu'ici comme des Fougères, avaient porté des graines et devaient être rangées parmi les Phanérogames gymnospermes. On leur a donné le nom de Ptéridospermées, et la nouvelle classe qu'ils forment s'est trouvée constituée par des emprunts faits à plusieurs des groupes artificiels fondés sur la forme des frondes, groupes qui jusqu'ici permettaient un classement provisoire des espèces dont la fructification n'était pas connue.</td></tr>
</table>

La plupart de ces groupes : Sphénoptéridées, Névroptéridées, Pécoptéridées, etc., se sont trouvés dès lors composés de véritables Fougères et de plantes phanérogames, celles-ci ayant une certaine affinité avec les Cycadées.

Il est certain que ces faits inattendus portent une forte atteinte à l'ancienne classification artificielle des Fougères, et que, lorsqu'il n'y aura pas de doute sur la place du végétal dans la classification naturelle, celle-ci devra lui être substituée.

Il y a là, pour les paléobotanistes, d'importantes recherches à faire.

Nous constaterons simplement que ce n'est pas seulement dans un groupe de Fougères donné que s'est trouvé ce mélange. C'est dans la plupart des groupes, et tout particulièrement dans les Sphénoptéridées, c'est-à-dire dans celui où se trouvaient placés les végétaux dont nous nous occupons maintenant.

Trois ou quatre espèces entreront assurément dans l'ordre des Hyméno- phyllées, groupe de Fougères encore vivant aujourd'hui. *Rapports et différences.*

Mais c'est, je crois, dans les Phanérogames gymnospermes que prendront place des plantes dont les feuilles portent sur le limbe, ou à la place du limbe, soit des graines soit des capsules, ayant toutes les apparences d'anthères. C'est dans ce cas que se trouvent, entre autres, plusieurs Sphénoptéridées dont les pinnules ne sont pas subdivisées en lobes plus ou moins larges, mais dé- coupés en lanières linéaires ou filiformes, dont chacune est parcourue par une seule nervure; le limbe a même parfois entièrement disparu, et c'est la terminaison de la nervure qui porte un organe de fructification, capsule à quatre valves, semblables à l'organe mâle du *Nevropteris heterophylla* que M. Kidston a fait connaître [1].

Ce feuillage à subdivisions filiformes est semblable à celui des Sphénopté- ridées que Sternberg a réunies sous le nom générique de *Rhodea*, avant que leurs fructifications fussent connues. La découverte des fructifications a permis à M. Kidston de fonder un genre nouveau : *Zeilleria*, dont nous avons donné plus haut la diagnose. Deux espèces étaient déjà connues :

Le *Zeilleria delicatula*, type du genre, a des pinnules stériles rapprochées, à divisions serrées, courtes; les fertiles sont un peu plus longues et moins ser- rées; les fructifications sont globuleuses, et, après la déchirure, les valves sont arquées-dressées.

Cette espèce a été trouvée en Angleterre. C'est le *Sphenopteris (Zeilleria) Harveyi*. Elle a un rachis de 1 centimètre de diamètre, finement strié longitu-

[1] *Trans. Roy. Soc. Edinb.*

dinalement, à pennes stériles régulièrement subdivisées, subdivisions plus épaisses que dans *Zeilleria delicatula,* à lanières fertiles plus étroites, aiguës au sommet, d'autres tronquées par la chute de la capsule; capsule, avant la maturité, elliptique, de 2 millim. 5 de long sur 1 millim. 5 de large, s'ouvrant à la maturité, de haut en bas, à quatre valves plus profondément soudées que celles du *Z. moravica,* arquées ascendantes, jamais étalées.

Trouvée par M. Russell, à Black Creek, près de Gadsden, Alabama, niveau des vraies Coal Measures.

En somme, toutes ces Ptéridospermées à pinnules divisées en lanière ont le même aspect et sont très voisines les unes des autres. Lesquereux a même fait une seule espèce des deux plantes que nous venons de décrire; cependant la plante de M. Kidston est bien plus petite dans toute ses parties, et les capsules ont leurs divisions arquées ascendantes, et adhérentes entre elles à leur base. Le *Z. Harveyi,* sauf par ces pinnules à lanières plus rapprochées, plus épaisses, ressemble beaucoup au *Zeilleria moravica,* mais n'en a pas les capsules en étoile.

J'ai laissé à celui-ci son épithète connue depuis longtemps. Les échantillons de la Basse-Loire sont identiques au *Trichomanites moravicum* d'Ettingshausen, au *Rhodea moravica* de Stur, etc. Les organes de fructification étaient inconnus. Ils sont peu visibles à l'œil nu, en raison de leur petitesse; mais avec un faible grossissement on n'aura aucune peine à reconnaître leurs quatre divisions en étoile.

Provenance.   J'ai trouvé le *Zeilleria moravica* au puits Préjean, la Tardivière, commune de Mouzeil (Loire-Inférieure). Deux échantillons du Muséum d'histoire naturelle de Nantes sont assurément de la mine de Beaulieu (Maine-et-Loire); mais les exemplaires les plus beaux et les plus nombreux ont été recueillis par Ad. Brongniart au puits du Port-Girault, commune de Saint-Georges, près du pont de Saint-Georges (Maine-et-Loire), Cat. Mus. Paris, n⁰ˢ 4643 et 4650.

Le *Z. moravica* se trouve dans le Culm inférieur à Altendorf, Moradorf et Kiowitz, en Moravie, et dans le Culm supérieur, dans les schistes d'Ostrau et de Waldenburg.

Famille des NEVROPTÉRIDÉES.

Feuilles nevroptériformes et pecoptériformes. Graines striées longitudinalement, parfois trigones.

Genre MARIOPTERIS Zeiller.

1828. **Sphenopteris** Ad. Brongniart, part., Hist. vég. foss., J, p. 350. — Sternberg, Vers. ein. geogn.-bot. Darstell. d. Fl. Vorwelt, part. 5 et 6, 1833, p. 55.

1836. **Aspidites** Goeppert, Die foss. Farnkr., p. 536. Part.

1875. **Diplothmema** Stur, Die Culm. Fl. d. Ostrauer u. Waldenburger Schicht., p. 226-233 (1820-1827, tirage). — Stur, Zur Morphol. u. Systemat. d. Culm u. Carbonfarne, 1883, p. 815. (Tirage, p. 183.) — Stur, Die Carbonflora d. Schatzlar. Schicht., p. 283, part.

1878. **Mariopteris** Zeiller, Bull. Soc. géol. Fr., 3ᵉ sér., VII, p. 92. — Zeiller, Explic. Carte géol. Fr., IV, part 2, Vég. foss. du terrain houiller, 1879, p. 68. — Renault, Cours de bot. foss., III, 1883, p. 194. — Zeiller, Flore foss. du terrain houil. de Valenciennes, texte 1888, p. 159 et atlas, 1886, pl. XVII à XXIII. — Potonié, Lehrbuch d. Pflanzenpal., 1899, p. 140. — Hoffmann u. Ryba, Leitpflanz. d. Palæozoisch. Steinkohlenabl. in Mittel-Europa, 1889, pl. VI, fig. 5. — Zeiller, Elém. de Paléobot., 1900, p. 93.

1879. **Pseudopecopteris** Lesquereux, Atlas to the Coal-Fl., p. 6 (pars); Coal-Fl., p. 190, pars.

Grandes feuilles à limbe quadripartite : l'axe principal nu, émettant des rachis secondaires alternes, longs et nus, lesquels se divisent au sommet en deux rameaux égaux, symétriques, nus aussi, divergeant à angles plus ou moins ouverts; généralement très ouverts, ces rameaux, fort courts, se partagent eux-mêmes en deux grandes pennes dont l'extérieure est généralement plus petite que l'autre. Ces pennes sont bipinnés, les pennes intérieures des quarts de limbe externes généralement plus petites que les autres. Pennes de dernier ordre alternes, portant des pinnules rétrécies à la base et lobées ou attachées par toute leur base, le mode d'attache pouvant se modifier dans les différentes parties d'une même feuille. Pinnules parcourues dans toute leur longueur par une nervure médiane, émettant des nervures secondaires dichotomes qui se portent obliquement vers les bords. Dans les lobes largement attachés, une ou deux nervures supplémentaires, dichotomes aussi, naissent directement du rachis au-dessus de la nervure médiane. Deux pinnules rachiales, ou *Aphlebia*, sur le rachis primaire, à la base des rachis secondaires.

Fructification inconnue.

Ce genre a été créé par M. Zeiller pour des plantes à feuilles quadripartites qu'il considérait d'abord comme des Fougères, mais qui lui paraissent plutôt maintenant devoir entrer dans le groupe des Ptéridospermées. Les *Mariopteris* ont à leurs feuilles des axes fourchus, comme les *Calymmatotheca ;* mais celles-ci ont les feuilles décomposées des *Sphenopteris*, tandis que les *Mariopteris* ont le feuillage des *Pecopteris*.

MARIOPTERIS ACUTA Zeiller.

(Atlas, pl. XIV *bis*, fig. 4, 4 A, 4 B, 5, 5 A.)

1828. **Sphenopteris acuta** Ad. Brongniart, Hist. des vég. foss., I, p. 207, pl. LVII, fig. 5, 5 A. — Sternberg, Vers. ein. geogn.-bot. Darstell. d. Fl. d. Vorwelt, part. 5 et 6, 1833, p. 64.

1876. **Aspidites acutus** Gœppert, Die foss. Farnkr., p. 356 (Besond. Abdruck d. supp. zum. Siebenz. Band. d. *Nova Acta nat. cur.*).

1875. **Diplothmema acutum** Stur, Die Culm Fl. d. Ostrauer u. Waldenb. Schicht., p. 124. (Beitr. z. Kenntr. d. Fl. d. Vorwelt, part II, p. 230.)

1885. **Diplothmema acutum** Stur, Die Carbon-Flora d. Schatzlarer Schichten, 1885, p. 364, pl. XXVI, fig. 3, 4; LXV, fig. 1.

1879. **Mariopteris acuta** Zeiller, *Bull. Soc. Géol. Fr.*, 3ᵉ sér., VII, p. 98. — Zeiller, Flore foss. du bassin houiller de Valenciennes, texte 1888, p. 164, atlas pl. XVIII, fig. 2, 2 A, 2 B.

Description de l'espèce.

Rachis marqué de cicatrices d'écailles, bifurqué deux fois, à rameaux un peu flexueux, parcouru par plusieurs nervures saillantes qui continuent sur l'axe principal. Sections ovales, triangulaires, grandes. Pennes secondaires ovales lancéolées, longues de 4 à 10 centimètres, larges de 2 à 4, naissant de chaque côté à 2-3 centimètres l'une de l'autre, *la plus basse de chaque penne ayant du côté inférieur un lobe plus grand. Pinnules toutes attachées par une partie rétrécie,* comme les pinnules des *Sphenopteris*, divisées en 2-3 lobes de chaque côté; ces lobes plus dressés, plus aigus que ceux du *Mariopteris latifolia,* non denticulés sur les bords. Nervure médiane unique, émettant des branches dichotomes qui se rendent obliquement dans les lobes.

Rapports et différences.

Le *Mariopteris acuta* paraît ressembler surtout au *M. muricata;* mais on l'en distinguera à ses pennes moins larges pour leur longueur, à ses pinnules attachées par une partie rétrécie; à ses lobes plus ascendants, plus aigus, etc.

Le *M. acuta* Zeiller est fort rare dans le bassin de la Basse-Loire. Les échan- Provenance.
tillons, en petit nombre, que j'ai vus proviennent tous de la partie angevine de
ce bassin.

Voici les localités que j'ai relevées :

Saint-Georges-sur-Loire, près Chalonnes (Maine-et-Loire), puits du Port-
Girault. Ad. Brongniart, 1845, Cat. Mus. Paris, n° 4644, et puits de la Mazière, Ad. Brongniart, 1845, Cat. Mus. Paris, n° 4638.

Beaulieu (Maine-et-Loire), Musée paléontologique d'Angers.

Il est beaucoup plus abondant dans d'autres bassins. A l'occasion de sa présence dans celui de Valenciennes, M. Zeiller dit : « Le *Mariopteris acuta* est
surtout répandu dans la zone inférieure et dans la zone moyenne; il a été, il
est vrai, rencontré dans le faisceau gras du Pas-de-Calais, mais seulement à
Auchy-au-Bois, c'est-à-dire dans des couches qui se montrent, par leur flore,
contemporaines de charbons beaucoup moins riches en matières volatiles ».

On trouve aussi cette espèce en Moravie, en Bohême et assurément sur
bien d'autres points.

Genre NEVROPTERIS Ad. Brongniart.

1830. **Nevropteris** Ad. Brongn., Hist. des vég. foss., p. 226. — Renault, Cours de bot.
foss., III, 1883, p. 58 et 168. — Zeiller, Flore foss. du bassin houiller de Valenciennes, 1888, texte, p. 229. — Zeiller, Élém. de paléobot., 1900, p. 103.

1833. **Neuropteris** Sternb., Vers. ein. geogn.-bot. Dastell., funft. u. sechst. Heft, p. 136. —
Schimper, Traité de paléont. vég., 1, 1869, p. 431. — Schimper in Zittel Handbuch
der Palæontologie, II Abtheil. Palæophytologie, 1890, p. 116. — Schimper in Zittel,
Traité de Paléontologie, II, Paléophytologie, trad. Barrois, 1891, p. 112.

Plantes généralement à feuillage bien développé, à tige peu élevée, dont la
structure est celle des tiges silicifiées connues sous le nom de *Medullosa*.
Elles sont polystéliques et les stèles sont plongées dans un tissu cellulaire
abondant. Celles de la région centrale sont cylindriques, d'un faible diamètre,
celles de la périphérie sont grandes, à section de forme rubanée, dont la con
cavité est vers le centre de la tige. Chaque stèle a un axe formé d'un parenchyme renfermant des groupes de trachéides primaires. Autour est un bois
secondaire ou centrifuge, formé de trachéides aréolées et parcouru par des
rayons médullaires. Autour du bois un liber. Des *Medullosa* ont été trouvés en

IMPRIMERIE NATIONALE.

rapport avec de gros pétioles qui avaient été nommés par Brongniart *Myeloxylon*. Ces *Mieloxylon* sont des pétioles de Névroptéridées ; mais ils offrent des différences suivant qu'ils appartiennent à des *Alethopteris*, des *Odontopteris* ou des *Nevropteris*. Les *Myeloxylon* de ces derniers, d'après Renault, seraient ceux qui auraient des faisceaux de sclérenchyme disposés au pourtour du pétiole en un cercle de lames radiales. Dans le parenchyme intérieur du *Myeloxylon radiatum* Renault, parenchyme qui forme la masse du pétiole, sont disséminés des faisceaux de sclérenchyme accompagnés de canaux secréteurs et des cordons libéro-ligneux. Les pétioles sont en général très gros, les feuilles étant de très grande taille. Elles sont très ramifiées. Les rachis principaux portent des folioles stipales, cycloptéroïdes, entières. Les folioles sont le plus souvent grandes, ovales ou ovales-elliptiques, subcordées à la base, attachées par un point, sans nervure médiane, ou avec une nervure médiane dans le bas seulement, parce qu'elle émet promptement les nervures secondaires ; celles-ci étalées en éventail, arquées, pour se rendre vers les bords, plusieurs fois dichotomes.

Graines fibreuses, du type *Rhabdocarpus* Kidston, ou polyptères, ayant de 6 à 12 ailes, mais toujours symétriques par rapport à un axe.

M. Kidston a figuré les organes mâles, sur les rameaux d'une feuille de *Nevropteris*[1]. Ils terminent des ramifications dichotomes, au sommet desquelles il y a quatre petits corps groupés, qui paraissent être des appareils pollinifères, des loges d'anthères.

Brongniart, qui a fondé ce genre, l'a appelé *Nevropteris;* Stur n'a apporté qu'une modification légère en le nommant *Neuropteris*. A-t-il bien fait en remplaçant le ν par un υ? C'est douteux ; car, depuis longtemps, on a l'habitude de changer l'υ grec en ν. On a traduit εὐαρεσῖος par Evariste, εὔανδρος par Evandre, on dit évangile, névrose, névralgie, névropathie, névrologie. Il est vrai qu'on dit neurasthénie ; mais ce mot est relativement récent, et il n'est pas étonnant que Brongniart, suivant l'usage de son époque, ait remplacé l'υ grec par le ν et écrit *Nevropteris*. C'est le nom à conserver, puisque c'est le plus ancien. Il n'y a pas ici de faute d'orthographe.

---

[1] KIDSTON, On the fructification of some Ferns from the carboniferous formation, p. 130, pl. VIII, fig. 7. Édimb. 1887.

NEVROPTERIS SCHLEANI.

(Atlas, pl. XII, fig. 4, 4 A; XIII, fig. 2, 2 A, 2 B, 3, 3 A.)

1875-1877. **Neuropteris Schleani** Stur, Die Culm-Fl., II, p. 289; Die Culm-Fl. d. Ostrauer und Waldenburger Schichten, p. 183, pl. XI, fig. 78 *a*, *b*, *c* (de l'ouvrage entier, p. 288).

Feuilles vraisemblablement 3-4 pinnées; mais on ne connait que les dernières ramifications, dont les axes sont assez minces et striés. *Folioles petites pour le genre, de 1 à 2 centimètres de long, 3 à 5 millimètres de large, cordées ou subcordées à la base, les inférieures soudées par le bas, les moyennes pédicellées, les deux bords se rapprochant légèrement de la base au sommet, qui est obtus. Nervure moyenne bien marquée et montant très haut;* les latérales nombreuses, fines, très rapprochées, dichotomes, à branches se portant à peu près parallèlement jusqu'au bord; celles de la base des pinnules seules sont plus arquées en bas et en forme d'éventail; celles du sommet plus dressées. Toutes sont deux fois dichotomes; la première dichotomie très près de leur origine.

Dans le *Nevropteris heterophylla* Brongn. et le *N. tenuifolia,* les folioles recouvrent le rachis par leur base. Dans le *N. Schleani,* le pétiolule tient la base du limbe en dehors du rachis.

Le *Nevropteris Schleani* a été trouvé dans le bassin de la basse Loire, mais dans deux localités seulement :

Saint-Georges-sur-Loire (Maine-et-Loire), puits de la Mazière, Ad. Brongniart, 1845. Cat. Mus. Paris, n°s 4636, 4637, 4643;

Saint-Georges-Chatelaison (Maine-et-Loire), Dubuisson, 1829, Cat. Mus. Paris, n° 1294.

Stur dit que cette espèce a été trouvée dans les schistes d'Ostrau, à Witkowitz, Fieflau, Moriz-Flitz, et dans les schistes de Schatzlar.

Description de l'espèce.

Rapports et différences.

Provenance.

NEVROPTERIS ANTECEDENS Stur.

(Atlas, pl. IX, fig. 3, 3 A.)

1875. **Nevropteris antecedens** Stur, Die Culm-Flora des Mährisch-Schlesischen Dachschief., p. 53 (Abhandl. d. k. k. Geol.-Reichs., Band III, Heft N° 1, pl. XV, fig. 5 et 6).— Rothpletz, Die Fauna u. Flora d. Culm-Format. bei Hainichen in Sachsen. Tirage à part, p. 16, pl. III, fig. 13, 14 (*Bot. Centralblatt*).

Fronde tripinnée. Axes longitudinalement striés. Pennes subopposées ou alternes, assez écartées, triangulaires-lancéolées. *Pinnules alternes,* écartées ou

Description de l'espèce.

presque contiguës, *ovales ou ovales-elliptiques, subcordées à la base, amincies graduellement par en haut*, obtuses au sommet, longues de 3 à 7 millimètres, larges de 2 à 3 millimètres; *les terminales oblongues-lancéolées*, en coin à la base, *beaucoup plus longues que les latérales. Nervure moyenne forte à la base, diminuant assez rapidement d'épaisseur et disparaissant en se divisant, au-dessus du milieu de la longueur de la pinnule.* Nervures secondaires fortes aussi, les inférieures arquées, les moyennes étalées-ascendantes, de moins en moins arquées, les supérieures de plus en plus dressées, toutes une ou deux fois bifurquées. Les subdivisions de nervures sont au nombre de 7 à 20 de chaque côté du bord de la pinnule et à égale distance les unes des autres.

Rapports et différences.   L'épithète *antecedens*, donné à la plante que nous venons de décrire, n'est pas exacte, car ce *Nevropteris* n'a pas précédé tous les autres. M. Dawson en a fait connaître 6 ou 7 espèces provenant du terrain dévonien du Nouveau-Brunswick. Le *N. antecedens* ne se rapproche même pas de ces anciennes espèces. Il a bien quelque analogie d'aspect avec le *Nevropteris polymorpha* Dawson; mais sa nervation est fort différente. L'espèce dont il semble se rapprocher le plus est le *Nevropteris callosa* Lesquereux, du terrain houiller moyen de Pensylvanie et de l'Ohio. C'est la même forme ovale des pinnules latérales, les mêmes nervures fortes et distantes; mais, dans le *N. callosa*, les pinnules sont obliques à la base, il n'y a pas trace de nervure médiane, les nervures secondaires sont bien moins étalées et la pinnule terminale est à peine plus grande et plus allongée que les autres.

Le *Neuropteris rarinervis* de Bunbury ressemble aussi à l'*antecedens;* mais les pinnules sont plus régulières de forme, toutes, sauf la pinnule inférieure, obliquement insérées, subauriculées à la base du côté inférieur, à nervures bien plus écartées.

Rothpletz a reconnu que Stur a confondu deux espèces. Les figures 5 et 6 de la planche XV, *Culm Flora*[1], appartiendraient au *Neuropteris antecedens;* mais les figures 1 à 4 de la même planche devraient être rapportées au *Neuropteris Loshii*, lequel pourrait bien être le même que le *N. heterophylla*. Ces deux espèces, en effet, sont bien reconnaissables à leurs pinnules terminales couchées, étroites et aiguës, tandis que, dans le *N. antecedens*, elles sont toutes semblables, toutes obtuses et toutes inclinées dans le même sens.

---

[1] Bunbury, On foss. plants from the coal Format. of cape Breton (*Quart. Geol. Journ.*, III, p. 425, pl. XXII).

Le *Nevropteris antecedens* n'a été trouvé que deux fois, à ma connaissance, dans le bassin de la basse Loire. Je l'ai trouvé à la Tardivière, commune de Mouzeil (Loire-Inférieure); mais déjà il avait été recueilli par Ad. Brongniart au puits du Port-Girault, Saint-Georges-sur-Loire (Maine-et-Loire), 1845, Cat. Mus. Paris, n° 4646. C'est l'échantillon que j'ai fait figurer. Les nervures sont représentées trop grosses, la planche ayant été faite à cette époque où le manque de dessinateurs spéciaux allait faire remplacer la lithographie par la phototypie, bien supérieure du reste à tous égards.

Un troisième échantillon, que je ne désigne pas avec la même certitude, fait partie de la collection Courtiller, au Musée de Saumur. Il n'y a pas de localité indiquée, mais cette empreinte provient assurément de la partie S. E. du bassin.

Cette espèce est plus abondante dans le Culm de Moravie et de Silésie, où Stur le cite à Altendorf, Mohradorf, Kiowitz, Hansdorf, Neurode, Rothwaltersdorf, etc. Ce petit *Nevropteris* est une forme archaïque, qui n'avait pas, à ma connaissance, été trouvée au-dessus du Culm inférieur. Elle atteint le Culm supérieur, mais n'y est représentée que par quelques rares spécimens.

NEVROPTERIS.

(Pl. XXVII, fig. 8, 8 A.)

Je n'ai pas réussi à déterminer cette espèce, qui est connue seulement par quelques très rares pinnules. Ces pinnules sont très largement elliptiques : 2 centimètres de long sur 12 millimètres de large. Elles sont très légèrement en cœur à la base, très obtuses au sommet. Les nervures, sans médianes, sont rares, très fines, dichotomes, étalées et légèrement courbes pour aller trouver le bord de la pinnule.

J'avais pensé d'abord à un *cardiopteris;* mais les *cardiopteris* ont les nervures moins fines, plus rapprochées, et le bord de la pinnule est plus épais que le reste du limbe.

Ces débris de *Nevropteris* ont été recueillis très anciennement par Virlet à Saint-Georges-Chatelaison. L'échantillon qui les porte est inscrit au catalogue d'entrée des plantes fossiles du Muséum sous le n° 632.

Genre ODONTOPTERIS Ad. Brongniart.

1831 ou 1832. **Odontopteris** Ad. Brongniart, Hist. des vég. foss., I, p, 250. — Sternberg, Vers. ein geogn.-bot. Darst. d. Fl. d. Vorwelt, fasc. 5 et 6, p. 77 et fasc. 7 et 8, 1838, p. 137. — Schimper, Traité de pal. vég., 1, 1869, p. 453. — Renault, Cours de bot. foss., 3, 1883, p. 179. — Schimper in Zittel, II Abtheil. Palæophytol., Fortgesetzt und vollendet, 1890, p. 121. — Schimper, Traité de paléontol. par H. Zittel, II, Paléophytol., trad. p. Ch. Barrois, p. 117. — Zeiller, Élém. de pal. bot., 1900, p. 51.

Frondes bipinnées. Pinnules obtuses ou aiguës, attachées par toute leur base au rachis qui les porte. Pas de nervure médiane. Toutes les nervures partant de la base, simples ou fourchues, les extérieures se terminant successivement sur les bords du limbe.

ODONTOPTERIS ANTIQUA Dawson.

(Atlas, pl. VII, fig. 2, 2 A, 2 B.)

1866. **Cyclopteris antiqua** Dawson, J. G. S., p. 154, pl. XIII, fig. 95.
1873. **Odontopteris antiqua** Dawson, Report of the fossil plants of the lower carboniferous and Millstone Grit formations of Canada, p. 33, pl. X, fig. 86, 87, Montreal. (*Geol. Survey of Canada.*)
1891. **Cyclopteris antiqua** Dawson, Acadian Geology, p. 481, Fourth edit.

Description de l'espèce.

Feuilles tripinnées. *Rachis minces. Pennes linéaires. Pinnules de même taille sur une grande longueur,* attachées sur toute la largeur de leur base, décurrentes sur le rachis secondaire, non contiguës, *ovales, un peu sinueuses sur le bord, de plus en plus obliques, décurrentes, les terminales allongées, entières ou lobées. Nervures* multiples, dichotomes, *parallèles entre elles,* toutes partant du rachis secondaire, se dirigeant vers le sommet, quelques-unes s'arrêtant dans les petits lobes du bord. Longueur des pinnules : 7 à 10 millimètres; largeur, 3 à 4 millimètres.

Rapports et différences.

Cette feuille élégante, malgré son port grêle, rappelle les *Archæopteris* dévoniens; mais elle en diffère par ses pinnules non atténuées à la base, mais attachées par toute leur largeur, comme celles des *Odontopteris,* dont elles ont la nervation. Je partage tout à fait l'opinion de M. Dawson au sujet de la position systématique de cette plante : bien qu'elle ait des caractères d'*Odontopteris,* elle ne restera assurément pas dans ce genre lorsqu'elle sera mieux connue. Déjà on peut voir que ses pinnules sont plus décurrentes et moins régulières que celles des vrais *Odontopteris*.

J'ai recueilli l'échantillon figuré dans les carrières de la Rivière, commune de Teillé (Loire-Inférieure). Je n'en connais pas d'autre provenant du bassin de la basse Loire. Mais, au Canada, la plante paraît être plus abondante : Dawson l'a trouvée, sur des plaques détachées, à la rivière Herbert, à la rivière Maccan, et, *in situ*, à la rivière Calvary, près de Riversdale. Ces localités sont dans le Millstone Grit, c'est-à-dire à un niveau succédant immédiatement au Culm supérieur. En somme, l'*Odontopteris antiqua* n'a eu qu'une longévité assez ordinaire; mais son extension géographique (Europe et Canada) mérite d'être notée. Il n'y a pas lieu, du reste, de s'étonner de trouver dans un bassin carbonifère d'Europe une plante jusqu'ici exclusivement du Carbonifère américain. D'autres espèces sont dans le même cas. A cette époque, peut-être, un continent occupant la place de l'Atlantique actuel permettait une large diffusion des espèces. De nos jours même, la flore de l'Amérique du Nord et celle d'Europe ont de nombreuses espèces communes.

(marginal note:) Provenance.

Genre AULACOPTERIS Grand'Eury.

1877. **Aulacopteris** Grand'Eury, Flore carbonifère du départ. de la Loire, p. 122. — Grand'Eury, Géol. et paléont. du bassin houiller du Gard, 1890, p. 287. — Kidston, Végét. houil. recueillis dans le Hainaut belge, 1911, p. 91.

Tiges et pétioles de différentes formes, parfois énormes, écrasés et ayant l'aspect d'une grande feuille, couverts de stries longitudinales de différentes grosseurs. Des tiges à structure conservée ont été décrites et figurées par Cotta. D'autres ont été recueillies depuis. Toutes contiennent plusieurs stèles. Chaque stèle a une moelle entourée de bois primaire et de bois secondaire. Renault a reconnu des pétioles qu'il a appelés *Myelopteris* et qui sont parcourus par de nombreux faisceaux libéro-ligneux. Il a pu les rattacher à des pinnules d'*Alethopteris*.

AULACOPTERIS VULGARIS Grand'Eury.

(Atlas, pl. LXXII, fig. 1, 1 A, 1 B.)

1877. **Aulacopteris vulgaris** Grand'Eury, Flore carbonif. du départ. de la Loire, p. 125, pl. XII. — Grand'Eury, Géol. et paléont. du bassin houiller du Gard, 1890, p. 287, pl. XIX, fig. 7-9. — Kidston, Végét. foss. recueillis dans le Hainaut belge, 1911, p. 91, pl. I.

Caractères.

Ce sont des *fragments de pétioles* appartenant à des *Nevropteris*, des *Alethopteris* et des *Odontopteris*, par conséquent à des Ptéridospermées.

Provenance.

Puits Préjean et puits de la Richerais, à la Tardivière, commune de Mouzeil (Loire-Inférieure), Cat. Mus. Paris, n° 7417. Un autre échantillon, même provenance, au Mus. d'hist. nat. de Nantes.

M. Grand'Eury dit ce fossile abondant dans le bassin de Saint-Étienne. Il l'a trouvé aussi dans le Gard et cite des empreintes semblables dans le Nassau, la Westphalie, la Russie, l'Amérique du Nord. M. Kidston a représenté un très bel échantillon provenant du Hainaut belge.

Le genre provisoire *Aulacopteris* avait déjà été trouvé au-dessous de l'étage houiller moyen, mais désigné sous divers noms. Le *Noeggerathia crassa* Gœpp., par exemple, y doit entrer assurément.

Genre MEDULLOSITES.

Tiges couvertes de mamelons contigus, coniques, avec une cicatrice au sommet, chaque cicatrice produite par un pétiole rompu. Structure inconnue.

MEDULLOSITES MAMMIGER n. sp.

(Atlas, pl. XXVII, fig. 6.)

1900. **Caulopteris mammigera** Éd. Bur. Nantes et la Loire-Inf., III, p. 273. Notice géol. sur la Loire-Inf.

Description de l'espèce.

Tige (ou rhizome) toute couverte de mamelons contigus, à base tantôt arrondie, tantôt polygonale par la compression mutuelle, à base large d'environ 1 centimètre. *Quelques lignes concentriques à diverses hauteurs*, surtout dans le bas, semblant provenir d'écailles ou de tissus extérieurs qui auraient été écartés par le développement des mamelons, *ceux ci coniques, à sommet tronqué par une cassure de* 1 millimètre à 1 millimètre 1/2 de diamètre. Au centre de la cicatrice, qui est concave, on aperçoit un point saillant qui indique la rupture d'un cordon vasculaire. *Le cône est dans le bas beaucoup plus plat; il se relève dans le haut assez rapidement, de sorte que ses bords sont concaves.* L'organe qui le surmontait ne pouvait guère être qu'un pétiole très grêle. Tous les cônes sont dressés perpendiculairement à la surface; cependant la cicatrice foliaire a une très légère obliquité, qui indique la partie supérieure de la tige, vers laquelle l'organe appendiculaire s'élevait, tout en étant très étalé.

Ce fossile est de même nature et très voisin de celui que Stur[1] a décrit et figuré comme une tige de Polypodiacée; mais ce dernier est couvert de mamelons beaucoup plus gros, régulièrement coniques, sans changement de pente de bas en haut, et se terminant insensiblement en un organe appendiculaire. Ce cône est irrégulièrement et légèrement cannelé dans sa longueur, et la cicatrice du sommet est large de 5 à 7 millimètres. De plus, ces cônes paraissent avoir eu 8 à 10 millimètres de hauteur et sont infléchis dans divers sens, tandis que ceux de l'échantillon de la basse Loire n'ont que 3 millimètres de haut et sont tous dressés en forme de petites mamelles rétrécies vers le sommet. L'échantillon de Stur supportait des pétioles beaucoup plus gros. Du reste, il est du culm inférieur, c'est-à-dire plus ancien que le nôtre, et, n'étant pas de la même espèce, il pourrait bien prendre le nom de *Medullosites coniger*. Tous deux paraissent bien être des tiges de Ptéridospermées, et non pas de Polypodiacées, qui, vraisemblablement, n'existaient pas à cette époque.

A.-H. Göppert et G. Stenzel[2] figurent et décrivent la face extérieure d'une tige de *Medullosa : Medullosa Ludwigii*. On y distingue des cicatrices de feuilles de 12 à 15 millimètres de diamètre, très serrées, qui rappellent tout à fait l'échantillon de Stur et le nôtre. C'est encore plus facile sur un échantillon de *Medullosa Ludwigii*, figuré et décrit par Schenk[3].

Sur une coupe passant par la partie extérieure de la tige et les mamelons (dilatations basilaires) des feuilles, on voit plusieurs corps ou faisceaux ligneux distincts entrant dans chaque feuille. Certes, dans notre échantillon, le pétiole paraît avoir été bien grêle pour admettre les faisceaux multiples caractéristiques des *Medullosa* et *Myeloxylon*; mais il n'en est pas moins intéressant de constater que la plus grande ressemblance du fossile dont nous nous occupons est avec des tiges de Cycadofilicinées, et qu'on trouve une forme analogue jusque dans le culm inférieur.

N'osant, malgré cette ressemblance, et en l'absence de toute structure,

[1] Stur, Die Culm-Flora des Mährisch-Schlesischen Dachschiefers, p. 70, pl. XIV, fig. 5 a.

[2] A.-H. Göppert et G. Stenzel, Die Medulloseæ, ein neue Gruppe der fossilen Cycadeen [Extra-Abdruck aus Palæontographica, XXVIII, Band oder III, Folge IV, Band III Lieferung, 1881, p. 16, pl. XVII (IV), fig. 18-20].

[3] Schenk, Ueber Medullosa Cotta, und Tulicaulis Cotta des XV. Bandes der Abhandlungen der mathemat. physisch. Classe d. Königl. sächsisch. Gesellschaft d. Wissensch., N° VI, 1889, p. 525, fig. 1.

attribuer le fossile de la basse Loire au *Medullosa*, et ne trouvant aucun cadre dans lequel on puisse faire entrer des empreintes qui rappellent les *Medullosa*, mais dont la structure est inconnue, je crois bien faire en comprenant les deux actuellement mentionnées sous le nom subsidiaire de *Medullosites*, afin d'éviter qu'elles tombent en oubli et d'indiquer dans quel sens on pourrait, avec quelques chances de succès, diriger les études qui mèneraient à une connaissance plus complète de ces intéressants fossiles.

L'espèce de Stur pourra prendre le nom de *Medullosites coniger*, celle de la basse Loire, le nom de *Medullosites mammiger*.

Le nom de *caulopteris*, dont je m'étais servi dans : *La ville de Nantes et la Loire-Inférieure*, III, 1900, p. 273 : Notice sur la géologie de la Loire-Inférieure, est réservé pour les tiges arborescentes de Marattiacées fossiles. Le nom : *Caulopteris mammiger* doit donc passer en synonyme.

Provenance.   Je ne connais qu'un seul échantillon de *Medullosites mammiger*. Il provient des mines de Montrelais (Loire-Inférieure), où il a été recueilli par Dubuisson, et porte, de la main de ce géologue, la notation assez compliquée qui lui était particulière. Cette notation est ici : 1. 22. j. n° 7. 1. Cet échantillon est au Muséum d'histoire naturelle de Paris.

GRAINES DE PTÉRIDOSPERMÉES.

Genre HEXAGONOSPERMUM Ad. Brongniart.

1874. **Hexagonospermum** Ad. Brongniart, Études sur les graines foss. trouvées à l'état silicifié dans le terrain houiller de Saint-Étienne, p. 22.

Graines ovales elliptiques ou subglobuleuses, probablement suivant l'âge; à six faces séparées par six côtes. Elles sont donc dans le même groupe que les *Ptychotesta, Polypterospermum* et *Polylophospermum*; mais le testa, dans tous ces genres, émet des ailes, tandis qu'ici ce sont de simples côtes longitudinales obtuses. Côtes et espaces intercostaux couverts de petites lignes saillantes, courtes, transversales, anastomosées. Les espaces bien plus larges que les côtes.

HEXAGONOSPERMUM RUGOSUM sp. n.

(Atlas, pl. XLI, fig. 5, 5 A.)

Les *dessins saillants, caractéristiques,* qui se trouvent sur les deux graines donnent tout lieu de croire que nous avons sous les yeux deux spécimens d'une même espèce. *L'une de ces graines est large et arrondie à la base.* Elle devait être arrondie aussi au sommet, qui est brisé. L'autre est aussi arrondie à la base, mais elle se rétrécit graduellement jusqu'au sommet, qui est presque aigu. Il est fort possible que cette graine soit en voie de développement et que la graine globuleuse soit entièrement développée. Toutes les deux ont environ 1 centimètre de long. La plus épaisse a 12 millimètres de long et la plus étroite 10 millimètres à la base. Il y a donc plus de différence dans la forme que dans la taille.

Je ne sais à quelle plante appartient cette espèce de graine; mais c'est assurément une Ptéridospermée. J'ai trouvé l'un des échantillons, le plus arrondi, au puits Saint-Georges, commune de Mouzeil (Loire-Inférieure). La graine à forme la plus allongée est de la Bourgonnière, commune des Touches.

Description de l'espèce.

Provenance.

Var. ANGUSTIUS.

(Atlas, pl. XLI, fig. 4, 4 A.)

Description de l'espèce.

Graine appartenant assurément au même genre et très probablement à la même espèce que l'*Hexagonospermum rugosum*; mais à *forme en amande*, à partir d'une base arrondie, se rétrécissant jusqu'au sommet. Hauteur : 15 millimètres; largeur : 6 millimètres dans la partie moyenne. Six côtes obtuses, également espacées, plus assurées que dans l'autre forme, un peu arquées en bas, puis montant presque droit jusqu'au micropyle, que leurs sommets entourent. Rugosités bien plus prononcées que dans l'autre forme. Ce sont surtout des *lignes saillantes, subtransversales ou plus ou moins obliques*, souvent rameuses ou anastomosées. Sommet rendu obtus par les six côtes, elles-mêmes obtuses à leur terminaison.

Provenance. Même provenance.

Genre RHABDOCARPUS Gœpp. et Berger.

1848. **Rhabdocarpus** Goeppert et Berger, De fruct. et semin. ex format. lithanthrac., p. 20. — Schimper, Traité de pal. vég., 11, 1870, p. 217. — Ad. Brongniart, Études sur les graines foss. trouvées à l'état silicifié dans le terr. houiller de Saint-Étienne, p. 11, 13, 1874 (Extr. des *Ann. des sc. nat.*, Bot., 5e sér., t. XX). — Grand'Eury, Fl. carbon. du dép. de la Loire, 1re part., texte, 1877, p. 205. — Ad. Brongniart, Recherches sur les graines foss. silicif., 1881, p. 19, 21.

Description de l'espèce.

Graines arrondies ou elliptiques, épaisses, symétriques par rapport à un axe. *Testa* composé de deux couches : l'extérieure ou exotesta, constituée par un tissu cellulaire parcouru par des faisceaux nombreux de fibres solides qui s'étendent longitudinalement et forment une enveloppe charnue et fibreuse et faisant saillie sous l'épiderme. La couche intérieure, ou endotesta, formée d'un tissu cellulaire compact. Micropyle opposé à la chalaze. Celle-ci traversée par un faisceau vasculaire qui s'épanouit sous le nucelle et envoie deux faisceaux qui se recourbent en bas et se relèvent, un de chaque côté pour parcourir la carène (Brongniart, *Recherches sur les graines silicifiées*, 1881, p. 21, pl. IX). Chambre pollinique assez développée.

Provenance.

Les graines que j'ai trouvées dans le culm supérieur de la basse Loire et qui appartiennent presque toutes au genre *Rhabdocarpus* sont symétriques par rapport à un axe, bien que Brongniart ait indiqué les graines de ce genre comme faisant partie de celles qui sont à symétrie binaire. Ces graines à symétrie rayonnante étaient portées, d'après ce qu'on sait aujourd'hui, par des plantes appartenant à la classe des Ptéridospermées. Le fait est évident, particulièrement pour le genre *Nevropteris*, qui a offert à M. Kidston des graines cylindriques et des folioles sur le même rameau. Les graines des Cordaïtées sont au contraire, pour la plupart, à symétrie binaire; mais je n'ai trouvé celles-ci que dans l'étage westphalien.

RHABDOCARPUS TUNICATUS Goeppert et Berger.

(Pl. XXIX, fig. 4.)

1848. **Rhabdocarpus tunicatus** Goeppert et Berger, De fructibus et seminibus ex formatione lithantracum, p. 20, pl. I, fig. 8 (*figura dextra*). — Schimper, Traité de pal. vég., 12, 1870, p. 217. — Grand'Eury, Flore carbonif. du départ. de la Loire, 1re part., Botanique, 1878, pl. XV, fig. 12, 12'. — Renault, Études sur le terrain houiller de Commentry, flore foss., 2e part., 1890, p. 638, pl. LXXII, fig. 18.

Graines assez grosses, 23 à 30 millimètres de haut, 15 à 20 millimètres de large, ovalaires ou presque ellipsoïdes, aiguës au sommet. *Tégument extérieur légèrement strié*, changé en charbon. *Tégument intérieur à stries longitudinales bien mieux accusées.*   <small>Description de l'espèce.</small>

Toit de la veine des Forges, mine des Touches, près Nort (Loire-Inférieure). M. Audibert, 1846. Cat. Mus. Paris, n° 2090.   <small>Provenance.</small>

M. Grand'Eury a trouvé cette graine sur de nombreux points du département de la Loire : au toit de la couche des Rochettes, au puits Saint-Félix de Terre-Noire, à la Révaudière, au puits Rabouin, au puits Ravel, au puits Charles des Roches, à la Chazotte, à Chavannes, etc. M. Renault l'a recueillie dans le terrain houiller de Commentry, tranchée de l'Espérance.

RHABDOCARPUS ELLIPTICUS n. sp.

(Pl. XLI, fig. 6, 6 A.)

Graines largement elliptiques, très obtuses, et montrant de l'autre bout une cicatrice d'attache. *Longueur de* 15 *millimètres, largeur de* 7 *millimètres. Toute la surface paraissant longitudinalement fibreuse.*   <small>Description de l'espèce.</small>

La graine qui ressemble le plus à celle-ci est le *Rhabdocarpus carnosus* Grand'Eury; mais cette dernière est atténuée à la base et aiguë au sommet.

Provenance.

Je n'ai trouvé le *Rhabdocarpus ellipticus* qu'à la *Bourgonnière*, commune des Touches (Loire-Inférieure). Il y est très rare et je ne le connais pas ailleurs.

RHABDOCARPUS GLOBOSUS n. sp.

(Atlas, pl. LXXV, fig. 3.)

Description de l'espèce.

Graine presque sphérique. Le point d'attache sur la partie inférieure, non atténuée. *Environ douze côtes* qui partent du point d'attache et se rendent au sommet, comme un méridien. Surface lisse entre les côtes.

Diffère du *Rhabdocarpus rostratus* Grand'Eury (*Fl. carbon. du dép. de la Loire*, Bot., p. 206, atlas, pl. XV, fig. 14); mais celui-ci a le sommet en bec et les côtes beaucoup plus nombreuses : 16-20 au lieu de 10-12.

Provenance.

Puits Henri, la Tardivière, commune de Mouzeil (Loire-Inférieure).

RHABDOCARPUS TURBINATUS n. sp.

(Atlas, pl. LXXV, fig. 5, 5 A.)

Description de l'espèce.

Graine très largement attachée à la base, renflée jusqu'au-dessus du milieu, conique au-dessus. *Dix à douze côtes* se continuant sur la partie conique, où elles sont cependant moins marquées. Les intervalles qui représentent les *côtes* sont *très larges et sont séparés par des sillons très étroits.* Dimensions : 16 millimètres de haut, 4 millimètres de large. Le cône a 2 millimètres de hauteur. Ce *sommet conique* distingue bien le *Rhabdocarpus turbinatus* du *R. globosus.*

Provenance.

Puits Saint-Georges, La Tardivière, commune de Mouzeil (Loire-Inférieure). Trouvé rarement.

RHABDOCARPUS ANGULATUS n. sp.

(Atlas, pl. LXXV, fig. 4, 4 A.)

Description de l'espèce.

Graines elliptiques, lisses et à six angles longitudinaux, obtuses au sommet et à la base. Quelques *petites côtes très fines, allant d'une côte longitudinale à une voisine.*

Provenance.

Puits Saint-Georges, la Tardivière, commune de Mouzeil (Loire-Inférieure). Rare.

RHABDOCARPUS BOCHSCHIANUS Goepp. et Berger.

(Atlas, pl. LXXV, fig. 6, 6 A.)

1848. **Rhabdocarpus Bochschianus** Berger, De fructibus et seminibus ex format. lithantracum, p. 81, pl. I, fig. 13, 14. — Schimp., Traité de paléont. vég., II, 1870, p. 217. — Geinitz, Hainich.-Eberd., p. 65, pl. XII, fig. 13 à 15. — Geinitz, Steink. Sachs., p. 42, pl. XXII, fig. 8, 9.

Graines de 4 centimètres de long, dont 1 centimètre pour un prolongement apical, larges de 1 centimètre, elliptiques, atténuées au bas et insérées par un point d'attache, plus étroitement atténuées en haut où elles se terminent par un canal qui surmonte le micropyle; *lisses avec quelques plissements longitudinaux irréguliers, paraissant avoir été assez peu consistantes; car on voit des traces de* compression : l'une des graines, qui montre les deux côtés, présente sur l'un une grande dépression, sur l'autre une grande saillie longitudinale. *Description de l'espèce.*

Puits du Port Girault et puits de la Mazière, Saint-Georges-sur-Loire (Maine-et-Loire), Ad. Brongniart, 1845, n° 4655, deux échantillons dont un avec les deux faces. *Provenance.*

Genre CARPOLITHES [1].

CARPOLITHES DISTICHUS n. sp.

(Atlas, pl. LXXV, fig. 8.)

Carpolithes distiques, sessiles sur un axe très mince, *lisses,* ayant 5 millimètres de long et 5 millimètres de large, *obtuses* surtout en bas. Trace de micropyle au sommet. *Description de l'espèce.*

M. Couffon a trouvé dans la pierre carrée de Montjean un fragment d'épi ainsi conformé. On trouve en outre des graines ressemblant à celles-ci, mais isolées, dans les schistes de la Tardivière, commune de Mouzeil (Loire-Inférieure). *Provenance.*

[1] Genre provisoire destiné à recevoir les graines dont les affinités sont inconnues.

CARPOLITHES CURVUS n. sp.

(Atlas, pl. LXXV. fig. 7, 7 A)

Description
de l'espèce.

Graine lisse, très obtuse à la base, très atténuée jusqu'au sommet, où elle est courbée de côté. On dirait un organe pyriforme la partie renflée en bas. Je crois, en effet, qu'il faut figurer cette graine la partie amincie en haut, cette partie représentant le tube micropylaire. Je ne connais aucun carpolithe présentant cette forme. Cette graine est fort petite; elle est haute de 7 millimètres et large de 3 millimètres dans sa partie la plus basse.

Provenance. , Je l'ai trouvée à la Tardivière, commune de Mouzeil (Loire-Inférieure). Il n'y en a que très peu d'échantillons.

Classe des CORDAITÉES.

Arbres élevés, rameux. Bois primaire et bois secondaire formé de trachéides ponctuées. *Moelle disposée en diaphragmes ou disques transversaux. Grandes feuilles sans nervures médianes.* Écorce très épaisse. *Épis les uns mâles, les autres femelles. Graines symétriques par rapport à un plan.* Leur système vasculaire double. Sommet du nucelle creusé d'une chambre pollinique qui reçoit les grains de pollen.

Un fait curieux, c'est qu'on n'a jamais trouvé un embryon dans les graines de Cordaitées. Il en est de même, du reste, dans les Cycadées, dont l'embryon ne se développe pas dans les graines encore adhérente à la plante. Il se forme lorsque la graine est tombée sur le sol.

Les *Cordaitées* ont des rapports avec certaines conifères, notamment les *Dammara*. Leurs graines rappellent par leurs deux enveloppes, dont l'extérieure est charnue, celles des taxinées et surtout des *Gingko*. Leurs rapports avec les cycadées s'accusent par la formation de zones ligneuses dans l'écorce, par la symétrie de leurs graines, par le développement de la chambre pollinique. Elles forment une classe diminuant l'énorme intervalle qui séparait les Cycadées des Conifères.

Il est à remarquer que les *Cordaitées* sont peut-être les plantes fossiles les mieux connues dans l'ensemble de leur organisation.

Genre CORDAITES Unger.

1821. **Flabellaria** Sternberg, Vers. einer geogn.-bot. Darstell d. Fl. d. Vorwelt, fasc. 2, 1821,
p. 27 et 32, pl. XVIII; fasc. 4, 1825, pl. XXXIV. — Ad. Brongniart, Prodr. d'une
hist. des vég. foss., 1828, p. 121, part. — Germar, Die Versteinerung. d. Steinkohl.
v. Wettin u. Löbejün in Saalkreise, 1844, p. 55. — Unger, Gen. et sp. plant. foss.
1845, p. 182. — Corda, Beitr. z. Fl. d. Vorwelt, 1845, p. 44, pl. XXIV et 1845.

1849. **Pychnophyllum** Ad. Brongn. (non Zeill.), Tableau des genres de vég. foss., p. 65,
1849.

1850. **Cordaïtes** Unger, Gen. et sp. plant. foss., p. 277. — Ettingshausen, D. Steinkohl. v.
Stradonits, 1852, p. 16. — Geinitz, D. Verstein. d. Steinkohl. in Sachsen, 1855,
p. 40. — Geinitz. Dyas, oder d. Zechsteinform. u. das Rothlieg, part. II, Die Pflanz.
d. Dyas und Geol., 1862, p. 1848. — Goeppert, Die foss. Fl. d. permisch. Form,
1864-1865, p. 159. — Lesquereux, Geol. Survey of Illinois, II, Descript. of plants,
1866, p. 443. — Dawson, The foss. Fl. of the devon and upper sibur. format. of
Canada, 1871, p. 43. — Heer, Fl. foss. arctica, IV, 1877, p. 22, pl. V, fig. 16-22. —
Grand'Eury, Fl. carbonif. du départ. de la Loire, partie bot., 1877, p. 208. — Lesquereux, Coal Fl. of Pennsylvania, II, 1880, p. 527; III, 1884, p. 802. — Renault,
Cours de bot. foss., I, 1881, p. 81. — Saporta et Marion, l'Évolut. du règne végét.,
les Phanérog., I, 1885, p. 81. — Solms-Laubach, Enleitung in the Paläophyt. vom
botan. Standpunkt aus bearbeit, 1887, p. 108. — Zeiller, Fl. foss. du bassin houil.
de Valenciennes, texte, 1888, p. 624. — Renault, Étud. sur le terr. houill. de Commentry, II, Fl. foss., I, 1890, p. 562. — Grand'Eury, Géol. et paléont. du bassin
houil. du Gard, 1890, p. 319. — Schimp. u. Schenk, Handb. d. Pflauzen paleont.,
1890, p. 241.— Schimp. et Schenk, Traité de paléontol. végét., traduit par Ch. Barrois,
1891, p. 233. — Zeiller, Eléments de Paléobot., 1900, p. 206. — Scott, Studies of
foss. bot., 1900, p. 412.

1870. **Pycnophyllum** Schimper, Traité de Paléont., II, p. 190 et III, 1874, p. 560.

Racines étalées, peu plongeantes, rameuses, jamais pivotantes [1]. Leur structure a été étudiée par M. Renault [2]. Bois primaire formé de lames qui se
rejoignent au centre. Bois secondaire largement développé, formé de trachéides ponctuées. Écorce très développée, formée, de dedans en dehors, de
liber mal conservé, d'une couche de cellules polyédriques et d'une couche
épaisse de suber. Tronc cylindrique lisse, ayant 10 à 30 mètres avant de se
diviser en branches, qui sont alternes. *Les dernières ramifications portant des bouquets de feuilles.* Tiges et rameaux ayant au centre un large canal médullaire et
une *moelle disposée en diaphragmes ou disques transversaux.* Le moulage naturel
de cette moelle, avant qu'on en connût la nature, avait été décrit sous le nom

[1] Grand'Eury, Flore carbonifère du département de la Loire, Bot., p. 253.
[2] Renault, Cours de Botanique fossile, I, 1887.

d'*Artisia*. Le bois des tiges et rameaux a été décrit sous le nom de *Dadoxylon*, avant qu'on le rapportât aux *Cordaites*. Écorces formant des couches de houille désignées par M. Grand'Eury sous le nom de *cordaifloyos*. Jeunes rameaux appelés par le même auteur *cordaicladus* [1], portant à la surface les *cicatrices foliaires arquées en bas et décurrentes de côté, nullement embrassantes*, alternes, plus rapprochées aux articulations, écartées sur la longueur du rameau, présentant à leur surface, lorsqu'elles sont bien nettes, une ligne transversale de ponctuation formée par la cassure des faisceaux vasculaires. *Feuilles sessiles, symétriques, entièrement oblongues ou lancéolées*, ordinairement très grandes, parcourues par *de très nombreuses nervures longitudinales, parallèles*, se divisant vers le bas à angle excessivement aigu, *les unes grosses soutenant un faisceau vasculaire, les autres plus minces formées seulement de tissu hypodermique.*

Inflorescences en épis, les uns mâles, les autres femelles, pouvant se trouver sur le même arbre, axillaires, mais se trouvant insérées, par suite d'un allongement intercalaire du rameau, plus ou moins au-dessus de la feuille axillante. *Graines* de formes variées, *le plus souvent aplaties et cordiformes*, symétriques par rapport à un plan. Sommet du nucelle creusé d'une chambre pollinique qui reçoit les grains de pollen.

CORDAITES BORASSIFOLIUS Unger.

(Atlas, pl. LXXI, fig. 1, 1 A.)

1821. **Flabellaria borassifolia** Sternberg, Vers. ein. geognost.-bot. Darstell. d. Fl. d. Vorwelt, part. 2, 1821, p. 28, 32, pl. XVIII; *id.*, part. IV, p. XXXIV, 1825; pl. XVIII. — Corda, Beitr. z. Fl. d. Vorwelt, 1845, pl. XXIV, fig. 1 à 3, 8. — Göpp. in Bronn, Index paléont., 1848, p. 499.

1850. **Cordaites borassifolia** Unger, Gen. et spec. plant. foss., p. 277. — Ettingshausen, Die Steinkohl. Fl. von Stradonitz in Böhmens, 1852, p. 16, pl. V, fig. 5.

1855. **Cordaites borassifolius** Geinitz, Die Verstein. d. Steinkohlenform. in Sachsen, 1855, p. 41. — Zeiller, Note sur la flore du bassin houiller de Tete, région du Zambèze (*Annales des Mines*, nov.-déc. 1883, p. 4). — Lesquereux, Geol. Surv. of Illinois, II, Descript. of plants, 1866, p. 443. — Weiss, Foss. Flora d. jungst. Steinkohlenform. u. d. Rothlieg in Saar-Rhein-Gebiete, part. 2, fasc. 2, 1871, p. 201, pl. XVIII, fig. 38, 38 A, 38 B. — Grand'Eury, Fl. carbonif. du départ. de la Loire, Bot., 1877, p. 216. — Heer, Fl. fos. Helvet., 1877, p. 54, pl. XVII, fig. 14-17. — Lesquereux, Proc. Am. Phil. Soc., 1878, p. 319, pl. XLVII, fig. 3, 3 b. — Lesquereux, Coal Fl. of Pennsylvania, II, 1880, p. 532; atlas, 1879, pl. LXXVI, fig. 3, 3 a, 3 b. — Zeiller, Explic.

[1] Grand'Eury, Flore carbonifère du département de la Loire, Botanique, p. 208.

de la carte géol. de la France, IV, partie II, Vég. foss. du terrain houil., 1879, p. 143.
— ZEILLER, Note sur la Fl. et sur le niveau relatif des couches houil. de la Grand'Combe
(Gard) (Extr. du *Bull. de la Soc. Géol. de France*, 3ᵉ sér., XIII, 1884, p. 143, 145). —
ZEILLER, Fl. foss. du bassin houil. de Valenciennes, texte, 1888, p. 625; atlas, pl. XCII,
fig. 1 à 6. — GRAND'EURY, Géol. et paléont. du bassin houil. du Gard, 1890, p. 321.
— RENAULT, Bassin houill. d'Autun et d'Épinac, fasc. II, Fl. foss., 2ᵉ part., 1896,
p. 341.

1870. **Pychnophyllum borassifolium** SCHIMPER, Traité de pal. vég., II, 1870, p. 190.

Feuilles minces et longues, assez variables de forme, tantôt étroitement   *Description*
elliptiques, comme dans l'échantillon figuré par Corda, obtuses, parfois dé-   *de l'espèce.*
chirées au sommet, ou, comme dans l'échantillon de notre planche LXXI,
rubanées, à bords parallèles, obtuses et ressemblant, dans ce cas, à un *Poa-
cordaites*, sans qu'on puisse le confondre en raison de la nervation. D'autres
fois, comme celles représentées par M. Zeiller, lancéolées et se terminant en
pointe obtuse. Il y a des passages entre ces différentes formes, et on peut en
voir dans la figure de Corda, où une feuille paraît étroite et rubanée (vitti-
forme); mais cette forme, si elle est réelle dans notre échantillon qui est une
feuille aplatie, est due assurément, sur la feuille étroite figurée par Corda, à
un enroulement des bords par en dessous. C'est également à un enroulement
des bords qu'est due, au moins en partie, la forme lancéolée d'un certain
nombre de feuilles vers leur sommet.

Ces feuilles, comme on le voit dans la figure de Corda, étaient attachées
en bouquet très serré au sommet des rameaux.

Les nervures sont caractéristiques : *elles sont les unes grosses, les autres fines,
de telle sorte qu'il n'y a qu'une seule nervure fine dans l'intervalle de deux nervures grosses.*

Ces feuilles sont très longues. M. Zeiller estime qu'elles pouvaient avoir de
25 à 60 centimètres; aussi est-il très rare d'avoir à la fois les deux bouts.
L'échantillon du culm supérieur de la basse Loire dont je donne la figure est
long de 17 centimètres; il devait l'être beaucoup plus, car dans la partie inférieure, qui est rompue, il ne présente aucun rétrécissement. La cassure s'est
donc faite assez loin du point d'attache. Toutes les figures montrant des bases
de feuille les font voir assez longuement atténuées. L'extrémité est régulièrement arrondie, comme dans les feuilles de la figure de Corda, où ce sommet
est entier.

Notre échantillon a 2 centimètres de large et n'est pas sensiblement rétréci
au sommet, sous la terminaison obtuse.

Les feuilles de Corda ont un peu plus de largeur : 2 cent. 5 à 3 cent. 5 ; celles du bassin de Valenciennes, figurées par M. Zeiller, ont de 3 à 5 centi- mètres de large. Il semble que ce soient les feuilles les plus larges qui soient les plus atténuées au sommet.

J'ai trouvé cette espèce dans les déblais d'un puits, au sud-ouest de la Joui- nière, commune de Teillé (Loire-Inférieure).

Ad. Brongniart l'avait recueillie, en 1845, au puits du Port-Girault, con- cession de Saint-Georges-sur-Loire. Son échantillon, que j'ai fait figurer (pl. LXXI, fig. 1, 1 A), porte sur le catalogue d'entrée des fossiles végétaux, au Muséum d'histoire naturelle, le n° 4654.

En dehors du bassin de la basse Loire, le *Cordaites borassifolius* est très largement répandu. M. Zeiller l'a trouvé assez abondant dans le bassin de Valenciennes, surtout dans la zone supérieure. M. Renault l'a reconnu dans le bassin houiller d'Autun et d'Épinac, au Mont-Pelé, à la limite de l'étage moyen et de l'étage supérieur du houiller de l'Autunois. M. Grand'Eury le signale dans le bassin de la Loire, à Montrond, à la Chazotte; à la Jacques, près de la Fouillouse, au Treuil, à la Malafolie, au puits de la Vogue, etc., et dans les couches supérieures de l'étage de Bessèges. Dans l'explication de la carte géologique de France, M. Zeiller cite le *Cordaites borassifolius* dans le bassin de la Loire, à Brassac (Puy-de-Dôme), à La Mine (Isère), à Prades (Ardèche), à Graissessac (Hérault), à Decazeville (Aveyron), à Decize (Nièvre), à Blanzy (Saône-et-Loire), à Saint-Pierre-la-Cour (Mayenne).

On le connaît aussi dans le Gard et, hors de France, dans le Bas-Valais, dans les couches supérieures de Saarbrück, dans la formation permienne de la Silésie et de la Bohème; en Angleterre, où il a été vu par M. Kidston. M. Zeiller l'a reconnu dans les environs de Pete, région du Zambèze (houiller supérieur); Lesquereux l'indique dans l'Amérique du Nord (Illinois et Penn- sylvanie, base du Carbonifère moyen) et Dawson, dans le Carbonifère moyen de Terre-Neuve, etc.

En somme, cette espèce est indiquée depuis le houiller inférieur jusqu'au Permien inclusivement.

CORDAITES PRINCIPALIS Germar.

(Atlas, pl. LXXI, fig. 2, 3, 3 A.)

1848. **Flabellaria principalis** Germar, D. Verstein, d. Steinkohl. v. Wettin u. Lobejün, p. 55, pl. XXIII.
1855. **Cordaites principalis** Geinitz, H. B., Die Verst. d. Steink. in Sachs., p. 41, pl. XXI, fig. 1 à 6 et pl. XXII. — Geinitz, H. B., Die Leitpft. d. Rothlieg., u. d. Zechstein. oder d. permish. Format in Sachsen, 1858, p. 21. — Görp., Die Foss. Fl. d. permish. Format., 1865, p. 159, pl. XXII, fig. 6 à 9. — Heer, Flor. foss. Helvet., 1876, p. 55, pl. I, fig. 1 b, 12 à 16. — Heer, Flor. foss. arctica, IV, Beitr. z foss. Fl. Spitzberg, 1877, p. 22, pl. V, fig. 12-15. — B. Renault, Cours de Bot. foss., 1881, p. 92, pl. 12, fig. 6. — Schenk in Richtofen, Beitr. z. Paläontol. von China, 1883, p. 213, 228, pl. XXX, fig. 11, 12, et XLIV, fig. 3, 3 a. — Zeiller, Flore foss. du bassin houil. de Valenciennes, texte, 1888, p. 629, Atlas, 1886, pl. XCIII, fig. 3, 3 A, et XCIV, fig. 1, 1 A. — Grand'Eury, Géol et paléont. du bassin houil. du Gard, 1890, p. 322. — Kidston, The Yorkshire carbonif. Fl. Fifth Report on Behalf of the Yorkshire Fossil Fl. committee, for 1895, p. 5, 7. — Zeiller, Note sur la flore houil. du Chansi, 1901, p. 16 (Extr. des *Ann. des Mines*, avril 1901, pl. VII, fig. 10).
1870. **Pycnophyllum principale** Schimper, Traité de Paléont. vég., II, p. 191.

Feuilles grandes ou très grandes, ayant jusqu'à 20 à 50 centimètres de long et de 3 à 7 centimètres de large, quelquefois presque rubanées par l'enroulement des bords qui est encore bien plus prononcé dans les jeunes feuilles, tout à fait enroulées en préfoliation ; *obtuses au sommet, souvent diversement lobées ou laciniées.* Les déchirures se font aussi parfois vers le milieu de la feuille. Lanières de 3 à 15 millimètres. Feuilles n'ayant que 2 centimètres de large à leur insertion, puis s'élargissant graduellement jusqu'à une région qui paraît peu éloignée de leur sommet. Le tissu paraît avoir été peu épais, car il est parfois réduit à une couche mince de charbon. *Grosses nervures ayant dans leur intervalle deux à cinq nervures minces.*

La plupart des échantillons du culm supérieur semblent être des fragments de lanières résultant de la division de la feuille, comme on peut le voir dans la belle figure donnée par Germar ; mais les bords sont en général plus droits, parallèles. Sur les feuilles de *Cordaites principalis* de ce niveau, j'ai vu souvent le sommet, jamais la base, et il est remarquable que dans le Westphalien inférieur du même bassin c'est la base de la feuille qu'on trouve assez souvent, et jamais le sommet. Les lanières sont plates, leurs bords ne paraissent pas enroulés, comme ils le sont dans les jeunes feuilles, dont j'ai vu plusieurs échantillons. Ces rouleaux ont 8-10 millimètres de diamètre. Le sommet

Description de l'espèce.

des feuilles adultes est irrégulièrement obtus ou irrégulièrement arrondi ; mais il ne tardait pas à se déchirer en languettes d'une longueur et d'une largeur très variables. L'extrémité des feuilles est donc comme déchiquetée. Les fentes ont 2 à 4 centimètres de profondeur, et les lanières, qui d'abord conservaient la forme générale de l'extrémité de la feuille, finissaient par être inégalement longues et aiguës. On peut voir sur la planche LXXI, fig. 2, 3 du présent ouvrage, deux terminaisons de feuilles laciniées. La figure 3 A, grossie deux fois, montre bien les grosses nervures vasculaires et, dans chaque intervalle, trois à quatre nervures fines non vasculaires. On voit, en outre, de petites saillies qui paraissent croiser les nervures et s'anastomoser avec elles, mais qui sont obliques plutôt que transversales.

Provenance. Voici dans quelles localités du culm supérieur de la basse Loire le *Cordaites principalis* a été trouvé :

Département de la Loire-Inférieure.

La Guérinière, commune des Touches.

La Tardivière, commune de Mouzeil : puits Neuf, puits Préjean, puits Henri.

Département de Maine-et-Loire.

Saint-Georges-sur-Loire, puits du Port-Girault, Ad. Brongniart, 1845. Catal. Muséum Paris, n° 4654.

Montjean, près Chalonnes, puits Saint-Nicolas, veine du Sud, Ad. Brongniart, 1845.

Le *Cordaites principalis* est une des espèces du genre les plus largement répandues. M. Zeiller l'a vu dans le bassin houiller moyen de Valenciennes, département du Nord et département du Pas-de-Calais. M. Grand'Eury énumère un certain nombre de localités, les unes du bassin de la Loire, les autres du bassin houiller du Gard, toutes appartenant à l'étage houiller supérieur. En Allemagne, Gœppert, Germar, Geinitz la citent dans diverses localités du houiller moyen jusqu'au Permien inclusivement. Heer la trouve dans le houiller inférieur de l'île des Ours. MM. Schenk et Zeiller l'ont signalé sur différents points de la Chine, particulièrement au Chansi. M. Kidston en a reconnu la présence dans les îles Britanniques, Écosse, Yorkshire, Lamarckshire, Airshire, Sowerby, etc.

Genre DORYCORDAITES ZEILL.

1877. **Dory-cordaïtes** GRAND'EURY, Flore carbon. du départ. de la Loire, 1ʳᵉ part. Bot., p. 214, Atlas, pl. XVIII, fig. 4 à 8, et Tableau de végét. D. — SAPORTA, L'Évol. du Règne végét., les phanérog., 1, 1885, p. 82.
1877. **Dory Cordaïtes** GRAND'EURY, l. c. Tableau de végét. D.
1888. **Dorycordaïtes** ZEILLER, Bassin houil. de Valenciennes, Descript. de la Fl. Foss., texte, 1888, p. 631. — RENAULT, Bassin houil. et perm. d'Autun et d'Épinac, fasc. IV, Fl. foss., 2ᵉ part., 1896, p. 343. — ZEILLER, Élém. de Paléobot., 1900, p. 209.

Arbres peut-être moins rameux que les *Cordaïtes,* à rameaux plus longuement garnis de feuilles (les feuilles ne sont pas seulement en bouquets vers l'extrémité), rugueux, montrant, après la chute des feuilles, des cicatrices linéaires, transversales. Feuilles lancéolées, à sommet cependant parfois obtus, lacérées à lanières parallèles, ou divisées en plusieurs lobes dont chacun, dans sa partie libre, prend la forme qu'aurait une feuille entière. Ces feuilles sont assez grandes et couvertes de nombreuses nervures toutes égales, sans nervures plus petites interposées, mais avec les mêmes petites rides transversales qu'on voit sur les *Cordaïtes;* cependant ici elles sont moins marquées et plus difficiles à voir. Rameaux à superficie rugueuse. Tige à moelle cloisonnée, mais à diaphragmes plus écartés que dans les *Cordaïtes.*

M. Grand'Eury a attribué aux *Dorycordaïtes* des inflorescences et des graines désignées par Gœppert sous le nom de *Botryoconus* et *Samaropsis.*

Les *Botryoconus* sont les uns mâles, les autres femelles. Les mâles sont en épis distiques. A l'aisselle de chaque bractée allongée naît un bourgeon à écailles nombreuses, allongées, élargies à leur extrémité libre, « Du centre des épillets », dit cet habile observateur, « s'élèvent de menus organes que leur forme et l'analogie portent à regarder comme des étamines. » Les écailles des bourgeons femelles sont nombreuses aussi, aiguës, bombées, élargies à la base, et à l'aisselle de chacune est un *Samaropsis.* Ces *Samaropsis* sont de petites graines symétriques par rapport à un plan et ayant une aile échancrée au sommet.

Ces inflorescences diffèrent donc surtout de celles des *Cordaïtes,* parce que, ici, les graines sont agrégées au lieu d'être solitaires. M. Schenk (*Traité de Paléontologie,* de Zittel, partie II, Paléophytologie, traduction Barrois, 1891,

p. 241) regarde l'aile des *Samaropsis* comme une apparence. Pour lui, ce serait une enveloppe charnue qui, par écrasement, se serait ouverte au sommet. Il me semble que la régularité parfaite et constante de l'échancrure supérieure de l'aile ne se prête pas à cette manière de voir.

Dans certaines inflorescences que M. Grand'Eury rapproche aussi des *Dorycordaites*, les *Samaropsis* sont soulevés hors du bourgeon par des sortes de pédicelles; telles sont les inflorescences qui ont été désignées sous le nom de *Cordaianthus* Grand'Eury, *Antholithes* Lindley.

DORYCORDAITES BEINERTIANUS.

(Atlas, pl. LXXVI, fig. 1.)

1855. **Nœggerathia Beinertiana** Geinitz, D. Versteiner. d. Steinkohl. in Sachsen, p. 42, pl. XXI, fig. 17, 18.

1877. **Cordaites affinis et Cordaites Beinertianus partim** Grand'Eury, qui les range dans **Dorycordaites**, Fl. carb. du départ. de la Loire, Bot., p. 215.

1842. **Nœggerathia Beinertiana** Goepp., Gatt. d. foss. Pfl. Heft 5 ou 6, p. 108, pl. XII, fig. 3.

Description
de l'espèce.
—
Provenance.

Je n'ai vu qu'un seul échantillon de la basse Loire. Il provient de Saint-Georges-Chatelaison, où il a été recueilli par Virlet, en 1828, et il porte sur le registre d'entrée des plantes fossiles, au Muséum d'histoire naturelle de Paris, le n° 3375.

Cet échantillon est cassé en haut et en bas; cependant il en reste assez pour bien montrer sa forme générale. *Cette forme, à partir d'une large insertion transversale, s'élargissait graduellement de bas en haut*[1], mais nullement en éventail, tandis que les folioles des *Nœggerathia* ont une forme obovale, ou en coin de haut en bas, et une insertion oblique. Les feuilles des Cordaitées sont des feuilles simples; celles des *Nœggerathia*, des feuilles pinnées, voisines de celles des Cycadées. La *nervation* seule a de la ressemblance. *Elle est formée de côtes égales, sans petites côtes intercalées.* Cette uniformité des nervures est, comme l'a indiqué M. Grand'Eury, le caractère essentiel du genre *Dorycordaites*, voisin des *Cordaites* proprement dits.

Dans l'échantillon de Saint-Georges-Chatelaison, les nervures sont très droites, bien parallèles, assez fortes, arrondies, saillantes. Il n'y a pas d'indice que la feuille ait été lobée dans sa partie supérieure.

[1] La figure de la planche LXXVI paraît avoir été renversée.

Peut-il appartenir à quelqu'une des espèces connues ? Nous devons reconnaître qu'il ressemble d'une manière frappante aux échantillons décrits et
figurés par Gœppert [1]. Même forme, même dilatation graduelle, mêmes nervures. Le grand (fig. 17 de Gœpp.) a les mêmes dimensions que celui de
Saint-Georges. C'est presque à croire que celui-ci a pu servir de modèle, ce
qui n'est pas, bien entendu. Par l'aspect général, les autres espèces s'en
écartent plus ou moins : les feuilles du *Dorycordaites affinis*, figurées par
M. Grand'Eury, sont beaucoup plus étroites; celles du *D. Ottonis* (*Cordaites
Ottonis* Gein.) sont lobées à lobes lancéolés; celles du *D. Rœsslerianus* (*Cordaites Rœsslerianus* Gein.), plutôt laciniées. Le *Dory-cordaites palmæformis*
Grand'Eury ressemble davantage par la partie basilaire de la feuille, mais la
comparaison ne peut pas se maintenir quand on tient compte d'un autre
caractère : le nombre des nervures par millimètre transversal, ou peut-être
mieux, comme mesurent quelques auteurs allemands, le nombre des nervures
par 5 millimètres, mensuration moins sujette à erreur; car souvent il n'entre
pas un nombre exact de nervures dans 1 millimètre et des nervures coïn-
cident avec la ligne de séparation de 2 millimètres, sans qu'on puisse savoir
à quel millimètre on doit les attribuer.

En prenant pour base 5 millimètres, cette cause d'erreur est bien dimi-
nuée, et une division par 5 permet d'une manière plus précise et plus comparable la répartition des nervures par millimètre.

Voici le tableau (soit d'après les auteurs, soit d'après les mesures que j'ai
prises) de la répartition des nervures par 5 millimètres et par millimètre
dans les différentes espèces :

	NOMBRE DE NERVURES	
	par 5 MILLIMÈTRES.	par MILLIMÈTRE.
Rœsslerianus	5 à 6	1.0 à 1.2
Ottonis	8 à 9	1.6 à 1.8
Échantillon de la basse Loire.	12	2.4
Beinertianus Nœggerathia	10 à 15	2 à 3
affinis Grand'Eury	25	5
palmæformis	40 à 60	8 à 12

Dorycordaites

Bien que le nombre des nervures dans une largeur donnée puisse varier
de quelques-unes, du moins pour certaines espèces, ce nombre n'est variable

[1] *Die Versteinerung. d. Steinkohlen-Formation in Sachsen,* 1855, p. 42, pl. 22, fig. 8, 9.

que dans de très faibles limites. Il peut même être constant, et c'est ce qui
m'a semblé dans l'échantillon de Saint-Georges-Chatelaison. Je tiens aussi
pour assuré que le *Dorycordaites Rœsslerianus* (*Cordaites* Gein.), dans lequel
Geinitz a trouvé 5 à 6 nervures par 5 millimètres, ou le *Dorycordaites Ottonis*
(*Cordaites* Gein.), dans lequel il en a constaté 8 à 9, ne peuvent pas être la
même espèce que le *Dorycordaites palmæformis,* dans lequel M. Zeiller a vu
8 à 12 nervures par millimètre, c'est-à-dire 50 à 60 nervures par 5 millimètres. Or, de même que l'échantillon de la basse Loire concordait pour la
forme avec le *Dory-cordaites Beinertianus,* c'est encore avec cette espèce qu'il
concorde le mieux pour le nombre de nervures. Je lui ai trouvé, comme je
l'ai dit, 12 nervures pour 5 millimètres, soit 2.4 pour 1 millimètre. Le *Dory-
cordaites Beinertianus* en a, d'après Geinitz, de 10 à 15 par 5 millimètres,
c'est-à-dire 2 à 3 par millimètre. C'est donc une nervation bien conforme, et
je ne trouve aucun caractère qui permette de séparer du *Dory-cordaites Beinertianus* le *Dorycordaites* de la basse Loire.

Le *Dory-cordaites Beinertianus* a été signalé par Geinitz dans le houiller
supra moyen de Saxe et dans le Permien inférieur, dans la Wetterau et à
Zwikau. M. Grand'Eury a hésité à lui rapporter des feuilles observées par lui
dans le bassin de Saint-Étienne. Il est bien probable que l'espèce y existe, puisqu'on l'a trouvée plus haut et plus bas. Sa présence dans la basse Loire la fait
descendre jusque dans le sous-étage supérieur du houiller inférieur, à moins
que ce puisse être, comme plusieurs autres espèces, un indice de quelque
lambeau de houiller supérieur superposé à la grande bande du culm.

Genre CORDAITANTHUS Schimper.

1833. **Antholithus** Lindl. et Hutton, The Foss. Fl. of Great Brit., II, p. 82. — Dawson, The
Geol. of Nova Scotia, Fourth edit., 1891, p. 459, 460. — Schimper, Traité de pal.
végét., III, p. 564.
1874. **Cordaitanthus** Schimper, *loc. cit.,* p. 565.
1874. **Pychrophyllanthus** Schimper, *loc. cit.,* p. 565.
1877. **Cordaianthus** Grand'Eury, Fl. carbonif. du dép. de la Loire, botanique, texte, p. 227.
— Lesquereux, Descr. of the coal flora of the carbon. format. of Pennsylv., III, p. 802.
— Renault, Cours de bot. foss., I, p. 94.

Inflorescence spiciforme. Bourgeons floraux les uns mâles, les autres
femelles, sur des axes ou même sur des individus différents, naissant à l'aisselle de bractées, qui manquent parfois.

CORDAITANTHUS SPICATUS Lesquereux.

(Atlas, pl. LXXVI, fig. 2.)

1884. **Cordaianthus spicatus** Lesquereux, Description of the coal flora of the carbonif. format. of Pennsylvania, III, p. 802, pl. CIX, fig. 1.

Axe très épais (8 millimètres), *strié longitudinalement*, ayant, de plus, des stries en forme de cercles, correspondant aux cloisons transversales formées par la moelle, qu'on voit dans les tiges et rameaux. Description de l'espèce.

Bourgeons floraux sur deux rangs opposés, longs de 1 centimètre, ovoïdes-elliptiques, couverts d'écailles, à l'aisselle incurvée, plus encore que les autres. Toutes ces bractées aiguës au sommet.

Cette inflorescence de Cordaïtée a la plus grande analogie avec l'*Antholites Pitcairniæ* d'Angleterre, décrit et figuré par Lindley et Hutton, et le *Cordaianthus spicatus* de l'Amérique du Nord, publié par Lesquereux; mais l'*A. Pitcairniæ* n'a pas de stries annulaires sur l'axe floral. De plus, les écailles des bourgeons sont plus étroites et terminées, la plupart, par un prolongement linéaire; mais il est à croire que ce prolongement est bien caduc. Le *Cordaianthus spicatus* Lesquereux n'a pas non plus ce filament terminal, et cela a bien l'air de tenir à la troncature accidentelle du sommet des bourgeons; *les écailles sont larges, bien concaves en dedans*, enfin *on voit des stries circulaires correspondant aux disques formés par la moelle*. Dans les deux espèces publiées, les bourgeons d'un même côté sont écartés l'un de l'autre de 1 centimètre environ; dans notre spécimen de la basse Loire, ils sont plus rapprochés, presque contigus. Je ne vois pas là un véritable caractère spécifique, et, en attendant d'autres documents, je prends le parti de réunir notre échantillon à ceux de Lindley et Lesquereux. L'espèce ainsi formée s'étendrait en Europe et en Amérique, répartition que nous avons déjà constatée pour bien d'autres espèces.

Le *Cordaianthus* de la basse Loire n'est connu que par un seul échantillon (empreinte et contre-empreinte). Il a été recueilli par les soins de M. Beau laton, dans le système des veines du Nord, à la Tardivière, commune de Mouzeil (Loire-Inférieure). Provenance.

Genre ARTISIA PRESL.

1828. **Sternbergia** AD. BRONGN., Prodr. d'une Hist. des vég. foss., p. 137. — LINDL. et HUTT., The foss. Fl. of Great-Brit., III, 1837, pl. 224, 225, — ARTIS, Antediluv. Phyt., 1838, p. 8.

1838. **Artisia** PRESL in STERNBERG, Vers. ein. geognost. bot. Darstel. d. Fl. d. Vorwelt, II, fasc. 7-8, p. 192, et CORDA in STERNB., *loc. cit.* (1838), p. XXII. — GRAND'EURY, Fl. carbonif. du départ. de la Loire, 1re part., 1877, p. 247. — ZEILLER, Bassin houil. de Valenciennes; descr. de la Fl. foss., texte, 1888, p. 634.

Moelle cylindrique, sans saillies longitudinales, à diaphragmes différemment distants suivant les rameaux ou les tiges, peut-être aussi suivant les espèces.

Il y a des *Artisia* presque prismatiques et avec des protubérances longitu-dinales; mais la plupart de ces moulages sont tout à fait cylindriques et leur surface extérieure est ceinte de bourrelets arrondis séparés par des sillons aigus. Ces sillons ne sont que la trace du pourtour des cloisons qui coupaient transversalement la cavité médullaire. Les bourrelets arrondis répondent aux intervalles qui séparaient les cloisons. Autour de cette moelle était un bois ressemblant à celui des conifères, et, à l'extérieur, une écorce ayant plusieurs zones, dont la plus superficielle est souvent parcourue par des tubes gom-meux. La moelle des *Cordaites* est facile à reconnaître; mais, jusqu'à présent, on ne peut pas reconnaître si un *Artisia* donné appartient à tel ou tel *Cordaites*.

ARTISIA APPROXIMATA PRESL in STERNB.
(Pl. LXXVI, fig. 10.)

1828. **Sternbergia approximata** AD. BRONGNIART, Prodr. d'une hist. des vég. foss., p. 137. — LINDL. and HUTTON, Foss. Fl. of Great-Brit., III, 1837, pl. 224, 225.

1838. **Artisia transversa** PRESL in STERNBERG, Vers. ein geognost.-bot. Darstell. d. Fl. d. Vorwelt, fasc. 7-8, p. 192, pl. LIII, fig. 7, 8, 9. — ROCHL, Foss. Fl. d. Steink. Format. Westpalens, 1869, p. 248, pl. IV, fig. 8; *Ex Palæontographica*, XVIII, mêmes p. et pl.

1838. **Artisia approximata** CORDA in STERNBERG, Vers. ein. geogn.-bot. Darstell. d. Fl. d. Vorwelt, fasc. 7-8, p. XXII, pl. LIII, fig. 1-6. — GRAND'EURY, Flore carbonif. du dép. de la Loire, 1re part., 1877, p. 247.

1848. **Sternbergia transversa** SAUVEUR, Vég. foss. des terrains houil. de la Belgique, pl. LXIX, fig. 1.

1848. **Sternbergia minor** SAUVEUR, *loc. cit.*, pl. LXIX, fig. 2.

Description de l'espèce.

Moelle cylindrique formée de diaphragmes très rapprochés les uns des autres; les intervalles qui les séparent n'ayant que 1 ou 2 millimètres.

Provenance.

La Tardivière (Loire-Inférieure).

EMPREINTES PHYSIQUES.

Genre GUILIELMITES Geinitz.

Disques déprimés au milieu sur les deux faces.

GUILIELMITES UMBONATUS Geinitz.

(Atlas, pl. LXXV, fig. 9 à 12.)

1825. **Carpolithes umbonatus** Sternb., Vers. ein. geogn.-bot. Darstellung d. Fl. d. Vorwelt, part 4, p. xli, pl. IX, fig. 2. — Unger, Synops. plant. foss., 1845, p. 258. — Unger, Gen. et sp. pl. foss., 1850, p. 518. — Ferd. Rœmer in Bronn et Ferd. Rœm., Lethæa geogn., II, 1851-1856, p. 148, pl. VIII, fig. 3.

1858. **Guilielmites permianus** Geinitz, Leitpflanzen d. Rothlieg. und d. Zechwein. oder d. permisch. Format. (Separat. aus. d. Oster) Programm d. königl. polytechn. Schule z. Dresden, p. 19, pl. II, fig. 6, 7.

1862. **Guilielmites umbonatus** H. B. Geinitz, Dyas oder d. Zechst. u. d. Rothlieg. II, Die Pfl. d. Dyas, p. 146, fig. 7, 8.

1870. **Carpolytes clypeiformis** Schimper, Traité de pal. vég., II, p. 225. — Heer, Flor. foss. arctica, 1876, p. 58, pl. 22, fig 3.

Disque épaissi au pourtour, déprimé au centre, la paroi formée d'une succession de lamelles, les unes lisses, formées de charbon, les autres formées de minces couches de schiste. Les deux côtés sont semblables et on ne voit pas d'ombilic. La taille diffère considérablement : certains de ces disques n'ont pas 1 centimètre de diamètre; d'autres en ont jusqu'à 4. De plus, j'ai vu un de ces fossiles qui n'est nullement discoïde, mais allongé. J'ai vu aussi un petit rameau, ayant l'aspect d'un rachis de Fougère, qui semble avoir pénétré dans une cavité. On dirait que le *Guilielmites umbonatus* est un vide qui s'est rempli peu à peu de couches alternantes de charbon et de schiste. Ce vide n'a guère pu être formé que par une bulle d'air, comme il s'en forme encore dans la vase des étangs. La bulle a dû se remplir peu à peu d'eau contenant en suspens du charbon ou de l'argile, et ce dépôt a dû se faire en plusieurs temps. Ce qu'on voit au milieu du disque n'est pas un point d'attache. Il n'y a pas apparence de cassure. Cela paraît une dépression de la voûte et du plancher de la cavité, dépression qui a dû avoir lieu sur la partie faible, c'est-à-dire loin du bord. Tous ces

Description de l'espèce.

Remarques paléontologiques.

disques sont couchés parallèlement aux couches, qui actuellement sont verticales. Ils étaient donc formés avant le soulèvement de celles-ci. Ce fossile provenant d'une cause physique ne peut pas garder le nom de *Carpolithes* qui
implique ici une idée fausse. De tous les noms qui ont été proposés, celui de
Guilielmites umbonatus, qui est de Geinitz, paraît le meilleur. Il a l'avantage
de reprendre l'épithète la plus ancienne (*umbonatus*) qui date de Sternberg
(1825). Plus tard, Geinitz a fait connaître cette singulière empreinte dans le
Permien. Il n'y a guère de fossiles qui s'étendent ainsi depuis le culm jusqu'à
la partie supérieure des terrains primaires. Cette grande extension serait favo-
rable à l'idée d'une empreinte physique, car ces sortes d'empreintes se prolongent souvent à travers les étages. Il suffira de citer les pistes d'animaux,
crustacés ou annélides, qui se trouvent dans le terrain jurassique et qui rappellent tout à fait celles qu'on voit dans le terrain silurien.

Provenance.   J'ai trouvé le *Guilielmites umbonatus* au puits Neuf et au puits Saint-Georges,
mines de la Tardivière, commune de Mouzeil (Loire-Inférieure), ainsi qu'à
l'ancien puits de la Transonnière, commune de Mésanger, même département.

Ce fossile n'est pas rare.

On le cite dans un certain nombre de houillères : à Combaz d'Arbignon,
en Suisse; à Swina et à Raidnitz, en Bohême; près d'Essen, en Westphalie;
dans le Permien d'Allemagne, etc.

ÉTAGE CARBONIFÉRIEN.

SOUS-ÉTAGE CARBONIFÉRIEN MOYEN OU WESTPHALIEN.

I. INFRA-HOUILLER GRAND'EURY.

CRYPTOGAMES VASCULAIRES.

Classe des FOUGÈRES.

FAMILLE DES MARATTIACÉES.

Sporanges sans anneau.

Genre DACTYLOTHECA ZEILLER.

Voir synonymie et description du genre, p. 65.

DACTYLOTHECA ASPERA.
(Atlas, pl. LXXVI, fig. 3, 3 A.)

Voir synonymie et description de l'espèce, p. 66.

Très rare à un niveau inférieur du Westphalien. M. Triger en a trouvé, en 1865, un échantillon sur le bord de la route de Chalonnes à Rochefort-sur-Loire (Maine-et-Loire). J'en ai recueilli un seul aussi dans une fouille que j'ai faite plus récemment sur le bord de la route de Candé à Nantes, à 1 kilomètre au Sud de Teillé (Loire-Inférieure).

DACTYLOTHECA DENTATA ZEILL.
(Atlas, pl. LXXVII, fig. 1.)

1883. **Dactylotheca dentata** ZEILLER, Fructifications de Fougères du terrain houiller. (*Ann. des sc. nat. bot.*, 6ᵉ sér., XVI, p. 193 et 207, pl. 9, fig. 12-15.)

1886. **Dactylotheca dentata** Zeiller, Flore foss. du bassin houill. de Valenciennes, atlas, pl. XXVI, fig. B-E, et très prob. fig. 1, pl. XXVII et XXVIII, fig. 5, 1886; texte, p. 196, 1888.

Description de l'espèce.

Fronde bi-tripinnée. Pennes primaires elliptiques, contiguës et même se recouvrant par leurs bords, longues de 12 centimètres environ, larges de 8, attachées presque à angle droit sur l'axe principal. Pennes de dernier ordre au nombre de douze à quinze de chaque côté, ayant 3 centimètres de long, très serrées et empiétant même un peu l'une sur l'autre, occupant toute la penne primaire de l'origine à la terminaison, linéaires, atténuées et aiguës au sommet. *Pinnules plus ou moins inclinées en avant, à bords parallèles et à sommet obtus. Nervures fines, une ou deux fois bifurquées, les divisions se portant obliquement vers les bords de la pinnule.* Fructification des *Dactylotheca :* sporanges couchés sur les nervures.

Provenance.

A 1 kilomètre au Sud de Teillé (Loire-Inférieure); route de Chalonnes à Saint-Georges-sur-Loire (Maine-et-Loire).

Var. DELICATULA.

Une variété *delicatula* Zeill. se reconnaît à ses *nervures secondaires non ramifiées* et à ses *pinnules étroites et pointues,* forme que leur a fait prendre l'enroulement des bords par en dessous.

Provenance.

Le *Dactylotheca dentata* a été trouvé par Triger, dans le petit bassin westphalien, sur le bord de la route de Chalonnes à Rochefort-sur-Loire (Maine-et-Loire); mais il est bien plus commun dans un dépôt du même âge, au sud de Teillé (Loire-Inférieure).

M. Zeiller l'a vu de toute l'étendue et de tous les niveaux du bassin de Valenciennes, bien reconnaissable à ses fructifications, sans lesquelles il est difficile de le distinguer du *Senftenbergia plumosa.*

Famille des HYMÉNOPHYLLÉES.

Genre DIPLOTMEMA.

DIPLOTMEMA DISTANS.

Voir synonymie et description de l'espèce, p. 88.

Un échantillon mauvais, mais reconnaissable, de cette espèce, a été trouvé, Provenance. en 1865, par M. Triger, dans le petit bassin westphalien de Rochefort-sur-Loire. J'en ai recueilli depuis aux mines de la Tardivière et à celles de Beaulieu, dans le culm supérieur, mais en petit nombre.

DIPLOTMEMA ELEGANS.

(Atlas, pl. LXXVI, fig. 4.)

Voir synonymie et description de l'espèce, p. 85.

Cette espèce a pu être reconnue à ses rachis couverts de petites stries trans- *Description* versales. Le *Diplotmema dissectum* possède le même caractère; mais les lobes *de l'espèce.* linéaires de ses pinnules sont plus longs et plus écartés.

Houiller moyen de Rochefort-sur-Loire. *Provenance,*

DIPLOTMEMA SAUVEURII Crépin.

(Atlas, pl. LXXVI, fig. 5, 5 A; pl. LXXVIII, fig. 5, 7.)

1829. **Sphenopteris Schlotheimii** Ad. Brongniart, Hist. des vég. foss., I, p. 193, pl. 5. Non Sternb.

1848. **Sphenopteris elegans** Sauveur, Végét. foss. des terrains houillers de la Belgique, p, xviii, fig. 4. Non Brongn.

1866. **Sphenopteris obtusiloba** Andræ, Vorw. Pflanz. aus d. Steinkohl. d. preussisch Rheinlande u. Westphalens, 2ᵉ part., p. 32; 3ᵉ part., pl. X, Non Brongn.

1875. **Diplothmema Schlotheimii** Stur, Die Culm. Flora d. Ostrauer u. Waldenburger Schicht., II, p. 124.— Stur, Die Carbon-Fl. d. Schatzlarer Schicht., 1885, p. 336, pl. XX, fig. 1, 2 et XXV, fig. 4.

1880. **Sphenopteris Sauveurii** Crépin, Notes paléontologiques, 2ᵉ note, p. 17, in Mourlon, Géol. de la Belgique, II, p. 60.

1885. **Diplothmema Richthofeni** Stur, Die Carbon-Flora der Schatzlarer Schicht., p. 343, pl. XXV, fig. 5, 6, 7.

1885. **Diplothmema Sauveuri** Stur, Die Carbon-Flora d. Schatzlarer Schicht., I, p. 380, pl. XXIV, fig. 2, 3, 4.

1886 et 1888. **Sphenopteris Sauveuri** Zeiller, Fl. foss. du bassin houiller de Valenciennes, texte, 1888, p. 79; atlas, 1886, pl. IX, fig. 6.

Frondes tri ou même quadripinnées. Rachis bifurqué, les deux branches *Description* s'écartant à angle très ouvert, axes de tous ordres longitudinalement striés, le *de l'espèce* principal nu sans pennes latérales. Pennes alternes, insérées sur les branches de la bifurcation, triangulaires, étalées à angle droit, les inférieures réfléchies, toutes triangulaires, d'environ 6 centimètres de long sur 2 centimètres de

IMPRIMERIE NATIONALE.

large. Pennes de dernier ordre de 15 millimètres de long sur 10 de large, portant 5 à 7 pinnules y compris la terminale. *Pinnules brièvement et largement obovales, atténuées en bas et insérées séparément sur l'axe grêle de la penne; les inférieures divisées profondément en deux ou trois lobes obtus, les moyennes bilobées, les supérieures simples, mais soudées entre elles et formant un sommet trilobé.* Nervures secondaires peu visibles, partant à angle aigu de la médiane et se subdivisant plusieurs fois à angle aigu dans l'intérieur des lobes en se rendant vers le bord.

D'après M. Zeiller, cette espèce ne pourrait guère être confondue qu'avec le *S. trifoliolata,* dont elle serait cependant facile à distinguer par ses pinnules plus petites, plus cunéiformes, découpées en lobes plus étroits et généralement planes ou à peine bombés, ainsi que par ses pennes plus larges à leur base proportionnellement à leur longueur.

Dans le *Bulletin de la Société royale de botanique de Belgique,* t. XIX, 2e partie, p. 54, et t. XX, 2e partie, p. 45, on trouvera d'intéressants détails sur la synonymie de cette espèce. La seconde note est suivie d'une lettre importante de M. Zeiller.

Je ne regarde pas comme douteuse l'attribution du *Sphenopteris Schlotheimii* au genre *Diplotmema.* La figure donnée par Stur (Carbon-Flora, pl. XXV, fig. 2) présente une bifurcation sûre, mais dont les branches sont, il est vrai, moins écartées qu'elles ne le sont d'ordinaire dans les *Diplotmema;* cependant, sur l'axe au-dessous de la bifurcation, on voit encore une longueur de 3 centimètres sans insertion de pennes.

Dans la figure 2 de la planche X d'Andræ, les caractères de *Diplotmema* sont complètement accusés : les deux branches de la bifurcation divergent à angle très ouvert, et l'axe principal montre, sous la bifurcation, 2 centimètres sans attache de penne.

Or pour la caractéristique des genres *Calymmatotheca* et *Diplotmema,* la présence ou l'absence de pennes au-dessous de la bifurcation me paraît avoir plus d'importance que l'écartement plus ou moins grand des deux branches de cette fourche. Dans les *Calymmatotheca,* il y a sous la bifurcation une ou deux paires de pennes, et la penne supérieure ou unique est immédiatement sous la bifurcation, tellement haut sur l'axe indivis qu'on la croirait parfois à la base des branches de la fourche.

On en verra des exemples dans l'Atlas du présent ouvrage, aux planches consacrées aux *Calymmatotheca Dubuissonis* et *tenuifolia.* De même qu'on pourra y voir de bons exemples de *Diplotmema* : *D. dissectum* et *D. elegans*, qui ont une absence complète de pennes sur la partie indivise du rachis.

Et antérieurement, la figure 2 de la planche X d'Andræ, donnée sous le nom de *Sph. obtusiloba*, synonyme ici du *Sph. Sauveurii* de Crépin, a tous les caractères d'un *Diplotmema*, tandis que la figure 1, planche IV de la *Flore fossile de Valenciennes*, par M. Zeiller, présente, avec la plus grande netteté, sous le nom de *Sph. obtusiloba*, mais assimilable ici au *Sph. irregularis* Andræ, tous les caractères des *Calymmatotheca*.

Je ne veux pas dire cependant que ces caractères soient exclusivement propres aux *Calymmatotheca* en tant que genres naturels, car j'ai vu un échantillon de *Dactylotheca aspera* ayant certainement ces caractères. Reste à savoir si leur présence était normale, ou s'ils se trouvaient là accidentellement.

Le *Diplotmema Sauveurii* a été recueilli par M. Triger, en 1865, et par mon frère et moi en 1884, dans le petit bassin westphalien que coupe la route de Chalonnes à Rochefort-sur-Loire (Maine-et-Loire). J'en ai extrait un seul échantillon dans les couches du houiller moyen du Sud de Teillé (Loire-Inférieure). Provenance.

M. Zeiller dit qu'il l'a trouvé dans une seule localité du bassin de Valenciennes, dans le faisceau gras de Douai, à Aniche, fosse Bernicourt, veine Marcel. Crépin l'a eu de plusieurs localités du bassin houiller belge. Andræ le cite de Saarbruck, d'Eschweiler, Prusse rhénane, de Silésie et de Bohême : toutes localités du houiller moyen.

Genre PALMATOPTERIS Potonié.

Voir synonymie et description du genre, p. 265.

PALMATOPTERIS FURCATA Potonié.

(Atlas, pl. LXXVI, fig. 5, 5 A; pl. LXXVIII, fig. 3.)

Voir synonymie et description de l'espèce, p. 265.

Nous avons vu cette espèce dans le culm supérieur de la Basse-Loire; nous la retrouvons ici dans les deux gisements du même bassin appartenant à la base du Westphalien : celui qui est coupé par la route de Chalonnes à Rochefort-sur-Loire (Maine-et-Loire), et celui qui est visible sur la route n° 15 de Nantes à Candé, à 1 kilomètre au Sud de Teillé (Loire-Inférieure). Le premier de ces deux gisements a été exploré par M. Triger, l'autre par moi. Provenance.

GROUPE SUBSIDIAIRE DES SPHÉNOPTÉRIDÉES.

Genre SPHENOPTERIS Ad. Brongniart.

1822. **Sphenopteris** Ad. Brongniart, Histoire des végétaux fossiles, I, fig. 169. — Sternberg, Vers. ein. geogn.-bot. Darstell., fasc. 4, 1825, p.xv. — Schimper n. Schrenk, Handbuch d. Palæont., II Abtheil, Palæophyt., 1890, p. 106, et trad. par Barrois, 1891, p. 103. — Zeiller, Éléments de Paléobotanique, 1900, p. 82.

Genre provisoire et formé d'espèces réunies par des caractères artificiels, en attendant qu'on connaisse leurs organes de fructifications. Déjà un certain nombre ont été retirées de cette sorte de dépôts et constituent des genres récemment créés, tels que *Calymmatotheca, Diplotmema Palmatopteris,* etc.

Plantes paraissant avoir été herbacées, à grandes frondes ou feuilles de diptérospermées, tri- ou même quadripinnées, les pennes très subdivisées, portant des lobes soit linéaires, soit oblongs ou obovales, parcourus tantôt par une seule nervure, tantôt par une nervure médiane, d'où partent des nervures généralement peu nombreuses, dichotomes, arquées et se rendant vers le bord.

SPHENOPTERIS STIPULATA Gutbier.

(Atlas, pl. LXXVI, fig. 6, 6 A.)

1835. Gutbier, Abdrücke und Verstein. d. Zwick. Schwarzk. u. sein. Umgeb., pl. IV, fig. 10.
1843. **Sphenopteris (H.) stipulatus** Geinitz u. Gutbier in Gæa von Sachsen, p. 74, pl. IV, fig. 10 a, b, c.
1848. **Hymenophyllites stipulatus** Goeppert und Meyer in Bronn Index palæontologicus, Nomenclator, p. 602. — Geinitz, Die Verstein. d. Steinkohlenform. in Sachsen, 1855, p. 18, pl. XXV, fig. 3-5.
1869. **Sphenopteris stipulata** Andræ, Vorweltliche Pflanz. aus d. Steinkohl. d. preuss. Rein-lande u. Westphalens, part III, p. 40, pl. XIII, fig. 4, 4 a, 4 b. — Zeiller, Fl. foss. du bassin houil. de Valenciennes, texte, 1888, p. 87; atlas, 1886, pl. XII, fig. 4,
1874. **Sphenopteris (Cheil.) stipulata** Schimper, Traité de paléont. végét., III, p. 464.

Description de l'espèce.

Fronde tripinnée, à axes très grêles, anguleux, couverts, dans le haut, de soies et, plus bas, de cicatrices laissés par la chute de ces appendices. Pennes secondaires alternes, triangulaires, écartées les unes des autres, insérées perpendiculairement à l'axe qui les porte; longues de 10 centimètres, larges de 6 environ.

Pennes tertiaires ovales, subtriangulaires, alternes, rétrécies, mais obtuses au sommet. Pinnules contiguës, brièvement elliptiques, *sessiles, à bords droits ou crénelés, à sommet obtus,* longues de 5 à 8 millimètres, larges de 2 ou 3, *la dernière plus basse du côté extérieur, très grande, très découpée, ayant toute l'apparence d'une penne. Nervure médiane bien apparente, émettant des nervures latérales* moins visibles, *dichotomes,* se portant obliquement vers le bord.

Un seul échantillon, très petit, recueilli par M. Triger sur le bord de la route de Chalonnes à Rochefort-sur-Loire (Maine-et-Loire). Provenance.

M. Zeiller n'a observé cette espèce que dans le faisceau gras du Pas-de-Calais. On la signale dans les bassins houillers de Zwickau en Saxe, de Saarbruck (Prusse rhénane) et de l'Illinois (Amérique du Nord). Toutes les localités connues paraissent être dans l'étage houiller moyen.

SPHENOPTERIS HAIDINGERI Ettingshausen.

(Atlas, pl. LXXVI, fig. 7, 8.)

1852. **Sphenopteris Haidingeri** Ettingshausen, Die Steinkohl. v. Stradonitz in Böhmen, aus d. Abhandl. d. k. k. geol. Reichs., I, 3 part., n° 4, p. 13; pl. II, fig. 1-3; III, p. 4.
1869. **Sphenopteris (Cheil?) Haidingeri** Schimper, Traité de paléont. vég., I, p. 382.

Frondes bipinnées, pennes primaires grandes, triangulaires-lancéolées diminuant de la base au sommet, longues de 15 à 20 centimètres, larges de 6 centimètres, pennes secondaires alternes, linéaires, à bords parallèles dans la plus grande partie de la longueur, se rétrécissant seulement sur le sommet, qui est aigu, les plus longues pouvant avoir jusqu'à 10 centimètres, larges de 1 à 2 centimètres. *Pinnules linéaires,* longues de 5 à 12 millimètres, *plus ou moins adhérentes entre elles et décurrentes dans le bas par leur bord postérieur, à bords parallèles, crénelés, à sommet obtus.* Nervure médiane visible presque jusqu'au sommet, émettant des nervures latérales assez peu nombreuses, bifurquées, arquées. Description
de l'espèce.

D'Ettingshausen fait remarquer que cette espèce ressemble beaucoup au *Sphenopteris crenata* de Lindley et Hutton. En effet, le port des deux espèces est semblable; mais, dans la seconde, les pinnules sont aiguës; elles sont obtuses dans le *Sph. Haidingeri.*

M. Zeiller signale sa ressemblance avec les *Sphenopteris herbacea* et *Delavali;*

mais il ajoute qu'on peut la distinguer de ces deux espèces par divers caractères, entre autres par ceux tirés de la grandeur relative des pinnules ou des
lobes.

Trois ou quatre échantillons de cette espèce ont été trouvés par mon frère
et moi, en 1884, sur le bord de la route de Chalonnes à Rochefort-sur-Loire
(Maine-et-Loire). On ne la connaissait, je crois, que de Stradonitz, en Bohême.

PHANÉROGAMES GYMNOSPERMES.

Classe des PTÉRIDOSPERMÉES.

FAMILLE DES NEVROPTÉRIDÉES.

Genre ALETHOPTERIS STERNBERG.

1825. **Filicites** ARTIS, Antediluvian phytol., p. 21.
1825. **Alethopteris** STERNB., Vers. ein. geogn.-bot. Darstell. der Fl. d. Vorwelt, fasc. IV, p. XXI et
fasc. 7-8, 1838, p. 141. — GOEPP., Die foss. F. Farnkraüt., 1836, p. 291.— SCHIMPER,
Traité de paléont. végét., III, 1874, p. 499. — ZEILLER, Fl. foss. du bassin houiller de
Valenciennes, texte, 1888, p. 219. — SCHIMPER in Karl ZITTEL, II, 1890, Palæophyt.,
trad. de Barrois, 1891, p. 115. — POTONIÉ, Lehrbuch d. Pflanz. Palæont., 1899, p. 145.
— ZEILLER, Éléments de paléont., 1890, p. 95.
1832 ou 1833. **Pecopteris** Ad. BRONGN., Hist. des vég. foss., p. 267, part.

Plantes non arborescentes, mais à feuilles très grandes. Pinnules décurrentes ou toutes soudées en bas par leurs limbes. Nervures médianes s'étendant dans toute la longueur de la pinnule, donnant naissance à des nervures secondaires bifurquées une ou deux fois dans le bas. Pinnules voisines de la terminaison de la penne disparaissant souvent brusquement et remplacées par des pinnules simples ou des pennes qui donnent un aspect tout à fait différent à la partie supérieure des frondes ou de leurs principales subdivisions.

M. Grand'Eury a vu des *Trigonocarpus* mêlés aux *Alethropteris*. Il a vu particulièrement le *Pachytesta gigantea* à noyau trigone dans le même gisement que l'*Alethopteris Grandini*, ainsi que des *Pachytesta* en rapport de connexion avec des stipes qui appartenaient manifestement à cette plante.

En somme, la fructification des *Alethopteris* paraît bien voisine de celle des *Nevropteris* et *Odontopteris*.

Il semble qu'il y ait une dissemblance très grande entre les *Trigonocarpus* et les *Pachytesta* et que ces deux formes de fruits soient bien différentes pour des plantes voisines; mais les *Pachytesta* ont deux couches : l'extérieure est fibreuse, l'intérieure dure et compacte. Cette enveloppe intérieure, ou *endotesta*, est triangulaire, et cela donne à penser que souvent le *Trigonocarpus* est un *endotesta* de *Pachytesta*. S'il en est ainsi, il y aura une homogénéité bien plus grande entre les fructifications des différents genres de la famille des Nevroptéridées.

ALETHOPTERIS DECURRENS Zeiller.

(Atlas, pl. LXXIX, fig. 5.)

1823. **Pecopteris heterophylla** Lindl. et Hutt. The foss. Fl. of Great Brit., pl. 38.

1825. **Filicites decurrens** Artis, Antediluvian phytol., pl. 21.

1832 ou 1833. **Pecopteris Mantelli** Ad. Brongniart, Hist. des vég. foss., p. 278, pl. LXXXIII, fig. 3, 4. — Lindl. et Hutt, The foss. Fl. of Great Brit., 1845, p. 145. — Sauveur, Végétaux fossiles du terrain houiller de Belgique, 1848, pl. XL, fig. 1, 2; XLII, fig. 1. — Achepohl, Das Niederrheinisch-Westfälisch Steinkohl.-Gebirge; Atlas d. foss. Fauna n. Fl., 1880, p. 77, pl. 24, fig. 3-4.

1848. **Pecopteris multiformis** Sauveur, Veg. foss. terr. houil. de Belg., pl. XXXVI, fig. 1.

1836. **Alethopteris Mantellii** Goeppert, Die foss. Farnkr., p. 296. — Zeiller, Explic. Carte géol. de France, 1879, p. 74, pl. CLXIII, fig. 3, 4.

1888. **Alethopteris decurrens** Zeill., Fl. foss. du bassin houil. Valenciennes, texte, pl. XXXIV, fig. 2, 3; XXXV, fig. 1; XXXVI, fig. 3. — Potonié, Lehrbuch d. Pflanzen Palæontol., p. 146; fig. 141.

Description de l'espèce.

Rachis principal triangulaire, ainsi que les rachis secondaires striés longitudinalement, rachis ultimes presque filiformes. *Pinnules très écartées les unes des autres,* larges de 2 millimètres, longues de 15 à 20 millimètres, *étroitement rubanées,* élargies à la base, et décurrentes du côté du limbe; mais n'atteignant pas la base de la pinnule qui est au-dessous, et laissant ainsi à nu une plus ou moins grande portion du rachis; partie supérieure des pinnules atténuée, très étroite, obtuse. Nervures secondaires nombreuses, se portant à angle droit en dehors, les unes simples, les autres une fois dichotomes. Les pennes simplement pinnées, se changeant en longues pinnules sans subdivisions. Côte médiane partageant le limbe en deux bourrelets longitudinaux. *Cette forme se distingue surtout par l'étroitesse des pinnules.*

Provenance.

Cette espèce a été trouvée dans le Westphalien de la basse Loire, niveau infra-houiller. Un gisement, où elle n'est pas bien rare, se trouve sur le bord de la route de Chalonnes à Rochefort-sur-Loire.

M. Zeiller dit qu'elle est çà et là dans la zone moyenne du bassin de Valenciennes et qu'elle semble manquer ou, du moins, être très rare dans la zone supérieure.

En général, elle est répandue en Belgique, en Westphalie, en Angleterre, et même en Pensylvanie, dans l'Amérique du Nord.

ALETHOPTERIS LONCHITICA Unger.

(Atlas, pl. LXXIX, fig. 7, 8.)

1709. Scheuzer, Herbarium diluvianum, 1re édit., pl. I, fig, 4.
1723. *Idem*, édit. 2, pl. I, fig. 4.
1804. Schlotheim, Beitr. z. Flora d. Vorwelt, p. 55.
1820. **Filicites lonchiticus** Schlotheim, Die Petrefactenkunde, p. 411, pl. XI, fig. 22.
1825. **Alethopteris lonchitidis** Sternberg, Vers. ein. geogn.-bot. Darstellung d. Fl. d. Vorwelt, fasc. IV, p. xxi, et fasc. 7-8, p. 142. — Göpp., Die fossil. Farnkr., 1836, p. 294. — Sternberg, Vers. ein. geogn.-bot. Darstell. d. Fl. d. Vorwelt, fasc. 7-8, 1838, p. 142. — Unger, Synops. Plant. foss., 1845, p. 79. — Unger, Gen. et sp. plant. foss., 1850, p. 144. — Eichwald, Lethæa rossica, 1, 1860, p. 85, pl. II, fig. 3. — Achepohl, Das Niederrhein.-westfäl. Steinkohl.-Geb., 1880, p. 33, pl. VIII, fig. 1, 4, 9, 10, 11, 14.
1825. **Aletopteris vulgatior** Sternberg, Vers. ein. geogn.-bot. Darstell. d. Fl. d. Vorwelt, fasc. 4, p. xxi, pl. LIII, fig. 2, et *id.*, fasc. 7-8, 1838, p. 142.
1828. **Pecopteris blechnoides** Ad. Brongn., Prodr., p. 56.
1828. **Pecopteris lonchitica** Ad. Brongn., *loc. cit.*, p.57.— Ad. Brongn., Hist. des vég. foss., I, 1832 ou 1833, p. 275, pl. 84, fig. 1-7. — Lindl. et Hutton, Foss. Fl. of Great-Brit., II, 1835, pl. 153. — Sauveur, Vég. foss. des terrains houillers de la Belgique, 1848, pl. XL, fig. 3; XLI, fig. 1-3; XLII, fig. 5. — Renault, Cours de bot. foss., III, 1883, p. 136, pl. XXVII, fig. 5, 6.
1836. **Alethopteris Sternbergii** Göppert, Die fossilen Farnkräuter, p. 295.

Rachis large, marqué de stries longitudinales. Pennes primaires, triangulaires, empiétant les unes sur les autres par leurs bords. Les dernières linéaires lancéolées, se touchant ou même se recouvrant un peu, longues de 5 à 10 centimètres, larges de 1 à 2 ; les pennes, à mesure qu'elles approchent du sommet de la fronde, se transforment en pinnules plus grandes que celles situées à la partie moyenne ou vers la base de la fronde, qui sont longues de 10 à 15 millimètres, larges de 3 à 4 millimètres, insérées obliquement sur le rachis tertiaire, un peu rétrécies et décurrentes à la base, élargies vers leur milieu, atténuées et obtuses au sommet, écartées l'une de l'autre; limbe à côtés plus ou moins bombés en dessus, la nervure médiane enfoncée. Nervures secondaires très serrées, se portant presque transversalement vers les bords, une ou deux fois bifurquées. *(Description de l'espèce.)*

L'*Alethopteris lonchitica* diffère de l'*A. decurrens* par les pinnules plus larges, moins longues et obtuses; c'est l'espèce la plus répandue dans les deux dépôts westphaliens de la basse Loire. *(Rapports et différences.)*

Provenance.

M. Zeiller l'a vue commune dans la zone inférieure du bassin de Valenciennes; au-dessus l'espèce se fait plus rare, et, dans la zone supérieure, on ne la trouve plus. Il est à remarquer que la seule zone du houiller moyen que nous ayons dans la basse Loire, et où nous trouvons abondamment cet *Alethopteris*, est précisément la zone inférieure que la même plante occupe dans le bassin de Valenciennes.

Cette espèce se trouve non seulement dans la plupart des bassins houillers d'Europe, mais aussi en Amérique.

ALETHOPTERIS SERLII Ad. Brongniart.

(Atlas, pl. LXXIX, fig. 6.)

1811. Parkinson, Organic remains of a former world, 1ʳᵉ édit., III, pl. IV, fig. 6; *id.*, 2ᵉ édit., 1833, pl. IV, fig. 6.

1828. **Pecopteris Serlii** Ad. Brongniart, Prodr. d'une hist. des vég. foss., p. 57. — Ad. Brongniart, Hist. des vég. foss., I, 1833 ou 1834, p. 292, pl. LXXXV. — Lindley et Hutton, Foss. Fl. of Great-Brit., III, 1837, pl. 202. — Sternberg, Vers. ein. geogn.-bot. Darst. d. Fl. d. Vorwelt, part. 5 et 6, 1833. — Göppert, Die foss. Farnkr., 1836, p. 301, pl. XXI, fig. 6-7. — Lesquereux, Coal Fl. of Pennsylvania, I, 1880, p. 176, pl. XXIX, fig. 1-5. — Renault, Cours de bot. foss., III, 1883, p. 157, pl. 27, fig. 7. — D. White, Foss. Fl. of the lowen coal measures of Missouri, 1899, p. 117, pl. XXXVII, fig. 1, 1 a.

1848. **Pecopteris brannonica** Sauveur, Vég. foss. des terrains houil. de la Belgique, p. xxxviii.

1854. **Alethopteris Sternbergii** Ettingshausen, Steink. v. Radnitz, p. 42, pl. 18, fig. 4.

1879. **Alethopteris Sterli** Zeiller, Explic. Carte géol. France, p. 75, Atlas, pl. CLXIII, fig. 1, 2. — Zeiller, Bassin houil. de Valenciennes, Descr. de la Fl. foss., texte, 1888, p. 234, atlas, pl. XXXVII. — Hofmann et Ryba, Leitpfl. d. palæozoisch. Steinkohl. in Mittel Europa, 1899, pl. VIII, fig. 2, 2 a, 3. — Zeill., Élém. de. paléobot., p. 95, fig. 68.

Description de l'espèce.

Fronde très grande, tri et même quadripinnée. Rachis à petites stries longitudinales irrégulières. Pennes primaires triangulaires, insérées à 5 centimètres et plus l'une de l'autre d'un même côté, longues de 15 centimètres environ, larges de 4 à 6 centimètres, se recouvrant par leurs bords. Pennes secondaires linéaires lancéolées, de 3 à 5 centimètres de long, 5-10 millimètres de large, celles du bas des pennes primaires portant latéralement des pinnules largement lancéolées à la base, décurrentes du côté inférieur par le bord, *rétrécies du côté supérieur à la base, un peu élargies au-dessus du rétrécissement, puis rétrécies de nouveau vers le sommet, qui est aigu ou obtusément aigu. Les pennes secondaires les plus élevées perdant peu à peu leurs pinnules et se transformant elles-*

mêmes en pinnules beaucoup plus grandes que celles des pennes secondaires infé-rieures. Nervure médiane déprimée dans toute sa longueur, les latérales très fines se portant très en dehors, les unes simples, les autres bifurquées.

Cette espèce se distingue des autres par ses pinnules rétrécies à la base, renflées plus haut, aiguës ou subaiguës au sommet, ainsi que par ses nervures plus fines.

On la trouve dans les deux gisements westphaliens du bassin de la basse Loire; mais elle est surtout abondante à Teillé. M. Zeiller dit que, dans le bassin de Valenciennes, elle est assez rare dans la zone moyenne et abondante dans la zone supérieure. Elle se trouve, du reste, comme l'espèce précédente, sur le continent européen, en Angleterre et dans l'Amérique du Nord.

Rapports et différences.

Provenance.

Genre MARIOPTERIS Zeiller.

Voir synonymie et description du genre, p. 279.

MARIOPTERIS MURICATA Zeiller.

(Atlas, pl. LXXVIII, forme *typica*, fig. 12-14; forme *nervosa*, fig. 15.)

1820. **Filicites muricatus** Schlotheim, Die Petrefactenkunde, p. 409.
1825. **Pecopteris muricata** Sternberg, Vers. ein. geogn.-bot. Darstell. d. Fl. d. Vorwelt, part. IV, p. xviii. — Ad. Brongn., Hist. des vég. foss., 1, p. 173, 1829, pl. XLV, fig. 3. 4; xcvii. — Sauveur, Vég. foss. des terrains houil. de la Belgique, pl. XLIII, fig. 1; XLIV, fig. 2. — Heer, Fl. foss. Helvetiæ, 1876, p. 33, pl. XV, fig. 3.
1832 ou 1833. **Pecopteris nervosa** Brongn., Hist. des végét. foss., 1, p. 297, pl. 94, 95, fig. 1, 2. — Lindl. et Hutt, Foss. Fl. of Great-Brit., II, 1833, pl. 94. — Sauveur, Vég. foss. des terrains houil. de la Belgique, 1846, pl. XLIV, fig. 1. — Achepohl, Niederrh. Westfal. Steinkohl., 1880, p. 74, 76, pl. XXII, fig. 14; XXVIII, fig. 14. — Heer, Fl. foss. Helvetiæ, p. 33; pl. IV, fig. 1, 2.
1833 ou 1834. **Pecopteris Sauveurii** Ad. Brongn., Hist. des vég. foss., I, p. 299, pl. XCV, fig. 5.
1833. **Pecopteris laciniata** Lindl. et Hutton, The foss. Fl. of Great-Brit., II, pl. 122.
1836. **Alethopteris Sauveurii** Goeppert, Die foss. Farrnkräut., p. 311.
1836. **Alethopteris nervosa** Goeppert, Die foss. Farrnkräut., p. 312. — Unger, Gen. et spec. plant., 1850, p. 132. — Geinitz, Die Verstein. d. Steinkohlform. in Sachsen, 1855. p. 30, pl. 33, fig. 2, 3. — Achepohl, Niederrhein.-Vestfal. Steinkohl., 1880, p. 64, pl. XVI, fig. 1, et XVIII, fig. 15, 16.
1836. **Alethopteris muricata** Goeppert, Die foss. Farnkräut., p. 315. — Ettingshausen, Die Steinkohl. von Radnitz in Böhmen, 1854, p. 48, pl. XIV, fig. 1.
1838. **Alethopteris Lindleyana** Presl. in Sternb., Vers. ein. geogn.-bot. Darstell. d. Fl. d. Vorwelt, part. 7-8, p. 145.

41.

1848. **Pecopteris heterophylla** Sauveur, Vég. foss. des terrains houillers de la Belgique; non Lindl. et Hutt., pl. XLVII.

1854. **Sphenopteris acutifolia** Ettingshausen, Steinkohl. v. Radnitz, p. 39, pl. XIV, fig. 2.

1862. **Pecopteris subnervosa** Roem, Palæontogr., IX, p. 36, pl. VIII, fig. 11.

1869. **Pecopteris (Aspid.) nervosa** Schimper, Traité de pal. vég., I, p. 513, pl. XXX, fig. 6, 7.

1875. **Sphenopteris muricata** Feistmantel, Die Verstein. d. Böhmh. (Palæontogr., XXIII, p. 281, pl. XVI, fig. 3).

1875. **Diplothmema nervosum** Stur, Die Culm-Fl. d. Ostrauer und Waldenb. Schicht., p. 230. — Stur, Die Carbon.-Flor. d Schatzlarer Schicht., p. 384, pl. XXIV, fig. 1; XXV b, fig. 2.

1877. **Neuropteris heterophylla** Lebour, Illustr. of foss. plants, pl. XIV.

1877. **Pecopteris (Alethopteris) aquilina** Lebour, Ill. of. foss. plant., pl. XVI.

1879. **Mariopteris muricata** Zeiller, Explic. de la Carte géol. de la France, p. 71, pl. CLXVII, fig. 5. — Zeiller, Présentation de la carte géol. de la France et Note sur le genre Mariopteris (Bull. Soc. géol. France, 3ᵉ série, VII, p. 93, 96). — Zeiller, Fl. fossile du bassin houiller de Valenciennes, atlas, 1886, pl. XX, fig. 1-4; XXI, fig. 1; XXII, fig. 1, 2; XXIII, fig. 1; texte, 1888, p. 173. — Hofmann et Ryba, Leitpflanzen d. palæozoisch. Steinkohl. in Mittel Europa, pl. VI, fig. 5.

1882. **Odontopteris dentiformis** Achepohl, Niederrh.-Westf., p. 93, pl. XXXI, fig. 6.

1882. **Odontopteris Reichiana** Achepohl, Niederrh.-Westfal. Steinkohl.-Gebirge, p. 95, pl. XXXII, fig. 6-9.

1883. **Alethopteris acuta** Achepohl, Die Niederrhein.-Westfal. Steinkohl.-Gebirge, p. 18, pl. XXXV, fig. 6.

1883. **Alethopteris conferta** Achepohl., Das Niederrhein.-Vestfal. Steinkohl.-Gebirge, p. 117, pl. XXXV, fig. 10.

1885. **Diplothmema hirtum** Stur, Die Carbon-Flora d. Schatzlarer Schichten, I, p. 372, pl. XXXIV, fig. 1.

1885. **Diplothmema Sauveuri** Stur, Carbon-Flora die Schatzlarer Schichten, I, p. 380, pl. XXIV, fig. 2-4.

Description de l'espèce.

Rachis primaires et secondaires striés longitudinalement, les rachis secondaires, alternes, longs d'au moins 11 centimètres, les rameaux des bifurcations beaucoup plus courts, *fronde quadripartite divisée en quatre segments ovales lancéolés, inégaux, les extérieurs moins grands,* dirigés vers le bas et semblant être un développement exagéré de la penne la plus inférieure située sur l'axe de la première bifurcation. Forme des *pinnules* très différente suivant qu'elles sont situées sur telle ou telle partie de la fronde: celles *du bas* sont *soudées entre elles par la base;* elles sont *larges, entières et plus ou moins obtuses au sommet; c'est sur cette forme qu'a été fondée la forme nervosa; celles du sommet* sont *libres à la base, étroites, lancéolées, aiguës au sommet, légèrement articulées sur les bords. Elles ont constitué la forme typica.* Les formes intermédiaires ont donné lieu aussi à des espèces qui n'ont pu être conservées quand on a trouvé, sur le même individu parfois, tous les passages d'une forme à l'autre.

La forme *typica* a été trouvée en plus grand nombre à Teillé par moi et à Rochefort par Triger. Ces échantillons de la basse Loire ressemblent beaucoup pour la forme et l'écartement des pinnules à celui figuré par M. Zeiller, pl. XXI de sa Flore fossile du bassin houiller de Valenciennes; mais les pinnules sont encore plus étroites et toutes ne semblent pas dentées. Cela tient vraisemblablement à ce que les portions de fronde qui nous ont été conservées étaient desséchées avant la fossilisation, de sorte que les bords du limbe sont recourbés en dessous, ce qui diminue la largeur des pinnules et marque les dents; mais, sur plusieurs échantillons, ces dents sont bien visibles et conformes à celles des spécimens figurés.

D'autres échantillons, recueillis dans les mêmes localités et par les mêmes explorateurs, ont les pinnules plus larges, lobées et à lobes obtus. Ils se rattachent à la forme *nervosa*. Des déchirures longitudinales me les avaient d'abord fait prendre pour l'*Eremopteris artemisiæfolia* Schimp., mais ce nom est à supprimer de la liste des végétaux fossiles du Westphalien de la basse Loire que j'ai donnée dans l'ouvrage intitulé : *La Ville de Nantes et la Loire-Inférieure*, publié en 1900, à l'occasion du congrès de l'Association française pour l'Avancement des Sciences. Cette liste s'y trouve tome III, page 286.

Provenance.

Genre NEVROPTERIS Ad. Brongniart.

Voir synonymie et description du genre, p. 281.

NEUROPTERIS CALLOSA Lesquereux.
(Atlas, pl. LXXVIII, fig. 8-11.)

1879. Lesquereux, Atlas to the coal Flora of Pennsylvania, 1880, pl. XVI, fig. 1-8; Descript. of the coal Flora of Pennsylvania, vol. I, p. 115.

Pinnules elliptiques, cordées à la base, très obtuses au sommet, à bords entiers ou un peu denticulée d'un côté. Outre les pinnules normales. *il y en a d'autres qui deviennent de plus en plus insymétriques, au point que l'échancrure basilaire du limbe se trouve portée sur le côté : d'autres* pinnules *sont orbiculaires* et ont tout à fait la configuration des pinnules rachiales d'un certain nombre de *Neuropteris*, d'*Odontopteris;* leur bord est entier le plus souvent; mais il y a de ces

Description de l'espèce.

pinnules larges qui sont divisées en plusieurs lobes lancéolés; elles forment le passage entre les pinnules lancéolées et celles qui sont orbiculaires. Les pinnules lancéolées ont une nervure médiane sur environ la moitié de la longueur. De cette nervure partent des nervures secondaires fines, qui se courbent pour se rendre sur le bord. Les pinnules orbiculaires n'ont que des nervures fines, étalées en éventail et une ou deux fois dichotomes.

Provenance.   1 kilomètre au Sud de Teillé (Loire-Inférieure). Aussi dans l'Amérique du Nord.

Classe des CALAMARIÉES.

Genre ASTEROPHYLLITES Ad. Brongniart.

1820. **Casuarinites** Schlotheim, Die Petrefactenkunde part., p. 397.
1821. **Schlotheimia** Sternberg, Vers. ein. geogn.-bot. d. Fl. d. Vorwelt, partie II, p. 32.
1822. **Asterophyllites** Ad. Brongniart, Sur la classif. et la distrib. des végét. foss. (Extr. des *Mém. du Mus. d'hist. nat.*, VIII), p. 10. — Ad. Brongniart, Prodr. d'une Hist. des végét. foss., p. 150.
1825. **Bornia** Sternberg, Vers. ein. geogn.-bot. d. Flora der Vorwelt, part. IV, p. XXVIII, pars.
1825. **Bruckmannia** Sternb., Vers. ein. geogn.-bot., part. IV, p. XXIX.
1869. **Calamocladus (Calamites) longifolius** (Brongn.) Schimp., Traité de Pal. vég., I, p. 323.
1890. **Calamocladus** Schimper, Handbuch d. Palæont., fortgesetzt u. vollendet von Schenk, p. 166. — *Id.*, traduit par Barrois, 1891, p. 161.

Tige articulée, à côtes longitudinales, portant leurs rameaux sur deux rangs opposés. Feuilles nombreuses disposées en verticilles, plus ou moins dressées ou étalées.

Épis formés de verticilles de bractées alternativement stériles ou fertiles; les verticilles stériles formés de bractées semblables à des feuilles; les fertiles composés de bractées dilatées au sommet, sous lequel pendent quatre sporanges. Ces bractées modifiées sont insérées au milieu de l'espace qui sépare les verticilles stériles.

ASTEROPHYLLITES LONGIFOLIUS Gœpp.

(Atlas, pl. LXXX, fig. 7.)

1821. **Schotheimia** Sternberg, Vers. ein. geognost.-bot. Darstell., I, part. 2, p. 32, pl. XIX, fig. 2 et 1.
1825. **Bruckmannia longifolia** Sternb., *l. c.*, II, part. 4, p. XXIX, pl. LVIII, fig. 1. — Sternberg, *l. c.* part. 4, p. XXIX, pl. XIX, fig. 2.

1828. **Asterophyllites tenuifolia** Ad. BRONGNIART, Prodr. d'une Hist. des vég. foss., p. 159.

1828. **Asterophyllites longifolia** Ad. BRONGNIART, Prodr. d'une Hist. des vég. foss., 1828, p. 159. — LINDL. et HUTTON, The Foss. Fl. of. Great-Brit., I, 1831, p. 59, pl. 18. — UNGER, Synops. plant. foss., 1845, p. 32. — UNGER, Gen. et spec. plant. foss., 1850, p. 65. — ROEHL, Foss. Fl. d. Steinkohl.-Form. Westphalens, p. 25, 1869, pl. IV, fig. 16; XII, fig. 1 c. — WEISS, Steinkohl. Calam., I, 1876, p. 50, X, fig. 1.

1848. **Asterophyllites longifolius** GOEPP. in BRONN, Nomenclator, p. 122. — GEINITZ, Die Verstein. d. Steinkhol., 1855, p. 9, pl. XVIII, fig. 2, 3. — FEITSMANTEL, Die Verstein. d. böhmisch. Kohlen., part. 1, 1874, p. 123, pl. XIV, fig. 6; XV, fig. 1. — LESQUEREUX, Descr. of the coal Fl. of Pennsylvania, 1, 1880, p. 36. — ZEILLER, Fl. foss. du bassin houil. de Valenciennes, Atlas, 1886, pl. IX, fig. 2; texte 1888, p. 374.

Rameaux finement striés longitudinalement. Entre-nœuds ordinairement longs. Description de l'espèce.

Feuilles très étroites, presque filiformes, se terminant en pointe, le plus souvent dressées, ayant la longueur de 2 ou 3 entre-nœuds.

L'*Asterophyllites longifolius* se reconnaît facilement à ses *feuilles longues et menues.*

Il a été recueilli dans le petit bassin Westphalien de Rochefort (terrain infra-houiller de M. Grand'Eury), en même temps que l'espèce suivante, et je l'ai trouvé, en outre, dans les couches qui sont superposées au culm, à 1 kilomètre au Sud de Teillé (Loire-Inférieure). Provenance.

M. Zeiller dit que l'*Asterophyllites longifolius* a été rencontré çà et là dans le bassin de Valenciennes, mais, presque exclusivement, dans la zone moyenne. Il est largement répandu dans les autres bassins, moyens ou supérieurs. Schimper le cite dans les terrains houillers de l'Allemagne, de la France, de la Belgique, de l'Angleterre, des États-Unis.

ASTEROPHYLLITES EQUISETIFORMIS Ad. BRONGN.

(Atlas, p. LXXIX, fig. 4.)

1709. Sans nom de plante. SCHEUCHZER, Herbarium diluvianum, 1re édit. 1709 et 2e édit. 1723, pl. I, fig. 5 et pl. II, fig. 1.

1820. **Casuarinites equisetiformis** SCHLOTHEIM, Die Petrefactenkunde, p. 397, et in Beitrage z. Fl. d. Vorwelt, pl. I, fig. 1 et pl. II (sans nom), 1804.

1825. **Bornia equisetiformis** STERNBERG, Vers. ein. geogn.-bot. Darstell. d. Fl. d. Vorwelt, p. XXVIII, pl. XII.

1828. **Asterophyllites equisetiformis** Ad. BRONGNIART, Prodr. d'une Hist. des vég. foss. p. 159. — GERMAR, Die Verstein. d. Steinkohl. v. Wettin u. Lobejun, 2e part., 1845, p. 21, pl. VIII. — GEINITZ, Die Verstein. d. Steinkohl. in Sachsen, 1855, p. 8, pl. XVII, fig. 1, 2. — GOEPPERT, Die Foss. Fl. d. Germ. Fonn., 1865, p. 36, pl. I, fig. 5. —

Rœhl, Foss. Fl. d. Steinkohl. Westphalens, 1869, pl. III, p. 22, fig. 5. — Weiss, D. jungsten Steinkohl. n. d. Liegend., 2ᵉ part., 1871, p. 126, pl. XII, fig. 2. — Feistmantel, Die Verstein. d. Bohmisch. Kohlenablag., 1874, p. 116, pl. X, fig. 1, 2; XII, fig. 2. — Zeiller, Explic. cart. géol. France, IV, Atlas, pl. CLIX, fig. 3, 1878; texte, 1879, p. 19. — Lesquereux, Descr. of the coal Flora of Pennsylv. I, 1850, p. 35, pl. II, fig. 3, 3 a; III, fig. 5, 7. — Renault, Cours de Bot. foss., II, 1882, p. 112, pl. 18. — Schenk, Richtofen z. Paläeontol. of China, IV, 1883, p. 235, pl. XXXVII, fig. 3. — Zeiller, Fl. foss. du bassin houil. de Valenciennes, texte, 1888, p. 368, Atlas, 1886, pl. LVIII, fig. 1-7. — Schimper, Handbuch d. Palæont., fortgeset u. vollendet v. Schenk, II, Alth., 1890, p. 174, fig. 131. — Id., traduction par Barrois, 1891, p. 169 et 170, fig. 131.

1837. **Hippurites longifolius** Linley et Hutton, The foss. Fl. of Great Brit., III, pl. 191.

1869. **Calamocladus (calamites) equisetiformis** (Schloth.) Ettings. Schimper, Traité de paléont. végét., I, p. 324, fig. 1-4.

1876. **Calamocladus binervis** Boulay, Le Terrain houill. du nord de la France, p. 22, pl. II, fig. 1.

ÉPIS DE FRUCTIFICATIONS.

1876. **Calamostachys germanica** Weiss, Steinkohl, Calamar., I, p. 47, pl. XVI, fig. 3. — Schenk in Richtofen, China, 1883, pl. XXXVI, fig. 5.

Description de l'espèce.

Tige ayant environ 15 millimètres de diamètre; rameaux d'environ 3 millimètres de large, dilatés et ayant à peu près 5 millimètres aux articulations. *Feuilles linéaires, plus larges que celles de l'Asterophyllites longifolius;* 1 ou 2 millimètres, avec, parfois, une gouttière de chaque côté de la nervure médiane, ce qui donne à la feuille un aspect tri-nervié. Verticilles étalés ou étalés-dressés, paraissant parfois insérés perpendiculairement sur le rameau; *leur longueur atteignant ou dépassant un peu celle d'un entre-nœud.*

Weiss a décrit et figuré des fructifications auxquelles il a donné le nom de *Calamostachys germanica* et qu'il a regardées comme appartenant à l'*Asterophyllites equisetiformis.* Schenk, dans l'ouvrage de Richtofen, sur la paléontologie de la Chine, a reconnu les mêmes fructifications et les a attribuées à la même plante. M. Zeiller, dans sa *Flore fossile du bassin houiller de Valenciennes* (p. 373, pl. LVIII), fait quelques réserves: il remarque, en effet, que les rameaux figurés par lui dans l'atlas de cet ouvrage sont distiques, et que les sporangiophores sont insérés fort bas dans les entre-nœuds; tandis que dans la publication de Weiss (*Steinkohlen-Calamarien*, Band 11, Heft 1, p. 47, pl. XVI, fig. 3, 4), les rameaux paraissent en verticille et les sporangiophores sont placés au milieu de l'espace qui se trouve entre les verticilles consécutifs de bractées stériles.

Tous ces épis fructifères qui ont été attribués à l'*Asterophyllites equiseti-formis*, et qui lui appartiennent du moins en partie, sont longs et grêles. Les verticilles stériles sont composés de bractées dont la forme est celle des feuilles portées par les rameaux stériles. Dans les épis, à partir de leur insertion, elles se dirigent en bas, puis remontent, en décrivant, avec la partie précédente, un angle droit. Les sporangiophores sont toujours insérés normalement sur l'axe, soit que leur insertion se soit faite au milieu de l'entre-nœud séparant deux verticilles stériles, soit qu'elle ait eu lieu plus bas, très peu au-dessus de la base d'un verticille stérile.

L'*Asterophyllites equisetiformis* a été trouvé deux fois dans le petit bassin westphalien inférieur qui s'étend parallèlement au Sud du culm de la Basse-Loire. Ce gisement est sur le bord de la route de Chalonnes à Rochefort-sur-Loire (Maine et Loire). L'un des échantillons a été recueilli par Triger, en août 1865, l'autre par mon frère et moi en avril 1885. *Provenance.*

M. Zeiller dit : « Cette espèce est assez répandue dans le bassin de Valenciennes, surtout dans la zone supérieure ; elle semble devenir plus rare vers le bas de la zone moyenne, et on ne l'a pas, jusqu'à présent du moins, rencontrée dans la zone inférieure.

« Schimper la signale, sous la forme *Calamocladus*, dans le schiste houiller, à Waldenburg en Silésie, à Manebach et Wettin en Saxe, à Radnitz en Bohême, au col de Balme en Suisse, près de Saint-Ingbert dans la Bavière Rhénane, à Black et Jarrow en Angleterre. » Nous pouvons ajouter : en Chine et dans l'Amérique du Nord.

L'extension de l'*Asterophyllites equisetiformis* est donc très grande. Sa longévité a été grande aussi, puisqu'on trouve cette plante depuis la base du houiller moyen jusque dans le Permien ; mais je ne la connais pas dans le culm, même le plus élevé.

Genre ANNULARIA Ad. Brongniart.

Voir synonymie et description du genre, p. 232.

ANNULARIA RAMOSA Weiss.
(Atlas, pl. LXIII, fig. 1 à 3.)

Voir synonymie et description de l'espèce, p. 232.

1 kilomètre au Sud de Teillé, sur le bord de la route de Candé à Nantes.

IMPRIMERIE NATIONALE.

Genre CALAMITES Schlotheim.

Voir synonymie et description du genre, p. 209.

CALAMITES SUCCOWII Stur.
(Atlas, pl. LXXIX, fig. 1.)

Voir synonymie et description de l'espèce, p. 210.
1 kilomètre au Sud de Teillé, sur le bord de la route de Candé à Nantes.

CALAMITES DUBIUS Artis.
(Atlas, pl. LXXIX, fig. 2.)

Voir synonymie et description de l'espèce, p. 216.
Même localité.

CALAMITES CANNÆFORMIS Schlotheim.

Voir synonymie et description de l'espèce, p. 221.
Même localité.

Genre PINNULARIA Lindl. et Hutton.

Voir synonymie et description du genre, p. 246.

PINNULARIA COLUMNARIS Zeiller.

Voir synonymie et description de l'espèce, p. 246.
Provenance. Dans les couches westphaliennes au Sud de Teillé, sur le bord de la route de Candé à Nantes.

Classe des SPHENOPHYLLÉES

Genre SPHENOPHYLLUM.

SPHENOPHYLLUM TEILLEENSE n. sp.

(Atlas, pl. LXXVII, fig. 2, 2 A, 2 B, 2 C.)

Tige de plus de 1 centimètre d'épaisseur, très finement striée en long. Branches fortes, naissant les unes près des autres, opposées, épaisses de 7-8 millimètres. Les supérieures, de plus en plus minces, couvertes de verticilles de feuilles étalées, plus longues que les entre-nœuds, deux ou trois fois divisées en lanières plates; chaque segment parcouru par une seule nervure longitudinale; les terminaux obtus ou à peine aigus.

Ce curieux type végétal a d'abord été décrit et figuré pour une Algue, par Gœppert, dans son important ouvrage : *Die fossilen Farnkräuter,* 1836, p. 268, pl. XXX, fig. 2; mais il a vu de suite qu'il ne pouvait être question d'une Algue marine, et sur la même page, sur la même planche, il proposa le nom de *Trichomanites.* En effet, ce fossile a un faciès qui rappelle certaines Hyménophyllées.

Plus tard, Gümbel : *Denschr. d. k. Bayer. Bot. zu Regensburg,* IV, p. 101, pl. VIII, fig. 7, signala une seconde espèce, ou, du moins, une seconde forme; mais c'est seulement en 1892 que M. Zeiller, ayant reçu de M. Mouret, du Gourd-du-Diable, près de Brive, et de M. W. de Lima, de Bussaco, des échantillons meilleurs et plus nombreux, fit mieux connaître ces deux formes. Il publia d'abord les deux espèces dans le *Bulletin de la Société géologique de France,* 3ᵉ série, vol. VIII, 1880, p. 196, pl. IV, fig. 1, 2, puis, dans son ouvrage sur la Flore du bassin houiller et permien de Brive. Ce sont, pour lui, des *Schizopteris,* c'est-à-dire de ces pinnules très découpées, qui, dans certaines espèces, naissent à la base des rachis.

Ce fut également ma première impression. Les échantillons que j'avais recueillis étaient assez nombreux; les uns, par la largeur de la subdivision, se rapprochaient du *Schizopteris trichomanoides* de Gœthe; les autres, par leurs lanières étroites, du *Schizopteris dichotomum* Gümbel.

Mais une heureuse trouvaille m'obligea à porter mes recherches dans une autre direction. A côté des petits fragments que j'avais recueillis jusqu'alors, je mis la main sur une plaque de 20 centimètres de long sur 8 de large, presque entièrement couverte par l'empreinte d'une tige très rameuse, très feuillée, et dont les feuilles étaient celles attribuées aux *Schizopteris trichomanoides* et *dichotoma*. Au premier abord, les verticilles de feuilles longues de 2-3 centimètres de long, étalées comme celles des *Annularia*, font penser à ce genre; mais ces feuilles ne sont point entières comme celles des *Annularia;* elles sont dichotomes trois ou quatre fois, et chaque segment, très étroit à la base, s'élargit régulièrement de bas en haut. La nervation, avec une seule nervure par segment, est celle des *Sphenophyllum* qui ont une nervure simple à la base.

Ainsi, les caractères essentiels de cette plante, dont l'aspect est celui d'un *Annularia,* sont des caractères de *Sphenophyllum.* La disposition en verticilles radiés ne peut se rapporter à un *Schizopteris.*

Tous les échantillons que j'ai étudiés ont été recueillis par moi sur le bord de la route de Nantes à Candé, à 1 kilomètre au Sud de Teillé. Ce gisement est à la base du Houiller moyen, infra-moyen de Grand'Eury.

Les *Schizopteris* dont nous venons de parler n'ont encore été trouvés que dans le Permien ou dans le terrain supra-houiller. Cette différence de niveau entraîne-t-elle une différence entre eux et le *Sphenophyllum dichotomum?* Les feuilles sont tellement semblables que je ne puis trouver le moindre caractère différentiel. Ce qui me paraît le plus vraisemblable, c'est que le *Sphenophyllum,* avec ses tiges et ses verticilles, complète les *Schizopteris trichomanoides* et *dichotoma*, et que le type végétal ainsi complété a vécu non seulement dans le Stéphanien, mais aussi dans le Westphalien, où on ne le connaissait pas encore.

Classe des CORDAITÉES.

Genre CORDAITES Unger.

Voir synonymie et description du genre, p. 297.

CORDAITES BORASSIFOLIUS Unger.

(Atlas, pl. LXXI, fig. 1, 1 A.)

Voir synonymie et description de l'espèce, p. 298.

Provenance. Nous avons trouvé, mon frère et moi, deux échantillons dans le petit bassin houiller de Rochefort-sur-Loire, à l'endroit où il coupe la route de Chalonnes (Maine-et-Loire).

De ces deux échantillons, l'un à les nervures en relief, alternativement grosses et petites; mais, la roche étant fruste, les petites ne se voient que par place. C'est une portion de feuille voisine de la base, de 10 centimètres de long, de 2 centimètres de large à la base et de 3 centimètres en haut. La feuille va donc en s'élargissant. Ses deux bords sont droits.

L'autre a les nervures en creux. Toutes sont représentées par un sillon; mais on peut leur rendre leur véritable forme en prenant leur moulage à la cire. Cette feuille est grande; elle a 7 centimètres de largeur. On en voit une longueur de 14 centimètres sans rétrécissement notable par en bas. Le fragment paraît appartenir à la partie moyenne de la feuille, qui est plate.

CORDAITES PRINCIPALIS Germar.

(Atlas, pl. LXXI, fig. 2, 3, 3 A.)

Voir synonymie et description de l'espèce, p. 301.

L'extrême base du Westphalien est remarquable, du moins ici, par la quan- Provenance. tité des *Cordaites*. Ils sont nombreux à Rochefort-sur-Loire, où il y en a trois espèces, et tellement nombreux à Teillé que leurs feuilles prédominent de beaucoup sur le reste de la flore. Cependant, à Teillé, il n'y a qu'une seule espèce : le *Cordaites principalis*.

Les conditions dans lesquelles s'est faite la conservation sont bien différentes dans les deux localités.

Dans le gisement au Sud de Teillé, le terrain est constitué par des bancs puissants de poudingue, les uns de Grauwacke, les autres quartzeux. Dans les premiers surtout, les noyaux sont gros, et il semblerait qu'un tel dépôt eût été tout à fait contraire à la conservation des débris végétaux. Mais ces bancs sont séparés par des lits de schistes, bruns ou grisâtres, dans lesquels ces débris sont bien conservés; les feuilles de *cordaites* surtout. Il y a donc eu ici, comme pour les poudingues d'Ingrande, alternance d'eaux courantes abondantes qui ont roulé des cailloux, et, à d'autres moments de l'année, dans des périodes plus sèches, des eaux bien moins abondantes, beaucoup plus tranquilles et ne déposant que des sédiments fins. On perçoit que, même alors, il y avait des saisons.

A Rochefort-sur-Loire, la roche est beaucoup plus uniforme. C'est un grès micacé ou psammite, d'une couleur rougeâtre tirant sur le gris. Les détails fins des empreintes y sont en général moins nets qu'à Teillé.

Les feuilles sont à bords parallèles, atténuées à la base.

Il y a trois ou quatre nervures fines entre les grosses nervures. Elles ne sont pas, dans tous les cas, bien visibles à l'œil nu ou à la loupe à main; mais à la loupe montée on les distingue toujours. D'après les recherches de Renault, les grosses nervures sont seules vasculaires; les petites sont formées par des fibres de consolidation.

CORDAITES GOLDENBERGIANUS Weiss.

(Atlas, pl. LXXVI, fig. 9.)

1871. **Cordaites Goldenbergianus** Weiss, Foss. Fl. der jungstein Steinkhol u. d. Rothlieg. im Saar-Rhein-Gebiete, Zweiter Heft, Zweiters Theil, p. 201, pl. XVIII, fig. 37 a·a.
1874. **Pychnophyllum Goldenbergianum** Schimper, Traité de Paléont. vég., III, p. 563.

Description de l'espèce.

Feuille dont la longueur est inconnue, mais rétrécie graduellement dans sa partie inférieure, *nervures très dissemblables, dans le bas de la feuille, celles du milieu très saillantes*, assez irrégulièrement espacées *et contenant, entre deux grosses consécutives, de 2 à 5 nervures fines. Dans les parties latérales les nervures s'égalisent, les principales, moins fortes, contenant toujours plusieurs fines dans leur intervalle. Plus haut sur la feuille les mesures principales ne contiennent plus entre elles que 1-2 nervures fines.* Tout le système de nervures est par endroits légèrement et longuement ondulé. Malgré la saillie des nervures la feuille paraît n'avoir pas eu de raideur.

Remarques paléontologiques.

Je n'ai trouvé de cette espèce qu'un seul échantillon, qui s'est divisé de manière à présenter les deux faces. Elles m'ont paru conformes pour la nervation. L'une des empreintes est très légèrement concave transversalement, l'autre très légèrement convexe, d'où l'on peut conclure que la feuille n'était pas plane, mais légèrement concave en dessus, dernière trace probablement de la position qu'elle avait, comme d'autres *cordaites,* dans la préfoliation. Sauf cette légère concavité, dont Weiss ne parle pas, mon échantillon est bien conforme à celui qu'il a figuré, mais il est plus grand. Son échantillon a 6 centimètres de long, 15 millimètres de large dans le bas, 18 millimètres de large dans le haut; mais, dans cette partie, je ne suis pas absolument sûr d'avoir toute la largeur de la feuille, bien qu'à droite et à gauche on trouve la région voisine des bords plus mince et où les nervures deviennent moins saillantes et s'égalisent; en bas la largeur est entière. La feuille était donc, comme celle observée par Weiss, plus étroite à la base et s'élargissait graduellement. Celle que j'ai trouvée devait aussi être plus longue, car les nervures principales conservent leur saillie dans toute la longueur de l'échantillon et ont toujours entre elles 2-3 nervures fines. Nous ne voyons pas encore la région où il n'y a plus entre elles que 1-2 nervures.

La différence que les nervures présentent dans les différentes régions de la feuille caractérisent bien cette espèce : nervures principales très saillantes et très différentes des petites, vers le milieu du limbe, toutes les nervures s'égalisant vers les bords; nervures fines 3-5 entre les grosses nervures dans le bas au milieu de la fronde, 1-2 seulement dans le haut, avec les nervures principales moins saillantes que dans le bas, tels sont les traits qui permettent de reconnaître cette espèce. Non pas que, dans d'autres, il n'y ait pas çà et là quelques petites différences d'un endroit à l'autre d'un même limbe; mais, dans aucune autre espèce, on ne voit ces différences se prononcer nettement et se cantonner de la manière la plus évidente en des points déterminés de la feuille.

La synonymie ne comprend que le nom imposé à cette espèce par Schimper, qui a adopté pour le genre le nom de *Pychnophyllum*.

Le *Cordaites Goldenbergianus* a été trouvé par mon frère et moi dans le petit houiller westphalien de Rochefort-sur-Loire, sur le bord de la route de Chalonnes à Rochefort (Maine-et-Loire).

Schimper indique cette même espèce dans le terrain houiller de Saarbruck (exploitation de Schwalbach).

Rapports et différences (margin note)

Provenance. (margin note)

Genre ARTISIA Presl. in Sternberg.

Voir synonymie et description du genre, p. 308.

ARTISIA APPROXIMATA in Sternb..
(Atlas, pl. LXXVI, fig. 10.)

Voir synonymie et description de l'espèce, p. 308.

Les *Artisia,* qu'on a pris d'abord pour des tiges de Monocotylédones à feuilles embrassantes, sont reconnus aujourd'hui comme étant la moelle des rameaux de *Cordaites.* Cette moelle rappelle celle des Noyers actuels. C'est une succession d'espaces vides séparés par des diaphragmes à peu près à égale distance les uns des autres.

Provenance. Partout où l'on trouve des *Cordaites*, on peut trouver des *Artisia*. Toutefois ils ne sont pas nombreux dans la basse Loire, mais leur nombre augmente tout à coup dès les premières assises du Westphalien.

Le nom de *Sternbergia* n'a pu être conservé à ce fossile, ayant été appliqué déjà à une Colchicacée vivante. Ce nom a été remplacé par celui d'*Artisia*, qui est aujourd'hui universellement adopté.

Genre CORDAITANTHUS Feistmantel.

Voir synonymie et description du genre, p. 3o6.

CORDAITANTHUS FOLIOSUS.

(Atlas, pl. LXXX, fig. 4.)

Cordaianthus foliosus Grand'Eury, Flore carbonif. du dép. de la Loire, p. 23o, pl. XXVI, fig. 6.

Description de l'espèce. Épi distique, d'environ 5 centimètres de long. Axe large. Bractées larges, aiguës, à peine plus longues que le bourgeon, qui est elliptique, allongé.

Provenance. Petit bassin houiller westphalien, sur le bord de la route de Chalonnes à Rochefort-sur-Loire (Maine-et-Loire), Éd. et L. Bureau, avril 1884. — Couches westphaliennes sur la route départementale de Candé à Nantes, à 1 kilomètre au Sud de Teillé (Loire-Inférieure).

CORDAITANTHUS GRACILIS Grand'Eury.

(Atlas, p. LXXX, fig. 3.)

Cordaitanthus gracilis Grand'Eury, p. 23o, pl. XXVI, fig. 7.

Description de l'espèce. Épi long, mince, très grêle, distique. Bractées étroites et fines, trois ou quatre fois plus longues que le bourgeon qui est brièvement elliptique.

Provenance. Bord de la route de Candé à Nantes, 1 kilomètre au Sud de Teillé.

Genre SAMAROPSIS Gœppert.

1865. **Samaropsis** Göpp., The Foss. Fl. d. perm. Format., p. 177. — Zeiller, Flore foss. du bassin houiller de Valenciennes, texte, 1888, p. 483. — Zeiller, Élém. de Paléobot., 1900, p. 211.

1871. **Cardiocarpum** Dawson, The Foss. pl. of the devon and upp. silur. Format., p. 60.

Graines symétriques par rapport à un plan, comprimées, le bord entouré d'une aile plus ou moins large, échancrée en face du micropyle.

SAMAROPSIS MACROPTERA n. sp.

(Atlas, pl. LXXX, fig. 5.)

Cette espèce diffère du *Samaropsis Pitcairniæ* par la forme de l'aile qui, ici, est beaucoup plus large et très obtuse dans le haut, aulieu de se terminer en pointe. Elle diffère aussi du *Samaropsis fluitans* par une forme moins allongée et par l'endotesta elliptique et non oblong.

M. Grand'Eury regarde comme très probable que les *Samaropsis* appartiennent aux *Dory-cordaites*.

Pas très rare dans le gisement westphalien de Teillé.

Rapports et différences.

Provenance.

IMPRIMERIE NATIONALE.

II. NIVEAU SUS-MOYEN GRAND'EURY.

PHANÉROGAMES GYMNOSPERMES.

Classe des PTÉRIDOSPERMÉES.

FAMILLE DES NÉVROPTÉRIDÉES.

Genre NEVROPTERIS Ad. Brongniart.

NEVROPTERIS GIGANTEA Ad. Brokgn.

(Atlas, pl. LXXX, fig. 6 à 10.)

1720. **Osmunda** Wolkmann, Silesia subterranea, p. 113, pl. XIV, fig. 1 ; pl. XV, fig. 2.
1804. **Osmunda** Schlotheim, Ein Beitr. z. Fl. de Vorwelt, pl. II, fig. 25.
1820. **Filicites lingniarius** Schlotheim, Die Petrefact. auf ihrem jetzig. Standpunkt., p. 411.
1825. **Neuropteris gigantea** Sternberg, Vers. ein. geognost.- bot. Darstell., fasc. 4, p. XVI, pl. XXII et fasc. 7-8, 1833, p. 72. — Lindl. et Hutt., Foss. Fl. of Great Brit., 1833, 1, pl. 52. — Sauveur, Vég. foss. des terrains houillers de la Belgique, 1848, pl. XXXIII, fig. 1,
1828. **Nevropteris** Ad. Brongniart, Prod. d'une hist. des vég. foss., p. 54. — Ad. Brongniart, Hist. des vég. foss., I, p. 240, pl. LXIX. — Zeiller, Bassin houil. de Valenciennes, Flore foss., texte, 1888, p. 258; Atlas, 1886, pl. XLII, fig. 1,

Description de l'espèce.

Feuilles très grandes, tripinnées. Axes minces pour la longueur des pinnules. Les axes secondaires d'un même côté à 35 millimètres l'un de l'autre, couverts de *pinnules non contiguës par leurs bords*, longues de 2 centimètres, larges de 1 centimètre environ (*les pinnules terminales beaucoup plus petites que les autres*), *très caduques*, presque en cœur à la base, obtuses au sommet, à bords parallèles. Nervure médiane bien visible dans la moitié inférieure de la pinnule. Nervures secondaires très fines, se séparant de la médiane à angle très aigu, dichotomes, se courbant pour aboutir au bord de la pinnule, celles du tiers supérieur de cette foliole s'étendant en éventail et remplaçant la nervure moyenne absente. Rachis secondaire portant deux rangées de petites folioles, plus courtes et plus larges, presque arrondies.

Cette espèce de *Nevropteris* ne pourrait guère être confondue qu'avec le Rapports et différences. *N. flexuosa*, dont on la distinguera toujours par les pinnules non contiguës, caduques, les terminales plus petites que les autres.

Hors du genre *Nevropteris*, le *Dictyopteris Brongniarti* a les mêmes formes de folioles; mais ses nervures latérales sont anastomosées et forment un réseau de chaque côté de la nervure médiane.

Des folioles ont été recueillies en assez grand nombre, par mon frère et Provenance. moi, dans le bassin de l'Écoulé, qui se trouve dans la commune de Saint-Laurent-du-Mottay (Maine-et-Loire). Ce petit bassin est entièrement couvert de champs cultivés. Ce n'est qu'en brisant des pierres amenées au jour par la charrue qu'on peut arriver à trouver quelques empreintes. C'est ainsi que nous avons récolté des pinnules bien conservées, parmi lesquelles une était sûrement une pinnule rachiale, courte et subaiguë au sommet.

J'avais d'abord attribué ces fragments au *Dictyopteris* sub. *Brongniarti*[1].

M. Zeiller dit que le *Nevropteris gigantea,* sans être commun nulle part, a été rencontré sur un assez grand nombre de points du bassin de Valenciennes. Schimper le cite dans le schiste houiller de Silésie, du pays de Saarbruck, de Schatzar en Bohême, de Newcastle en Angleterre, de la Savoie, de Zanesville dans l'Ohio. M. Grand'Eury a vu cette espèce dans le bassin de Saint-Étienne, mais il signale lui-même quelques différences. Si ces différences sont reconnues plus tard comme d'ordre spécifique, la forme *N. gigantea* ne commencera pas moins dans le Westphalien pour se continuer dans le Stéphanien.

Classe des CORDAITÉES.

Genre CORDAITES.

CORDAITES PRINCIPALIS Germar.

(Atlas, pl. LXXX, fig. 15.)

Voir synonymie et description de l'espèce, p. 301.

Nous avons recueilli à l'Écoulé plusieurs fragments de feuilles de *Cordaites* Provenance. *principalis* Germar, espèce que nous avions déjà vue aux niveaux précédents. Les caractères sont bien reconnaissables, mais un des échantillons mérite une

[1] La ville de Nantes et la Loire-Inférieure, par Louis Bureau, avec liste des plantes fossiles, par Édouard Bureau, p. 292.

description particulière. Les feuilles, au lieu d'être conservées à plat dans la roche, sont enroulées et forment un énorme bourgeon. Malgré leur taille, elles sont plus jeunes que les autres, puisque leur épanouissement n'avait pas encore eu lieu.

Brisé aux deux bouts, ce bourgeon a encore 9 centimètres de long, et peut-être n'en avons-nous que la moitié. Sa largeur a dû peu changer, car l'écrasement est très incomplet. Tel qu'il est, il mesure environ 7 centimètres d'épaisseur.

Nous avons trouvé ces échantillons de *Cordaites principalis* en explorant le champ qui nous a fourni les folioles de *Nevropteris gigantea*.

ÉTAGE CARBONIFÉRIEN.

SOUS-ÉTAGE CARBONIFÉRIEN SUPÉRIEUR OU STÉPHANIEN.

Classe des FOUGÈRES.

Genre MEGALOPTERIS Dawson.

1828. **Cannophyllites** Ad. Brongniart, Prodr. d'une hist. des vég. foss., p. 130. — Ad. Brongn., Tableau des genres de vég. foss., p. 92.
1880. **Megalopteris** Dawson, Coal Fl. of Pennsylvania, I, p. 147.
1891. **Neuropteris** Artii in Dawson, The Geol. of Nova Scotia, New Brunswick and Prince Ed. Island, fourth edit., p. 551.

Frondes très grandes, simplement pinnées, pédalées. Nervure médiane très grosse. Côtés du limbe inégalement larges et de longueurs différentes.

MEGALOPTERIS VIRLETII Ed. Bur.

(Atlas, pl. LXXX, fig. 11 à 14.)

1828. **Cannophyllites Virletii** Ad. Brongniart, Prodr. d'une hist. des vég. foss., p. 130. — Saporta et Marion, L'évol. du règne vég., Phanérog., 1, 1885, p. 79, fig. 38 A, B, C. 1/2 grand. nat.

Frondes très grandes, simplement pinnées ou pedalées, les pennes ou pinnules naissant les unes des autres, les extérieures ou intérieures de plus en plus petites, sublinéaires ou lancéolées, chaque pinnule parcourue au milieu, longitudinalement, par une très grosse nervure, qui diminue assez rapidement de bas en haut; nervures secondaires naissant de la médiane à angle très aigu et montant parallèlement jusqu'au bord. *Côté extérieur du limbe plus large et plus long que le côté intérieur, décurrent loin sur le rachis.* Le côté supérieur de la pinnule rétréci.

Je n'ai pas en ce moment sous la main les échantillons-types décrits par Brongniart, mais je les connais très bien, et les figures que M. de Saporta en

Description de l'espèce.

Provenance.

a donnés dans son ouvrage l'*Évolution du règne végétal, Phanérogames*, I, 79, sont fort exactes. Ils sont au nombre de trois, dont deux ont été trouvés par Virlet, à Minières (Maine-et-Loire), dans le petit bassin dont nous avons déjà parlé, et qui est assurément le plus récent. L'autre présente les deux faces d'une même empreinte et provient du petit bassin houiller de Kergogne (Finistère). Enfin j'en ai vu quelques débris sur un petit échantillon de Saint-Georges-Chatelaison, portant au Catalogue d'entrée des collections de paléontologie végétale du Muséum le n° 632. Cet échantillon, que nous avons déjà mentionné, porte, avec les fragments de *Cannophyllites* (ou plutôt, comme nous le verrons, de *Megalopteris*), *Asterotheca Cyathea* Schimp., et une pinnule assez grande de *Nevropteris*, cela semble indiquer qu'il a été recueilli dans le petit lambeau houiller qui, dans la partie S. E. du grand bassin, est superposé en discordance au culm supérieur. Il en serait de même du *Cannophyllites Virletii* recueilli dans la même région par Virlet, et c'est enfin au même géologue qu'on doit l'échantillon de Kergogne, petit bassin qui, comme l'a montré M. Grand'Eury, est du houiller supérieur, et des plus récents.

De Saporta [1] a attribué sans hésitation le *Calamophyllites* de Brongniart au genre *Megalopteris* de Lesquereux. En effet, les caractères concordent, comme on peut le voir dans la *Coal Flora of Pennsylvania*, particulièrement dans les *Megalopteris Southwellii* et *fasciculata* [2], qui sont conservés en fragments bien plus grands que le *Cannophyllites* et qui permettent d'apprécier leur port. On voit que les frondes sont grandes, simplement pinnées; que les pennes sont parcourues par une large nervure médiane, que les deux portions du limbe situées à droite et à gauche sont différentes de taille et de forme, l'intérieure étant plus étroite et s'arrêtant sur le rachis au point d'émergence de la grosse nervure, tandis que la partie externe du limbe descend largement et longuement le long du rachis, qu'elle rend ailé. Or, dans les figures données par de Saporta, qui me paraissent fort bonnes, on voit très bien la différence de largeur et de longueur des deux moitiés du limbe : l'une plus étroite finissant en pointe à la base de la grosse nervure, l'autre plus large et descendant évidemment beaucoup plus bas. Il n'y a rien là qui rappelle la régularité de la base du limbe qu'on peut constater sur les *Canna*, auxquels Brongniart avait d'abord attribué les feuilles fossiles de Minières et de Kergogne; mais si l'on compare

[1] Évolution des phanérogames, p. 78.
[2] P. 147 et pl. XXIV, fig. 1, 2.

les parties conservées de celles-ci aux parties correspondantes des *Megalopteris*, on est frappé de l'analogie.

Le nom générique *Cannophyllites*, qui, du reste, exprime une idée fausse, une erreur, doit donc disparaître et être remplacé par *Megalopteris*, qui passera au rang de véritable genre et ne restera pas une section de *Nevropteris*, comme on le voit page 51 de Dawson : *Fossil Plants of the Devonian and upper Silurian formations*. Quant à l'épithète *Virletii*, il n'y a aucune raison pour la changer ; l'espèce se nommera donc *Megalopteris Virletii*. Elle se distingue des américaines par ses nervures plus droites, ascendantes à angle plus aigu, la médiane plus grosse, le bord du limbe non sinueux, etc. Le genre, en effet, a une répartition assez remarquable. Il commence à se montrer dans le Dévonien moyen *Nevropteris* (*Megalopteris*) *Dawsoni* Hartt, du Canada. Il se rencontre aussi dans le houiller moyen de la Pensylvanie et s'étend dans le houiller supérieur de la France occidentale ; mais si le genre a vécu longtemps, les espèces n'ont pas passé d'un étage à l'autre. Elles sont rares dans tous les endroits où on les connaît. Ce genre est donc très ancien dans l'Amérique du Nord, et il s'y est montré, sans être jamais abondant, mais avec plusieurs espèces, jusque vers le milieu de l'époque westphalienne. C'est après son extinction en Amérique qu'il se montre en Europe avec une seule espèce différente des espèces d'Amérique et très contournée. Il semble même que le type *Megalopteris*, sans prédominer, se soit prolongé jusque dans l'époque jurassique où il serait représenté par un *Tæniopteris* qui s'en distingue seulement par la direction transversale des nervures secondaires.

ESPÈCES DU CULM.

RÉPARTITION DANS DIFFÉRENTS GISEMENTS.

Les abréviations adoptées sont celles employées par M. Zeiller dans sa *Flore fossile du bassin de Valenciennes.*

Le signe **+** indique simplement la présence de l'espèce.

ABRÉVIATIONS. ...
R, rare;	AR, assez rare;	CC, très commun;
RR, très rare;	C, commun;	AC, assez commun.

NOMS DES ESPÈCES.	CULM INFÉRIEUR.					CULM SUPÉRIEUR.		
	GRÈS et POUDINGUES de la basse Loire.	SCHISTES de MORAVIE et de SILÉSIE.	MÂCONNAIS (Vaffier).	VOSGES.	SPITZBERG (Nathorst).	PSAMMITE et HOUILLE de la basse Loire.	SCHISTES D'OSTRAU et de WALDENBURG.	BAUDOUR [BELGIQUE] (Renier).
Drephanophycus Machancki.........	....	+	+					
Physophycus Andreei...............					....	....	+	+
Lepidodendron Veltheimianum.....	C	+	+	+	+	+	+	
Lepidodendron forme Ulodendroide.	C	....				C		
Lepidodendron acuminatum........	AR	+	+	+	+			
Lepidodendron obovatum..........	AR	+	+				+	+
Lepidodendron dichotomum........						R		
Lepidodendron Jaraczewski........						AR		
Lepidodendron ophiurus...........						AR		
Lepidodendron lycopodioides......						CC		
Lepidodendron Volkmannianum....			+	+		C	+	
Lepidodendron selaginoides.......					+	CC		
Lepidodendron Heerii.............					+			
Lepidodendron rimosum...........	AC				+	AC		
Lepidodendron Spitzbergense......						R	+	
Lepidodendron Rhodeanum........		+			+	+		
Lepidodendron aculeatum.........	AC				+	AR	....	+
Lepidocladus fuisseensis..........	AC	+						
Lepidophyllum fuisseense.........	....	+						
Bothrodendron Depereti..........	+	+						
Bothrodendron carneggianum......	....	+				+		
Bothrodendron kiltorkense........		....	....		+			
Stigmaria ficoïdes, α vulgaris.....	C					C		
Stigmaria ficoïdes, β undulata....						C		
Stigmaria ficoïdes, γ reticulata ...	AR							
Stigmaria ficoïdes, ζ inæqualis....	....	+				C	+	
Stigmaria ficoïdes, θ elliptica.....						C		

NOMS DES ESPÈCES.	CULM INFÉRIEUR.					CULM SUPÉRIEUR.		
	GRÈS et POUDINGUES de la basse Loire.	SCHISTES de MORAVIE et de SILÉSIE.	MÂCONNAIS (Vallier).	VOSGES.	SPITZBERG (Nathorst).	PSAMMITE et HOUILLE de la basse Loire.	SCHISTES D'OSTRAU et de WALDENBURG.	BAUDOUR (BELGIQUE) (Renier).
Stigmaria ficoides, v rugosa......	AR	....	....	....	....	AR		
Stigmaria ficoides, l lævis	AR	....	....	....	....	AR		
Stigmaropsis æqualis	....	....	....	....	....	R		
Bornia transitionis	C	+	+			C	+	+
Bornia pachystachya............	....	....	....	....	....	AR		
Sphenopteridium pachyrrhachis....	AR	....	....	....	....	AR	....	+
Sphenopteridium var. stenophylla...	AR	....	....	....	....	AR		
Rhodea Hochstetteri	AC	+	+					
Rhodea Stachei.................	....	+	+			....	+	
Rhodea Gæpperti	....	+	+					
Rhodea minor..................	....	+						
Rhodea patentissima	....	+						
Rhodea filifera	....	+						
Rhodea gigantea	....	+						
Rhodea Schimperi...............	....	+	....	+				
Rhodea Makaneki...............	....	+						
Rhodea affinis.................	....	....	+					
Rhodea bifida..................	....	....	+					
Rachiopteris lævis..............	R							
Dactylotheca aspera.............	....	....	....	....	....	AC	+	+
Dactylotheca dentata............	....	....	....	....	....	AC	....	+
Asterotheca arborescens..........	....	....	....	....	....	AR		
Asterotheca cyathea....'........	....	....	....	....	....	AR		
Hymenophyllum antiquum.........	....	....	....	....	....	AR		
Hymenophyllum Waldenburgense...	....	....	....	....	....	+	+	
Senftenbergia plumosa...........	....	....	....	....	....	AR		
Senftenbergia delicatula..........	....	....	....	....	....	AR		
Aspidites Dicksonioites	....	....	....	....	....	R	+	+
Diplotmema dissectum............	....	....	....	+		CC		
Diplotmema var. patulum.........	....	....	....	....	....	R		
Diplotmema elegans,.............	....	....	....	....	....	CC	+	+
Diplotmema Schönknechti	....	....	....	....	....	R	+	
Diplotmema distans..............	....	+	....	....	....	R	+	
Diplotmema depauperatum.........	....	....	....	....	....	RR		
Diplotmema contractum...........	....	....	....	....	....	AR		
Diplotmema Mladeki.............	....	....	....	....	....	....	+	
Diplotmema subgeniculatum.......	....	....	....	....	....	....	+	
Diplotmema Schutzei.............	....	....	....	....	....	....	+	
Diplotmema Gersdorfii...........	....	....	....	....	....	....	+	
Diplotmema Schillingii	....	....	....	....	....	....	+	+
Diplotmema furcatum............	....	....	....	....	....	....	+	

NOMS DES ESPÈCES.	CULM INFÉRIEUR.					CULM SUPÉRIEUR.		
	GRÈS et POUDINGUES de la basse Loire.	SCHISTES de MORAVIE et de SILÉSIE.	MÂCONNAIS (Vallier).	VOSGES.	SPITZBERG (Nathorst).	PSAMMITE et HOUILLE de la basse Loire.	SCHISTES D'OSTRAU et de WALDENBURG.	BAUDOUR [BELGIQUE] (Renier).
Diplotmema latifolium							+	
Diplotmema obtusilobum						+	+	
Diplotmema filifera							+	
Diplotmema Schimperiana			+	+				
Zeilleria Moravica		+	+			AR	+	+
Todea lavischi							+ +	+
Todea Lipoldi		+					+	
Adiantites bellidulus					+			
Adiantites oblongifolius								+
Adiantites Machernaci								l
Adiantites sessilis								+
Aspidites Dicksonioides						AR		+
Ulodendron majus						AR		
Ulodendron minus						C		
Halonia tuberculosa						R		
Thaumasiodendron andegavense						RR		
Lycopodites tenuis						AR		
Lycopodites foliosus						AR		
Lycopodites filiformis					+			
Lepidophloios laricinus						C		+
Lepidophloios fimbriatus						RR		
Lepidophloios crassicaulis						AC		
Lepidophloios auriculatus						AR		+
Lepidostrobus variabilis						C		
Lepidostrobus ornatus						R		
Gymnostrobus Salisburyi						R		
Lepidophyllum auriculatum						AR		
Lepidophyllum lanceolatum						C		+
Lepidophyllum Veltheimianum						AR		
Lepidophyllum intermedius						AR		
Lepidophyllum triangulare						R		
Knorria imbricata						AC		
Sigillaria rugosa						R		
Sigillaria minima						R		
Sigillaria venosa						R		
Sigillaria antecedens							+	
Sigillaria Eugenii							+	
Sphenophyllum Davyi						R		
Sphenophyllum tenerrimum		+				AC		+
Sphenophyllum dichotomum					+			
Calamites Succowii						C		

NOMS DES ESPÈCES.	CULM INFÉRIEUR.					CULM SUPÉRIEUR.		
	GRÈS et POUDINGUES de la basse Loire.	SCHISTES de MORAVIE et de SILÉSIE.	MÂCONNAIS (Vaffier).	VOSGES.	SPITZBERG (Nathorst).	PSAMMITE et HOUILLE de la basse Loire.	SCHISTES D'OSTRAU et de WALDENBURG.	DAUDOUR [BELGIQUE] (Renier).
Calamites var. undulatus........						AR		
Calamites var. sinuosus..........						AR		
Calamites dubius...............						AR		
Calamites Cistii...............						AR		
Calamites cannæformis........							+	+
Calamites Cistiiformis..........						AC	+	
Calamites Haueri..............							+	
Calamites approximatiformis.....							+	
Calamites ostraviensis........							+	
Calamites ramifer............							+	
Calamites approximatus........							+	
Calamitina varians............						AR		
Macrostachya caudata..........						R		
Calamostachys paniculata......						AC		
Calamostachys occidentalis.....						AC		
Annularia ramosa.............						C	+	
Arthropitus calamitoides.......						R		
Stigmatocanna Volkmannia......						+		
Stigmatocanna distans........						R		
Pinnularia columnaris.........						AC		
Pinnularia horizontalis.......						AC		
Calymmatotheca tenuifolia.....						C	+	
Calymmatotheca α Brongniarti.....						C	+	
Calymmatotheca β Linkii.....						C	+	
Calymmatotheca γ divaricata.....		+				C	+	
Calymmatotheca Dubuissonis.....						CC	....	+
Calymmatotheca Baeumleri.....						AR		
Calymmatotheca obtusiloba.....						AR		
Calymmatotheca tridactylites.....						AR	....	+
Calymmatotheca Grand'Euryi....						R		
Calymmatotheca lineariloba......						RR		
Calymmatotheca Haueri..........		+					+	
Calymmatotheca Schleani........							+	
Calymmatotheca Rothschildi......							+	
Calymmatotheca minor.........							+	
Calymmatotheca Falkeniani......		+						
Calymmatotheca striatula........		+						
Calymmatotheca Kiônitzensis.....		+						
Calymmatotheca Larischi........							+	+
Calymmatotheca Kidstoni........						+		
Calymmatotheca Schimperi......			+		+	+	+	

NOMS DES ESPÈCES.	CULM INFÉRIEUR.					CULM SUPÉRIEUR.		
	GRÈS et POUDINGUES de la basse Loire.	SCHISTES de MORAVIE et de SILÉSIE.	MÂCONNAIS (Vaffier).	VOSGES.	SPITZBERG (Nathorst).	PSAMMITE et HOUILLE de la basse Loire.	SCHISTES D'OSTRAU et de WALDENBURG.	BAUDOUR [BELGIQUE] (Renier).
Calymmatotheca subtrifida							+	
Calymmatotheca Sturi							+	
Calymmatotheca bifida			+		+			
Calymmatotheca affinis			+		+			
Lyginodendron								+
Oligocarpia quercifolia							+	
Oligocarpia Bartoneci							+	
Oligocarpia Essinghii								+
Aneimites fertilis						AR		
Aneimites obtusiloba						R		
Aneimites var. abbreviata						AR		
Adiantites tenuifolius		+						
Adiantites antiquus		+						
Adiantites concinnus					+			
Adiantites bellidulus					+			
Adiantites longifolius					+			
Triphyllopteris collunbiana				+				
Archæopteris Tschermaki		+					+	
Archæopteris Dawsoni							+	
Cyclopteris Kœchlini	+			+				
Cyclopteris Nathorsti					+			
Cyclopteris polymorpha	+			+				
Racopteris Virletii						AR		
Racopteris paniculifera		+						
Racopteris Machaneki		+					+	
Racopteris transitionis		+					+	
Racopteris flabellifera		+					+	
Eleutherophyllum mirabili							+	
Thyrsopteris schistorum		+			+			
Aphlebiocarpus Schützei							+	
Sphenopteris Schimperiana			+	+				
Sphenopteris foliolata		+						
Sphenopteris striatula		+						
Sphenopteris Essinghii								+
Sphenopteris (Trichomanites) frigida					+			
Sphenopt (Trichomanites) paniculata					+			
Odontopteris antiquum								
Alethopteris decurrens								+
Alethopteris cf. Davrenxi								+
Neuropteris Schleani						AR	+	+
Neuropteris Duboschi							+	+

NOMS DES ESPÈCES.	CULM INFÉRIEUR.					CULM SUPÉRIEUR.		
	GRÈS et POUDINGUES de la basse Loire.	SCHISTES de MORAVIE et de SILÉSIE.	MÂCONNAIS (Vallier).	VOSGES.	SPITZBERG (Nathorst).	PSAMMITE et HOUILLE de la basse Loire.	SCHISTES D'OSTRAU et de WALDENBURG.	BAUDOUR [BELGIQUE] (Renier).
Neuropteris antecedens		+					+	+
Neuropteris obliqua Brongn. sp.							+	+
Mariopteris acuta	AR							
Cordaites borassifolius	R							
Cordaites principalis	AC							
Dorycordaites Reinertianus	R							
Artisia approximata						AR		+
Cordaitanthus spicatus						AR		
Cordaitanthus Cordai								+
Cordaicarpus Cordai								+
Rhychogonium crassirostra					+			
Rhychogonium costatum					+			
Rhychogonium macilentum					+			
Rhychogonium var. globosum					+			
Hexagonospermum angustius						RR		
Hexagonospermum rugosum						RR		
Trigonocarpus Parkinsoni								+
Trigonocarpus Schultzii								+
Rhabdocarpus tunicatus						RR		
Rhabdocarpus ellipticus						RR		
Rhabdocarpus turbinatus						R		
Rhabdocarpus angulatus						RR		
Rhabdocarpus globosus						R		
Rhabdocarpus Bochschianus						AR		
Rhabdocarpus lineatus								+
Rhabdocarpus conchæformis		+						
Carpolithes curvus						AR		
Carpolithes distichus						R		
Samaropsis bicaudatus								+
Samaropsis microptera						AR		
Samaropsis Spitzbergensis					+			
Guilielmites umbonatus						AC		
Walchia antecedens		+					+	
Walchia linearifolia							+	
Pinites antecedens		+					+	
Alcicornopteris involuta			+					
Alcicornopteris Zeilleri			+					
Sphenopteris Ettingshausen		+						
Cardiopteris frondosa		+	+	+				
Eleutherophyllum mirabile							+	

CONCLUSIONS.

Il peut arriver, et même il arrive assez souvent dans les terrains anciens que, par suite de plissements excessifs, de ruptures, de glissements, etc., des lambeaux de terrains soient tellement déplacés qu'ils n'aient plus de contact avec les couches qui les recouvraient ou qu'elles recouvraient autrefois; ces lambeaux ont emporté avec eux les fossiles qu'ils contenaient, et qui sont restés le plus souvent aussi reconnaissables qu'ils l'étaient lorsque le banc qui les renferme se trouvait encore en place. On peut en dresser les listes, les comparer et arriver à savoir si les divers gisements sont contemporains ou d'époques différentes; mais si ces lambeaux isolés peuvent nous donner leur âge, ils ne nous apprennent pas si telle espèce, animale ou végétale, a vécu plus ou moins longtemps, si elle a eu un maximum de développement ou une période de rareté; si elle a passé d'un terrain dans un autre; si elle s'est modifiée plus ou moins dans ce passage. Pour bien saisir ces changements, il faut que les dépôts d'âge consécutifs se soient faits sans interruption, c'est-à-dire que les dépôts les plus anciens soient recouverts régulièrement, sans lacunes, par des couches de plus en plus jeunes, et que cet ensemble n'ait point été disloqué, soit qu'il soit resté horizontal, soit qu'en cas de renversement ces couches soient demeurées parallèles.

Cette succession régulière, cette superposition de couches est précisément ce qu'il y a de remarquable dans les terrains de la basse Loire. Les plus anciens : Précambrien, Cambrien et Silurien, n'offrent pas, il est vrai, cette disposition d'une manière aussi nette : certains sous-étages manquent ou sont rompus par des failles; mais, lorsqu'on arrive au Dévonien supérieur, la régularité se prononce jusqu'à la base du Westphalien.

Le dévonien supérieur (Famennien) se montre sous la forme de schistes bruns, minces, à cassure parfois conchoïdale, avec quelques petits bancs de grès. Ces schistes renferment des empreintes de plantes et, par endroits, des Pélécipodes ou des Brachiopodes. La mer, assurément, n'était pas loin, et des eaux douces s'y jetaient, entraînant des fragments de végétaux. Ces fragments sont petits, et beaucoup n'ont pu être déterminés; mais il en a de reconnaissables. Tels sont : *Lepidodendron Gaspianum, Bothrodendron brevifolium, Psilophyton princeps, P. spinosum, Cephalotheca mirabilis, Pteridorachys, Barrandeina Dussliana,* etc.

Tous ces types végétaux sont étrangers au terrain houiller. Cependant le *Lepidodendron acuminatum,* variété du *L. Veltheimianum* pour quelques auteurs, commence ici et s'éteint dans le culm inférieur.

Le *Bornia transitionis,* qui paraît commencer aussi dans le dévonien supérieur, se continue pendant tout le houiller inférieur.

Enfin, une espèce nouvelle de *Sphenophyllum,* le *S. involutum,* rappelle des formes houillères.

Les quelques espèces filiciformes nous paraissent être toutes des Ptéridospermées, c'est-à-dire des phanérogames. A ce niveau si bas nous n'avons pas vu de Fougères vraies.

La flore dévonienne, formée en grande partie de types spéciaux, renferme donc aussi quelques formes, et même quelques espèces qui annoncent le culm inférieur.

Nous passons évidemment d'un étage à l'autre, et ce n'est pas seulement par les fossiles que nous constatons ce fait. Dans les schistes dévoniens d'Ancenis, si lisses et si bien feuilletés, s'intercalent, avons-nous dit, de petits bancs de grès, d'abord minces et rares, puis, en s'élevant dans la série des couches, de plus en plus rapprochés et épais. C'est vers le château de la Guerre que le grès devient la roche dominante. Au-dessus il renferme d'immenses bancs de poudingue. Or, le grès, pauvre en fossiles, en contient cependant quelques-uns, et ceux qui sont déterminables appartiennent aux espèces qu'on trouve d'ordinaire à la base du culm. On connaît ce niveau à Thann, dans les Vosges, où il a été étudié par Schimper, dans le Roannais, où il a servi à ceux de M. Vaffier; en Moravie et en Silésie, où Stur l'a bien fait connaître et où il paraît plus richement représenté qu'ailleurs.

Dans le culm inférieur de la basse Loire, les fossiles sont dans une roche à grains très grossiers, où l'on ne voit guère que des tiges : *Bornia transitionis, Lepidodendron Veltheimianum, L. rimosum, L. obovatum.* Cependant, dans les petits lits schisteux interposés aux bancs de poudingue, on trouve de rares Filicinées : *Rhodea Hochstetteri, Archæopteris pachyrrhachis.* Il paraît évident qu'il y avait déjà des saisons marquées. Tantôt le cours de l'eau était torrentiel et roulait des galets, parmi lesquels j'ai vu d'assez grosses tiges; tantôt, dans une période relativement sèche, le cours d'eau ne déposait que de minces couches d'argile, dans lesquelles des débris végétaux bien plus délicats laissaient leur empreinte. C'est assurément dans une roche à grain fin que Stur a trouvé à Altendorf, outre les deux Filicinées que nous avons cités, un certain nombre d'autres à physionomie archaïque.

Le genre *cardiopteris*, qui a été constaté dans presque tous les gisements de ce niveau, n'a pas encore été rencontré dans la basse Loire.

De même que nous avons passé du Dévonien supérieur au culm inférieur, nous passons de celui-ci au culm supérieur, non pas dans toute l'étendue du bassin, mais dans des espaces assez grands et écartés les uns des autres. On en voit un au nord d'Ingrande, un autre au sud de Montjean. Le passage du culm inférieur au culm supérieur y est bien visible; mais une longue faille, courant de l'Ouest à l'Est, sépare l'un de l'autre les deux sous-étages. Peu importe, du reste, puisqu'il y a des espaces où les deux culm sont nettement superposés, et puisque les roches et les fossiles spéciaux à ce sous-étage se trouvent dans toute sa longueur.

Jusqu'ici nous n'avons pas vu de houille. Le culm supérieur en contient (ou plutôt en contenait) sur toute l'étendue du dépôt. Des exploitations se sont établies, et la quantité de déblais extraite des puits a singulièrement facilité la recherche des fossiles; mais ce n'est pas l'exploitation seule qui est cause de leur abondance. Ce niveau est positivement celui dont la flore est la plus riche. Il a fourni environ 70 espèces et variétés, les unes à l'état d'empreintes, dans des grès ou des psammites; d'autres, sans déformation, dans une roche feldspathique qu'on appelle dans le pays : pierre carrée.

Nous ne sommes pas habitués en France à voir un si grand nombre de plantes fossiles dans un dépôt ancien. Ce n'est pas chez nous, mais en Silésie, dans les schistes d'Ostrau et de Waldenburg, immédiatement au-dessus des schistes d'Ebersdorf, qu'on peut trouver des termes de comparaison. 57 espèces y ont été recueillies et ont été décrites et figurées par Stur dans la seconde partie de sa Flore du Culm [1]. Ce chiffre n'atteint pas tout à fait celui des espèces du culm supérieur de la basse Loire; mais les deux flores sont assez riches pour être facilement comparées.

Ce qui frappe, tout d'abord, dans cette comparaison, ce sont les caractères négatifs : absence presque totale de Sigillaires, de *Pecopteris* arborescents et de

---

[1] *Die Culm-Flora*, Heft II, *Die Culm-Flora der Ostrauer und Waldenburger Schichten,* 1877.

Nevropteris à grandes folioles. Les caractères positifs sont fournis par le genre *Bornia*, qui est développé jusqu'au sommet du culm et par des Filicacées appartenant toutes à l'ancien genre *Sphenopteris*, qui sont ici en abondance, et qui passeront en partie au nouveau groupe des Ptéridospermées.

La plus grande différence entre le culm supérieur d'Allemagne et le nôtre consiste en un plus grand nombre d'espèces de Lépidodendrées dans la basse Loire; mais ces espèces ne sont pas spéciales; elles se retrouvent dans l'étage Westphalien, même le *Lepidodendron Veltheimianum*, qui devient très rare, et qui est surtout une plante du culm inférieur.

Parmi les plantes qu'on trouve à la fois dans les deux gisements, nous pouvons citer : *Dactylotheca aspera*, *Diplotmema elegans*, *D. Schönchnechti*, *Calymmatotheca Dubuissonis*, *C. tenuifolia* var. *Brongnarti*, *Linkii* et *divaricata*, *Nevropteris Schleani*, *Sphenophyllum tenerrimum*, *Lepidodendron Volkmannianum*, *Stigmaria ficoides*, qui, ici, offre un assez grand nombre de variétés.

Mais bien d'autres espèces ont été trouvées seulement dans les gisements d'Ostrau et de Waldenburg : *Physophycus Andreei*, *Eleutherophyllum mirabile*, *Calamites Haueri*, *C. ostraviensis*, *Sphenophyllum dichotomum*, *Diplotmema Mladecki*, *Calymmatotheca minor*, *C. Rothschildi*, *Hymenophyllum Waldenburgensis*, *Nevropteris Dawsoni*, etc.

Par contre, d'autres espèces n'ont été trouvées que dans le bassin de la basse Loire : *Archæopteris Virletii*, *Nevropteris antecedens*, *Calymmatotheca tridactylites*, *Hymenophyllum antiquum*, *Caulopteris mammiger*, *Sphenophyllum Davyi*, *Lepidodendron lycopodioides*, *L. selaginoides*, *Halonia tuberculata*, *Lepidophloios laricinus*, *L. fimbriatus*, *Sigillaria minima*, *Bornia pachystachya*, etc.

Il était intéressant de savoir si les fossiles variaient d'une couche à l'autre. Le directeur des mines de la Tardivière s'est livré très attentivement à cette étude. Il a recueilli des empreintes et, sur l'étiquette de chacune, il a indiqué exactement le point de la mine d'où elle provenait. Aucune différence ne s'est montrée d'une couche à l'autre, et nous devons conclure que, du commencement à la fin du dépôt, il n'y a pas eu de groupement d'espèces qui permette de distinguer un niveau d'un autre. La même végétation a vécu du commencement à la fin du dépôt, et, si ce fait offre un certain intérêt au paléontologiste, il est regrettable pour l'exploitant.

Au sud de Teillé (Loire-Inférieure), le culm est surmonté par des couches d'un aspect différent qui lui sont parallèles et qui sont aussi parallèles entre elles. Ce dépôt superposé au culm supérieur ne peut être que la base du sous-étage Wesphalien. Un autre semblable, mais isolé et gisant dans un pli du Silurien supérieur, est coupé par la route de Chalonnes à Rochefort-sur-Loire. Les fossiles de ces deux gisements sont en partie les mêmes, mais diffèrent notablement de ceux du culm. On est frappé tout d'abord de l'abondance des feuilles de *Cordaites*. Elles sont appliquées les unes contre les autres et forment à elles seules des couches sans interposition de roche. J'en ai vu de 20 à 30 centimètres de long, parfaitement conservées. Deux espèces ont formé ce dépôt ; les *Cordaites principalis* et *borassifolius*. Plus rarement on rencontre le *C. Goldenbergianus*. Avec ces *Cordaites* on voit les *Asterophyllites equisetiformis* et *longifolius*, ainsi que des Filicacées du type *Sphenopteris*, dont la plupart remontent dans le Westphalien ou ne se trouvent d'ordinaire qu'à ce niveau : *S. Sauveuri, Haidingeri, distans;* enfin, l'*Alethopteris Serlii*.

Les niveaux que nous venons de passer en revue sont, comme nous l'avons vu, superposés sans lacunes; mais ils ne terminent pas le terrain houiller dans cette région. Deux petits bassins isolés se trouvent au sud de la Loire; l'un, le bassin de l'Écoulé, a fourni le *Nevropteris gigantea*. Il est certainement West-phalien, mais plus élevé dans la série que les lambeaux dont nous venons de parler, et qui sont du niveau infra-houiller de M. Grand'Eury. Celui-ci est vraisemblablement du niveau houiller moyen proprement dit, peut-être du houiller sus-moyen de cet auteur.

Enfin, près de Doué-la-Fontaine, un petit lambeau en discordance avec le culm supérieur a donné le *Cannophyllitis Virletii*. C'est une espèce qui se trouve aussi dans le petit bassin de Kergogne (Finistère), lequel, d'après M. Grand'-Eury, est très élevé dans l'étage stéphanien.

INDEX BIBLIOGRAPHIQUE.

LISTE ALPHABÉTIQUE, PAR NOMS D'AUTEURS,

POUR LA PARTIE BOTANIQUE DE L'OUVRAGE.

A

Achepohl (L.). — Das Niederrheinisch-West-falische Steinkohlen Gebirges. Atlas der fossilen Fauna und Flora in 40 Blattern, nach originalen Photographist. Oberhausen und Leipzig. In-fol. 1881-1884 :

Livraisons I-IV : p. 1-72; pl. 0-21. 1881.
Livraisons V-VII : p. 73-108; pl. 22-34 et Ergänzungs-Blatt. I. 1882.
Livraisons VIII-X : p. 109-160; pl. 35-41 et Ergänzungs-Blatt. II. 1883.
Ergänzungs-Blatt. III. 1884.

Allan (F.). — Description of a vegetable impression found in the quarry of craigleith. (*Transactions of the royal Society of Edinburgh*, IX, p. 235-237, pl. 14. In-4°, 1823.)

Andrä (Dr C. J.). — Vorweltliche Pflanzen aus dem Steinkohlengebirge der preussischen Rheinlande und Westphalens. Bonn. In-4°, 1865-1869 :

Fascicule I : p. 1-18; pl. 1-5. 1865.
Fascicule II : p. 19-34, pl. 6-10. 1865.
Fascicule III : p. 35-50, pl. 11-15. 1869.

Andree (Dr R.). — Die Versteinerungen der Steinkohlenformation von Stradonitz in Böhmen. (*Neues Jahrbuch für Mineralogie, Geologie und Palæontologie*, p. 160-170, pl. 4. Stuttgart, in-8°, 1864.)

Arber (E. A.). — The fossil Flora of the Cumberland Coalfield and the Palæobotanical evidence with regard to the age of the Beds. (*Quaterly Journal of the geological Society of London*, vol. IX, Read Nov. 5, 1902, in-8°, 22 p., 2 pl.)

Arber (E. A.). — Notes on Fossil Plants from the Ardwick Series of Manchester. (*Manchester Memoirs*, vol. XLVIII, 1903, 32 p., 1 pl., 1 fig. dans le texte.)

Arber (E. A.). — On the Roots of *Medullosa anglica*. (*Annals of Botany*, vol. XVII, n° LXVI, March 1903, p. 425-433, 1 pl.)

Arber (E. A.). — Palæozoic seeds *Mitrospermum compressum* (Will.). [*Annals of Botany*, vol. XXIV, n° XCV, July 1910, p. 491-509, pl. 37-39.)

Arcy (D') et Thomson (W. F.). — Notes on Ulodendron and Halonia (*Transactions on the Edinburgh geological Society*, III, part. III, p. 341-352, 2 pl., in-8°, 1864.)

Artis (E. T.). — Antediluvian Phytology, illustrated by a collection of the coal formations of the Great Britain. London, 1825, in-4°, xiii et 24 p. (Les planches portent la date de 1824, et le titre de l'ouvrage celle de 1838.)

Auerbach (J.) et Trautschold (H.). — Ueber die Kohlen von central Russland. (*Nouveaux Mémoires de la Société impériale des naturalistes de Moscou*, t. XIII formant le tome XIX de la collection, livraison I avec 3 pl. In-4°, Moscou, 1860.)

B

Baily (W. H.). — On fossil plants from the south of Ireland. (Read before the *Soc. Natural History of Dublin*. May 3 and June 7, 11 p., 1866. In-8°.)

Baily (W. M. Hellier). — On fossils from the upper Old Red Sandstone of Kiltorcan Hill, in the county of Kilkenni. (Reprinted from the *Proceedings of the Royal Irish Academy*, 2ᵉ sér., vol. II. In-8°, p. 45-48, 1875.)

Balfour (J. H.). — Introduction to the study of Palæontological Botany. (In-8°, 102 fig. dans le texte et 4 pl. Edinburgh, 1872.)

Berger (R.). — De fructibus et seminibus ex formatione lithanthracum. Dissertatio inauguralis quam consensu et auctoritate amplissimi Philosophorum ordinis in alma litterarum Universitate Viadrina summos in Philos. honor. rite capess. die XVIII. M. dec. A. MDCCCXLVIII publice defendet auctor Reinoldus Berger Vratislaviensis. In-4°, 31 p., Vratislaviæ, 1848.)

Berry (W. B.). — A notable paleobot. discovery. (Reprinted from *Science*, N. S. n° 497, p. 56-87, Jul. 8, 1904. In-8°.)

Berry (W. B.). — Recent contributions to our Knowledge of paleozoic Seed-Plants. (Read before the *Torrey Botanical Club*, November 1904. In-8°, p. 185-187.)

Binney (W. B.). — Note on the organs of Fructification and Foliage of *Calamodendron commune*? Manchester, 1871. In-8°, p. 218-224, 2 pl.

Binney (E. W.). — Observations of the structure of fossil Plants found in the Carboniferous strata.

Part. I : *Calamites* and *Calamodendron*, p. 1-32, pl. 1-4, 1868.

Part. II. : *Lepidostrobus* and some allied cones, p. 32-62; pl. 7-12, 1871.

Part. III : *Lepidodendron*, p. 63-96; pl. 13-18. 1872.

Part. IV : *Sigillaria* and *Stigmaria*, pl. 97-147; pl. 19-24, 1875.

Boulay (N.). — Le terrain houiller du nord de la France et ses végétaux fossiles. Thèse de géologie présentée à la Faculté des Sciences de Caen, pour obtenir le grade de docteur ès sciences naturelles. In-4°, II et 74 p., 2 tableaux, 1 carte, 2 pl. photographies. Lille, 1876.

Boulay (N.). — Recherches de Paléontologie végétale sur le terrain houiller des Vosges. (Extrait du *Bulletin de la Société d'histoire naturelle de Colmar*, années 1879-1880, 47 p., 2 pl., Colmar 1879.)

Boulay (N.). — Recherches de Paléontologie végétale dans le terrain houiller du nord de la France (concession de Bully-Grenay). (Extrait des *Annales de la Société scientifique de Bruxelles*, 4ᵉ année, 1880, 2ᵉ part. In-4°, 68 p., 2 pl., Bruxelles 1879.)

Breton (L.). — Étude géologique du terrain houiller de Dourges. In-4°, 70 p., 7 pl., Lille, 1873.

Breton (L.). — Étude stratigraphique sur le terrain houiller d'Auchy-au-Bois. Théorie sur le prolongement au sud de la zone houillère du Pas-de-Calais. et comparaison des terrains houillers d'Auchy-au-Bois et du Boulonnais. In-8°, 66 p., 17 pl. Lille, 1877.

Brongniart (Ad.). — Sur la classification et la distribution des végétaux fossiles. (*Mémoires du Muséum d'histoire naturelle*, t. VIII, in-4°, 91 p., 6 pl., Paris, 1822.)

Brongniart (Ad.). — Prodrome d'une Histoire des végétaux fossiles, 1 vol. in-8°, Paris, 1828.

Brongniart (Ad.) [1]. — Histoire des végétaux fossiles ou recherches botaniques et géologiques sur les végétaux renfermés dans les diverses couches du globe. Paris-Amsterdam. In-4°. T. I, xii-488 p., 171 pl., 1828-1837. — T. II (resté inachevé), 72 p., 28 pl., 1837-1838.

T. I, livraison I : xii p., p. 1-80; pl. 1-9, 11, 13, 14, 46-48. 1828.

Livraison II : p. 81-136; pl. 9 *bis*, 10, 12, 15, 19-28. 1828.

Livraison III : p. 137-168; pl. 28, 30-36, 38-41, 44, 45. 1829.

Livraison IV : p. 160-208; pl. 29, 42, 43, 46-49, 51, 52, 54-56, 61, 66. 1829.

Livraison V : p. 209-248; pl. 50, 53, 57, 58, 61 *bis*, 62, 64, 65, 67, 68, 70, 71, 73, 76. 1830.

Livraison VI : p. 249-264; pl. 59, 60, 63, 69, 72, 74, 75, 77, 78, 82. 1831 ou 1832.

Brongniart (Ad.). [Suite.]

Livraison VII : p. 265-288; pl. 83 à 97. 1832 ou 1833.

Livraison VIII : p. 289-312; pl. 82 A, 98-109. 1833 ou 1834.

Livraison IX, p. 313-336; pl. 110-114, 117, 118, 124, 127, 128, 130. 1834.

Livraison X : p. 337-368; pl. 115, 116, 119-123, 125, 126, 129, 131-134. 1835 ou 1836.

Livraison XI : p. 369-416; pl. 135-146. 1836.

Livraison XII : p. 417-488; pl. 37, 37 *bis*, 82, 147-160. 1836.

Livraison XIII : T. I, pl. 161-166. T. II, p. 1-24; pl. 1, 2, 14, 15, 18. 1837.

Livraison XIV : p. 25-56; pl. 3-7, 22, 23, 26, 28, 30. 1838.

Livraison XV : p. 57-72; pl. 8-13, 16, 17, 19-21, 24, 25. 1838.

Brongniart (Ad.). — Tableau des genres de végétaux fossiles considérés sous le point de vue de leur classification botanique et de leur distribution géologique. (*Dictionnaire universel d'histoire naturelle*, in-8°, xiii, p. 52-173. Article Végétaux fossiles à 2 col. Paris, 1849.)

Brongniart (Ad.). — Notice sur un fruit de Lycopodiacée fossile. (*Comptes rendus des séances de l'Académie des sciences*, t. LXVII, séance du 17 août 1868. In-4°, 6 p., Paris, 1868.)

Brongniart (Ad.). — Rapport sur un mémoire de M. Grand'Eury intitulé «Flore carbonifère du département de la Loire». (*Comptes rendus de l'Académie des Sciences*, t. LXXV, séance du 12 août 1872.)

[1] Un certain nombre d'ouvrages de botanique fossile ont été publiés par livraisons. Tels sont ceux de Brongniart, de Sternberg, d'Andrä, d'Achepohl, qui le plus souvent n'ont pas été terminés. M. Zeiller, dans l'*Index bibliographique* de sa Flore fossile du bassin houiller de Valenciennes, a relevé avec le plus grand soin les dates de ces livraisons, travail minutieux et ingrat, mais on ne peut plus utile pour établir la synonymie des espèces. J'ai eu fréquemment, dans le présent ouvrage, l'occasion de profiter des recherches bibliographiques de M. Zeiller et d'apprécier les services qu'elles ont rendus à la partie systématique de la botanique fossile. Je reproduirai ici tout ce qui est applicable au bassin de la basse Loire.

Brongniart (Ad.). — Études sur les graines fossiles trouvées à l'état silicifié dans le terrain houiller de Saint-Étienne. (Extrait des *Annales des Sciences naturelles*, 5ᵉ série, t. XX, in-8°, 32 p., 3 pl., Paris, 1874.)

Brongniart (Ad.). — Étude sur les graines fossiles trouvées à l'état silicifié dans le terrain houiller de Saint-Étienne. (*Comptes rendus des séances de l'Académie des Sciences*, t. LXXVIII, séance du 10 août, in-4°, 20 p., Paris, 1874.)

Brongniart (Ad.). — Recherche sur les graines fossiles silicifiées, précédée d'une notice sur ses travaux par J.-B. Dumas. Grand in-4°, 1 portr., 3 pl. noires, 21 pl. coloriées, Paris, 1881.

Bronn (H. G.). — Index palæontologicus oder Uebersicht der bis jetzt fossilen Organismen, unter Mitwirkung der H. H. Prof. H. R. Gœppert und Herm. v. Meyer, bearbeitet von Dʳ H. G. Bronn Stuttgart. In-8°, Erst Abtheilung. Nomenclator palæontologicus. LXXXIV-1382 p., 1848-1849.

Bronn (H. G.). — Lethæa geognostica, oder Abbildung und Beschreibung der Gebirger-Formationem bezeichnensten Versteincrungen, in-8°, 3ᵗᵉ starte vermehrte Auflage, bearbeitet von H. G. Bronn und F. Rœmer, 3 vol. : vol. I, 1851-1856 (Uebersichten, von H. G. Bronn, 12-204 p. 11 Palæolethæa von F. Rœmer, IV-788 p., 1852-1854. Atlas in-4°, 123 planches. Stuttgart.)

Bunbury (C. J. F.). — On fossil plant of the Coal-Formation of Cape Breton. (*Quarterly Journal of the Geological Society, Proceeding of the Geological Society*, p. 423-438, pl. 21-24, in-4°, London, 1847.)

Bureau (Éd.). — De la végétation à l'époque houillère. Conférence à la Sorbonne. (*Revue des cours scientifiques*, 5 janvier 1867, p. 91-96.)

Bureau (É.). — Sur la présence de l'étage houiller moyen en Anjou. (*Comptes rendus de l'Académie des Sciences*, in-4°, 3 p., 8 décembre 1884.)

Bureau (Éd.). — Sur la présence du genre *Equisetum* dans l'étage houiller inférieur. (*Comptes rendus de l'Académie des Sciences*, séance du 5 janvier 1885, in-4°, Paris, 3 p.)

Bureau (Éd.). — Liste des végétaux fossiles du terrain houiller de la basse Loire. Dans Bureau (L.), Notice sur la géologie de la Loire-Inférieure. (Extrait de *Nantes et la Loire-Inférieure*, vol. III, p. 99-529, 63 fig., 4 pl., 1900.)

Bureau (Éd.). — Le terrain houiller dans le nord de l'Afrique. (*Comptes rendus de l'Académie des Sciences*, 20 juin 1904, p. 3.)

Bureau (Éd.). — Sur une Lépidodendrée nouvelle (*Thaumasiodendron andegavense*) du terrain houiller inférieur de Maine-et-Loire. (*Bulletin de la Société d'Études scientifiques d'Angers*, 1905, publié en 1906, p. 69-79, 6 fig. dans le texte.)

Bureau (Éd.). — Sur la flore dévonienne du bassin de la basse Loire. (*Bulletin de la Société des Sciences naturelles de l'Ouest de la France*, 3ᵉ série, t. I, 41 p., 4 pl., Nantes, 1911.)

Bureau (Éd. et L.); Davy (L.) et Dumas (A.). — Livret guide de la réunion extraordinaire de la Société géologique de France à Nantes et à Châteaubriant. In-4°, 65 p., 2 cartes, 1908.

Bureau (Éd. et L.); Davy (L.) et Dumas (A.). — Compte rendu de la réunion extraordinaire de la Société géologique de France à Nantes, Chalonnes et Châteaubriant, p. 593-680. 1908.

C

Carpentier (A.). — Sur quelques graines et microsporanges de Ptéridospermées trouvées dans le bassin houiller du Nord. (*Comptes rendus de l'Académie des Sciences*, t. CXLVIII, p. 1232-1236, 3 mai 1909.)

Carpentier (A.). — Notes sur quelques végétaux fossiles du bassin houiller du Nord. (*Association française pour l'avancement des sciences*, 38ᵉ session, Lille, 1909.)

Carpentier (A.). — Sur quelques fructifications ou inflorescences du Westphalien du nord de la France. (*Revue générale de botanique*, t. XXIII, 18 p., 6 pl.)

Carruthers (W.). — On the structure of the fruit of *calamiten*. (Reprinted from the *Journal of Botany*, December 1867, 8 p., 2 pl.)

Carruthers (W.). — On the plant remains from the brazilian Coal beds, with remarks on the genus Flemingites. (*Geological Magazine*, vol. VI, in-8°, 6 p., 1 pl., April 1869.)

Carruthers (W.). — On the genus *Knorria* Sternb. (*Transact. of the Botanical Society*, Edinburgh, vol. XCIII, p. 153-155, pl. XCIII, in-8°, 1869.)

Carruthers (W.). — Notes on somes fossil plants. (*Geological Magazine*, vol. IX, n° 2. Extrait, 11 p., 5 fig. dans le texte. London, 1872.)

Carruthers (W.). — On the structure of the steems of the Arborescent Lycopodiaceæ of the coal measures. IV. On a Leaf-bearing Branch of a Species of Lepidodendron. (Read before *the Royal Microscopical Society*, Jan. 3, 1872, p. 50-54, pl. 7 et 8. In-8°, 1872.)

Carruthers (W.). — Notes of some fossil plants. (*Geological Magazine*, vol. IX, n° 2, in-8°, 1 p., 1 pl., 6 woodes. February 1872.)

Carruthers (W.). — On *Halonia* of Lindley and Hutton and *Cyclocladia* of Goldenberg. (*Geological Magazine*, X, p. 145-152, pl. 8, London, in-8°, 1873.)

Carruthers (W.). — On the Structure and Affinities of *Lepidodendron* and *Calamites*, p. 495-507, pl. VIII et IX, in-8°.

Cash (W.). — On the fossil fructifications of the Yorkshire coal measures. (*Proceedings of the Yorkshire Geological and Polytechnical Society*, vol. IX, part III, p. 435-448, pl. 22-29, in-8°, 1887.)

Cœmans (E.). — Monographie des *Sphenophyllum* d'Europe. (*Bulletin de l'Académie royale de Belgique*, 2ᵉ série. In-8°, 30 p., 2 pl., Bruxelles, 1864.)

Corda (A. J.). — Beiträge zur Flora der Vorwelt. In-4°, 128 p., 60 pl., Prague, 1845.

Cotta (D.), Geinitz (A.), Gutbier (A. V.), Naumann (F.), Reichenbach (L.) et Schiftner (A.). — Gæa von Sachsen. In-12, Dresden und Leipzig, 1843.

Couffon (O.). — A propos des couches à *Psilophyton* en Anjou. (*Bulletin de la Société d'études scientifiques d'Angers*, nouvelle série, 38ᵉ année, 1908, p. 83-95, 22 fig., Angers, 1909.)

Crépin (F.). — Fragments paléontologiques pour servir à la flore du terrain houiller de Belgique. 1ᵉʳ fragment, in-4°, 14 p., 2 pl., 1874. (*Bulletin de l'Académie royale de Belgique*, 2ᵉ série, t. XXXVIII, n° 11, 14 p., 2 pl.)

Crépin (F.). — Guide du botaniste en Belgique. (Plantes vivantes et fossiles. In-12, Bruxelles, 1878.)

46

Crépin (F.). — Description de quelques plantes fossiles de l'étage des Psammites du Condroz, Dévonien supérieur. (*Bulletin de la Société royale de botanique de Belgique*, 2ᵉ série, t. XXXVIII, n° 8, août 1874, in-8°, 14 p., 3 pl., Bruxelles.)

Crépin (F.). — Sur quelques plantes fossiles de l'étage du poudingue de Burnot, Dévonien inférieur. (*Bulletin de l'Académie royale de botanique de Belgique*, 2ᵉ série, t. XL, nᵒ 8, août 1875, 8 p., 3 pl.)

Crépin (F.). — Observations sur quelques plantes fossiles des dépôts dévoniens rapportés par Dumont à l'étage quartzoschisteux inférieur de son système Eifelien. (*Bulletin de la Société royale de botanique*, t. XIV, p. 214-230, in-4°, 6 pl., Gand, 1875.)

Crépin (F.). — Notes paléophytologiques. (*Bulletin de la Société royale de Belgique*, t. XIX, 2ᵉ partie.)

1ʳᵉ note. Observations sur les *sphenophyllum*. Gand, in-8°, 10 p., 1880.

2ᵉ note. Observations sur quelques *sphenopteris* et sur les côtes des calamites, p. 11-20, 1880.

3ᵉ note. 1. Revision de quelques plantes figurées dans l'ouvrage intitulé : *Illustrations of fossil plants*. II. Nouvelles observations sur le *Sphenopteris Sauveurii*. In-4°, p. 21-32, 1881. (*Ibid.*, t. XX, 2ᵉ partie, p. 42-50.)

Crépin (F.). — Liste des végétaux fossiles du terrain houiller proprement dit. (*Géologie de la Belgique*, par Henri MOURLON, t. II, p. 59-64. Bruxelles, in-8°, 1881.)

D

Dana (J. D.). — Manual of Geology treating of the principle of the science, with special reference to *American geological history*, 1 vol. in-8°, 978 fig. dans le texte, Philadelphie, 1864.

Davy. — Bibliographie géologique et minéralogique de l'Ouest. (*Bulletin de la Société des sciences naturelles de l'Ouest.*)

Dawson (J. W.). — On fossil plants from the Devonian rocks of Canada. (*Quarterly Journal of the Geological Society of London.* In-8°, p. 477-488, 5 fig., January 1859.)

Dawson (J. W.). — On the precarboniferous Flora of New Brunswick, Maine and Eastern Canada. (*The Canadian Naturalist and Geologist*, vol. VI, n° 3, p. 161-180, fig., in-8°, June 1861.)

Dawson (J. W.). — On the Flora of the Devonian period in North-Eastern America.

Dawson (J. W.). [Suite.]

(*Quarterly Journal of the Geological Society*, November 1862, in-8°, p. 296-330, 6 pl., 1 woode.)

Dawson (J. W.). — Further Observations on the Devonian plants of Maine, Gaspé and New-York. (*Quarterly Journal of the Geological Society*, May 1863, in-8° p. 458.)

Dawson (J. W.). — Acadian Geology. The geological structure, organic remains, and mineral resources of Nova Scotia, New Brunswick and Prince Edward Island, 2ᵉ édition, in-8°, xxv-694 p., 231 fig., London, 1868.

Dawson (J. W.). — On the structure and affinities of *Sigillaria*, *Calamites* and *Calamodendrons*. (*Quarterly Journal of the Geological Society*, vol. XXVII, p. 147-161, in-8°, London, 1870.)

Dawson (J. W.). — On new Tree Ferns and other Fossils from the Devonian. (*Quarterly Journal of the Geological Society*, vol. XXVII, p. 269-276, 1 pl., 1871.)

Dawson (J. W.). — Report on the fossil plants of the lower carboniferous and Millstone Grit formations of Canada. (*Geological Survey of Canada*, in-8°, 47 p., 11 pl., Montréal, 1873.)

Dawson (J. W.). — On the upper coal-formation of Eastern Nova Scotia and Prince Edward Island in its relation to the Permian. (*Quarterly Journal of the Geological Society*, in-8°, p. 209-219, fig., August 1874.)

Dawson (J. W.). — Notes on some Scottish Devonian plants. (*The Canadian Naturalist*, vol. VIII, n° 7, February 1878, in-8°, 10 p., 1 pl.)

Dawson (J. W.). — Notes on New Erian (Devonian). (*Quarterly Journal of the Geological Society*, vol. XXXVII, June 1880. In-8°, 10 p., 2 pl.)

Dawson (J. W.). — The fossil plants of the Devonian and Upper Silurian formations of Canada. (*Geological Survey of Canada*. In-8°, part. I, 92 p., 20 pl., Montréal, 1871; part. II, 91 p., 4 pl., Montréal 1882.)

Dawson (J. W.). — On Rhizocarps in the Erian (Devonian) period in America. (*Bulletin of the Chicago Academy*. In-8°, p. 105-118, 1 pl., Chicago, 1886.)

Dawson (J. W.). — On fossil plants from the Mackensie and Bow Rivers. (*Transactions of Royal Society of Canada*, vol. VII, section IV. In-4°, p. 69-74, pl. 10 et 11, Montréal, 1889.)

Dawson (J. W.). — The Geological History of plants. 1 vol. in-12, London, 1888.

Dawson (J. W.). — On new plants from the Erian and carboniferous and on the characters and affinities of palæozoic Gymnosperms. (*Peter Redpath Museum, Mc Gill University*, notes on specimens. In-8°, 28 p., Montréal, 1890.)

Dawson (J. W.). — The Geology of Nova Scotia, New Brunswick and Prince Edward Island or Acadian Geology. Fourth edition, with a map, illustrations and two supplements. In-8°, London, 1891.

Dawson (J. W.). — Carboniferous Fossils from Newfoundland. (*Bulletin of the Geological Society of America*, vol. II, p. 529-540, pl. 21-22. In-8°, Rochester, May 1891.)

Dawson (J. W.). — Palæontological Notes : I. A new species of *Psiloceras*, fig. 1-2; II. *Saccamina calcitropa*, fig. 3; III. New Devonian plants from the Bay de Chaleur. (*Canadian Naturalist*, vol. X, n° 1, in-8°, 11 p.)

Dawson (J. W.). — Synopsis of the Flora of the carboniferous period in Nova Scotia. In-8°, 27 p.

Dawson (J. W.). — The Geological history of plants. In-12, 79 fig. (*The International Scientific Series*, vol. LXII, London.)

Dukinfield (H. S.). — The Presidents Address : What were the carboniferous Ferns? (*Journal of the Royal Microscopical Society*, p. 137-142, pl. 3, 2 fig. dans le texte, London, 1903.)

E

Ebray (Th.). — Végétaux fossiles des terrains de transition du Beaujolais. (*Annales de la Société des sciences industrielles de Lyon.*

Ebray (Th.). [Suite.] In-8°, 20 p., 11 pl., 1 carte, Lyon, avril 1868.)

Eichwald (Ed.). — Die Urwelt Russlands, durch Abbildungen erläutert, Saint-Petersburg. In-4°, 1840-1848 :

1er Heft, 106 p., 4 pl., 1840.
2ter Heft, 184 p., 4 pl., 1842.
3ter Heft, 156 p., 2 pl., 1845.
4ter Heft, 72 p., 4 pl., Moscou, 1848.

Eichwald (Ed.). — Lethæa rossica ou Paléontologie de la Russie. Stuttgart. In-8°, 3 vol., 1853-1868 :

Tome I : 1re section, xx-8-681 p.; 2e section, p. 17-26, p. 681-1657. Atlas in-4°, 8 p., 61 pl., 1860.
Tome II : 832 p. Atlas in-4°, 30 pl., 1865.
Tome III : xx-533 p. Atlas in-4°, 14 pl., 1853.

Ettingshausen (Dr C. von). — Beitrag zur näheren Kenntniss der Calamiten. (*Aus dem Octoberhefte der Jahrganges 1852 der Sitzungsberichte der mathem. naturw. Classe der kais. Acad. d. Wissenschaften*, Band. IX, p. 684, besonders abgedruckt. In-8°, 8 p., 4 pl., Wien, 1852.)

Ettingshausen (Dr C. von). — Beitrage zur Flora der Vorwelt :

I. Untersuchung über mehrere Calamiten und Asterophyllites-Formen.
II. Monographia *Calamarium fossilium*. (Aus der Naturwissenschaftlichen Abhandlungen Gesammelt und durch Subscription herausgegeben von W. Haidinger.) In-4°, 30 p., 6 pl.; Wien, 1851.

Ettingshausen (Dr C. von). — Die Steinkohlenflora von Stradonitz. (*Abhandlungen der k. k. geologischen Reichsanstalt*, I Band, 3 Abtheilung, n. 4, in-4°, 18 p., 6 pl. Wien, 1852.)

Ettingshausen (Dr C. von). — Die Steinkohlen Flora von Radnitz. (*Abhandlungen der k. k. geologischen Reichsanstalt*, II, in-4°, 74 p., 29 pl. Wien, 1854.)

Ettingshausen (Dr C. von). — Die fossile Flora des Mährisch-Schlesischen Dachschiefers. (*Denschriften der k. Akad. d. Wissensch. mathem. naturw. Cl.*, Bd. XXV, 1865. In-4°, 40 p., 7 pl., Wien, 1865.)

F

Feistmantel (Dr O.). — Fruchstände fossiler. Pflanzen aus der böhmischen Steinkohlenformation. (*Verlag der konigl. böhmisch Gesellschaft der Wissenschaften in Prag. Sitzung der mathem. naturwissenschaftlichen Classe aus 19 April 1871.* In-8°, 19 p.)

Feistmantel (Dr O.). — Steinkohlenflora von Kralup in Böhmen. (*Aus den Abhandlungen der k. böhm. Gesellschaft der Wissenschaften* VI Folge, 5 Band, in-4°, 38 p., 4 pl. Prag, 1871.)

Feistmantel (Dr O.). — Über Pflanzenreste aus dem Steinkohlenbecken von Merklin. (*Sitzung der mathematisch-naturwissenschaftlichen Classe,* am 8 März 1872. In-4°, 15 p.)

Feistmantel (Dr O.). — Ueber Fruchstadien fossiler Pflanzen aus der böhmischen Steinkohlenformation Heft I : Equisetaceæ und Filices. (*Aus den Abhandlungen der k. k. Böhm. Gesellschaft des Wissensch.* V. Folge, 5 Band. In-4°, 52 p., 6 pl. 1872.)

Feistmantel (Dr O.). — Ueber des Nürschauer Gasschiefer, dessen geologische Stellung und organische Einschlisse. (*Abdruck a d. Zeitschr. d. Deutschen*, Jahrg. 1873, p. 582-601, 1 pl.)

Feistmantel (Dr O.). — Zur Flora von Miröschau. (Ans einen Briefe an Dr Stur.) [*Verhandlungen der k. k. geologischen Reichsanstalt*, 1874, p. 256-257. In-8°. Wien, 1874.]

Feistmantel (Dr O.). — Das Kohlenkalk vorkommen bei Rothwaltersdorf in der Grafschaft Glatz und dessen organische Einrschlusse. (*Zeitschrift der deutschen geologischen Gesellschaft*, XXV, p. 463-551, pl. 14-17. In-8°, Berlin, 1873.)

Feistmantel (Dr O.). — Der Versteinerungen der Böhmischen Ablagerungen mit theilweiser Erganzung der mangelhaften Formen aus dem Niederschlesischen Becken. (*Palæontographica*, vol. XXIII.)

Livraisons I-III : p. 1-156, pl. 1-25, 1874.

Livraisons IV-VI : p. 173-222, pl. 30-49, 1875.

Livraisons VII-IX : p. 223-316, pl. 50-68, 1876.

Cassel. In-4°, 1874.

Feistmantel (Dr O.). — Steinkohlen-und Perm-Ablagerung in Nord-Western von Prag. (*Aus den Abhandlungen der königl. böhmischen Gesellschaft der Wissenschaften*, VI Folge, 6 Band, mit 9 Durchschnitten und 2 Tafeln Abbildungen. In-4°, Prag, 1874.)

Félix (J.). — Untersuchungen über den inneren Bau Westfälischer Carbon-Pflanzen. Berlin, in-8°, 74 p., 6 pl., 1886. (*Abhandlungen der k. k. geologischen Landesanstalt*, VII, p. 153-225.)

Fiedler (Dr H.). — Die fossilen Früchte der Steinkohlenformation. (*Nova Acta Academiæ Cæsaræ Leopoldino-Carolinæ naturæ curiosorum*, vol. XXVI, 1857. In-4°, p. 239-296, pl. 21-28. Breslau und Bonn.)

Fischer de Waldheim (G.). — Quelques plantes fossiles de la Russie, lu à la séance du 9 avril 1840. In-8°, p. 234-240.

Flahault (Ch.). — La Paléobotanique dans ses rapports avec la végétation actuelle. (*Introduction à l'enseignement de la Botanique*, 1 vol. in-8°, autographié, 217 p., 54 fig. Conférences faites à l'Institut botanique de Montpellier, semestre d'hiver, 1902-1903.)

Flamand (G.-B.-M.). — Observations nouvelles sur les terrains carbonifériens de l'extrême sud-oranais. (*Comptes rendus des séances de l'Académie des sciences*, vol. CXLV, p. 211, 16 juillet 1907.)

Fontaine (M.). — Description of some fossil Plants from the Great Falls coal Field of Montana. (*Proceedings of the U. S. National Museum*, vol. XV, n° 918, p. 487-495, 3 pl.)

Fourmarier (P.). et Renier (A.). — Pétrographie et paléontologie de la formation houillère de la Campine. (*Annales de la Société géologique de Belgique*, t. XXX, 47 p.; Mémoires, 1906.)

Fritel (P.-H.). — Paléobotanique (Plantes fossiles). In 12, 409 fig. dans le texte et 36 pl., 1903.

G

Geinitz (H. B.) und Gutbier (A. von). — Græa von Sachsen. Die Versteinerungen von Obersachsen und den Laufitz. In-12, Dresden und Leipzig, 1843.

Geinitz (H. B.). — Darstellung der Flora des Hainichen-Ebersdorfer und des Flochaers Kohl.-Bassins, im Vergleich zu der Flora des zwickauer Steinkohlengebirges. (*Press-*

Geinitz (H. B.). [Suite.] *chriften gekrant und herausgegeben von der Fürstlich Jabbonowskischen Gesellschaft*, V. In-8°, 80 p., et Atlas in-fol., 14 pl. Leipzig, 1854.)

Geinitz (H. B.). — Die Versteinerungen der Steinkohlenformation in Sachsen. In-fol., 61 p., 36 pl., Leipzig, 1855.

Geinitz (H. B.). — Geognostische Darstellung der Steinkohlenformation in Sachsen mit besonderer berücksihstigung des Rothliegenden. In-fol., 91 p., 12 pl, Leipzig, 1856.

Geinitz (H. B.). — Die Leitpflanzen des Rothliegenden und des Zeichstengebirges oder der permischen Formation in Sachsen. (*Separat-Abdruck aus dem Oster-Programm der königl. polytechn. Schul zu Dresden*. In-4°, 2 pl. Leipzig, 1858.)

Geinitz (H. B.). — Dyas, oder die Zechsteinformation und das Rothliegende. Leipzig. In-4°, 1861-1862 :

Heft I, xviii-130 p., 23 pl. 1861.
Heft II, viii-131-142; pl. 24-42. 1862.

Geinitz (H. B.). — Ueber einige seltene Versteinerungen aus der unteren Dyas und d. Steinkohlen-Formation. (*Neues Jahrbuch für Mineralogie, Geologie und Palæontologie*, 1865, p. 385-394, pl. 2, 3. In-8°. Stuttgard, 1865.)

Geinitz (H. B.). — Ueber eine fossil Frucht aus dem Zechsteine und einige Ueberreste an der Steinkohlenformation. (*Sitzungs-Berichte der naturwissenschaftlichen Gesellschaft Isis*, Jahrgang 1870, p. 60, 1 pl. Dresden, in-8°.)

Geinitz (H. B.). — I. Ueber einige Lycopodiaceen aus der Steinkohlenformation, et II, Die Graptolithen des K. Mineralogischen Museums in Dresden. (*Mittheil. aus d. Koenigl. Miner.-Geol. und præhistor. Mus. in Dresden*. Neuntes Heft. In-4°, 35 p., 3 pl. Cassel, 1890.)

Germar (E. F.) und Kaulfuss. — Ueber einige merkwürdige Pflanzenabdrücke aus der Steinkohlenformation. (*Nova Acta Academiæ Cesareæ Leopoldino-Carolinæ naturæ curiosorum*, XV, part. 2, p. 219-230. In-4°, 2 col. Halle, 1831.)

Germar (E. F.). — Bemerkungen über einige Pflanzen abdrucke den Steinkohlengruben von Wettin und Löbejün im Saalkreise. (*Isis von Oken*, 1837, p. 425-430, pl. 2. Leipzig, in-4° à 2 col., 1837.)

Germar (E. F.). — Die Versteinerungen des Steinkohlengebirges von Wettin und Lobejün in Saalkreise. Halle. In-fol., iv-116 p., 40 pl., 1844-1853 :

Livraison I : p. 1-12, pl. 1-5. 1844-1853.
Livraisons II-III : p. 13-40, pl. 6-15, 1845.
Livraison IV : p. 41-48, pl. 16-20. 1847.
Livraison V : p. 49-59, pl. 21-25. 1848.
Livraison VI : p. 60-80, pl. 26-30. 1849.
Livraison VII : p. 81-110, pl. 31-38, 1851.
Livraison VIII : p. 111-116, pl. 39-40. 1853.

Gilkinet (A.). — Sur quelques plantes fossiles de l'étage des Psammites du Coudroz. (*Bulletin de l'Académie royale de Belgique*, 2° sér., t. XXXIX, n° 4, avril 1875. In-8°, 18 p., 3 pl. Bruxelles, 1875.)

Gilkinet (A.). — Sur quelques plantes fossiles de l'étage du poudingue de Burnot. (*Bulletin de l'Académie royale de Belgique*, 2° sér., t. XL, n° 8, août 1875. In-8°, 8 p., 3 pl. Bruxelles.)

Gœppert (H. R.). — Die fossilen Farnkräuter. Systema filium fossilium. (*Nova Acta Academiæ Cæsareæ Leopoldino Carolinæ Naturæ curiosorum*, supplément du volume XVII. In-4°, 44 pl. Breslau, 1836.)

Gœppert (H. R.). — De floribus in statu fossili, commentatio botanica, Vratislaviæ. In-4°, 1837, 2 pl.

Gœppert (H. R.). — Ein Beitrag zur Flora des Übergangsgebirges. (*Nova Acta Academiæ Cæsareæ Leopoldino-Carolinæ Naturæ curiosorum*, vol. XIX, p. 11, 4 p., 1 pl., 1842.)

Gœppert (H. P.). — Die Gattungen der fossilen Planzen verglichen mit denen des Jetztwelt und durch Abbildungen. Les genres des plantes fossiles comparés avec ceux du monde moderne expliqués par des figures. 1 vol. 2 col., allemand et français, 1841-1846.

    Livraisons I-II : 36 p., 18 pl., 1841.
    Livraisons III-IV : p. 37-84, 18 pl., 1842.
    Livraisons V-VI : p. 85-120, 20 pl., 1846.

Gœppert (H. R.). — Nebst einer Uebersicht der fossllen Flora Schlesiens, in Wimmen Flora von Schlesien. 2 vol. in-12. Breslau, 1844.

Gœppert (H. R.). — Über die fossile Flora der Grauwacke oder des Übergangsgebirger, besonders in Schliesen. (*N. Jahrb. f. Mineral.*, in-8°, p. 675-686, 1847.)

Gœppert (H. R.). — Fossile Flora der Uebergansgebirges. Flora fossilis formationis transitionis. (*Novorum Actorum Academiæ Cæsareæ Leopoldino-Carolinæ*, vol. XXII, suppl., in-4°, x-299, 44 pl. Breslau und Bonn, 1852.)

Gœppert (Dᵣ H. R.). — Fossile Flora des Uebergangsgebirges. (*Verhandlungen der kaiserlichen Leopoldinisch-Carolinischen Akademie der Naturforcher.* In-4°, 44 pl. Breslau et Bonn, 1854.)

Gœppert (H. R.). — Ueber die fossile Flora der silurische, der devonische und unteren Koklenformation oder des sogenannten Uebergangsgebirges. (*Nova Acta Academiæ Cæsaræ Leopoldino- Carolinæ naturæ curiosorum*, 1 vol. XXVII, in-4°, 12 pl., 1859.)

Goppert (H. R.) und Stenzel. — Die Medulloseæ. (*Extra Abdruck aus Palaeontographica*, XXVIII, Folge IV. Band III. Lieferung-Kassel, 1881, 17 p., 4 pl.)

Goldenberg (F.). — Flora saræpontana fossilis. Die Flora der Vorwelt Saarbrückens. In-4°, Saarbrucken, 1855-1862.

    Heft I : 38 p., pl. A-B, 1-4. 1855-1862.
    Heft II : iv-60, pl. 5-10. 1857.
    Heft III : 48 p., pl. 11-16. 1862.

Gomes (B. A.). — Commissao geologice de Portugal. Vegetaes fosseis, Primeiro opusculo, Flora fossil de terreno carbonifero. In-4°, 6 pl. Lisbonne, 1865.

Grand'Eury (C.). — Flore carbonifère du département de la Loire et du centre de la France : 1ʳᵉ partie, Botanique; 2ᵉ partie, Géologie. Atlas, 1 carte, 54 pl., 4 tableaux de végétation. 3 vol. in-4°. (*Mémoires présentés par divers savants à l'Académie des sciences*, Paris, 1877.)

Grand'Eury (C.). — Trois planches photographiées : *Nevropteris* ou *Pecopteris*, avec graines.

Grand'Eury (C.). — Développement souterrain, semences et affinités des Sigillaires. (*Comptes rendus de l'Académie des sciences*, t. CVIII, 29 avril 1889. In-4°, 5 p., Paris.)

Grand'Eury (C.). — Arthropitus et Calamodendron. (*Comptes rendus de l'Académie des sciences*, t. CVIII, 27 mai 1889. In-4°, 5 p., Paris.)

Grand'Eury (C.). — Géologie et Paléontologie du terrain houiller du Gard. 1 vol. in-4° et atlas, Saint-Étienne, 1890.

Grand'Eury (C.). — Forêt fossile de *Calamites Succowii*. Identité spécifique des *Cal. Succowii* Br., *Cistii* Br., *Schatzlariensis* St., *Filiosus* Gr., *Calamocladus parallelinervis* Gr., *Calamostachys vulgaris* Gr. (*Comptes rendus de l'Académie des sciences*, t. CXXIV. Séance du 14 juin 1897. In-4°, 4 p., Paris.)

Grand'Eury (C.). — Sur les Calamariées debout et enracinées du terrain houiller. (*Comptes rendus de l'Académie des sciences*, t. CXXX. Séance du 2 avril 1900. In-4°, 4 p.)

Grand'Eury (C.). — Sur les Fougères fossiles enracinées du terrain houiller. (*Comptes rendus de l'Académie des sciences*, t. CXXX. Séance du 9 avril 1900. In-4°, Paris.)

Grand'Eury (C.). — Sur les *Stigmaria*. (*Comptes rendus de l'Académie des sciences*, t. CXXX. Séance du 17 avril 1900. In 4°, Paris.)

Grand'Eury (C.). — Sur les tiges debout, les souches et les racines de Cordaites. (*Comptes rendus de l'Académie des sciences*. In-4°, 4 p., t. CXXX, 30 avril 1900.)

Grand'Eury (C.). — Sur les rhizomes et les racines des Fougères fossiles et des cycadofilices. (*Comptes rendus de l'Académie des sciences*, t. CXXXVIII. In-4°, p. 607, 7 mars. In-4°, 4 p., Paris, 1904.)

Grand'Eury (C.). — Sur les graines des Nevroptéridées. (*Comptes rendus de l'Académie des sciences*, t. CXXXIX, p. 23. Paris, 4 juillet 1904.)

Grand'Eury (C.). — Sur les graines des Nevroptéridées. (*Comptes rendus de l'Académie des sciences*, t. CXXXIX, p. 782-786, 14 novembre, Paris, 1904.)

Grand'Eury (C.). — Sur les *Rhabdocarpus*, les graines et l'évolution des Cordaitées. (*Comptes rendus de l'Académie des sciences*, t. CXL, p. 995-998. Paris, 1905.)

Grand'Eury (C.). — Sur les graines trouvées attachées au *Pecopteris Pluckeneti* Schloth. (*Comptes rendus de l'Académie des sciences*, t. CXL, p. 920-923, 2 fig., 3 avril 1905. In-4°, Paris.)

Grand'Eury (C.). — Sur les graines de *Sphenopteris*, sur l'attribution des *Codonospermum* et sur l'extrème variété des graines de Fougères. (*Comptes rendus de l'Académie des sciences*, t. CXLI, p. 812. Séance du 20 novembre 1905. In-4°, Paris.)

Grand'Eury (C.). — Sur les mutations de quelques plantes fossiles du terrain houiller. (*Comptes rendus de l'Académie des sciences*. Séance du 2 janvier, t. CXLII, 4 p., 1906.)

Grand'Eury (C.). — Sur les inflorescences des Fougères à graines du Culm et du terrain houiller. (*Comptes rendus des séances de l'Académie des sciences*, t. XLIII, p. 761. Séance du 19 novembre 1906, 4 p., in-4°, Paris.)

Grand'Eury (C.). — Recherches sur les Ptéridospermées, Fougères à graines du terrain houiller. (*Bulletin de la Société des sciences de Nancy*, 15 décembre 1909. Nancy, 1910, 19 p., in-4°.)

Gruner (L.). — Sur la division des terrains houillers en étages basée sur les plantes fossiles. (*Bulletin de la Société géologique de France*, 3e série, t. V, p. 214. Séance du 29 janvier 1877. In-8°, Paris.)

Gutbier (A. von). — Abdrücke und Versteinerungen des Zwickauer Schwarzkohlengebirges und seiner Umgebungen. In-8°, 80 p. et atlas, 12 pl. Zwickau, 1835.

H

Haas (H.). — Die Leitfossilien, Synopsis der geologische Wichtigsten Formen des vorweltlichen Fier und Pflanzenreich. 323 fig. dans le texte. In-8°, Leipzig, 1887.

Haas (H.). — Catechismus der Versteinerungstunde. In-12, 234 fig. dans le texte. Leipzig, 1902.

Hall (F. G.). — Einige krautartige Lycopodiaceen palæozoischen und mesozoischen Alten. In-8°. (*Archiv. für Botanik Vetenskapsakademien Stockholm*, Band 7, n° 5, 1907, 3 p., 3 pl.)

Haughton (G.). — The lower carboniferous leds of the peninsula of Hook, county of Wexford. (*Journal of the Geological Society of Dublin*, vol. VII, 8 p., 2 pl.)

Heer (Dr O.). — Die Urwelt der Schweiz. Zurich, in-8°, xxx, 622 p., 7 paysages, 11 pl. et 1 carte géol. 1865.

Heer (Dr O.). — Fossile Flora der Bären Insel enthaltend die Benhreilung der von den Herrn A. E. Nordenskiöld und A. d. Mahmgren. (*An die königl. Schwedische Acad. der Wisseingereicht* du 30 sept. 1870, in-4°, 51 p., 15 pl., Stockholm, 1871.)

Heer (Dr O.). — On the carboniferous Flora of Beer Island. (*Quarterly Journal of the Geological Society*, for May 1872. Appendix : on *Cyclostigma*, *Lepidodendron* and *Knorria* from Kiltorkan, idem, in-8°, 161-173, 1 pl.)

Heer (Dr O.). — Flora fossilis arctica. Die fossile Flora der Polarländer. Zurich, in-4°, t. III, 1875. — Beitrage zur Steinkohlenflora der Arctischen Zone. (*Kongl Svenska Vetensk Akad.* Handl. XII, n° 3, 12 p., 6 pl., Stockholm, 1874.)

Heer (Dr O.). — Beiträge zur fossilen Flora Spitzbergens gegründ auf die Sammlungen

Heer (Dr O.). [Suite.] der Schwedischen Expedition von Jahre 1872 aus 1873. (*Kongl. Svenska Vetensk Acad.*, Handb. XIV, n° 5, 142 p., 32 pl., Stockholm, 1876.)

Heer (Dr O.). — Flora fossilis Helvetiæ. Die vorweltliche Flora der Schweiz, 1 vol. infol. en 3 parties, 182 p. et 70 pl., Zurich, 1876-1877 :

Livraisons I-VI, 44 p., pl. I-XXII. 1876.
Livraisons II-III, p. 45-182, pl. XXIII-LXX, 1877.

Helmacker (R.). — Einige Beiträge zur Kenntniss der Flora des Südrandes der oberrschlesisch-polnischen Steinkohlenformation. (*Berg und hüttenmännisches Jahrbuch der k. k. Bergakademien zu Leoben und Pribram und der k. ung. Bergakademie zu Schemnitz*, XII, p. 23-97, pl. 2-3, Wien, in-8°, 1874.)

Heyer (F.). — Beiträge zur Kenntniss der Farne der Carbon und der Bothliegenden im Saar-Rhein-Gebiete. Inaugural dissertation zur Erlangung der philosophischen Doctorwürde der Universität Leipzig. In-8°, 43 p., 1 pl. (*Botanisches Centralblatt*, Bd XIX, 1884, Cassel.)

Hick (T.). and Cash (W.). — The structur and affinites of *Lepidodendron*. (*Proceedings of the Yorkshire Geological and Polytechnic Society*, vol. XI, part. II, 1889, p. 116-132.)

Hick (T.) and Lomax (J.). — On a new spiriferous Spike from the Lancashire coal measures. (Received Octob. 31th 1893. From the eight volume of the fourth serie of *Memoirs and Proceedings of the Manchester Literary and Philosophical Society*, session 1893-94. In-8°, 8 p., 4 fig. dans le texte. Manchester 1894.)

Hick (T.). — On a new fossil plants from the lower coal measures. (*The Linnean Society Journal Botany*, vol. XXIX, read 19th Nov., 1891. In-4°, p. 86-102, pl. 16-17.)

Hick (T.). — The Fruit-Spike of *calamites*: A chapter of the. History of fossil Botany. (Reprinted from *Natural Science*, vol. II, n° 15, May 1893. In-8°, p. 354-359.)

Hick (T.). — *Calamostachys Binneyana* Schimp. (*Proceedings of the Yorkshire Geological and Polytechnic Society*, vol. XII, part. IV, p. 279-293, pl. 14-15, 1893.)

Hick (T.). — On the primary structure of the stem of calamites. (Received february 20th 1894. From the eight volume of the fourth series of *Memoirs and Proceedings of the Manchester Literary and Philosophical Society*, session 1893-94. In-8°, p. 158-170, 1 pl., Manchester, 1894.)

Hick (T.). — On the structure of the Leaves of Calamites. (From the ninth volume of the fourth series of *Memoirs and Proceedings of the Manchester Literary and Philosophical Society*, session 1894-95. Received April 30th 1895. In-8°, p. 179-190, pl. 3, 4° sér., vol. IX, Manchester 1895.)

Hickling (G.). — The Anatomy of *Calamostachis Binneyana* Schimper. (*Manchester Memoirs*, vol. liv. 1910, n° 17, broch. in-8°, 16 p., 1 pl.)

Hicks (H.). — Additional Notes on the Land Plants from the Pensy-Glog State-Quarry near Corwen, North-Wales. (*Quart. Journ. Geol. Soc.*, vol. XXXVIII, pl. 3, Read November 1881.)

Hildreth (D' S. P.). — Observations on the bituminous coal deposits of the Valley on the Ohio. (*The American Journal of sciences*, vol. XXIX, n° 1, 1 vol. in-8°, 154 p., 36 pl.)

Hoffmann (A.). — Ueber die Pflanzenreste des Kohlengebirger von Ibbenbühren und vom Piesberge bei Osnabrück. (*Deutschland geognotisch-geologisch dargestellt*, mit Karten

Hoffmann (A.). [Suite.] und Zeichnungen, welche einen geognotischen Atlas bilden. Eine Zeitschrit herausgegeben von Ch. Keferstein, vol. IV, p. 151-168, pl. 1. Weimar, in-8°, 1826.)

Hoffmann (D.) und Ryba (D' F.). — Leitpflanzen in Mittel-Europa. In-8°, 108 p., 3 tableaux et atlas in-fol. album de 20 pl. Prag, 1899. Der palæozoischen Steinkohlen ablagerungen in Mittel Europa.

Hooker (D.). — On some peculiarities in the structure of *Stigmaria*. (*Memoirs of the Geological Survey of Great Britain and of the Museum of practical geology in London*, vol. II, part. II, p. 431-439, pl. 1, 2. In-8°, 1848.)

Hooker (D'). — Remarks on the structure and affinities of some Lepidostrobi. (*Memoirs of the Geological survey of Great Britain and of the Museum of practical Geology in London*, vol. II, part. II, p. 440-456, pl. 3-10. In-8°, 1848.)

Hooker (J. D.). — On a new species of Volkmannia. (*Proceedings of the Geological Society*, vol. X, in-8°, 1 pl., Decemb. 1853.)

Hovelacque (M.). — Sur la structure du système libéro-ligneux primaire et sur la disposition des traces foliaires dans les rameaux de *Lepidodendron selaginoides*. (*Comptes rendus de l'Académie des Sciences*, 13 juillet 1891, in-4°, 3 p.)

Hovelacque (M.). — Structure de la trace foliaire des *Lepidodendron selaginoides* à l'intérieur du stipe. (*Comptes rendus de l'Académie des Sciences*, 15 août 1891. In-4°, 3 p.)

Hovelacque (M.). — Sur la forme du coussinet foliaire chez les *Lepidodendron selaginoides*. (*Comptes rendus de l'Académie des Sciences*, 15 août 1891, 3 p., in-4°.)

Hovelacque (M.). — Recherches sur le *Lepidodendron selaginoides* Sternb. (*Mém. de la Soc. linnéenne de Normandie*, vol. XVII, 2° sér., 1 vol., 1er fascicule. In-4°, 165, 7 pl., Caen.)

Hull (E.). — Reply to the observations. in M' Kinakaus Paper. « On the carboniferous Roc ». (*J. R. G. S. L.*, vol. III, p. 39-84, pl. 6, Read nov. 8th, 1871.)

Hy (F.). — Botanique : Végétation de l'Anjou; 1, Paléobotanique, etc. In-8°, p. 151-160.

J

Jongmans (W. J.). — Beiträge zur Kenntniss von *Calamites undulatus* Sternb. (*Meed. van Rijks Herbarium*, p. 43-59, 12 fig. 1911.)

Jongmans (W. J.). — Das Vorkommen der fossilen Pflanz im Kohlenbecken von Süd.-Limburg. (*Meed. v. Rijks Herbar.*, p. 61-73.)

K

Katzer (F.). — Vorbericht über ein Monographie der fossilen Flora von Rossitz in Mähren. (*Verlag der königl. böhm. Gesellschaften. — Druck von D' Ed. Grégr.* Prag, 1895.)

Kidston (R.). — Report on the Fossil Plants collected by the Geological Survey of Scotland in Eskdale and Lidderdale. (*Proceedings of the Royal Society of Edinburgh*, Session 1881-1882. In-8°, p. 603-605.)

Kidston (R.). — On the fructification of Ensphenopteris tenella and Sphenopteris microcarpa. Edinburgh, in-8°, 5 p., 1 pl., 1882. (*Transactions of the Royal Physical Society*, Edinburgh, vol. VII.)

Kidston (R.). — Report on fossil Plants collected by the Geological Survey of Scotland Eskdale and Lidderdale. (*Transactions Royal Society Edinburg*, in-4°, 1882, p. 531-550, 3 pl., vol. XXX, part. II.)

Kidston (R.). — On Sphenopteris crassa Lindley and Hutton. (*Royal Physical Society*, 1883, p. 235-238, pl. 7, in-8°.)

Kidston (R.). — On the affinities of the genus Pothocites Paterson; with the description of a specimen from Glencartholm, Eskdale. (*Transaction Botanical Society Edinburgh*,

Kidston (R.). [Suite.] vol. XVI. Read 8 March 1883, p. 28-38, pl. 1-4, in-8°.)

Kidston (R.). — On a specimen of Pecopteris (?)polymorpha Brongn. in cirrinate vernation with remarks on the genus Spiropteris and Rhizomopteris of Schimper. (*Proceedings of the Royal Physical Society Edinburgh*, vol. VII, 1884. Read 19th Decemb. 1883. In-8°, p. 123-127, pl. V, fig.)

Kidston (R.). — On the fructification of Zeilleria (Sphenopteris) delicatula Sternb. sp. With Remarks on Uratopteris (Sphenopteris) tenella Brongt and Hymenophyllites (Sphenopteris) Quadridactylites, Gutbier sp. (*Quarterly Journal Geological Society*, vol. XL, p. 590-598, pl. XXV, London, 1884.)

Kidston (R.). — On a new Species on Schutzia from the calciferous landstones of Scotland. (*Proceedings of the Royal Physical Society, Edinburgh*, vol. VIII, 1884, p. 127-131, pl. V, fig. 2, in-8°.)

Kidston (R.). — On some new or little-known Fossil Lycopoda from the carboniferous Formation. (*The Annal. and Magazine of Natural History*, Fifth ser., n° 89, vol. XV, May 1885, p. 357-366, pl. 11.)

Kidston (R.). — On the species of the genus *Palæoxyris* Brongniart, occurring in British carboniferous Rocks. (*Proceedings of the Royal Physical Society of Edinburgh*, vol. IX, Read 16th Decemb. 1885. In-8°, 12 p., 1 pl.)

Kidston (R.). — On a new Species of *Psilotites* from the Lamarkshire Coal-Field. (*Annals and Magazine of Natural History*, for June 1886. In-8°, p. 494-496, 1 fig. dans le texte.)

Kidston (R.). — On the relationship of *Ulodendron* Lindley and Hutton to *Lepidodendron* Sternberg; *Bothrodendron* Lind. and Hutton; *Sigillaria* Brongniart and *Rhytidodendron* Boulay. (*Annals and Magazine Natural History*, p. 5, vol. XVI, p. 123-139, 162-179, 239-260, pl. 3-7, in 8°.)

Kidston (R.). — Notes on some fossil plants collected by M. B. Dunlop, Airdrie, from the Lamarkshire coal Field. (*Transactions of the Geological Society of Glasgow*, VIII, p. 47-71, pl. 111. Glasgow, in-8°, 1886.)

Kidston (R.). — Catalogue of the Palæozoic Plants in the department of Geology and Palæontology British Museum. (*Natural History*, London, 1886.)

Kidston (R.). — On the fructification on some Ferns from the carboniferous Formation. (*Transact. Royal Society Edinburgh*, vol. XXIII, 1887, p. 137-156, pl. 8-9, in-4°.)

Kidston (R.). — On the Fructification and Affinities of *Archæopteris hibernica* Forbes sp. (Read before *The Royal Physical Society of Edinburgh*, April 18, 1888. From the *Annals and Magazine of Natural History*, for June 1888. In-8°, p. 412-415.)

Kidston (R.). — On the fructification of two coal-measure Ferns. (*Royal Physical Society Edinburgh*, vol. IX, 1888, in-8°, p. 510-521, pl. XXI et *Annals and Magazine of Natural History*, Jul. 1888, p. 22-24, vol. 2, pl. 1.)

Kidston (R.). — On a new species of calamite from the middle coal-measures (*Eucalamites* [*Calamites britannicus*, Weiss M. 5]). (From the *Annals and Magazine of Natural History* for August 1888. In-4°, p. 129-132, pl. 7.)

Kidston (R.). — On the Fossil Flora of the Radstock of the Somerset and Bristol coal Field. (Upper coal measures, part. 1, *Transact. Roy. Society Edinburgh*, 1888, vol. XXXIII, p. 335-417, pl. 13-28, in-4°.)

Kidston (R.). — Additionnal note on some British carboniferous Lycopods. (*Proceedings of the Royal Physical Society Edinburgh*, 1888-1889, vol. X, Read 20th March, 1889. In-8°, p. 88-97, pl. 4.)

Kidston (R.). — On some fossil plants from Teilia Quarry, Gwaenysgor, near Prestatynayt, Flintshire. (*Transactions of the Royal Society of Edinburgh*, vol. XXX, part. 11, n° 11. In-4°, p. 419-428, pl. 1-2, Edinburg, 1889.)

Kidston (R.). — Notes on the Palæozoic species mentionned in Lindley and Hutton's Fossil Flora. (*Proceedings of the Royal Physical Society Edinburgh*, vol. X, 1890, p. 345-391.)

Kidston (R.). — Notes on some Fossil Plantes from the Lancashire coal measures. (Read before *the Manchester Geological Society*, December 8th, 1891, Transact. *Manchester Geological Society*, part. XIII, vol. XXI. In-8°, 23 p.)

Kidston (R.). — On the Fossil Flora of the Staffordshire coal Field Part 11. The Fossil Flora of the coal Field of the Potteries. (*Transaction Royal Society Edinburgh*, vol. XXXVI, part. 1, n° 5, Edinburgh, 1891. In-4°, p. 63-98, 1 pl.)

Kidston (R.). — On two of Lindley and Hutton's Type specimens — I. *Rhacopteris dubia* L. and H. sp. ; II. *Sphenopteris poly-*

Kidston (R). [Suite.]

phylla L. and H. (Read 20th April 1892. From the *Proceedings of the Royal Physical Society Edinburgh*, 1891-92, vol. XI. In 8°, p. 238-242, pl. 9-10.)

Kidston (R.). — On *Lepidophloios*, and of the British species of the genus. (*Transactions of the Royal Society of Edinburgh*, vol. XXXVII, part. III, n° 25, p. 529-563, 2 pl., in-4°, Edinburgh, 1893.)

Kidston (R.). — On the fossil plants of the Kilmanoch, Galston and Kilmanning coal Fields, Ayrshire. (*Transactions of the Royal Society of Edinburgh*, vol. XXXVII, part. II, n° 16, in-4°, p. 307-358, pl. 1-4. Edinburgh, 1893.)

Kidston (R.). — On the occurrence of Arthrostigma gracile Dawson in the lower Old red Sandstone of Perthire. (Reprinted from the *Proceedings of the Royal Physical Society Edinburgh*, 1892-93, vol. XII, July 21, 1893. In-8°, p. 103-111, 1 pl. Read the March 1893.)

Kidston (R.). — The Yorkshire carboniferous Flora. Fifth Report on Beahlf of the Yorkshire Fossile Flora Commitee for 1895. (*Yorkshire Naturalists union*. In-8°, p. 129-146.)

Kidston (R.). — On the fossil Flora of the Yorkshire coal Field. (First Paper *Transactions Roy. Society Edinburgh*, in-4°, vol. XXX, part. II, p. 203-223, 3 pl., 1895.)

Kidston (R.). — On the occurence of *Sphenopteris communis* Lesquereux, in Britain. Read 20th March 1895. (*Proceedings of the Royal Physical Society Edinburgh*, vol. XIII, p. 87-90, pl. 1, in-8°.)

Kidston (R.). — On *Sigillaria Brardii* Brongniart and its variations. (Read the 15th April 1896. *Proceedings of the Royal Physical Society Edinburgh*, vol. XIII, 1896, p. 233-246, pl. 7. In-8°.)

Kidston (R.). — Additional Records and notes on the Fossil Flora of the Potteries coal Field, North Staffordshire. Read January 20th 1897. (*Transactions of the North Staffordshire Field Club*. In-8°, 9 p., Stoke-upon-Trent.)

Kidston (R.). — On *Cryptoxylon Forfarense*, a new species of fossil Plants from the Old Red Sastone. (Read 21st April 1897, *Proceedings of the Royal Physical Society Edinburgh*, vol. XIII, 1897, p. 360-363, pl. 8-9, in-8°.)

Kidston (R.). — Carboniferous Lycopods and *Sphenophyllum*. (*Transactions of the Natural history Society of Glasgow*, vol. VI [New Series], part. I, 1899-1900. Issued April 1901. Read 28th November 1899. In-8°, p. 25-140, 26 fig.)

Kidston (R.). — The carboniferous Fossil Plants of the Clyde Basin. (Reprinted from the *British Association Handbook on the Natural History of Glasgow and the West of Scotland*, 1901, in-8°, p. 468-476.)

Kidston (R.). — The fossil Plants from the Canoubie coal Field. (*Summary of progress of the Geological Survey for 1902*, p. 209-216, 1903. Appendix, X, in-8°, 10 p.)

Kidston (R.). — The fossil plants of the carboniferous Rocks of Canoubie, Dumfriesshire, and of parts of Cumberland and Northumberland. (*Transactions of the Royal Society of Edinburgh*, vol. XI, part. IV, n° 31. In-4°, p. 741-833, pl. 1-5, Edinburgh, 1903.)

Kidston (R.). — On the fructification of *Neuropteris heterophylla*. (*Proc. Roy. Soc. London*, 197, 1, 1904.)

Kidston (R.). — Preliminary Note on the Occurrence of Microsporangia in Organic connection with the Foliage of *Lyginodendron*. (*Proceedings of the Royal Society*, Series B, vol. LXXVI, n° B 510, biological sciences, p. 358-360, pl. 6. London, 1905.)

Kidston (R.) and Jougmans (J.). — Sur la fructification de *Neuropteris obliqua* Bgt. (Extrait *des Archives Néerlandaises des Sciences exactes et naturelles*, série 111 B, t. I, 2 p., 2 pl.)

Kidston (R.) et Jougmans (W. J.). — Fructifications de Fougères du terrain houiller. (*Annales des Sciences naturelles, Botanique*, 6ᵉ série, t. XVI, p. 177-209, pl. 9-12, 1883.)

King (W.). — Contributions towards establishing the general character of the fossil Plants of the genus *Sigillaria*. (*The Edinburgh New Philosophical Journal* for January, 1844. In-8°, 62 p., 5 pl.)

Volume XXXVI, p. 4-21; p. 272-290, pl. 1, 4, 5, 1844.
Volume XXXVIII, p. 62-75, 1844.
Volume XXXVIII, p. 119-135, 1845.

L

Lebour (G. A.). — Illustrations of fossil plants being on autotype reproduction of selected drawings prepared under the supervision of the late Dʳ Lindley and Mr. Hutton, between the years 1835 and 1840, and now for the first time published by the North of England Institute of mining and mechanical engineers. Edited by G.-A. Lebour. London, in-8°, 140 p., 64 pl. 1877.

Lesley (J. P.). — A Dictionary of the fossils of Pensylvania and neighboring States named in the Reports and catalogues of the Survey. (*Geological Survey of Pennsylvania*, Report P. 4, 1889, 3 vol., in-8°, Harrisburg, vol. I-II, 1889; III, 1890.)

Lesquereux (L.). — General remarks on the distribution of the coal plants in Pennsylvania and on the formation of the coal. (*Geology of Pennsylvania*, by H. D. Rogers, vol. II, p. 837-884, pl. I-XXIII. Philadelphia, in-4°, 1858.)

Lesquereux (L.). — Botanical and palæontological report on the Geological State Survey of Arkansas. (Second report of a Geological reconnoissance on the middle and southern counties of Arkansas made during the years 1859 and 1860. In-8°, p. 295-399, 5 pl. Philadelphia, 1860.)

Lesquereux (L.). — Report on the fossil of Illinois. (*Geological Survey of Illinois*, vol. II,

Lesquereux (L.). [Suite.]
p. 425-470, pl. 33-5, 1866. Vol. IV, p. 375-508, pl. 5-31, 1870. In-4°, New-York.)

Lesquereux (L.). — Preliminary Report of the United States Geological Survey of Montana and portions of adjacent territories being a fifth annual Report of progress, part. III, Palæontology-Fossil Flora, p. 283-318. In-8°, Washington, 1872.

Lesquereux (L.). — A Review of the fossil Flora of North America. In 8°, p. 233-248, 1876.

Lesquereux (L.). — On the *cordaites* and their relates Generis divisions of the carboniferous formation of the United States. (*Proceedings of the American Philosophical Society*, vol. XVII, p. 315-335. Philadelphia, in-8°, 1878.)

Lesquereux (L.). — Description of the coal Flora of the carboniferous formation in Pennsylvania and throught on the United States, 3 vol. et atlas in-8°. Harrisburg, 1880-1884.

Lesquereux (L.). — List of recently identified fossil plants belonging to the United States National Museum with descriptions of several new species, compiled and prepared for publication by F. H. Knowlton.

Lesquereux (L.). [Suite.]
(*Proceedings of United States National Museum,* vol. X, in-8°, p. 21-46, 4 pl., 1887.)

Lesquereux (L.). — List of fossil plants collected by Mr. L. C. Russell, at black creek near Gaodsden. Ala, with Descriptions of several new species. Compiled and prepared for publication by F. H. Knowlton, Assistant curator Fossil Plants. (*Proceedings of United States National Museum,* 1888, p. 83-87, pl. XXIX.)

Lindley (J.) and Hutton (W.). — The Fossil Flora of Great Britain, or Figures and descriptions of the vegetable remains found a fossil state in this country, 3 vol., in-8°, 230 pl. London, 1831-1837.
Volume I, 224 p., pl. 1-79, 1831-1833: p. 1-48, pl. 1-14, 1831; p. 49-166, pl. 15-59, 1832; p. 167-224, pl. 60-79, 1833.

Lindley (J.) and Hutton (W.). [Suite.]
Volume II, 208 p., pl. 80-156, 1833-1835; p. 1-54, pl. 80-99, 1833; p. 57-156, pl. 100-137, 1834; p. 157-208, pl. 138-156, 1835.
Volume III, 208 p., pl. 157-230, 1835-1837: p. 1-72, pl. 157-176, 1835; p. 73-122, pl. 177-194, 1836; p. 123-208, pl. 195-230, 1837.

Ludwig (R.). — Fossile Pflanzenreste aus den palæolithischen Formationen der Umgegend von Dillenburg, Biedenkopf und Friedberg und aus dem Saalfeldischen. Friedberg und aus dem Saalfeldischen. (*Palæontographica,* Bd. XVII, p. 105-128, pl. 18-28, in-4°, Cassel.)

Ludwig (R.). — Nachtrag zu der Abhandlung über fossile Pflanzen aus dem palæolitischen Formationen in der Umgegend von Dillenburg, Biedenkopf und Friedberg und aus dem Saalfeldischen. (*Palæontographica,* Bd. XVII, p. 137-140. In-4°, Cassel.)

M

Macfarlane (J. M.). — On *Lepidophloios,* a genus of carboniferous Plants. (*Transactions of the botanical Society,* vol. XIV, p. 181-190, pl. 7-8, In-8°, 1831.)

Malaise (C.). — La Paléontologie végétale de la Belgique, Conférences données en 1876 aux membres de la Société linnéenne de Bruxelles. In-8°, 27 p. Bruxelles.

Mammatt (E.). — A collection of geological Facts and practical observations, intended elicitate the Formation of the Ashly coalfield in the Parisizh of Ashly-de-la and the neighbouring district, being the Result of forty years experience and research. London, 1834.

Maslen (A. J.). — The structure of Lepidostrobus. (*Transaction of the Linnean Society*

Maslen (A. J.). [Suite.]
of London, vol. V, part. II, p. 357-377, pl. 36-38. July 1890. In-4°.)

Matthew (G. F.). — New species and a new Genus of devonian plants. (Reprinted from *Bulletin of Natural History Society of New-Brunswick,* n° XXIV, vol, V, part. IV, 1906, p. 293-298, 2 pl.)

Merklin (Dr C. V.). — Verzeichniss aller in Russland bis jetzt (November 1852) aufgefundener Beschriebener oder zweifelhafter fossiler Pflanzen (lu le 19 novembre 1852), p. 300, 1853.

Miller (E. A.). — North American Geology and Palæontology for the use of amateurs, Students and Scientist, 1 vol. in-8°, 1194 fig. Cincinnati, 1889.

Morris (J.). — On a species of Fern from the coal measures of Worcestershire. (*Quarterly Journal of the Geological Society* for February, 1859. In-8°, 5 p., 2 woode. London.)

Morris (J.). — Descriptive Catalogue of the fossil organic remains of plants contained of surgeons of England. In-4°, 94 p.

N

Nathorst (Dr A. G.). — Zur Fossilen Flora der Polarländer, erster Theil, erste Lieferung. Zur Palæozoischen Flora der Arktischen Zone. (*Kongl. Svenska Vetenskaps-Academiens Handlinger*, Bandet 26, n° IV.) In-4°, 80 p., 16 pl. Stockholm, 1894.

Nathorst (Dr A. G.). — Uber die oberdevonische Flora. (*Bull. of the Geolog. Instit. of Upsala*, n° VIII, vol. IV, part. 11, 1899. In-8°, 3 p., 2 pl. Upsala, 1900.)

Nathorst (Dr A. G.). — Zur oberdevonischen Flora der Bären-Insel. (*Kongl. Svenska vetenscaps - Academiens*, Bandet 36, n° III, in-4°, 60 p., 14 pl. Stockholm, 1902.)

Nathorst (A. G.). — Zur fossilen Flora der Polarländer, erster Theil, dritte Lieferung. Zur oberdevonischen Flora der Bären-Insel. In-4°, 14 pl. et 5 fig. dans le texte. Stockholm, 1902.

Nathorst (Dr A. G.). — Die Oberdevonische Flora der Ellesmere-Land. (*Report of the second Artic Expedition in the « Fram »*, 1898-1902, n° 1. Gr. in-8°, 22 p., 17 pl. Kristiania, 1904.)

Nathorst (A. G.) — Beiträge zur Geologie der Bären-Insel, Spitzbergens und der König-Karl-Landes. (*Bull. of the Geolog. Institut of Upsala*, vol. XII, Upsal, 1910.)

Nathorst (A. G.). — Beiträge zur fossilen Flora der Polarländer, erster Theil, dritte Lieferung. Zur oberdevonischen Flora der Bären-Insel, p. 4, pl. 14.

Nathorst (Dr A. G.). — Preliminary Note on the occurrence of Microsporangia in organic connection with the foliage of *Lyginodendron*. (*Proceedings of the Royal Society*, Sér. B., vol. LXXVI, p. 358-360, pl. 6.)

Newberry (J. E.). — Description of fossil plants from the Chinese coal bearing rocks. *Smithsonian contributions to knowledge.* In-4°, 5 p., 1 pl., Philadelphie.

Newberry (J. E.). — Devonia plants from Ohio. (*Journal of the Cincinnati Society of Natural History*, October, 1889, vol. XII, p. 48-56 et 104-105, pl. 4-5, in-8°.)

Newberry (J. E.). — The Genus *Sphenophyllum*. (*Journal of the Cincinnaty Society*, January 1891, 31th. Read November 11, 1890. In-8°, p. 212-217, pl. 19, vol. XIII.)

Newberry (J. E.). — Flora of the Great Falls coal Field, Montana. (*Amer. Journ. Sc.*, vol. XLI, March 1891, p. 191.)

O

Oliver (F. W.). — On a vascular sporangium from the Stephanian of Grand'croix. (*The New Phytologist*, vol. I, March 19th, 1902. In-8°, p. 60-67, 1 pl.)

Oliver (F. W.). — On some points of apparent ressemblance in certain fossil and recent gymnospermous seeds. (*The new Phytologist*, July, 1902. University College, London. In-8°, p. 145-154, fig. 4-6.)

Oliver (F. W.). — On the Structure and Affinities of *Stephanospermum* Brongniart, a genus of fossil Gymnosperm Seeds. (*Trans. of the Linnean Society of London*, 2ᵈ ser. Botany, vol. VI, part. 8, p. 361-400, 4 pl. In-4°. London, 1904.)

Oliver (F. W.). — An Exhibit of specimens of Seed-Bearing Plants from the Palæozoïc Rock. (*New Phytologist*, vol. III, nᵒˢ 6 et 7, June and July 1904. In-8°, p. 176-180.)

Oliver (F. W.). — Ueber die neuentdeckten Samen der Steinkohlenfarne. (Sonderabdruck aus dem « *Biologische Centrablatt* », Bd. XXV, nᵒ 12, 15 Junii, 1905. In-8°, p. 401-418.)

Oliver (F. W.) and Scott (D. H.). — On the structure of the palæozoïc seed *Lagenostoma Lomaxi*, with a statement of the evidence, upon white it is refered to *Lyginodendron*. (*Philosophical transaction of the Royal Society of London*, Series B, vol. 197, p. 193-247; pl. 4-10, 1904.)

P

Parkinson (J.). — Organic remains of a former world, 3 vol. in-4°, London. 1ʳᵉ édition, 1811, 2ᵐᵉ édition, 1833.

Paterson (R.). — Description of Pothocites Grantoni, a new Fossil Vegetable from the coal Formation. (*Trans. Botanical Society*, vol. I, p. 45-52, pl. III. Read 12th March, 1840. In-8°.)

Peach (C. W.). — On the circinate Vernation, Fructification and varieties of *Sphenopteris affinis*, and on *Staphylopteris* (?) *Peachii* of Etheridge and Balfour, a genus of Plants new to British Rocks. (Read May 9, 1877. *Quarterly Journal Geological Society*, vol. XXXIV, p. 131-136, pl. 7-8. In-8°.)

Pelourde (F.). — Recherches comparatives sur la structure des Fougères fossiles et vi-

Pelourde (F.). [Suite.]

vantes. (*Annales des Sciences naturelles, Botanique*, 9ᵉ série, tome X, p. 115-147, 32 fig.)

Pelourde (F.). — Sur la position systématique des tiges fossiles appelées *Psaronius, Psaronioranlon, Caulopteris*. (*Comptes rendus Académie des Sciences*, 25 novembre 1907, vol. CXLV, p. 955-957.)

Penhallow (D. P.). — Note on devonian Plants. (*Transact. Royal Society*, Section IV, 1889. In-8°, p. 19-30, pl. 1, 2.)

Penhallow (D. P.). — I. Notes on erian (devonian) plants from New-York and Pensylvania. II. Notes on *Nematophyton crassum*. (From *the Proceedings of the U. S. National Museum*, vol. XVI, p. 105-118, pl. 9-18. In-8°, 1893.)

Petzholdt (A.). — De *Calamitis* et *Lithanthracibus*. In-8°. Dresden und Leipzig, 1841. 42 p., 3 pl.

Potonié (H.). — Ueber einige Carbonfarne, I Theil Separatabdruck aus dem Jahrb. d. königl. preuss Geol. Landesanstalt für 1889. Grand in-8°, p. 21-27, pl. 2-5, Berlin, 1890.

> Fascicule I : 1890, p. 21-27, pl. 2-5.
> Fascicule II : 1891, p. 11-39, pl. 7-9.
> Fascicule III : 1892, p. 1-36, pl. 1-4.
> Fascicule IV : 1893, p, 1-11, pl. 11.

Potonié (H.). — Die Zugehörigkeit der fossilen provisorischen Gattung *Knorria*. (*Naturwissenschaftlichen Wochenschrift*, VII Band, Sonntag den 14 Februar. In-4°, 1892, n° 7, p. 61-63, 3 fig. In-4°, Berlin.)

Potonié (H.). — Ueber einige Carbonfarne, III Theil. (Separatabdruck aus dem *Jahrbuch der königl. preuss. Geolog. Landesanstalt für* 1891. Gr. in-8°, 36 p., 1-4, Berlin 1892.)

Potonié (H.). — Der äussen Bau der Blätter von *Annularia Wellata* (Schlotheim) Wood mit Ausblicken auf *Equisetites zeæformis* (Schlotheim) Andrä und auf die Blätter von *calamites varians* Sternberg. (Separatabdr. aus den *Berichten der Deutschen Botanical Gesellschaft*, Jahrgang, 1892. Band X, Heft 8. In-8°, p. 561-568, 1 fig.)

Potonié (H.). — Bericht über die Fortschritte in der Kenntniss der fossilen Pteridophyten und Gymnospermen ein der Jahren 1890-1893. (*Botanische Jahrbüchen*, XVIII Bd. In-8°, p, 1-25.)

Potonié (H.). — Die Zugehörigkeit von *Halonia*. (Sonderabdr. aus d. Bericht. d. deutchen Bot. Gesellschaft, Jahr. 1893, Band XI, Heft 8. In-8°, Berlin, p. 484-493, pl. 23.)

Potonié (H.). — Eine genöhnliche Art der Erhaltung von *Stigmaria* als Beweis für die Autochtonia von Carbon-Pflanzen. (*Abdruck a. d. Zeitschr. d. Deutsch. geol. Gesellschaft*, Jahrg. 1893. In-8°, p. 97-102, 2 fig.)

Potonié (H.). — Ueber einige Carbonfarne. IV Theil. (Separatabdr. aus d. Jahrb. d. *Königl. preuss. Geol. Landesanst.* für 1892. Gr. in-8°, 11 p., pl. 1-3, Berlin, 1893.)

Potonié (H.). — Die genöhnliche Art der Erhaltung von *Stigmaria* als Beweis für die Autochtonie von Carbon-Pflanzen. (*Abdruck a. d. Zeitschr. d. Deutsch. geol. Gesellschaft*, Jahr. 1893. In-8°, p. 97-102, 2 fig.)

Potonié (H.). — Die Floristsche Gliederung des Deutschen Carbon und Perm, p. 38, 48 Abbildungen in Text. Gr. in-8°. Berlin, 1896.

Potonié (H.). — Lehrbuch der Pflanzen Palæontologia. 3 pl. und 355 Text-Figuren. In-8°, Berlin, 1899.

Potonié (H.). — Abbildungen und Beschreibungen fossiler Pflanzen-Reste der palæozoischen und mesozoischen Formationen. Lieferung I-VII. Gr. in-8°, Berlin, 1903-1907, feuilles avec fig.

> L. I.   1903.
> L. II.   1904.
> L. III.   1905.
> L. IV.   1906.
> L. V.   1907.
> L. VI.   1909.
> L. VII.   1910.

Potonié (H.) et Bernard (Ch.). — Flore dévonienne de l'étage H de Barrande. In-4°, 156 fig. dans le texte. Leipzig, édité aux frais du fonds Barrande.

Prestnich (J.). — On the Geology of the coalbrook Dale. (*Transactions of the Geological Society of London*, vol V, 1840. In-4°, 7 pl.) [Les plantes fossiles sont décrites par John Morris.]

Prosser (C. G.). — The Geological position Catskill group. (*The American Geologist* for June, 1891. In-4°, p. 351-366.)

Prosser (C. S.). — The Devonian System of Eastern Pennsylvania and New-York. (*United States Geological Survey*, 81 p. In-8°, Washington, 1894.)

Q

Quenstedt (F.-A.). — Handbuch der Petre-faktenkunde, 2ᵉ édit., 1 vol. et atlas de 85 pl. In-8°. Tübingen, 1867.

Quenstedt (F.-A.). — Handbuch der Petre-faktenkunde, 3ᵉ édit., 2 vol. et atlas de 100 pl. In-8°, Tübingen, 1875.

R

Renault (B.). — Note sur un pétiole de Fou-gère fossile de la partie supérieure du ter-rain houiller d'Autun. (*Annales des Sciences naturelles, Botanique,* 5ᵉ série, IX. In-8°, p. 282-286, pl. 15, 1868.)

Renault (R.). — Étude sur les végétaux sili-cifiés des environs d'Autun. (*Annales des Sciences naturelles,* 5ᵉ série, t. XII, p. 161-190, pl. 3-14, *Zygopteris, Anachoropteris; lycopodium.* Paris, 1869.)

Renault (R.). — Recherches sur l'organisa-tion des *Sphenophyllum* et des *Annularia.* (*Annales des Sciences naturelles, Botanique,* 5ᵉ série, t. XVIII, p. 5-22, pl. 1-5, 19-23. In-8°, Paris, 1873.)

Renault (R.). — Recherches sur la fructifica-tion de quelques végétaux provenant des gisements silicifiés d'Autun et de Saint-Étienne : 1ʳᵉ partie, Fructifications de *Zygo-pteris;* 2ᵉ partie : Fructifications de *Bruck-mannia,* de *Volkmannia* et de *Macrostachya.* (*Annales des Sciences naturelles, Botanique,* 6ᵉ série, III. In-4°, 29 p., 4 pl., Paris, 1876.)

Renault (R.). — Recherches sur les végé-taux silicifiés d'Autun.

I. Étude du *Sigillaria spinulosa,* par MM. Renault et Grand'Eury, 24 p., 6 pl. — II. Étude du genre *Myelopteris,* 28 p., 6 pl. (*Mémoires présentés par divers savants à l'Aca-démie des Sciences,* vol. XXII, nᵒˢ 9 et 10. In-4°, Paris, 1876.)

Renault (R.). — Sur la fructification de quelques végétaux silicifiés provenant des gisements silicifiés d'Autun et de Saint-Étienne. (*Comptes rendus de l'Académie des Sciences,* LXXXII, 24 avril, p. 992, 1876. In-4°, Paris, 1876.)

Renault (R.). — Recherches sur les végétaux silicifiés d'Autun et de Saint-Étienne. Des Calamodendrées et de leurs affinités bota-niques. (*Comptes rendus de l'Aca-démie des Sciences,* LXXXIII, p. 346-349. In-4°, Paris, 1876.)

Renault (B.). — Recherches sur quelques ca-lamodendrées et sur leurs affinités bota-niques. (*Comptes rendus de l'Aca-démie des Sciences,* LXXXIII, p. 574-576, 11 septembre. Paris, in-4°, 1876.)

Renault (R.). — Végétaux silicifiés d'Autun et de Saint-Étienne. Nouvelles recherches sur la structure des *Sphenophyllum* et sur leurs affinités botaniques. (*Annales des Sciences naturelles, Botanique,* 6ᵉ série, t. IV, 35 p., 3 pl. In 8°, Paris, 1876.)

Renault. (R.). — Fleurs mâles des *Cordaites.* (*Comptes rendus de l'Académie des Sciences,* LXXXIV, p. 782-785. In-4°, Paris, 16 avril 1877.)

Renault (R.). — Fleurs femelles des *Cordaites.* (*Comptes rendus de l'Académie des Sciences,* LXXXIV, p. 1328-1331, 4 juin, in-4°, Paris, 1877.)

Renault (R.). — Structure comparée des tiges de Lepidodendron et de sigillaires. (*Association française pour l'avancement des Sciences, Congrès de Paris*. In-8°, p. 563-569, Paris, 1878.)

Renault (R.). — Structure comparée des tiges des Lepidodendrons et des Sigillaires. (*Comptes rendus de l'Académie des Sciences*. In-4°, 9 septembre, Paris, 1878.)

Renault (R.). — Structure des Lepidodendron [*Lepidodendron Rhodanense*]. (*Comptes rendus de l'Académie des Sciences*. In-4°, Paris, 1878.)

Renault (R.). — Structure de la tige des Sigillaires. (*Comptes rendus de l'Académie des Sciences*, 15 juillet. In-4°, 3 p., Paris, 1878.)

Renault (R.). — Structure et affinités botaniques des *Cordaites*. (*Comptes rendus de l'Académie des Sciences*, CII, p. 634-637. 7 octobre. Paris, 1878.)

Renault (R.). — Structure comparée de quelques tiges de la flore carbonifère. (*Nouvelles Archives du Muséum*, 2° série, II, p. 213-340, pl. 10-17. In-4°, Paris, 1879.)

Renault (B.). — Sur un nouveau genre de tige fossile. (*Bulletin de la Société d'histoire naturelle d'Autun*, t. XIII. In-8°, 22 p., 6-10 pl., 3 fig. et *Comptes rendus de l'Académie des Sciences*, 6 janvier 1879.)

Renault (B.). — Cours de botanique fossile fait au Muséum d'histoire naturelle. In-8°, 1881-1885 :

1°° année : Cycadées, Cycadoxylées, 186 p., 20 pl., 1881.

2° année : Lépidodendrées, 194 p., 24 pl., 1882.

3° année : Fougères, 242 p., 35 pl., 1883.

4° année : Conifères, 232 p., 22 pl., 1885.

Renault (R.). — Étude sur les *Stigmaria*. (*Annales des sciences géologiques*, XII. In-8°, 51 p., pl. 1-3, Paris, 1882.)

Renault (R.). — Sur les *Asterophyllites*. (*Comptes rendus de l'Académie des Sciences*, XCIV, p. 463-464. In-4°, 13 février. Paris, 1882.)

Renault (R.). — Sur l'organisation du faisceau foliaire des *Sphenophyllum*. (*Comptes rendus de l'Académie des Sciences*, XCVIII. In-4°, p. 649-751, 10 septembre, Paris, 1883.)

Renault (R.). — Considérations sur les rapports des Lépidodendron, des Sigillaires et des *Stigmaria*. (Préface du cours de botanique fossile, 3° année. In-8°, 32 p., 1 pl. Paris, 1883.)

Renault (R.). — Sur les fructifications des Sigillaires. (*Comptes rendus de l'Académie des Sciences*, CI, p. 1176-1178, 7 décembre. In-4°, Paris, 1885.)

Renault (B.). — Nouvelles recherches sur le genre *Astromyelon*. (*Mémoires de la Société des Sciences naturelles de Saône-et-Loire*. In-4°, 14 p., 18 septembre 1885.)

Renault (B.). — Sur les racines des Calamodendrées. (*Comptes rendus de l'Académie des Sciences*, CII, p. 227-230. In-4°, 25 janvier, Paris, 1886.)

Renault (R.). — Sur les fructifications des Calamodendron. (*Comptes rendus de l'Académie des Sciences*, CII, p. 634-637. In-4°, 15 mars, Paris, 1886.)

Renault (R.). — Sur le genre *Bornia* F. Rœmer. (*Comptes rendus de l'Académie des Sciences*. In-4°, 7 juin, 3 p., Paris, 1886.)

Renault (R.). — Sur les fructifications mâles des *Arthropitus* et des *Bornia*. (*Comptes rendus de l'Académie des Sciences*, CII, p. 1410-1412. In-4°, 15 juin, Paris, 1886. Avec : Sur le genre *Bornia*.)

Renault (B.). — Sur les cicatrices des *Syringodendrons*. (*Comptes rendus de l'Académie des Sciences*. In-4°, 3 p., 24 octobre 1887.)

Renault (R.). — Sur les cicatrices des *Calamodendron*. (*Comptes rendus de l'Académie des Sciences*. In-4°, 3 p., 24 octobre. Paris, 1887)

Renault (R.). — Sur les Stigmariorhizomes. (*Comptes rendus de l'Académie des Sciences*. In-4°, 3 p., 7 novembre, Paris, 1887.)

Renault (B.). Sur l'organisation comparée des feuilles des Sigillaires et des Lepidodendrons. (*Comptes rendus de l'Académie des Sciences*. In-4°, 28 novembre. Paris, 1887.)

Renault (R.). — Les plantes fossiles, 1 vol. in-12, fig., Paris, 1888.

Renault (R.). — Notice sur les Sigillaires. (*Mémoires de la Société d'histoire naturelle d'Autun*, t. I. In-4°, 79 p., 4 pl., Autun, 1888.)

Renault (B.). — Sur les feuilles de *Lepidodendron*. (*Comptes rendus de l'Académie des Sciences*. In-4°, 3 p., 1er juillet. Paris, 1889.).

Renault (B.). — Sur une nouvelle Lycopodiacée houillère [*Lycopodiopsis Derbyi*]. (*Comptes rendus de l'Académie des Sciences*. In-4°, 3 p. Paris, 14 avril 1890.)

Renault (R.). — Sur quelques nouveaux parasites des Lépidodendrons. (Extrait des *Publications de la Société d'histoire naturelle d'Autun*. Résumé de la communication faite à la réunion du Creusot du 24 septembre 1893. In-4°, 12 p.)

Renault (R.). — Notice sur les Calamariées. (*Bulletin de la Société d'histoire naturelle d'Autun*. In-8° : 1re part., 1895, 54 p., 7 pl.; 2e part., 1896, p. 305-354, 12 pl.; 3e part., 1898, 60 p., pl. 1 à 7, 7 bis, 8-9, 9 bis, 10.)

Renault (R.). — Recherches sur la structure et les affinités botaniques des végétaux silicifiés recueillis aux environs d'Autun et de Saint-Étienne. (*Publication de la Société éduenne*. In-8°, 216 p., 30 pl. Autun, 1898.)

Renault (R.). — Note sur les *Arthropitus*. (*Société d'histoire naturelle d'Autun*. In-8°, 4 p. Séance du 16 décembre 1900.)

Renault (R.). — Sur quelques pollens fossiles. (*Société d'histoire naturelle d'Autun*. In-8°, 6 p. Séance du 13 juin 1901.)

Renault (R.). — Sur quelques Fougères hétérosporées. (*Comptes rendus de l'Académie des Sciences*, 21 octobre 1901, 4 p., 1 pl. In-4°.)

Renault (R.). — Sur quelques cryptogames hétérosporées. (*Bulletin de la Société d'histoire naturelle d'Autun*, t. XIV, 1901. In-8°, 3 fig., 1 pl.)

Renault (B.). — Sur quelques pollens fossiles, prothallium mâles, tubes polliniques, etc., du terrain houiller. (Extrait des *Procès-verbaux de la Société d'histoire naturelle d'Autun*, 4 p., 2 pl. Autun, 1902, et *Comptes rendus de l'Académie des Sciences*, Paris, 4 p. 18 août 1902.)

Renault (B.). — Sur quelques micro et macrospores fossiles. (In-8°, 22 p., 8 pl., Autun, 1902, et *Comptes rendus du Congrès des Sociétés savantes*, 15 p., 10 fig., Paris, 1903.)

Renault (B.). — Botanique fossile. (Dans VERLOT : *Guide du botaniste herborisant*, 2e édition, in-12, p. 301-320, 4 fig. dans le texte. Paris.)

Renault (B.) et Zeiller (R.). — Sur un nouveau genre de graines du terrain houiller supérieur. (*Comptes rendus de l'Académie des Sciences*. In-8°, 3 p., Paris, 17 juillet 1884.)

Renault (B.) et Zeiller (R.). — Sur l'existence d'Asterophyllites phanérogames. (*Comptes rendus de l'Académie des Sciences*. In-4°, 3 p., Paris, 1884.)

Renault (B.) et Zeiller (R.). — Sur un *Equisetum* du terrain houiller supérieur de Commentry. (*Comptes rendus de l'Académie des Sciences*. In-4°, 3 p., 5 janvier, Paris, 1885.)

Renault (B.) et Zeiller (R.). — Sur les troncs de fougères du terrain houiller supérieur. (*Comptes rendus de l'Académie des Sciences*. In-4°, 3 p., Paris, 4 janvier 1886.)

Renault (B.) et Zeiller (R.). — Études sur le terrain houiller de Commentry. In-8°, 1re partie, 1883; 2e partie, 1890; atlas, pl. 75.

1re partie par Zeiller; texte, p. 303, 1890; atlas, 27 pl.

2e partie par Renault, texte, 378 p., 1893; atlas 1896, 39 pl.

Renier (A.). — Observations paléontologiques sur le mode de formation du terrain houiller belge. (*Annales de la Société géologique de Belgique*, Liège, 1906, p. 261-314, pl. 11, t. XXXII.)

Renier (A.). — Sur la flore du terrain houiller inférieur de Baudour (Hainaut). (*Comptes rendus de l'Académie des Sciences*, t. CXLII, p. 736, 29 mars, Paris, 1906.)

Renier (A.). — Sur les subdivisions du terrain houiller d'Aix-la-Chapelle d'après les caractères pétrographiques et paléontologiques, par Heinrich Westermann. (Extrait des *Annales de la Société géologique de Belgique*, t. XXXIII, Liège, 1906.)

Renier (A.). — La flore du terrain houiller sans houille (H 1a) dans le bassin du couchant de Mons. (Extrait des *Annales de la Société géologique de Belgique*, t. CXXXIII, Mémoires, Liège 1906.)

Renier (A.). — Sur la flore et spécialement les *Lepidophloios* du houiller inférieur belge. (Extrait des *Annales de la Société scientifique de Bruxelles*, t. XXX, 3e fascicule, avril 1906, 7 p.)

Renier (A.). — Trois espèces nouvelles : *Sphenopteris Dumonti, Sphenopteris Cornuti* et *Dicranophyllum Richiri*. (Extrait des *Annales de la Société géologique de Belgique*, t. XXIV. Mémoires in-8°, p. M 181-M 196, pl. 17.)

Renier (A.). — Découverte, dans le Westphalien de la Belgique, d'empreintes de *Calamostachys Ludwigi* Carruthers. (*Comptes rendus de l'Académie des Sciences*, t. CLII, p. 1067.)

Renier (A.) et Fourmarier (F.). — Pétrographie et paléontologie de la formation houillère de la Campine. (*Annales de la Société géologique de Belgique*, t. XXX, Mémoires, 1906, p. 499-543, Liège.)

Richter (R.) und Dr Unger. — Die organischen Einschlusse des Cypridinenschiefers des Phiiringer Waldes. Aus dem Decemb. d. Jahr. 1855 der *Sitzungsberichte der mathem.-naturw. Classe der kais. Akademie der Wissenschaften*. (Bd XVIII, p. 392-394, besonders abgedruckt.)

Richter (R.) et Hunger (F.). — Beitrag zur Paläontologie der Thüringer Wälder. (Vorgelegt in der *Sitzung der Mathematisch Naturwissenschaftlichen* aus 13 Decemb. 1855. In-4°, p. 87-186, 13 pl., 1856.)

Richtofen (F.). — Beiträge zur Palaontologie von China. (*Abhandlungen* von Dr F. Dames, Dr Eman-Kayser, Dr C. Lindstrom, Dr C. Schwager. In-4°, 288 p., 54 pl., Berlin, 1883.)

Rœhl (E. von). — Fossile Flora der Steinkohlenformation Westphalen einschliestich Piesberg bei Osnabruck. (In-4°, 192 p., 32 pl., Cassel, 1868. *Palæontographica*, vol. XVIII, livr.)

Rœmer (C. F.). — Der Rheinische Ueber-gangegebirge. Ein palæontologische Darstel-lung. In-8°, VIII et 96 p., 6 pl., Hannover, 1844.

Rœmer (C. F.). — Ueber Fish und Pflanzen-führende Mergelschrefer der Rothliegenden bei Klein-Neundorf unweit Löwenberg und im Besonderen über Acanthodes gracilis, den am häufigsten in denselben vorkom-menden Fisch. (Abdruck a. d. Zeitschr. d. deutschen geologischen Gesellschaft, Jahrg. 1857. In-4°, p. 51-84, 1 pl.)

Rœmer (C. F.). — Geologie von Oberschle-sein. Eine Erläuterung zu der im Aufrage des Konigl. Preuss. Handels-Ministeriums von dem Verfasser bearb. geol. Karte von Oberschesien in 12 Sectionen nebstein von dem Königl. Oberbergrath Dr Runge in Breslau verfass. das vorkom. und die Gewin-der untzharen Fossilien oberschl. betreff. Auhange, 1 vol. XIV, 587, 23 pl., 1 pl. Atlas, 50 pl. Étui, 14 cartes et profils. In-4°, Breslau, 1870.

Rœmer (C. F.). — Letæa Geognostica oder Beschreibung und Abbildung der für die Gebirgs-Formationem bezeichnendsten Ver-steinerungen. Herausgegeben von einer Vereinigung von Palæontologen. Stuttgart. In-8°.

1 Theil. Lethæa palæzoica, von Ferd. Rœmer. Atlas, 62 pl., 1876. Textband, 1° Liefer. 324, 1880.

Rœmer (F. A.). — Die Versteinerungen des Harzgebirges. In-4°, XX et 40 p., 11 pl., Hannover, 1843.

Rœmer (F. A.). — Beiträge zur Geologischen der Nordwestlichen Harzgebirger. (Cassel, in-4°, 238 p., 38 pl., 1850-1866. Palæon-tographica, vol. III, livr. I, p. 1-67, pl. 1-9, 1850; vol. III, livr. II, p. 69-114, pl. 11-15, 1852; vol. V, livr. I, p. 1-46, pl. 1-8 et carte, 1855; vol. IX, livr. I, p. 1-46, pl. 1-12, 1862; vol. XIII, livr. V, p. 201-236, pl. 33-35, 1866.)

Rost (W.). — De Filicum ectypis obviis lithanthracum Wettinensium Lobeinnen-siumque fodinis. Commentatio quam una cum sententiis quibusdam controversiis auc-toritate amplissimi Philosophorum ordinis ad rite impetrandos summos in Philosophia honores publice deffendet Waldemar Rost Querfurtensis. In-8°, Halæ MDCCCXXXIX.

Rothpletz (A. von). — Die Steinkohlenfor-mation und deren Flora an der Ostseite des Födi. (Mémoires de la Société paléontologique suisse, vol. VI, n° 4, Bâle et Genève, 28 p., 2 pl., 1879.)

Rothpletz (A. von). — Die Flora und Fauna der Culmformation bey Hainichen in Sachsen. (Botanischer Centralblatt. In-8°, 40 p., 3 pl.)

Ryba (F.). — Ueber einen Calamarien-Fruchtstand aus dem Stiletzer Steinkohlen-berken. (Separat Abdruck aus dem Sitzung-berichten der königl. Gesellschaft der Wissen-schaften in Prag, 1901. In-4°, 4 p., 1 pl.)

Ryba (F.). — Studien über das Konnowa'er Horizont in Pilsner Kohlenbecken. (Sitzber. d. kon. böhm Ges. d. Wiss., in-8°, 29 p., 4 pl., 1906.)

S

Salter (J. W.). — On some remains of ter-restrial Plants in the Old Red Sandston of Carthness. (Quarterly Journal Geological So-ciety, vol. XIV, p. 71-78, 1 pl., in-8°, 1857.)

Sandberger (Dr F.). — Die Flora der oberen Steinkohlenformation im Badischen Schwarz-wald. (Abdruck aus den Verhandlungen des Naturwissenschaftlichen Vereins zu Karlsruhe. In-4°, 7 p., 3 pl., 1864.)

Saporta (M. D.) et Marion (A. F.). — L'évolution du règne végétal. In-8°.

I. Cryptogames, avec 85 fig. dans le texte. Paris, 1881.

II et III. Les phanérogames, 136 fig. dans le texte, 1885, Paris.

Sauveur (Dr). — Végétaux fossiles des terrains houillers de la Belgique. (*Académie royale des Sciences, des Lettres et des Beaux-Arts de Belgique*, in-4°, 69 pl., Bruxelles, 1848. [Il n'a pas été imprimé de texte].)

Schenk (A.). — Handbuch der Palæophytologie herausgegeben von Karl Zittel, 11 Abtheilung Palæophytologie begonnen von W. Ph. Schimper, fortgezetzt und vollendet von Schenk. In-8°, 429 fig., Munchen und Leipzig, 1890.

Schenk (A.). — Traité de paléontologie par Karl A. Zittel, partie II, Paléophytologie par W. Ph. Schimper, terminé par A. Schenk. Traduit par Charles Barrois, avec la collaboration de MM. Focken, Moniez, Quéva, Six. In-8°, 432 fig. Paris, Munich et Leipzig, 1891.

Schenk (A.). — Ueber *Medullosa* Cotta und *Tubicaulis* Cotta. (Des XV Bandes dem *Abhandlungen der Mathemat.-Physischclasse der Königl. Sächeisch. Gesellschaft der Wissenschaften.* N° VI, p. 523-557, 3 pl.)

Schenk (Dr A.). — Ueber Fruchstände der fossilen Equisetinen. (*Botanische Zeitung*, 1876, p. 529-540, 625-634. In-4° à 2 col., Leipzig, 1876.)

Schenk (Dr A.). — Beiträge zur Flora der Vorwelt :

I. Palæontogr. Bd. XI, p. 296-308, pl. 46-49. Algen, Calamiteæ, etc.

II. Palæontogr. Bd. XVI, p. 219-222, pl. 25. Tæniopteris, Glossopteris, etc.

III. Palæontogr. Bd. XIX, p. 1-34, 1-7. Die fossilen Pflanzen der Wernsdorfer Schichten in den Nord-Carpaten.

Schenk (Dr A.). [Suite.]

IV. Palæontogr. Bd. XXIII, p. 1-66, pl. 1-22. Die Flora der Nordwestdeutschen Weald.-Formation.

V. Palæontogr. Bd. XXIII, p. 157-163, pl. 26-28. Zur Flora der Nordwestdeutschen Wealder Formation.

VI. Palæontogr. Bd. XXIII, p. 164-171, pl. 29. Ueber einige Pflanzenreste aus der Gozenformation Nordtirol.

Schenk (Dr A.). — Pflanzliche Versteinerungen. (China, Ergebnisse eigenes Reisen und darauf gegründeter Studien von Ferd. Freiherrn von Richtofen. Bd. IV, Palæontologischer Theil, p. 209-269, pl. 30-54. In-4°, Berlin, 1883.)

Schenk (Dr A.). — Ueber *Sigillariostrobus*. Sitzung am 2 März 1885. (*Abdruck aus dem Berichten der math.-phys. Classe der Köngl. Sächs. Gesellschaft der Wissenschaften.* In-8°, p. 127-131.)

Scheuzer (J.). — Herbarium diluvianum collectum a Johannes Jacobo Scheuzero Med. D. Mathes Prof. Figurino. Figuri Literis Davidis Gessneri MDCCIX. In-fol., 44 p., 10 pl. et edit. novissima duploauctior, in-fol., 14 pl., Lugduni Batavorum, 1723.

Schimper (W. Ph.) et Kœchlin-Schlumberger. — Mémoire sur le terrain de transition des Vosges. In-4°, 349 p., 30 pl., Strasbourg, 1862. (La partie géologique par Kœchlin-Schlumberger, la partie botanique par Schimper.)

Schimper (W. Ph.). — Traité de paléontologie végétale ou la flore du monde primitif dans ses rapports géologiques et la flore du monde actuel. 3 vol., 1er 1869; 2e 1870-1872; 3e 1874. Atlas, 100 pl.

Schimper (W. P.) et Schenk (A.). — Handbuch der Palæontologie. Bd. II, in-4°, Abtheilung, Palæophytologie Munchen, 1890.

Schimper continué par **Schenk**, Partie II, palæophytologie. In-8°, Paris, 1891. Traduction Barrois.

Schlotheim (E. F. von). — Beschreibung merkwürdiger Krauter-Abdrücke und Pflanzen Versteinerungen. Ein Beitrag zur Flora der Vorwelt. Gotha. In-4°, 68 p., 14 pl., 1804.

Schlotheim (E. F. von). — Die Petrefactenkunde auf ihrem jetzigen Standpunkte durch die Beschreibung seiner Sammlung versteinerter und fossiler Uberreste des Thier und Pflanzen-Reichs der Vorwelt erläutert. Gotha. In-8°, LXII-438 p. Atlas in-4°, pl. 15-29, 1820.

Schlotheim (E. F. von). — Nachtrage zur Petrefactenkunde. Gotha.

   1ᵐ partie. In-8°, XII-100 p. avec 21 pl. in-4°, 1822.
   2ᵉ partie. In-4°, 114 p., 16 pl. in-4°, pl. 22-38, 1823.

Schmalausen (J.). — Ein fernerer Beitrage zur Kenntniss der Ursastufe. Ost-Siberiens. (*Bulletin de l'Académie impérale des Sciences de Saint-Pétersbourg*, lu le 8 novembre 1877. In-4°, p. 1-17, pl. 1-2.)

Schmalausen (J.). — Die Pflanzenreste der Steinkohlenformation am östlichen Abhange des Ural-Gebirges. Saint-Pétersbourg. In-4°, 20 p., 4 pl., 1883. (*Mémoires de l'Académie impériale des Sciences de Saint-Pétersbourg*, 7ᵉ série, vol. XXXI, n° 13.)

Schmalausen (J.). — Die Pflanzenreste der arktischen und permischen Ablagerungen im Osten der europäischen Russlands. (*Mémoires du Comité géologique*, vol. II, n° 4. In-4°, 1 pl., Saint-Pétersbourg, 1887.)

Schmitz (G.). — Le mur des couches de houille et sa flore. (*Annales de la Société géologique de Belgique*, t. XXII. Mémoires, in-8°.)

Schmitz (G.). — La flore houillère du bassin de Valenciennes de M. Zeiller. (*Revue des questions scientifiques*, janvier 1891, Bruxelles, in-4°, 23 p.)

Schullerm (J.). — Beziehungen zwischen Nadelhölzerpflanzen und Hydrophyten Wasserpflanzen. In-8°, p. 105-192, 17 pl.

Scott (D. H.). — Studies on fossil Botany, 150 fig. In-8°, London, 1800.

Scott (D. H.). — Heer's Flora fossilis arctica. (*The Geological Magazine*, n° 92, February 1872, p. 69-72, in-8°.)

Scott (D. H.). — On the structure and affinities of fossil plants from the Palæozoïc rocks. On *Cheirostrobus*, a new type of fossil cones from the lower carboniferous strata (calciferous randstone series). (*Philosophical Transactions of the Royal Society of London*, série B, vol. CLXXXIX, 1897, p. 1-34, pl. 1-6.)

Scott (D. H.). — On the structure, a new Genus, etc. II. On *Spencerites*, a new Genus of Lycopodiaceous cones from the coal-measures founded of the *Lepidodendron Spenceri* of Williamsoni. (*Phil. Transaction Linnean Soc. London*, série B, p. 189, 1897, p. 83-106, pl. 12-15.)

Scott (D. H.). — On *Medullosa anglica*, a new representative of the cycadofilice. (*Philosophical Transactions of the Royal Society of London*, série B, vol. CXCI, 1899, p. 81-126, pl. 5-13.)

Scott (D. H.). — The seed-like fructification of *Lepidocarpon*, a genus of Lycopodiaceous cones from the carboniferous formation. (*Philosophical Transactions of the Royal Society of London*, série B, vol. CXCIV, 1901, p. 291-333, pl. 38-43.)

Scott (D. H.). — On the occurence of *Sigillariopsis* in the lower coal-measures of Britain. In-8°, p. 519-521.

IMPRIMERIE NATIONALE.

Scott (D. H.). — On a new type of Sphenos-phyllaceous cone (Spenophyllum fertiles) from the lower coal-measures. (*Philosophical Transactions of the Royal Society of London,* série B, vol. CXCVIII, p. 17-39, pl. 3-5.)

Scott (D. H.). — On the struct., IV, The seed like fructification of *Lepidocarpon*, a genus of Lycopodiaceous formation. (*Phil. Trans.,* serie B, vol. CXCIV, 1901, p. 291-333, pl. 193-406.)

Scott (D. H.). — The origin of the seed bearing Plants. (Discours delivered of the Royal Institution on Friday, May 15. *Nature,* Thursday, August 20, 1903, p. 377-382, in-4°.)

Scott (D. H.). — The early History of seed-bearing Plantes as recorded in the carboniferous Flora. (From vol. XLIX, part. III, of *Memoirs and Proceedings of the Manchester Literary and Philosophical Society,* session 1904-1905, vol. XLIX, n° 12, 32 p., 3 pl.)

Scott (D. H.). — What were to carboniferous Ferns? (*Journ. R. Micr. Soc.,* 1905, p. 137-149, 2 fig., 3 pl. In-8°?)

Scott (D. H.). — On the structure and affinities of fossil plants from the palæozoic rocks. On a new type of *Sphenopyllum* conc (*Sphenophyllum fertile*) from the lower coal-measures. (*Philosophical Transactions of the Royal Society of London,* série B, vol. CXCVIII, p. 17-39, pl. 3-5, in-4°, London, 1905, 3 fig. dans le texte.)

Sellards (E. H.). — On the validity of *Idiophyllum rotundifolium* Lesquereux, a fossil plant from the coal mesures at Mazon Creek, Illinois. (From *the American Journal of Sciences,* vol. XIV, september, 1902, Yale University Museum Geological Department. In-8°, p. 203-204, fig. 1-2.)

Sellards (E. H.). — *Codonotheca,* a new type of spore Bearing Organ from the coal mea-

Sellards (F. H.). [Suite.] sures. (Abstracted from a them submitted to the Graduate Faculty of Yale University, May, 1903, for the degrée of Doctor of Phylosophy. In-8°, p., 87-95, pl. 8, 1 fig. dans le texte. Amer. journ. Sci., vol. XVI, 1903.)

Seringe. — Description de quelques végétaux fossiles du bassin houiller de Ternay et Commentry. (*Annales de la Société royale d'agriculture de Lyon,* t. I, IV livr., Sept. 1838, in-4°, 6 p., 2 pl. Lyon.)

Seubert (Dr M.). — Notions générales de Paléontologie végétale. Traduit de l'allemand par A. P. DE BORRE, candidat en sciences naturelles. (Extrait de la *Belgique horticole,* t. VI, siège, 1856, 23 p., 18 fig. dans le texte.)

Seward (A. C.). — Notes on the Binney collection of coal measures plants : part. I, *Lepidophloios;* part. II, *Megaloxylon,* gen. nov. (Extr. from *the Proceed. of the Cambridge Philosophical Society,* vol. X, part. III. In-8°, p. 137-174, pl. 3-7.)

Seward (A. C.). — On *calamites undulatus.* (*Geological Magazine,* July 1888, Dec. III, vol. V, n° 72, in-8°, 1 pl.)

Seward (A. C.). — *Cyclopteris* from the coal measures. (*Geological Magazine,* August, 1888, Decade III, vol. V, n° 8, p. 344-347. In-8°.)

Seward (A. C.). — Notes on *Lomatophloios macrolepidotus* Gold. (*Proceedings of the Cambridge Philosophical Society,* vol. VII, part. II. Received January 25, 1890. In-8°, 7 p., 3 pl.)

Seward (A. C.). — 1 Specific variation in *Sigillaria;* 2 *Tylodendron* Weiss and *Voltzia heterophylla* Brongn. (*Geological Magazine,* May 1890, Décade III, vol. VII, n° 311, p. 213-220, fig. 1. In-8°.)

Seward (A. C.). — On *Rachiopteris Williamsoni* sp. nov. A new Fern from the Coal-Measures. (*Annals of Botany*, vol. VIII, n° 30, June 1894. In-8°, p. 207-218, pl. 13.)

Seward (A. C.). — A contribution to our knowledge of *Lyginodendron*. (*Annals of Botany*, vol. XI, p. 65-86, pl. 5-6. In-8°, 1897.)

Seward (A. C.). — A new Genus of palæozoic Plants. (Read before the *Botanical Section of the British Association*, Dover, Sept. 1899. In-8°, 3 p.)

Seward (A. C.). — On the so called Phloem of *Lepidodendron*. (Reprinted from *the New Physiologist*, February 19th, 1901, p. 38 46.)

Seward (A. C.). — Fossil plants fort students of Botany and Geology. (With illustrations; vol. I, Cambridge Natural Sciences Manuals, biological series, in-8°, Cambridge 1898, fig. 111; vol. II, p. 265, fig. 112-576, Cambridge, 1910.)

Seward (A. C.) et Hill (A. W.). — On the structure and affinities of a lepidodendroid Stem from the calciferous sandston of Dalmeny, Scotland, possibly identical with *Lepidophloios Harcourtii* Witham. (*Transactions of the Royal Society of Edinburgh*, vol. XXXIX, part. IV, n° 34, read June 19, 1899. In-4°, p. 907-931, pl. 1-4. Edinburgh 1900.)

Seward (A. C.) and Leslie (F. N.). — Permo-carboniferous Plants from vereeniging. (*Quarterly Journal Geological Society*, vol. XIV, 1908. In-8°, p. 109-125, 2 pl.)

Solms-Laubach (H. Graf zu). — Enleitung in die Palæophytologie von botanischen Standpunkt aus, 49 fig. Holzschnitten. In-8°, Leipzig, 1887.

Solms-Laubach (H. Graf zu). — Fossil Botany being Introduction to Palæophyto-

Solms-Laubach (H. Graf zu). [Suite.]
logy from the stand point of the Botanist, authorised english translation by Henry E. F. Garnsey, revised by Isaac Bayley Balfour. In-8°, Oxford, 1891 (fig. dans le texte).

Solms-Laubach (H. Graf zu). — Ueber *Stigmarioposis* Grand'Eury. (*Palæontologisch. Abhandlungen herausg. r. W. Dames n. E. Kaiser*, Neue Folge Band II, der Ganzen Reihe Band VI. Heft 5, in-4°, 17 p., 3 pl. Iena, 1894.)

Solms-Laubach (H. Graf zu). — Ueber devonisch Pflanzenreste aus den hennerchelern der Gegend von Gräfrath um Niederrheim, 1 pl. (*Jahrbuch der königl. Preuss. geol. Landesanstalt*, für 1894. Berlin, 1895.)

Solms-Laubach (H. Graf zu). — Ueber die Seinerzeit von Unger beschriebenen strukturbieten. Pflanzenreste den Untercuhn von Saafeld in Thüringen. (*Abhandlungen der königlichen Preussischen geologischen Landesanstalt*, Neue Folge Heft 23. In-4°, 100 p., 6 pl. Berlin, 1896.)

Solms-Laubach (H. Graf zu). — Ueber *Medullosa Leukarti*. (*Botanische Zeitung*, Jahrg. LV, in-4°, p. 175-202, pl. 5-6, Heft X, 1897.)

Solms-Laubach (H. Graf zu). — Ueber die in dem Kalksteinen des Culm von Glätzisch-Falkenberg in Schlesien erhaltenen Struktur bietenden Pflanzenreste. II Abhandlung., p. 97-210, Fat. VI and VII; III Abhandlung, p. 219-226, pl. 7; IV *Volketia retracta*, *Eteloxylon Ludwigii* (*Abdruck aus der Zeitschrift für Botanik*, 1910, p. 529-554, 1 pl.)

Solms-Laubach (H. Graf zu). — Über die in den Kalkstein. des Culm von Glätzisch-Falkenberg in Schlesien erhaltenen structurbietenden Pflanzenreste. (*Abdruck aus der Zeitschrift für Botanik*, 2 Jahrgang, 1910, Heft 8, p. 529-554, 1 pl.)

Stainer (X.). — Matériaux pour la flore et la faune du houiller de Belgique. In-8°, 28 p. (*Annales de la Société géologique de Belgique*, t. XIX, *Mémoires*, 1892.)

Standfest (Dr F.). — Die Fucoiden der Graser Devonablagerungen, Broch. in-8°, p. 115-128, 3 pl. Graz, 1881.

Steinhauer (H.). — On fossil reliquia of unknown vegetables in the coal strata. In-4°, p. 265-297, pl. 4-7. Philadelphia, 1818.

Sternberg (Graf H.). — Versuch einer geognostisch-botanischen Darstellung der Flora der Vorwelt. (2 vol. in-fol. : vol. I, erstes Heft, Leipzig und Prag, 1820; zweites Heft, id. 1821; drittes Heft, Regensburg, 1823, viertes Heft, id. 1825. Vol. II, fünftes und sechstes Heft, Prag, 1833; siebentes und achtes Heft, Prag, 1838.)

Sterzel (Dr F.). — Ueber *Scolecopteris elegans* Zenker und andere Fossilereste aus dem Hornstein von Altendorf bei Chemnitz. (*Abdruck a. d. Zeitschr. d. Deutschen geolog. Gesellschaft*, Jahr. 1880. In-8°, 18 p., 2 pl.)

Sterzel (Dr F.). — Ueber die Fruchtähren von *Annularia sphenophylloides* Zeuker sp. (*Abdruck a. Zeitschr. d. Deutschen geol. Gesellschaft*, Jahrg. 1882, XXXIV. In-8°, 1 pl.)

Sterzel (Dr F.). — Über die Flora und das Geologische Alter der Kulmformation von Chemnitz-Hainichen. In-8°, p. 181-224, 1 pl., 1884.

Sterzel (Dr F.). — Über den grossen *Psaronius* in der naturwissenschaftlichen Sammlung der Stadt Chemnitz. (Separat-Abdruck ans dem X *Bericht der Naturwissenschaftlichen Gesellschaft zu Chemnitz*, 1884-1886. In-8°, 16 p., 2 pl. Chemnitz, 1887.)

Sterzel (Dr F.). — Neuer Beitrag zur Kenntniss von *Dicksonites Pluckeneti* Brongniart sp. (*Abdruck a. d. Zeitschr. d. Deutschen-Geol. Gesellschaft*, Jahrg. 1886, in-8°, p. 773-806, pl. 21.)

Sterzel (Dr F.). — Die Flora des Rothliegenden im Nordwestlichen Sachsen, Berlin. In-4°, 74 p., 9 pl., 1886. (*Palæontologischen Abhandlungen* von W. Danies und E. Kayser Bd III, Heft 4.)

Sterzel (Dr F.). — Über einige neue Fossilreste. (B. der Natur. Gesellsch. Chemnitz Sitzung., 1 p., LXIX, in-8°, 1903.)

Sterzel. — Die Carbon-und Rothiegendfloren im Grossherzogtum Baden. (Texte, 345 p., atlas, pl. 14-68. In-8°, Heidelberg, 1907.)

Stopes (M. S.). — Ancient plants being a simple account of the past vegetation of the earth of the recent important discoveries made in this realm on nature studies. In-8°, 121 fig. dans le texte, 1910.

Strassburger. — Ueber *Scolecopteris elegans* Zenk., einen fossilen Farn aus der Grupp der Marathiacen. (*Jevraische Zeitschrift*, VIII, p. 81-95, pl. 2-3. Iena. In-8°, 1874.)

Stur (D.). — *Sphenophyllum* als am seinen Asterophylliten. (*K. k. geol. Reichsanstalt*, 1871, n° 15, Verhandlungen, in-8°, p. 317-334.)

Stur (D.). — Eine beachtenswerthe Sammlung Fossiler Steinkohlen-Pflanzen von Wettin. (*Verhandlungen der k. k. geologischen Reichsanstalt*, p. 263-270, Wien, in-8°, 1873.)

Stur (D.). — Die Culm-Flora des Mahrisch-Schlesischen Dachschiefers. (*Abhandlangen der k. k. geologischen Reichsanstalt*, Band VIII, 1 vol. in-8°, 13 pl. Wien, 1875.)

Stur (D.). — Reicskizzen der *Verhandlungen der k. k. geologischen Reichsanstalt*, p. 261-289. Wien, in-8°, 1876.

Stur (D.). — *Sphenophyllum* als an seinem Asterophylliten. (*Verh. d. k. k. geolog. Reichsanstalt*, 1876, n° 16, Verhandlungen.)

Stur (D.). — Die Culm-Flora der Ostrauer und Waldenburgen Schichten. (*Abhandlungen der k. k. geologischen Reichsanstalt*, Band VIII, 1 vol. in-4°, carte, 2 pl. coupes et 27 pl. Wien, 1877.)

Stur (D.). — Vorlage der Culm-Flora der Ostrauer und Waldenburger Schichten, in-8°, 8 p. (Abh. d. k. k. geol. R. Acad.)

Stur (D.). — Ist das *Sphenophyllum* in der That eine Lycopodiaceæ ? (*Jahrbuch d. k. k. geol. Reischanstalt*, Band 27, 1 Heft. In-4°, 26 p., 1877.)

Stur (D.). — Ein Beitrag zur Kenntniss der Culm-und Carbon-Flora in Russland. (*Verhandlungen der k. k. geol. Reichs*, n° 11, 1878, p. 219-224, in-8°, Wien.)

Stur (D.) — Die Silur-Flora der Etag H-h in Böhmen. (Aus der LXXX. Band der *Sitzb. der k. Akad. der Wissensch.*, 1 Alth. Juli Heft. Jahr. 1881, in-8°, 62 p., 5 pl.)

Stur (D.). — Zur Morphologie der Culm und Carbonfarne. (Aus dem LXXXVIII. Bande der *Sitzb. der k. k. Akad. der Wissensch.*, 1 Abth. Juli-Heft. Jahrg. 1883. Wien, in-8°, 214 p., 44 fig. dans le texte.)

Stur (D.). — Finde von intercarbonischen Pflanzen der Schatzlares Schichten aus Nordrande der Centralkette in den nord-östlichen Alpen. (Vorgelegt in der Sitzung aus 23 Januar 1883. Gr. in-8°.)

Stur (D.). — Beiträge zur Kenntniss der Flora der Vorwelt, Band II. Die Carbon-Flora der Schatzlaren Schichten. Inhalt Abtheilung I. Die Farne der Carbon-Flora der Schatzlarer Schichten. (*Herausgegeben von der k. k. geologischen Reichsanstalt*, XI, Band I Abtheilung. In-4° mit 49 Doppel-Tafeln und 48 Zinkotypien. Wien, 1885.)

Stur (D.). — Vorlage der Calamarien der Carbon-Flora der Schatzlaren Schichten. (*Abhandl. d. k. k. geol. Reichsanstalt* Bd. XI, II Abtheilung, in-8°, 11 p. 1887.)

Stur (D.). — Beitrage zur Kenntniss der Flora der Vorwelt. Band II, Abtheilung 2. Die Carbon-Flora der Schatzlarer Schichten. Inhalt Abtheilung. (*Herausgegeben von der k. k. geologischen Reichsanstalt Abhandlungen* XI, Band II, Abtheilung. In-4°, mit eine vierfache Tafel und 25 Doppeltafeln nebst 43 Zinkotypien. Wien, 1887.)

Stur (D.). — Zur Morphologie der Calamarien. (Aus dem LXXXII. Bande der *Sitzb. der k. Akad. der Wissensch.*, Alth. Mai-Heft. Jahrg. in-8°, 64 p., 1 pl., 16 fig. dans le texte. Wien.)

T

Taylor (R. C.). — Notice of fossil Arborescent Fernst of the Family of *Sigillaria* and other coal Plants, exhibited in the Roofand Floor of a coal Seem in Dauphin county, Pennsylvania. Philadelphia, 1855, read May 30th, 1843. In-4°, p. 219-227.

Toula (F.). — Die Steinkohlen; ihre Eigenschaften, Vorkommen, Entstehung und nationalökonomisch Bedeutung. In-12, 6 pl.

U

Unger (C. W.). — An Account of the various contributions made to the Knowledge of the fossil Flora of the Southern Anthracit coal Field and the adjacent Palæozoic Formations in Pennsylvania, with a list of the fossil Plants. (From the publications of *the Historical*

Unger (C. W.). [Suite.]

Society of Schuylkill, vol. II, n° 1, p. 50-102. In-8°.)

Unger (F.). — Synopsis plantarum fossilium, 1 vol. in-8°, Lipsiæ, 1845.

Unger (F.). — Genera et species plantarum fossilium, 1 vol. in-8°. Vindobonæ, in-8°, XVIII, 33 p., 1850.

Unger (Prof. D^r). — Ein fossile Farnkraute aus der Ordnung der Osmondareen. Nebst vergleichenden Skissen über der Bau der Farnstammes, 15 p., 4 pl. Wien, 1853.

Unger (Prof. D^r). — Zur Flora des Cypridinenschiefen. Wirklichen mitgliede der kais. Akademie der Wissenschaften, 1854, 8 p.

Unger (Prof. D^r). — Anthracit-Lager in Karnten Aus. d. Sitzb. d. k. d. Wissench, Abth. Nov.-Heft. Jahrg. 1869. In-8°, 18 p., 3 pl. (1 à 3).

V

Vaffier (A.). — Étude géologique et paléontologique du carbonifère inférieur du Mâconnais. Thèse présentée à la Faculté des Sciences de l'Université de Lyon, pour obtenir le grade de docteur ès sciences naturelles. In-8°, 166 p., 12 pl. Lyon, 1901.

Volkmannia (G, A.). — Silesia subterranea oder Schlesien mit seinen, etc. 1 vol. in-4°, 9 pl., XIX, Leipzig, 1720.

W

Weiss (E.). — Fossile Flora der jungstein Steinkohlenformation und des Rothliegenden im Sar-Rheingebiete, Bonn, in-4°, IV, 254 p., 20 pl., 1869-1872 :

Livraison I : p. 1-100, pl. 1-12, 1869.
Livraison II : p. 101-140, pl. 13, 14, 18, 1870.
Livraison III : p. 141-212, pl. 15, 17, 19, 20, 1871.
Livraison IV : p. 213-254, 1872.

Weiss (E.). — Beiträge zur fossilen Flora Steinkohlencalamarien, mit besonderer Berücksichtigung ihrer Fructificationen. (Abhandlungen zur Geological Specialkarte von Preussen und Thüringischen Staaten Bd II, Heft I. Berlin, in-8°, XII, 149 p Atlas in-4° de 9 pl. 1876.) Beiträge zur fossilen Flora, III, Steinkohlen-Calamarien, II, ibid., Bd V, Heft II, p. 87-290. Berlin, in-4°, X, 20 p., Atlas, 28.pl., 1884.

Weiss (E.). — Ueber neuere Untersuchungen an Fructificationen der Steinkohlen-Calamarien. (Besonderer Abdruck aus der Zeitschrift

Weiss (E.). [Suite.]
der Deutschen Geologischen Gesellschaft. In-8°, p. 259-273, Jahrang, 1877.)

Weiss (E.). — Beobactungen an Calamiten und Calamarien. (Neues Jahrbuch für Mineralogie, Geologie und Palæontologie, II, p. 272-274. In-8°, Stuttgart, 1881.)

Weiss (E.). — Aus den Flora der Steinkohlenformation zur Erläuterung der Wichtigeren Pflanzen diesen Formation mit besonderer Berücksichtung der Steinkohlengebiete in Preussen. Berlin. In-8°, 20 p., 20 pl., 1881.

Weiss (E.). — Zur Morphologie und Systematik der Culm und Carbon-Farne. (Neues Jahrbuch für Mineralogie, Geologie und Palæontologie, 1883, II. Refer, p. 415; 1884, II, Refer, p. 437-438. Stuttgart, in-8°, 1883-1884.)

Weiss (E.). — Beitrag zur Culm-Flora von Thüringen. (Separatabdruck aus dem Jahrbuch der königl. Preuss. Geologischen Landesanstalt für 1883. Berlin 1884, p. 81-100, pl. 11-15.)

Weiss (E.). — Beiträge zur fossilen Flora III, Steinkohlen-Calamarien II. (*Ibid.*, Bd V, Heft 2, p. 87-290. Berlin, in-4°, x-204 p. Atlas in-4° de 28 pl. 1884.)

Weiss (E.). — Zur Flora der ältesten Schichten der Harzes. (*Jahrbuch der königl. Preuss. geologischen Landesanstalt* für 1884. In-8°, p. 148-180, pl. 5-7. Berlin, 1885.)

Weiss (E.). — Ueber Sigillarien. (*Sitzungsbericht der Gesellschaft Naturforsch. an der Frende zu Berlin*, p. 6-12, fig. 1-3. In-8°, Berlin, 1886.)

Weiss (E.). Ueber Sigillarienfrage. (*Ibid.*, p. 70-74, 1 fig. In-8°, Berlin, 1886.)

Weiss (E.). — Die Sigillarien der preussischen und Steinkohlen und Rothliegenden Gebiete. II. Die Gruppe der Subsigillarien. (*Abhandl. d. kön Preussisch. geol. Landesanstalt*. Neue Folge Heft 2, 1 vol., 255 p. et atlas, 28 pl., 1893.)

Weiss (E.). — On the Phleum of Lepidophloios and Lepidodendron. (From vol. XLV, part. III of *Memoirs and Proceedings of the Manchester literary and philosophical Society*. Session 1900-1901. In-8°, 22 p., pl. 2-3. Received and read Octob. 30th, 1900, vol. XIV, 1901, n° 7. Manchester, 1901.)

Weiss (F. E.). — On *Xenophyton radiculosum* (Hick); and on a Stigmarian Rotohlet probably related to *Lepidophloios fuliginous* (Williamson). (From volume XLVI. Part III of *Memoirs and Proceedings of the Manchester literary and philosophical Society*, Session 1901-1902, 19 p., 2 pl.)

Weiss (E.). — The vascular Branches of Stigmarian Rootlets. (*Annals of Botany*, vol. XVI, p. 559-571, pl. 26, 1902.)

Weiss (E.). — A liserial Hafonial Branch of Lepidophloios fuliginosus. (*Trans. of the Linnean Soc. of London*, 2° ser., Bot. vol. VI, part. IV, p. 217, 4 pl. in-4°, London, 1903.)

Weiss (E.). — A probable parasite of Stigmaria-Rootlets. (Reprint from the *New Phytologist*, vol. III, n° 3, March. 1904, in-8°, p. 63-68, fig. 66-67.)

Weiss (E.). — Die Sigillarien der preussischen Steinkohlengebiete. I. Die Gruppe der Favularien. (*Abhandl. zur geologischen Specialkarte von Preussen*, Band VII, Heft 3. In-8°, Berlin, 68 p., 9 pl.)

Westermaier (M.). — Die Pflanzen der Palæozoicums im Lichte der physiologischen Anatomie. (*Neue Jahrbuch für Mineralogie, Geologie und Palaeontologie*, Jahrg. 1902. Bd. 1, p. 99-126.)

Wethered (E.). — On the carboniferous Flora of the *Bristol Club*, Novembre. 14th 1878, Gloucester. (*Winter Meeting*, in-8°, 20 p., 1 pl. 1878.)

Wethered (E.). — On the Structure and Origin of Carboniferous coal Seams. (*Journ. R. micr. Soc.*, sect. II, vol. V, p. 406-420, 2 pl., Read 13th May 1885.)

White (D.). — Flora of the Outlying Carboniferous Basins of Southwestern Missouri. In-8°, 121 p., 5 pl., p. 1-6 et II-139, 5 pl. Washington, 1893. (*Bulletin of the U. S. Geological Survey*, n° 98.)

White (D.). — The Pottville series along New River, West Virginia. (*Bull. of the geological Soc. of America*, vol. VI, p. 305-320. In-8°, 1895.)

White (D.). — *Omphalophlios* a new lepidendroid type. (*Bull. of the Geological Soc. of America*, vol. IX, p. 329-342, pl. 20-23. Read before the *Society of America*, 24 May 1898. *Lepidophlios, Megaloxylon*.)

White (D.). — Fossil Flora of the lower coal measures of Missouri. (*Monographs of the U. S. Geological Survey*, vol. XXXVII. In 4°, 307 p. Index, p. 459 467, 73 pl. Washington, 1899.)

White (D.). — The seeds of Aneimites. (*Smithsonian Miscellaneous collections*, vol. XLVII, p. 321-331, pl. 42-48.)

White (D.). — The stratigraphic succession of the fossil Flores of the Pottville Formation in the Southern Anthracite coal Field Pennsylvania. (From the *twentieth Annual Report of the Survey*, 1898-1899. Part II : General Geology and Palæontology. Gr. in-8°, p. 751-918, pl. 70. Washington, 1900.)

White (D.). — Some palæobotanical aspect of the upper Palæozoic in Nova Scotia. (Reprinted from *the Canadian record of science*, vol. VIII, n° 5, issued 15th January 1901, in-8°, 10 p.)

White (D.). — Fossil plants of the group Cycadofilices. (*Smithsonian Miscellaneous Collections*, vol. 47, p. 377-390, pl. 53-55, 1903.)

Wild (G.). — *Sigillaria* (« Pot-Holes ») and their detection in the roof of a coal seam by their Stigmarian roots. (*Transact. Man. Geological Society*, p. 12, vol. XVII, p. 215-224, 3 pl. In-8°.)

Williamson (W. C.). — On Affinities of the Plants hitherto known as Sternbergiæ. (Read September 25, 1851, p. 340-358, 2 pl. In-8°.)

Williamson (W. C.). — On a new form of calamitean strobilus from the Lancashire coal measures. (From the fourth vol. of the third series of *Memoirs of the literary and philosophical Society of Manchester*. Session 1869-1870. In-8°, 19 p., 3 pl., London.)

Williamson (W. C.). — On the structure of the Woody zone of an indescribed form of Calamite. (*Transact. lit. and phil. Society of Manchester*, 3rd ser., vol. IV, p. 155-183, 5 pl. Read Novemb. 3rd 1868. In-8°, Manchester, 1871.)

Williamson (W. C.). — On the Organization of the fossil plants of the coal measures. (*Philosophical Transactions of the Royal Society of London*. In-4°.)

Part I. Calamites. Vol. CLXI, p. 477 510, pl. 23-29. 1871.

Part II. Lycopodiaceæ . *Lepidodendra* and *Sigillariæ*. Vol. CLXII, p. 197-240, pl. 24-31. 1872.

Part III. *Lycopodiaceæ* (continued), p. 283-318, pl. 41-45. 1872.

Part IV. *Dictyoxylon, Lyginodendron* and *Heterangium*. Vol. CLXIII, p. 377-408, pl. 22-31. 1873.

Part. V. *Asterophyllites*. Vol. CLXIV, p. 41-81, pl. 59. 1874.

Part VI. Ferns. Vol. CLXIX, p. 675-703, pl. 51-58. 1874.

Part VII. *Myclopteris, Psaronius* and *Kaloxylon*. Vol. CLXVI, p. 1-25, pl. 1-7. 1876.

Part VIII. Ferns (continued) and Gymnospermous stems and Seeds. Vol. CLXVII, p. 213-270, pl. 5-16. 1877.

Part IX. Vol. CLXIX, p. 319-364, pl. 19-25. 1878.

Part X. Including an examination of the supposed Radiolarians of the carboniferous rocks. Vol. CLXXII, p. 493-539, pl. 14-21.

Part XI. Vol. CLXXII, p. 283, pl. 47-59. 1884.

Part XII. Vol. CLXXIV, p. 459-475, pl. 27-34. 1883.

Part XIII. *Heterangium tiliæoides* (Williamson) and *Kaloxylum Hookeri*. Vol. CLXXVIII, p. 289-304, pl. 21-24. 1887.

Part XIV. The true fructification of *Calamites*, 1887, p. 47-57, pl. 8-11.

Part XV. Organization of the fossil plants of the coal measures, 1889, p. 155-163, pl. 1-4.

Part XVI. On the organization of the fossil plants of the coal-measures, 1889, p. 195-214, pl. 5-8.

Part XVII. On the organization, etc., 1890, p. 89-106, pl. 12-15.

Williamson (W. C.). [Suite.]

Part XVIII. On the organization, etc., 1891, p. 255-265, pl. 25-28.

Part XIX. On the organization, etc., 1893, p. 1-38, pl. 1-8.

Williamson (W. C.). — On the organization of *Volkmannia Dawsoni*, an undescribed *verticillata Strobilus* from the Lower coal measures of the Lancashire. (*Literary and philosophical Society Manchester*, 3ʳᵈ ser., vol. V, Read February 7th 1871, p. 28-40, 3 pl. In-8°, Manchester, 1876.)

Williamson (W C) — Note on *Lepidodendron Harcourtii* and *L. fuliginosum* (Will.). [From the *Proceedings of the Royal Society*, vol. XLII. In-8°, 2 p. Received November 1886.]

Williamson (W. C.). — On the organization of the fossil Plants of the coal measures, *Heterangium Filioides* Will. and *Kaloxylon Hookeri*. (*Proceed. of the Royal Society*, vol. XLII. Received December 1, 1886, p. 8-10. In-8°.)

Willamson (W.). — Note on *Lepidodendron Harcourtii* and *L. fuliginosum* Will. (From the *Proceedings of the Royal Society*, vol. XLII, p. 6-7. Received November 27, 1886.)

Williamson (W. C.). — On the relations of *Calamodendron* to *Calamites*. (*Memoirs of the Manchester literary and philosophical Society*, 3° sér., X, p. 255-271, pl. 14-16. In-8°, 1887.)

Williamson (W. C.). — A monograph on the Morphology and Histology of *Stigmaria ficoides*. (In-4°, 62 p., 15 pl. Printed for the *Palæological Society*, London, 1887.)

Williamson (W.-C.). — General, morphological and histological Index to the Author's collective memoirs on the fossil plants of the coal measures. Part I, in-8°, Manchester, 1891; part II, 1893; part III, 1893.

Williamson (W. C.). — Further observations on the organization of the coal measures. Part III, *Lyginodendron* and *Heterangium* and D. H. Scott. (*Proceedings of the Royal Society*, vol. LVIII. Abstract, in 8°, p. 195-204. 1895.)

Williamson (W. C.) and Scott (D. H.). — The Root of *Lyginodendron Olhamianum* (Will.). [*Proceed. of the Royal Society*, vol. LVI. In-8°, 1 p., 1894.]

Williamson (W.-C.) and Scott (D. H.). — Further observations on the organization of the fossill Plants on the coal-measures Part I, *Calamites*, *Calamostachys* and *Sphenophyllum*. (*Proceedings of the Royal Society*, vol. LV. Received 30 December. Part I, 1895, p. 863-952, pl. 72-86; part II, p. 633-671, pl. 16-17.)

Williamson (W. C.) et Hartog (M. M.). — Les Sigillaires et les Lepidodendrées. (*Annales des Sciences naturelles*, 6° série, Botanique, t. XIII, 1882.)

Witham (H.). — On the *Lepidodendron Harcourtii*. Newcastle, read 1832, p. 236-238, 2 pl.

Y

Yokoyama (Matajiro). — Palæozoic Plants from China. (*Journ. of the college of Sciences Imperial University*. Tokio, Japon,

Yokoyama (Matajiro). [Suite.] vol. XXIII, article 8. Gr. in-8°, 18 p., 8 pl., 1808.)

IMPRIMERIE NATIONALE.

Z

Zalessky (M.). — Sur quelques Sigillaires recueillis dans le terrain houiller du Donetz. (*Mémoires du Comité géologique*, vol. XVII, n° 3 et dernier. In-4°, 20 p., 4 pl., 1902.)

Zalessky (M.). — Beiträge zur Kenntniss der fossilen Flora der Steinkohlvien von Dombrowa. In-4°, 69 p., 2 pl. (*Mémoires du Comité géologique*, Saint-Pétersbourg, 1907.)

Zalessky (M.). — Contribution à la Flore fossile du terrain houiller du Donetz : I. Plantes fossiles de la collection de V. Domherr, in-8°, p. 351-422, 15 fig. dans le texte, 5 pl. II. Plantes fossiles de l'Institut géologique de l'Université impériale de Kharkow et du Musée du Dona Novotcherask, p. 423-494, 6 pl., 1907.

Zalessky (M.). — Sur la présence de Mixo-neuropteroides Göppert avec *Neuropteris Schenshzeiri Hoffmann* et *Neuropteris racinervis* Bunbury dans le terrain houiller supérieur du Donetz. In-8°, p. 495-524, 4 pl. (Extrait du t. XXVI du *Bulletin du Comité géologique*, Saint-Pétersbourg, 1907.)

Zalessky (M.). — Mitteilung über das Vorkommen von *Mixoneura neuropteroides* Göppert spec. in den obercarbonischen Ablagerungen des Donetzbekens. (In-4°, 3 p. *Bulletin de l'Académie impériale des Sciences de Saint-Pétersbourg.*)

Zeiller (R.). — Flore carbonifère du centre de la France. Travaux de M. Grand'Eury. (*Revue scientifique*, 6° année, 2° sér., n° 53, 30 juin 1877, p. 1254-1256. In-4°, Paris.)

Zeiller (R.). — Détermination des étages houillers à l'aide de la Flore fossile. Résumé des travaux de M. Grand'Eury. (*Annales des Mines*, livr. novembre-décembre. In-8°, 155 p., Paris, 1877.)

Zeiller (R.). — Sur une nouvelle espèce de *Dieranophyllum*. (*Bulletin de la Société géologique de France*, 3° sér., t. VI, p. 611-615. In-8°, 1 pl., Paris, 1878.)

Zeiller (R.). — Végétaux fossiles du terrain houiller. (*Explication de la carte géologique de France*, publiée par ordre de M. le Ministre des travaux publics, t. IV, seconde partie, 1 vol. in-4° et atlas gr. in-4°, comprenant aussi les planches de la première partie : Fossiles principaux des terrains, par M. Bayle. Paris, 1879.)

Zeiller (R.). — Présentation de l'Atlas du tome IV de l'Explication de la carte géologique de la France et Note sur le genre *Mariopteris*. (*Bulletin de la Société géologique de France*, 3° sér., t. VII, p. 92. Séance du 13 janvier 1879. In-8°, 8 p., 2 pl., Paris.)

Zeiller (R.). — Note sur les Stomates en étoiles observés chez une Plante fossile. *Frenelopsis Hoheneggeri Ettings* sp. (*Bulletin de la Société botanique de France*, t. XXVIII. Séance du 22 juillet, p. 210-214. In-8°, Paris, 1881.)

Zeiller (R.). — Sur la situation de Stomates dans les pinnules du *Cycadopteris Brauniana*. (*Bulletin de la Société botanique de France*, XXVIII. Séance du 28 janvier 1881. In-8°, p. 23-27, Paris.)

Zeiller (R.). — Note sur la Flore houillère des Asturies. (*Mémoires de la Société géologique du Nord*, I. In-4°, t. I, 3, 22 p., Lille, 1882.)

Zeiller (R.). — Note sur la Flore du bassin houiller de Tete (région du Zambèze). [*Annales des Mines*, liv. de novembre-décembre 1883, 7 p., Paris.]

Zeiller (R.). — Note sur les Fougères du terrain houiller du nord de la France. (*Bulletin de la Société géologique de France*, 3ᵉ sér., t. XII, p. 189-204. Séance du 17 décembre. In-8°, Paris, 1883.)

Zeiller (R.). — Fructification de Fougères du terrain houiller. (*Annales des Sciences naturelles*, Botanique, 6ᵉ sér., t. XVI, p. 177-209, pl. 9 à 12, Paris, 1883.)

Zeiller (R.). — Cônes de fructifications des Sigillaires. (*Annales des Sciences naturelles*, 6ᵉ sér., t. XIX, p. 256-280, 2 pl., 1884.)

Zeiller (R.). — Sur les cônes de fructification des Sigillaires. (*Comptes rendus de l'Académie des sciences*. Séance du 30 juin 1884, 4 p., Paris.)

Zeiller (R.). — Sur quelques genres de Fougères fossiles nouvellement créés. (*Annales des Sciences naturelles*, Botanique, 6ᵉ sér., t. XVII, 1884, p. 131.)

Zeiller (R.). — Note sur la Flore et sur le niveau relatif des couches houillères de la Grand'-Combe (Gard). [*Bulletin de la Société géologique de France*, 3ᵉ sér., XIII, p. 131-149, pl. 8. Paris, in-8°, 1885.]

Zeiller (R.). — Sur la détermination de quelques nouveaux genres de Fougères fossiles. (*Bulletin de la Société géologique de France*, 3ᵉ sér., XXXII, p. 21-22, Paris, 1885.)

Zeiller (R.). — Présentation d'une brochure de M. Kidston sur les *Ulodendron* et observations sur les genres *Ulodendron* et *Bothrodendron*. (*Bulletin de la Société géologique de France*, 3ᵉ sér., XIV, p. 168-182, pl. 8 et 9. In-8°, Paris, 1885.)

Zeiller (R.). — Bassin houiller de Valenciennes. Description de la Flore fossile. (*Études des gîtes minéraux de la France*, publiées sous les auspices de M. le Ministre des travaux publics. 1 vol., 1888, atlas in-4°. 94 pl., 1886, Paris.)

Zeiller (R.). — Sur les variations de formes du *Sigillaria Brardi* Brongniart. (*Bulletin de la Société géologique de France*. Séance du 20 mai 1889.)

Zeiller (R.). — Sur l'atlas de la 2ᵉ partie de la Flore houillère de Commentry, par M. Renault. (*Bulletin de la Société géologique de France*, 3ᵉ sér., XVIII. In-4°, p. 360-364. Paris, 1890.)

Zeiller (R.). — La Géologie et la Paléontologie du bassin houiller du Gard, de M. Grand'-Eury. (*Bulletin de la Société géologique de France*, 3ᵉ sér., t. IX, p. 679-690. In-8°. Séance du 25 mai 1891, Paris.)

Zeiller (R.). — Sur les empreintes du sondage de Douvres. (*Comptes rendus de l'Académie des sciences* In-4°, 4 p., 24 octobre 1892.)

Zeiller (R.). — Étude des gîtes minéraux de la France. Bassin houiller et permien de Brive. Fascicule II. Flore fossile. In-4°, 15 pl., 1892.

Zeiller (R.). — Étude des gîtes minéraux de la France. Bassin houiller et permien d'Autun et d'Épinac. Fascicule II. Flore fossile, 1ʳᵉ partie, 1 vol. et Atlas in-4°. Paris, 1892.

Zeiller (R.). — Sur la constitution des épis de fructification du *Sphenophyllum cuneifolium*. (*Comptes rendus de l'Académie des sciences*. In-4°, 3 p., 11 juillet 1892.)

Zeiller (R.). — Étude sur la constitution de l'appareil fructificateur des *Sphenophyllum*. (*Mémoires de la Société géologique de France*, Mémoire n° 11, 39 p., 3 pl. Paris, 1893.)

Zeiller (R.). — Sur les subdivisions du Westphalien du nord de la France, d'après les caractères de la Flore. (*Bulletin de la Société géologique de France*, 3ᵉ sér., XXII, p. 483-501. In-8°. Paris, 1894.)

Zeiller (R.). — Notes sur la flore des gisements houillers de la Rhune et de l'Ibantelli (Basses-Pyrénées). [*Bulletin de la Société géologique de France*, 3ᵉ sér., XXIII, p. 482-489, 1 pl., VI, 1895.]

Zeiller (R.). — Sur la Flore des dépôts houillers d'Asie Mineure et sur la présence dans cette Flore du genre *Phyllotheras*. (*Comptes rendus de l'Académie des sciences*. Séance du 4 juin 1895. In-4°, 4 p.)

Zeiller (R,). — Observations sur quelques Fougères des dépôts houillers d'Asie Mineure. (*Bulletin de la Société botanique de France*, t. XLIV, 1897, p. 195-218, pl. 6.)

Zeiller (R.). — Étude sur la Flore fossile du bassin houiller d'Héraclée (Asie Mineure). (*Mémoires de la Société géologique de France*, VIII, fasc. V. In-4°, 91 p., 6 pl. Paris, 1899.)

Zeiller (R.). — Sur une Selaginelle du terrain houiller de Blanzy. (*Comptes rendus de l'Académie des sciences*. In-4°, 3 p., 17 avril 1900, Paris.)

Zeiller (R.). — Bassin houiller et permien de Blanzy et du Creusot. Texte DCCCCVI. In-8°, 1900, 262 p., 51 pl.

Zeiller (R.). — Éléments de palæobotanique. In-8°, 210 fig. Paris, 1900.

Zeiller (R.). — Note sur la Flore houillère du Chansi. (*Annales des Mines*, avril 1901, 25 p. pl. 7.)

Zeiller (R.). — Observations au sujet du mode de fructification des Cycadofilicinées. (*Comptes rendus de l'Académie des sciences*, t. CXXXIII, p. 663-665. In-4°, 14 mars 1904. Paris.)

Zeiller (R.). — Sur les plantes houillères des sondages d'Eply, Lesmenil et Pont-à-Mousson (Meurthe-et-Moselle). [*Comptes rendus de l'Académie des sciences*, t. CXL, p. 837. In-4°, 4 p. Paris, 27 mars 1905.]

Zeiller (R.). — Une nouvelle classe de Gymnospermes : les Pteridospermées. (*Revue générale des Sciences*, 16° année, n° 16, p. 718-727, 7 fig. Paris, 1905.)

Zeiller (R.). — Sur la Flore et les niveaux relatifs des sondages houillers de Meurthe-et-Moselle. (*Comptes rendus de l'Académie des sciences*, t. CXLIV, p. 1137, 27 mai 1907.)

Zeiller (R.). — Sur quelques *Lepidostrobus* de la région pyrénéenne. (*Comptes rendus de l'Acad. des sciences*, t. CXLV, p. 1112-1126, 4 fig. Paris, in-4°. Paris, 9 décembre 1907.)

Zeiller (R.). — Les progrès de la Paléobotanique de l'aire des Gymnospermes. (Extrait de *Progressus rei botanicæ*, 2° vol., p. 171-226, 18 fig., 1907.)

Zeiller (R.). — Les végétaux fossiles et leurs enchaînements. (Extrait de la *Revue du mois*, III. In-8°, Paris, 1907.)

Zeiller (R.). — Sur l'âge des dépôts houillers de Commentry. (*Bull. de la Soc. géol. de France*, 3° sér., t. XXII, p. 252-278.)

Zeiller (R.). — Note sur les rapports de la Flore du terrain houiller de Douvres avec la Flore du terrain du Pas-de-Calais. (*Comptes rendus mensuels de la Société de l'industrie minérale*. In-8°, 3 p.)

Zenker (F. C.). — Beschreibung von *Galium sphenophylloides* Zenk. (*Neues Jahrbuch für Mineralogia, Geognostic, Geologia und Petrefaktenkunde*, p. 398-400, pl. 5, fig. 6-9. Stuttgart, in-8°, 1833.)

Zenker (F. C.),— *Scolecopteris elegans* Zenk., ein neues fossiles Fangewächs mit Fructificationen. (*Linnæa* XI, p. 509-512, pl. 10. Halle, in-8°, 1837.)

INDEX ALPHABÉTIQUE

DES GENRES OU DES ESPÈCES DÉCRITS OU CITÉS [1].

[1] Les noms des genres ont été composés en majuscules de caractères gras suivis de la lettre G. entre parenthèses [exemple : **ALCICORNOPTERIS** (G.)]. Les noms des espèces sont en minuscules de caractères gras [exemple : **Alethopteris decurrens**]. Les numéros des pages où se trouvent les descriptions et mentionnés en regard sont également en caractères gras. Les noms des genres ou des espèces simplement cités ou mentionnés comme synonymes sont en caractères ordinaires [exemple : Filicites].

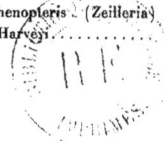

51.

ERRATA.

Page 10, ligne 20, *au lieu de :* deux : seulement, *lire :* le 1ᵉʳ seulement.

Page 43, ligne 18, *au lieu de :* Maçonnais, *lire :* Mâconnais.

Page 44, ligne 14, *au lieu de :* Waldenhari, *lire :* Waldenburgen.

Page 53, en note, *au lieu de :* a text, *lire :* a text.

Page 68, ligne 21, *au lieu de :* Bertanderi, *lire :* Bertauderie.

Page 83, ligne 27, *au lieu de :* la Mertensia, *lire :* les *Mertensia.*

Page 86, ligne 26, *au lieu de :* et se dilatant, *lire :* à rachis se dilatant.

Page 90, ligne 24, *au lieu de :* 2 B, *lire :* 2 C à 2 E.

Page 92, ligne 16, *au lieu de :* calymmatotheca, *lire :* Calymmatotheca.

Page 94, ligne 1, *au lieu de :* courant, *lire :* couvrant.

Page 94, ligne 3, *au lieu de :* la déhiscence, *lire :* la déhiscence, qui.

Page 94, ligne 6, *au lieu de :* 3, 4, *lire :* 3 à 4.

Page 96, ligne 10, *au lieu de :* puntiformes, *lire :* punctiformes.

Page 127, ligne 15, *au lieu de :* Volkmaianum, *lire :* Volkmannianum.

Page 128, ligne 15, *au lieu de :* qu'a déterminé, *lire :* qu'il a déterminé.

Page 134, ligne 29, *au lieu de :* des *Lepidodendron, lire :* du *Lepidodendron.*

Page 142, ligne 15, *au lieu de :* *Flamingites, lire :* *Flemingites.*

Page 145, ligne 22, *au lieu de :* Noée, *lire :* Notée.

Page 155, ligne 17, *au lieu de :* supérieur, *lire :* inférieur.

Page 158, ligne 24, *au lieu de :* Walchia, *lire :* *Walchia.*

Page 191, ligne 31, *au lieu de :* Clothraria, *lire :* Clathraria.

TABLE DES MATIÈRES.

CHAPITRE IV.

ÉTAGE DÉVONIEN.

SOUS-ÉTAGE FAMENNIEN (DÉVONIEN SUPÉRIEUR).

ÉTAGE CARBONIFÉRIEN.

SOUS-ÉTAGE CARBONIFÉRIEN INFÉRIEUR OU CULM.

I. CULM INFÉRIEUR.

IMPRIMERIE NATIONALE.

Cryptogames vasculaires. (Suite.)

ÉTAGE CARBONIFÉRIEN.

SOUS-ÉTAGE CARBONIFÉRIEN MOYEN OU WESTPHALIEN.

I. INFRA-HOUILLER GRAND'EURY.

ÉTAGE CARBONIFÉRIEN.

SOUS-ÉTAGE CARBONIFÉRIEN SUPÉRIEUR OU STÉPHANIEN.

IMPRIMERIE NATIONALE.

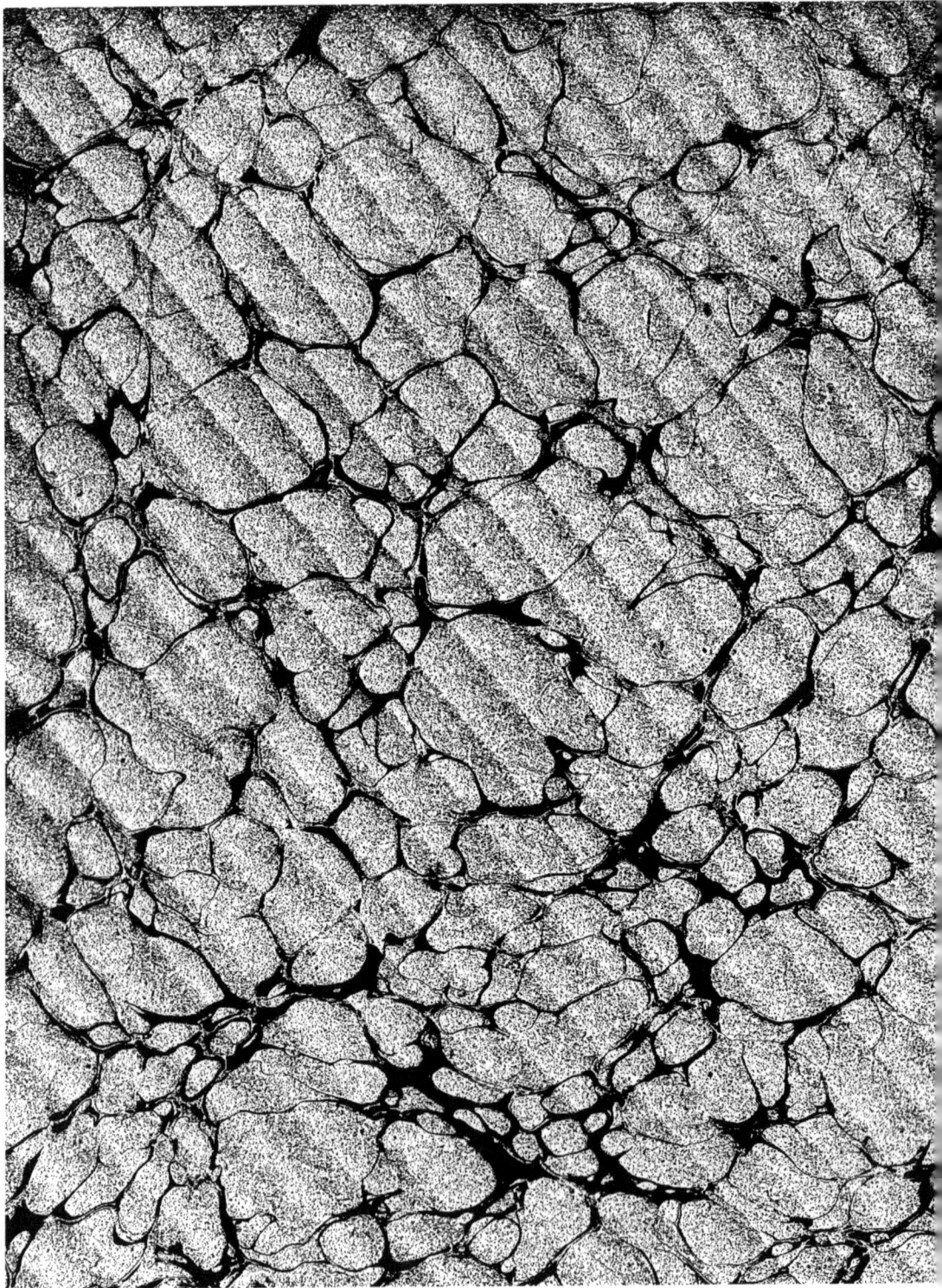

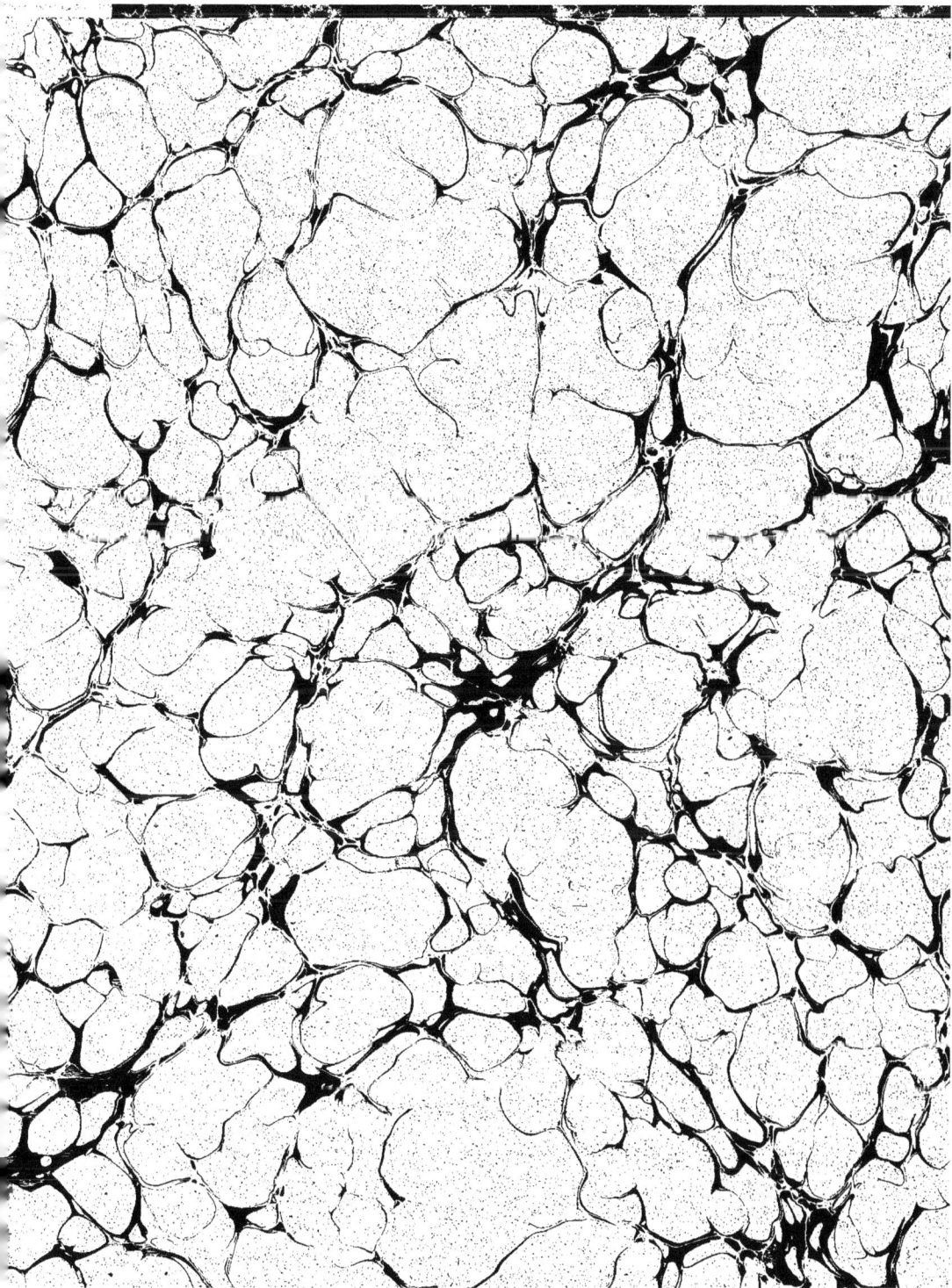

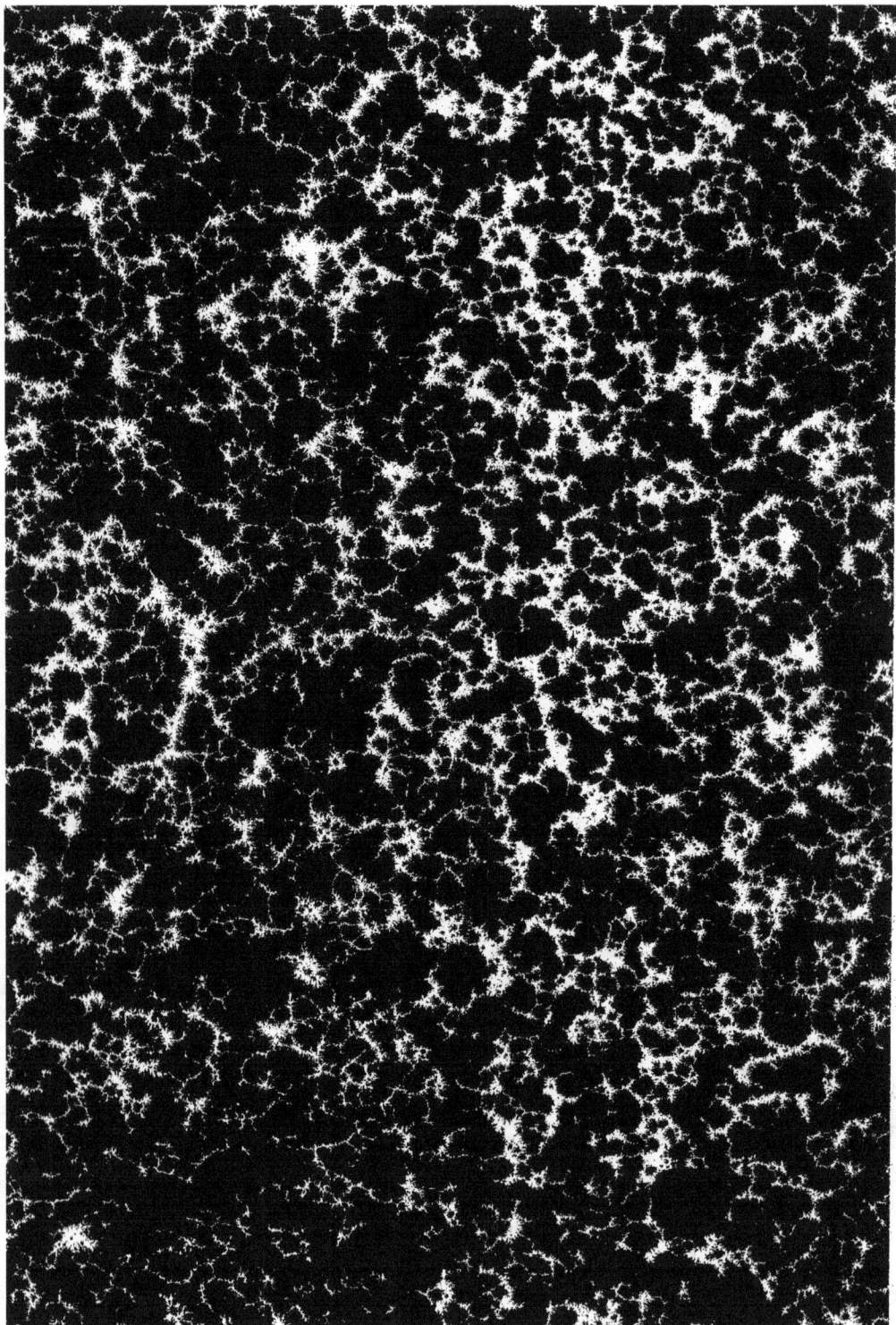

www.ingramcontent.com/pod-product-compliance
Lightning Source LLC
Chambersburg PA
CBHW052101230326
41599CB00054B/3576